现代工程教育丛书

机 械 制 造 基 础

（第 2 版）

主 编 李 蔚

编 者 李 蔚 宁生科

马保吉 王小翠

西北工业大学出版社

【内容简介】 机械制造基础是高等工科院校机械类专业及其相关专业的一门重要的综合性技术基础课和工程实践课。《机械制造基础(第2版)》是在第1版的基础上,结合这几年高校"机械制造基础"课程教学工作的实际情况修订编写的。

本书涵盖了常用工程材料的性质及其加工工艺的基础知识,与《机械制造基础工程训练》教材配套使用,可实现理论教学与工程实践训练的良好衔接。全书分9章,内容包括工程材料导论、铸造成形工艺、金属的塑性成形工艺、焊接成形工艺、非金属材料的成形、零件的毛坯选择、切削加工基础、机械加工工艺基础和特种加工等内容。

本书可供高等工科院校机械类、近机类等相关专业师生使用;也可供工厂企业、科研院所从事机械制造、机械设计工作的工程技术人员参考。

图书在版编目(CIP)数据

机械制造基础/李蔚主编. —2版. —西安:西北工业大学出版社,2004.6(2022.7 重印)
(现代工程教育丛书)
ISBN 978 - 7 - 5612 - 1780 - 1

Ⅰ.①机…　Ⅱ.①李…　Ⅲ.①机械制造　Ⅳ.①TH

中国版本图书馆 CIP 数据核字(2011)第 165686 号

出版发行:西北工业大学出版社
通信地址:西安市友谊西路 127 号　　邮编:710072
电　　话:(029)88493844
网　　址:www.nwpup.com
印 刷 者:广东虎彩云印刷有限公司
开　　本:787 mm×1 092 mm　　1/16
印　　张:18.875
字　　数:454 千字
版　　次:2012 年 2 月第 2 版　　2022 年 7 月第 5 次印刷
定　　价:38.00 元

丛书编委会

主　　任　　刘江南

副主任　　张君安

委　　员　　马保吉　范新会　宁生科　齐　华

　　　　　　李　蔚　王小翠　张中林　何博雄

　　　　　　祁立军　郭宝亿

树立现代工程观　培养现代工程师

——《现代工程教育丛书》代序

　　传统的"工程"概念是"数学和自然科学的原理、知识在工农业生产中的应用"。由此得出高等工程教育的培养目标是"培养适应社会主义现代化建设需要的、德智体全面发展、获得工程师基本训练的高等工程技术人才。毕业生主要到工业部门，从事设计、制造、运行施工、科技开发、应用研究和管理等方面的工作。"这是 20 世纪 90 年代初对我国各工科院校培养目标的统一要求。

　　21 世纪的工程已是充分体现学科的综合、交叉的"大工程"系统，仅仅从研究与开发、设计、工艺、施工、管理等分工角度来区分和培养工程师已经不能反映现代工程的性质和内涵及其对工程师的要求。现代工程是综合性立体工程，狭义的内涵是科学与技术在经济、人文、社会等条件制约下的、综合的、系统的应用；广义的内涵是在特定目的下，融科学、技术、经济、人文、社会等因素于一体的、综合的、系统的应用。这就要求现代工程师要有对全人类负责的高度责任心；要有足够的人文社会科学素质；要有把工程问题置于整个社会系统中进行综合考虑的能力；要有求真、求善、创新的素质与精神；要有在开放式大系统下全面协调、可持续的整体思维方式与能力。

　　传统工程教育的体系以数、理、化、生为工程的自然科学基础，以工学、农学、医学为具体应用学科，进一步开展学科基础和专业教育。这种传统体系在面向小系统、小工程和简单研究对象的情况下是成功的。现代工程的研究对象是以现代科学技术为基础的大系统、大工程或复杂系统，它要求有相应的现代工程教育体系与之对应。因此，系统科学、信息科学、控制科学应与数理化一起成为工学的科学基础，后续专业基础课、专业课的内容体系应是系统工程、信息工程、控制工程的具体应用，最终使毕业生成为掌握本专业的信息技术、控制技术以及系统方法论的高级工程技术人才。

　　据统计，我国本科生中接受工程教育的学生数占学生总数的 33%，而西安工业大学工科学生数占该校学生总数的 45%。我国全面建设小康社会，全面发展工业化是对目前在校接受工程教育的大学生赋予的历史重任，而各类从事工程教育的高等院校如何成为培养现代工程师的摇篮，则成为这些学校能否快速发展的基本条件。

　　中国作为一个朝气蓬勃的发展中国家已经成为世界的制造工业的中心，如何使中国下一步成为世界的设计中心、工程研发中心，是中国工程教育发展的千载难逢的机遇。我国高校还没有建立大量培养满足现代工业需求的人才体系。这些社会发展的需求、挑战和机遇为西安工业大学本科教育的发展指出了方向。

既然我们以系统工程、信息工程、控制工程作为各类工程专业的基础、核心、主线，就首先应该为学生提供一个现实的大工程系统，供学生在学习的各个阶段亲身经历这个大工程系统的运行，实现理论与实践的密切结合。为此，西安工业大学秉承"忠诚进取，精工博艺"的办学传统，发扬"注重工程实践，突出制造技术"的人才培养特色，于2005年5月创建了"西安工业大学工业中心"，它由金工实习实践教学中心、机械制造基础实验室、电子工艺训练中心、机械制造基础教研室等优化组合而成。西安工业大学工业中心创建3年多来取得了丰硕的成果，主要体现在：树立了现代工程观，以人为本，遵循教育规律和人才培养规律的现代工程师培养理念；构建了由自然科学基础实验、工业系统认知训练、基础工程训练、现代工程系统训练和创新训练组成的五层次训练体系；先后出版了具有自身特色的《现代工程教育丛书》7部分册，其中2部教材获省部级优秀教材；形成了一套反映现代工程技术和训练体系的教学大纲、教学指导书、实习实验报告等；于2006年被授予陕西省综合性工程训练示范中心；"创建工业中心，探索现代工程师培养新途径"项目获得省级教学成果一等奖；先后发表了一批教学研究论文。

西安工业大学工业中心的长远发展目标是以实践论、认识论为理论基础，以现代工业大工程为背景，采用系统化的方法，将信息技术、控制技术贯穿于科学主导工程、理论回归到工程的全过程，全面体现工程科学、工程技术、工程管理的实际应用，使之成为现代工程师的工程科学认识基地、工程技术与管理训练基地、工程创新综合实验基地。

《现代工程教育丛书》由《通向现代工程师的桥梁》《工业系统认识》《机械制造基础工程训练》《现代制造技术工程训练》《电子产品制造工程训练》《工程训练指导与报告》和《机械制造基础》等组成。该套丛书从工业中心建立的理念、工程训练体系的构建到训练内容、训练项目的设计以及教学过程的组织，较全面地反映了西安工业大学以工业中心的创建为载体，开展高等工程教育改革的全过程。

参加编写本套丛书的既有长期从事工程训练教学的一线指导教师，也有相关领导、教学管理人员，从而大大提高了本套丛书指导实际工程实践教学的可操作性。作为这项工程教育改革的参与者，希冀本套丛书的出版能为我国工程教育改革带来一丝启发。

在本套丛书出版之际特写下这些感想，是为序。

西安工业大学副校长　张君安

2008年6月于西安工业大学未央校区

第2版前言

本书本次修订是在第1版的基础上进行的,修订时吸取了近年来的教学改革经验和广大读者对该教材的建议和意见。

本次修订主要从以下几个方面进行:

(1)为了体现知识体系的完整性与系统性,在工程材料导论一章中增加了铁碳合金的内容。

(2)重视和充实了新技术、新工艺的内容,如在第2章增加了铸造新技术、新工艺简介;第4章增加了焊接新技术简介等内容。

(3)增加并调整了部分章节和内容,如增加了第6章,将原第6章和第8章的内容重新进行了设计。

(4)新增、更换和改正了部分插图。

此外,对于第1版一些论述不十分妥贴乃至不当之处,做了修改。

本书的修订是在原有编者集体讨论的基础之上,由李蔚担任主编,宁生科(第1~2章,第8.4节,第9章)、李蔚(第3~6章)、王小翠(第7章,第8.1~8.3节,第8.5~8.6节)执笔完成的。

修订后的本书,错误与不妥之处仍在所难免,希望读者不吝赐教,以利于编者的提高,以及本书的下一次修订工作,谨致感谢。

编　者

2011年6月于西安工业大学

第1版前言

为了适应 21 世纪高级工程技术人才培养的要求以及深化改革高等工程教育课程体系的精神,近几年来,我们对机械制造基础课程进行了一系列的教学研究、实践和探索,积累了一些经验和成果,为此编写了这本教材。

为了符合高等工程教学改革的要求,本教材在编写过程中力争体现以下特点:

1. 全书以制造工艺方法为主线,以介绍工业制造背景知识为重点。

2. 精选传统金属工艺学的相关内容,突出新材料、新工艺、新技术、新设备等体现现代制造水平的内容。

3. 注意与《机械制造工程实践》教材在内容和体系上的协调配合。

4. 将特种加工、精密与超精密加工、先进制造技术分别单设成章,体现工业制造技术的发展水平和趋势。

5. 增加非金属材料的制造工艺方法,从而完善工业制造的全部基础知识。

6. 内容的编排符合从实践到认识的认知规律。

本书可作为高等工科院校机械类、机电类及近机类专业教材,也可供有关工程技术人员参考。

本书由宁生科主编。参加编写的有:宁生科(绪论、第 1 章、第 2 章、第 7 章、第 8 章),李蔚(第 3 章、第 4 章、第 5 章),马保吉(第 9 章),王小翠(第 6 章),侯志敏(第 10 章)。

本教材在编写过程中,参考了有关文献资料,在此对相关作者深表感谢。西安工业学院教务处副处长薛虹对本书的出版给予了极大的支持,在此衷心地表示感谢。

由于编者水平所限,书中难免有欠妥之处,敬请读者指正。

编　者

2004 年 2 月

目 录

绪　　论

1. 典型机械产品的构成及其所用材料

任何机械产品，从大型的船舶、飞机、汽车等，到小型的仪器、仪表等，都是由许多零件或部件组成的。例如，任何不同型号、不同类型、不同厂家生产的汽车，其基本都是由发动机、底盘、车身、电器设备等四大部分构成的，其中每一部分又由若干零件或部件组成。

某型轿车如图1所示。轿车车身由许多零部件组成，不同的零部件需用不同的材料（包括钢、塑料、橡胶和玻璃等）和不同的加工方法来制造。例如，前灯的透镜是用玻璃制造的，聚光罩是用钢板经冲压和电镀制成的；发动机罩、顶盖、车门、翼子板、保险杠都是用钢板经冲压制成的；前窗玻璃和侧窗玻璃均为强化玻璃；座垫的缓冲垫采用尿烷泡沫，座垫套则采用乙烯或纺织品；轮胎采用合成橡胶；车轴是由钢经锻造、热处理和切削加工等工艺制成的。

图 1　轿车

2. 机械制造系统与机械制造过程简介

制造业是通过制造过程，将制造资源（物料、能源、设备工具、资金、技术、信息和人力等）转化为可供人们使用或利用的工业品或生活消费品的行业。

制造系统是由制造过程及其所涉及的硬件（包括物料、设备、工具和能源等）、软件（包括制造理论、制造工艺和制造信息等）和人员组成的一个将制造资源转变为产品的有机整体。

机械制造系统是一种典型的、具体的制造系统，它具有制造系统所具有的一切基本特性。其组成如图2所示。

机械制造过程如图3所示，它是一个由资源向产品或零件的转变过程。

长期以来，人们习惯于孤立地分别研究机械制造过程中所涉及的各种问题，在改进机床、工具和制造工艺等方面取得了长足的进步，也成功地应用于大批量生产。但是，在如何大幅度提高小批量生产的生产率方面，由于各种因素非常复杂，长期未能取得大的突破。直至20世纪 60 年代末期,人们才开始运用系统的观点来认识和分析机械制造的全过程,并运用系统工程的理论和方法,根据机械制造系统的目的,从整体与部分、部分与部分、整体与外部环境之间的相互联系、相互作用及相互制约的关系中,综合、准确地分析和研究制造系统,逐步获得了技术先进、经济合理、效率较高、整体协调运转的最佳效果。

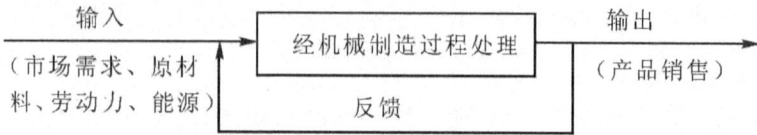

图 2 机械制造系统

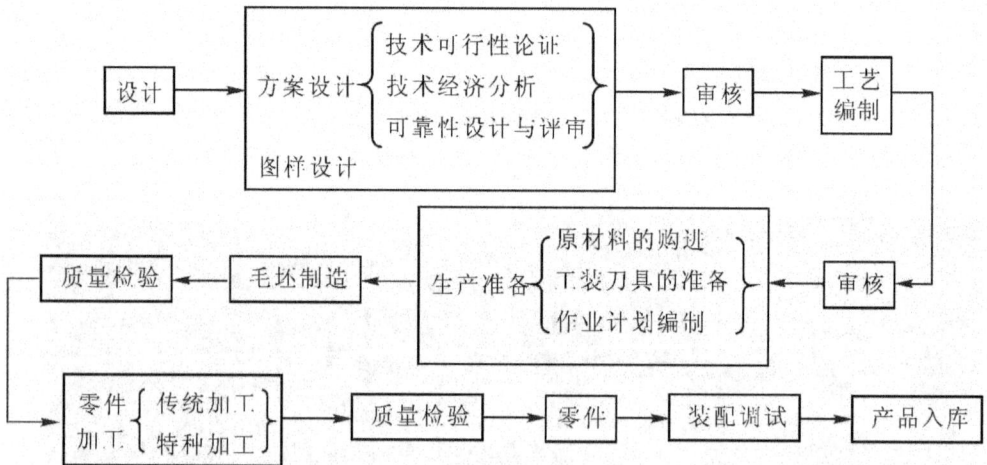

图 3 机械制造过程

3. 材料应用与机械制造技术发展史

材料是人类文明的物质基础。材料的发现和广泛应用以及材料加工工艺的进步是推动人类社会发展的动力。正因为如此,人们通常将材料作为划分时代的标志,即将人类社会划分为石器时代、青铜器时代和铁器时代。

(1)材料应用与机械制造技术发展简史。从古猿到原始人的漫长进化过程中,石器一直是人类使用的主要工具(除石器外,当然也应该有木器、竹器、骨器等,但都没有能像石器化石那样耐久而保留至今)。最初使用的是天然石块,以后慢慢学会了用石头相互撞击来制造简单工具,这在人类历史上经历了大约 200 万年的漫长岁月。后来逐步发展到磨制石器,按需要对石器进行磨光、磨尖、钻孔等,从而制作出石刀、石矛、石镰等精巧石器。大约距今 15 000 年,才开始出现复合工具,即将石斧、石刀、石镰等安装在木制、竹制或骨制的把柄上,特别是选择合适的木料和动物筋腱制成了弓、箭、弦等更加复杂的狩猎工具,使人类进入了新石器时代。

大约 50 万年前,人类学会了用火,到原始社会末期,人类的祖先开始用火烧制陶器。原始的制陶技术起源于旧石器末期,到新石器时代已相当发达。人类在利用火的时候,观察到泥土被火烘烤后变干、变硬的现象,于是在竹制或木制的容器外面涂上一层黏土后放到火上去烧烤,后来发现成形的黏土不用内部容器也可以当做容器。制陶是人类第一次对材料的加工超出了仅仅改变材料几何形状的范围,开始能够改变材料的物理和化学性能,通过复杂的工艺过程,创造出自然界所没有的人工材料;同时对材料的加工也不仅仅是利用人的体力,而是利用了火这种自然力。因此,制陶是古代材料应用及其加工技术的一大重要进步。

人类在烧制陶器的过程中发明了冶铜术,后来又发现把锡矿石加到红铜中一起冶炼,制成的材料更加坚韧耐磨,这就是青铜,从而使人类于公元前5 000年进入青铜器时代。青铜器的出现在人类技术发展史上具有重要意义。

大约在公元前1200年,人类进入铁器时代。冶铁技术和铁器的发明是古代材料技术最重大的成就。最先掌握的是铸铁冶炼术,后来炼钢工业迅速发展,成为18世纪产业革命的重要内容和物质基础。

1775年,英国人约翰·威尔金森(John Wilkinson)成功发明了世界上第一台真正的镗床,而英国著名的发明家詹姆斯·瓦特(James Watt,1736—1819年)利用威尔金森的镗床加工出在当时来说高精度的蒸汽机汽缸,从而推动了第一次工业革命的诞生,也标志着人类用机器代替手工的机械化进入了新的发展时期。

随后相继出现了各种类型的金属切削机床和刀具,以及自动线、加工中心、数控系统和无人化全自动工厂。

(2)我国古代在材料和机械制造方面的辉煌成就。古老的中华民族在材料的应用和机械制造技术方面有过辉煌的成就。新石器时代的仰韶文化和龙山文化时期,我们的祖先已经能在氧化性窑中950℃温度下烧制红陶;在还原性炉气中1 050℃下烧制薄胎黑陶与白陶。3 000多年前的殷、周时期,我们祖先已经发明了釉陶,炉窑温度提高到1 200℃。东汉时期出现了瓷器,并于9世纪传至非洲东部和阿拉伯世界,13世纪传至日本,15世纪传至欧洲,使瓷器成为中国文化的象征,对世界文明产生了极大的影响。

我国在夏(公元前2140年开始)以前就掌握了青铜冶炼术,虽然晚于古埃及和西亚一些国家,但发展很快。到距今3 000多年的殷商、西周时期,我国的青铜冶炼技术已达到当时世界领先水平,青铜已广泛用于制造各种工具、兵器、食器和祭器等。1939年河南安阳出土的晚商遗址中的"司母戊"大方鼎,如图4所示,其造型高大厚重,气势雄伟,纹饰华丽,工艺高超,质量达875 kg,外形尺寸为133 cm×78 cm×110 cm,是迄今为止世界上最古老的大型青铜器。1965年,从湖北江陵楚墓中发掘出的两把越王勾践的宝剑,如图5所示,长55.6 cm,在地下埋藏2 000多年仍然金光闪闪,锋利无比,是古代青铜器的杰作。1980年在陕西临潼秦始皇陵墓附近出土的2 000多年前的大型彩绘铜车马两组,如图6所示。每车四马,由一名御官俑驾驶,大小约为真实车、马、人的一半,结构精细,形态逼真;每辆铜车马由3 400多个零部件组成,总质量为1 241 kg;材料以青铜为主,并配有金银饰品,综合了铸造、焊接、凿削、研磨、抛光以及各类联结等多种工艺技术,达到了非常高的水平。特别是一、二号车的伞盖,其厚度仅0.1~0.4 mm,而面积分别为1.12 m² 和2.3 m²,整体铸造一次成形,即使在今天,要铸成这么大而薄、均匀呈穹隆形的铜件也非易事。至今,铜车马上的各种链条仍转动灵活,门、窗开闭自如,牵动辕衡,仍能载舆行使。秦陵铜车马被誉为中国古代的"青铜之冠"。其加工工艺之复杂,制作技术之精湛,充分反映了我国劳动人民对古代人类文明所做的巨大贡献。

术、绿色加工技术等都已经得到快速发展。

随着全球经济竞争越来越激烈,21世纪制造业在柔性化、自动化、敏捷化、虚拟化等基础上,趋于以下几个发展方向:

(1)网络化。制造业随着经济的全球化也开始步入全球的一体化。从采购、设计到制造加工,再到销售,已不再局限于某个企业、某个集团或是某个国家。地域的分散性,必将给企业的经营和管理带来诸多不便,随之而来的是制造成本的增加。随着网络通信技术的迅速发展和普及,企业可以通过制造的网络化,有效组织管理分散在各地的制造资源。另外,制造企业也可以基于网络实现世界范围内的动态联盟。这些都属于虚拟市场,基于信息化与虚拟化技术的进一步延伸。

(2)集成化。制造业已不再局限于先进的制造加工技术,而应是集机械、电子、光学、信息、材料、能源、环境、现代管理等最新成就为一体的新兴技术。各个专业、学科间应不断渗透、交叉、融合,使技术趋于系统化、集成化。同时,为了更大限度地实现信息资源共享与优化,企业内部及企业之间也应该实现集成化。

(3)绿色化。大批量的生产模式是以消耗资源为代价的,而由此造成的资源枯竭和环境污染等问题已向人们敲响了警钟。最有效地利用资源和最低限度地产生废弃物,是当前全球环境问题的治本之道,也是制造业探索更清洁、更优良的制造模式的重要方向。即通过绿色生产过程、绿色设计、绿色材料、绿色设备、绿色工艺、绿色包装、绿色管理等生产出绿色产品,产品使用完以后再通过绿色处理加以回收利用。

(4)极端化。"极"是前沿科技发展的焦点,即能在高温、高压、高湿、强腐蚀等条件下工作的,或有高硬度、大弹性要求的,或在几何形体上极大、极小、极厚、极薄的制造技术或产品。

(5)智能化。智能化是先进制造技术自动化的深度延伸。随着计算机技术的不断发展,制造业不仅要实现物资流控制的传统体力劳动自动化,还包括信息流控制的脑力劳动的自动化,从而实现在制造诸环节中,以一种高度柔性与集成的方式,借助计算机模拟的人类专家的智能活动,进行分析、判断、推理、构思和决策,取代或延伸制造环境中人的部分脑力劳动。

5.机械制造基础课程的性质、目的及任务

(1)课程性质。机械制造基础课程是一门研究机器零件的常用材料和制造工艺方法,即从选择材料,制造毛坯,直到加工出零件的综合性课程。它是高等学校机械类专业学生必修的技术基础课。本课程由工程材料、材料成形工艺基础和机械制造工艺基础三个模块组成。

(2)课程目的。学生在工程训练的基础上,通过本课程的学习,获得常用工程材料及零件加工工艺的知识,培养工艺分析的初步能力及创新意识,并为学习其他有关课程及以后从事机械设计和制造工作奠定必要的基础。

(3)课程任务。

1)掌握常用工程材料的种类、成分、组织、性能和改性方法,具有选用工程材料的初步能力。

2)掌握常规与先进制造技术的基本原理和工艺特点,具有进行工艺分析及选择毛坯、零件加工方法的初步能力。

3)具有综合运用工艺知识,分析零件结构工艺性的初步能力。

4)了解制造工艺系统,具有制造工艺系统的初步分析能力。

5)了解与本课程有关的新材料、新工艺、新技术及其发展趋势,建立现代制造工程的概念。

第1章

工程材料导论

1.1 工程材料的种类与性能

1.1.1 工程材料的种类

工程材料是指具有一定性能,在特定条件下能够承担某种功能、被用来制造零件和工具的材料。工程材料种类繁多,常见分类方法如图1-1所示。

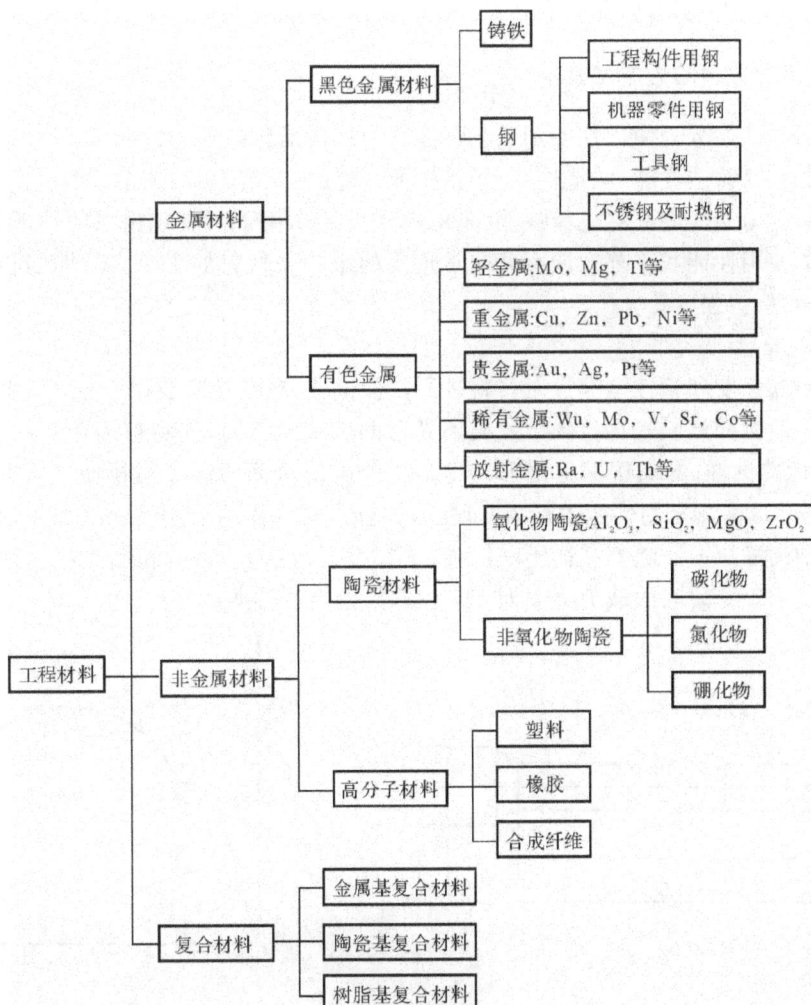

图1-1 工程材料的分类

工程材料按成分分类可分为金属材料、非金属材料和复合材料。金属是工业中应用广泛的材料,其中钢铁的用量最大。一般金属具有优良的工艺性能和力学性能。在非金属材料中,合成高分子材料,特别是塑料的使用广泛;而陶瓷具有高硬度、耐高温、耐腐蚀、绝缘的特点,主要用于化工设备、电器绝缘件、机械加工刀具、发动机耐热元件等。复合材料是指由两种或两种以上物理和化学性能不同的物质组成的材料。复合材料一般综合了各组分材料的优良性能,在生活用品、机器制造等各个领域已得到广泛应用。

工程材料按用途分类可分为结构材料(如机械零件、工程构件等)、工具材料(如量具、刃具、模具等)和功能材料(如磁性材料、超导材料等)。

工程材料按领域分类可分为机械工程材料、建筑工程材料、能源工程材料、信息工程材料和生物工程材料。

工程材料种类繁多、性能各异,能符合设计者主要性能要求的材料是最合适的材料。例如,钢材具有较高的强度、较好的塑性,常用于制造受力的普通机器零件,但制造飞机的结构件,那就不合适,这时选用质轻的铝合金或钛合金等复合材料更合适;在高温环境下最好选用高熔点的陶瓷材料;塑料具有良好的耐腐蚀性,可用在需要抗大气腐蚀的地方,但大多数塑料暴露在阳光下会严重老化,因此若需在室外长期使用,选用塑料就不太合适。

1.1.2 工程材料的力学性能

工程材料的性能分为使用性能和工艺性能。使用性能包括物理性能、化学性能、力学性能等。工艺性能包括铸造性能、锻造性能、焊接性能、热处理性能、切削加工性能等。

工程材料的力学性能又称机械性能,是材料在力的作用下所表现出来的性能。力学性能对工程材料的使用性能和工艺性能有着非常重要的影响。材料的主要力学性能包括强度、塑性、硬度、韧性、疲劳强度等。

1. 强度和塑性

工程材料的强度和塑性是通过对材料进行拉伸试验,获得试验数据后经计算测定出来的。

金属材料的拉伸试验是在拉伸试验机上进行的。试验之前,先将被测金属材料制成如图 1-2 所示的标准试样(参见国家标准 GB/T 228—2002《金属材料室温拉伸试验方法》),图中 d_0 为试样直径,l_0 为测定塑性用的标距长度。试验时,在试样两端缓慢地施加轴向拉伸载荷,使试样承受轴向静拉力。随着载荷不断增加,试样被逐步拉长,直到拉断。在拉伸过程中,试验机将自动记录每一瞬间的载荷 F 和伸长量 Δl,并绘出拉伸曲线。

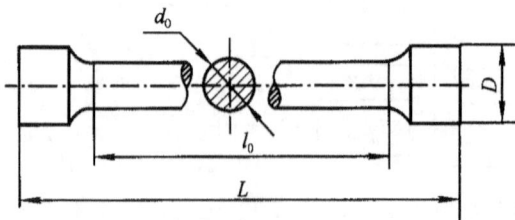

图 1-2 拉伸试样

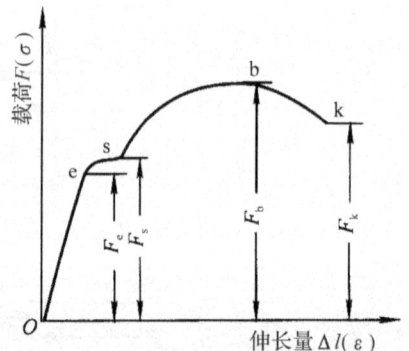

图 1-3 低碳钢的拉伸曲线

如图 1-3 所示为低碳钢的拉伸曲线。由图可见,在开始的 Oe 阶段,载荷 F 与伸长量 Δl 为线性关系,并且,去除载荷,试样将恢复到原始长度。在此阶段试样的变形称为弹性变形。载荷超过 F_e 之后,试样除发生弹性变形外还将发生塑性变形。此时,载荷去除后试样不能恢复到原始长度,这是由于其中的塑性变形已不能恢复,形成了永久变形的缘故。在载荷增大到 F_s 之后,拉伸图上出现了水平线段,这表示载荷虽未增加,但试样继续发生塑性变形而伸长,这种现象称为"屈服",s 点称为屈服点。当载荷超过 F_b 以后,试样上某部分开始变细,出现了"缩颈",由于其截面缩小,使继续变形所需载荷下降。载荷到达 F_k 时,试样在缩颈处断裂。

为使曲线能够直接反映出材料的力学性能,可用应力 σ(试样单位横截面上的拉力),代替载荷 F,以应变 ε(试样单位长度上的伸长量)取代伸长量 Δl。由此绘成的曲线,称做应力-应变曲线($\sigma-\varepsilon$ 曲线)。$\sigma-\varepsilon$ 曲线和 $F-\Delta l$ 曲线形状相同,仅是坐标的含义不同。

(1)强度(strength)。强度是材料在力的作用下,抵抗塑性变形和断裂的能力。强度有多种判据,工程上以屈服强度和抗拉强度最为常用。

1)屈服强度(yielding strength)。它是指拉伸试样产生屈服现象时的应力,以 σ_s 表示,单位是 MPa 或 kN/mm^2。它可按下式计算:

$$\sigma_s = \frac{F_s}{A_0} \quad MPa$$

式中　F_s——试样发生屈服时所承受的最大载荷,单位为 N;

　　　A_0——试样原始截面积,单位为 mm^2。

对于许多没有明显屈服现象的金属材料,如高碳钢等,工程上规定以试样产生 0.2% 的微量塑性变形时的应力,作为该材料的屈服强度,用 $\sigma_{0.2}$ 表示。

影响屈服强度的内在因素有结合键、组织、结构、原子本性。如将金属的屈服强度与陶瓷、高分子材料比较,可看出结合键的影响是根本性的。从组织结构的影响来看,有五种强化途径影响金属材料的屈服强度,分别为固溶强化、形变强化、细晶强化、相变强化和晶界强化。它们都是工业生产中提高材料屈服强度的最常用的手段。

影响屈服强度的外在因素有温度、应变速率、应力状态。随着温度的降低与应变速率的增高,材料的屈服强度升高,尤其是体心立方晶格的金属对温度和应变速率特别敏感,这导致了钢的低温脆化。应力状态的影响也很重要。虽然屈服强度是反映材料的内在性能的一个本质指标,但应力状态不同,屈服强度值也不同。通常,材料的屈服强度一般是指在单向拉伸时的屈服强度。

屈服强度不仅有直接的使用意义,在工程上也是材料的某些力学行为和工艺性能的大致度量标准。例如,材料屈服强度高,对应力腐蚀和氢脆就敏感;材料屈服强度低,冷加工成形性能和焊接性能就好;等等。因此,屈服强度是材料性能中不可缺少的重要指标。

2)抗拉强度(tensile strength)。它是指金属材料在被拉断前所能承受的最大应力,以 σ_b 表示,单位是 MPa 或 kN/mm^2。它可按下式计算:

$$\sigma_b = \frac{F_b}{A_0} \quad MPa$$

式中　F_b——试样在拉断前所承受的最大载荷,单位为 N;

　　　A_0——试样原始截面积,单位为 mm^2。

屈服强度 σ_s 和抗拉强度 σ_b 在选择、评定金属材料及设计机械零件时具有重要意义。由于机器零件或构件工作时，通常不允许发生塑性变形，因此多以 σ_s 作为强度设计的依据。对于脆性材料，因断裂前基本不发生塑性变形，故无屈服点可言，在计算强度时，则以 σ_b 为依据。

（2）塑性（ductility）。塑性是指金属材料产生塑性变形而不被破坏的能力，通常以延伸率 δ 来表示。

$$\delta = \frac{l_1 - l_0}{l_0} \times 100\%$$

式中　l_0——试样原始标距长度，单位为 mm；

　　　l_1——试样拉断后的标距长度，单位为 mm。

必须指出，延伸率的数值与试样尺寸有关，因而试验时应对所选定的试样尺寸作出规定，以便进行比较。

金属材料的塑性也可用断面收缩率 φ 表示。

$$\varphi = \frac{A_0 - A_1}{A_0} \times 100\%$$

式中　A_0——试样的原始截面积，单位为 mm^2；

　　　A_1——试样拉断后，断口处截面积，单位为 mm^2。

δ 和 φ 值愈大，材料的塑性愈好。良好的塑性不仅是金属材料进行轧制、锻造、冲压、焊接的必要条件，而且在使用时万一超载，由于产生塑性变形的原因，能够避免突然断裂。

2. 硬度

硬度（hardness）是衡量工程材料软硬程度的一项重要的性能指标。它既可理解为是材料抵抗弹性变形、塑性变形或破坏的能力，也可表述为材料抵抗残余变形和反破坏的能力。硬度不是一个简单的物理概念，而是材料弹性、塑性、强度和韧性等力学性能的综合指标。

硬度直接影响到材料的耐磨性及切削加工性，因为机械制造中的刃具、量具、模具及工件的耐磨表面都应具有足够高的硬度，才能保证其使用性能和寿命。若所加工的金属坯料的硬度过高，则给切削加工带来困难。显然，硬度也是重要的力学性能指标，应用十分广泛。

硬度试验根据其测试方法的不同可分为静压法（如布氏硬度、洛氏硬度、维氏硬度等）、划痕法（如莫氏硬度）、回跳法（如肖氏硬度）及显微硬度、高温硬度等多种方法。

金属材料的硬度是在硬度计上测定的。常用的有布氏硬度、洛氏硬度及维氏硬度等。

（1）布氏硬度（HB）。布氏硬度（Brinell Hardness）的测试原理如图 1-4 所示。以直径为 D 的淬火钢球或硬质合金球为压头，在载荷 F 的静压力下，将压头压入被测材料的表面（见图 1-4(a)），停留数十秒后，卸去载荷（见图 1-4(b)）。然后，采用带刻度的专用放大镜测出压痕直径 d，并依据 d 的数值从专门的硬度表格中查出相应的硬度（HB）值。

布氏硬度计的压头直径有 $\phi 10$ mm，$\phi 5$ mm，$\phi 2.5$ mm 三种，而载荷有 30 000N，7 500N，1 870N 等数种，供不同材料和不同厚度试样测试时选用。

布氏硬度法因压痕面积较大，其硬度值比较稳定，故测试数据重复性好，准确度较洛氏硬度法高。缺点是测量费时，且因压痕较大，不适于成品检验。由于测试过硬的材料可导致钢球的变形，因此布氏硬度通常用于硬度（HB）值小于 450 的材料，如灰铸铁、非铁合金及较软的钢材。随着科技的进步，新型布氏硬度计设计有硬质合球压头，从而可用于测试淬火钢等较硬金属的硬度，使布氏硬度法的适用范围扩大。

为了区别不同压头测出的硬度值，将钢球压头测出的硬度值标以符号 HBS，而将硬质合金球压头测出的硬度值标以 HBW。

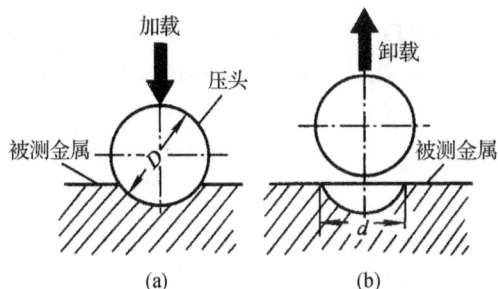

图 1-4　布氏硬度测试原理

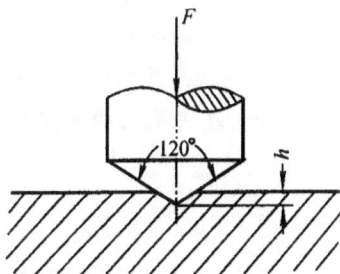

图 1-5　洛氏硬度测试原理

（2）洛氏硬度（HR）。洛氏硬度（Rockwell Hardness）的测试原理是以顶角为 120°的金刚石圆锥体为压头，在规定的载荷下，垂直地压入被测金属表面，卸载后依据压入深度 h，由刻度盘上的指针直接指示出洛氏硬度（HR）值（见图 1-5）。

为了使洛氏硬度计能够测试从软到硬各种材料的硬度，其压头及载荷可以变更，而刻度盘上也有三个不同的硬度标尺。

最常用标尺是 HRC、HRB、HRF 和 HRA。其中 HRC 标尺用于测试淬火钢、回火钢、调质钢和部分不锈钢，这是金属加工行业应用最多的硬度试验方法。HRB 标尺用于测试各种退火钢、正火钢、软钢、部分不锈钢及较硬的铜合金。HRF 标尺用于测试纯铜、较软的铜合金和硬铝合金。HRA 标尺尽管也可用于大多数黑色金属，但是实际应用上一般只限于测试硬质合金和硬而薄的钢带材料。

洛氏硬度的测试方法简单，测试迅速，不损坏被测零件，因压痕小，可用于成品检验。同时，硬度和强度间有一定换算关系（可参阅有关手册），故在零件图的技术条件中，通常标注出洛氏硬度要求。它的缺点是测得的硬度值重复性较差，这对存有偏析或组织不均匀的被测金属尤为明显，为此，必须在不同部位测量数次。

（3）维氏硬度（HV）。维氏硬度（Vickers Hardness）也是一种表示材料硬度的标准，20 世纪 20 年代初，由英国科学家维克斯（Vickers）首先提出。该硬度的测试方法是施加一定的负荷，将相对面夹角为 136°的方锥形金刚石压入材料表面，保持规定时间后，测量压痕对角线长度，再按公式来计算硬度的大小。

维氏硬度的优点是：硬度值与压头大小、负荷值无关；无须根据材料软硬变换压头；正方形的压痕轮廓边缘清晰，便于测量。

计算公式为

$$H_v = 18.173 \frac{P}{d^2} \quad \frac{\text{kg}}{\text{mm}^2}$$

式中　P——载荷，单位为 kg；

d——压痕对角线长度，单位为 mm。

维氏硬度计测量范围宽广，可以测量目前工业上几乎全部金属材料，从很软的材料（几个维氏硬度单位）到很硬的材料（3 000 个维氏硬度单位）都可测量。

3. 韧性

工程材料断裂前吸收的变形能量称为韧性（toughness）。韧性的常用指标为冲击韧度。

冲击韧度通常采用摆锤式冲击试验机测定。测定时，一般是将带缺口的标准冲击试样（参见 GB/T 229—2007）放在试验机上，然后用摆锤将其一次冲断，并以试样缺口处单位截面积上所吸收的冲击功表示其冲击韧度，即

$$a_k = \frac{A_k}{A} \quad J/cm^2$$

式中　　a_k —— 冲击韧度（冲击值）；

　　　　A_k —— 冲断试样所消耗的冲击功，单位为 J；

　　　　A —— 试样缺口处的截面积，单位为 cm^2。

对于脆性材料（如铸铁、淬火钢等）的冲击试验，试样一般不开缺口，因为开缺口的试样冲击值过低，难以比较不同材料冲击性能的差异。

a_k 值的大小取决于材料的性质及其状态，同时与试样的形状、尺寸、表面粗糙度、内部组织、试验时的环境温度等有很大关系。a_k 值对材料的内部结构缺陷、显微组织的变化很敏感，如夹杂物、偏析、气泡、内部裂纹、钢的回火脆性、晶粒粗化等都会使测得的 a_k 值明显降低；同种材料的试样，缺口越深、越尖锐，缺口处应力集中程度越大，越容易变形和断裂，冲击功越小，材料表现出来的脆性越高。因此不同类型和尺寸的试样，其 a_k 值不能直接比较。冲击试验是生产上用来检验冶炼、热加工、热处理等工艺质量的有效方法。

在日常使用中，承受冲击载荷的机器零件，很少是在大能量下一次冲击而破坏的，而大多是受到小能量多次重复冲击而破坏的，如连杆、曲轴、齿轮等。因此，在大能量、一次冲断条件下来测定冲击韧度，虽然方法简便，但对大多数在工作中承受小能量重复冲击的机件来说就不一定适合。不过试验研究表明：在冲击载荷不太大的情况下，金属材料承受多次重复冲击的能力，主要取决于强度，而不要求过高的冲击韧度。例如，用球墨铸铁制造的曲轴，只要强度足够，其冲击韧度达到 $8\sim15$ J/cm^2 时，就能获得满意的使用性能。

4. 疲劳强度

机械上的许多零件，如曲轴、齿轮、连杆、弹簧等是在周期性或非周期性动载荷（称为疲劳载荷）的作用下工作的。这些承受疲劳载荷的零件发生断裂时，其应力往往大大低于该材料的强度极限，这种断裂称为疲劳断裂。

金属材料所承受的疲劳应力（σ）与其断裂前的应力循环次数（N），具有如图 1-6 所示的疲劳曲线关系。在应力下降到某值之后，疲劳曲线成为水平线，这表示该材料可经受无数次应力循环而仍不发生疲劳断裂，这个应力值称为疲劳极限或疲劳强度，亦即金属材料在无数次循环载荷作用下不致引起断裂的最大应力。当应力按正弦曲线对称循环时，疲劳强度以符号 σ_{-1} 表示。

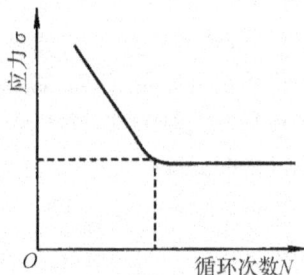

图 1-6　疲劳曲线

由于实际测试时不可能做到无数次应力循环，故规定各种金属材料应有一定的应力循环基数。如钢材以 10^7 为基数，即钢材的应力循环次数达到 10^7 仍不发生疲劳断裂，就认为不会再发生疲劳断裂了。对于非铁合金和某些超高强度钢，则常以 10^8 为基数。产生疲劳断裂的原因，一般认为是由于材料

含有杂质、表面划痕及其他能引起应力集中的缺陷,导致产生微裂纹。这种微裂纹随应力循环次数的增加而逐渐扩展,致使零件有效截面逐步缩减,直至不能承受所加载荷而突然断裂。

为了提高零件的疲劳强度,除应改善其结构形状、减少应力集中外,还可采取表面强化的方法,如提高零件的表面质量、喷丸处理、表面热处理等。同时,应控制材料的内部质量,避免气孔、夹杂等缺陷。

疲劳破坏是机械零件失效的主要原因之一。据统计,在机械零件失效中大约有 80% 以上属于疲劳破坏,而且疲劳破坏前没有明显的变形,因此疲劳破坏经常造成重大事故。通常对于轴、齿轮、轴承、叶片、弹簧等承受交变载荷的零件要选择疲劳强度较好的材料来制造。

在材料的疲劳现象未被认识之前,机械设计只考虑静强度,而不考虑应力变化对零件寿命的影响。这样设计出来的机械产品经常在运行一段时期后,经过一定次数的应力变化循环而产生疲劳,致使突然发生脆性断裂,造成灾难性事故。因此,应用疲劳强度设计能保证机械在给定的寿命内安全运行。

1.1.3　材料的物理性能

材料的物理性能主要有密度(体密度、面密度、线密度)、黏度(黏度系数)、粒度、熔点、沸点、凝固点、燃点、闪点、热传导性能(比热,热导率,线膨胀系数)、电传导性能(电阻率、电导率、电阻温度系数)、磁性能(磁感应强度、磁场强度、矫顽力、铁损)等。由于机器零件的用途不同,对其物理性能的要求也有所不同。例如,飞机零件常选用密度小的铝、镁、钛合金来制造;设计电机、电器零件时,常要考虑金属材料的导电性等。

材料的品种繁多,又具有不同的性能,工程实际中往往根据材料的用途、零件的工作条件和失效分析选取材料的某些性能作为使用的依据。其中材料的物理化学性能是材料被选用的重要依据。

1. 密度

密度是指材料单位体积的质量。密度是物质的一种特性,它只与物质的种类有关,与质量、体积等因素无关,不同的物质,密度一般是不相同的,同种物质的密度则是相同的。材料的密度直接关系到产品的总质量和效能。对于航空、交通等工业产品往往要求质量轻、强度高的材料,如钛合金在航空、航天工业上,铝合金和高分子材料及复合材料在交通工业上都得到了广泛的应用。

密度在生产技术上的应用,可从以下几个方面反映出来。

(1)可鉴别组成物体的材料。

(2)可计算物体中所含各种物质的成分。

(3)可计算某些很难称量的物体的质量。

(4)可计算形状比较复杂的物体的体积。

(5)可判定物体是实心还是空心。

(6)可计算液体内部压强以及浮力等。

例如,工厂在铸造金属零件之前,需要知道熔化多少金属,就可以根据铸模的容积和金属的密度计算出需要的金属量。另外,对于鉴别未知物质,密度也是一个重要的依据。由此可见,密度在科学研究和生产生活中有着广泛的应用。

常用金属的物理性能见表 1-1。一般将密度小于 5×10^3 kg/m³ 的金属称为轻金属,如铝、钛等;密度大于 $5 \times 10^3 \ kg/m^3$ 的金属称为重金属。材料抗拉强度 σ_b 与密度 ρ 之比称为比强度;弹性模量 E 与相对密度 ρ 之比称为比弹性模量,这两者也是材料性能的重要指标。

表 1-1 常用金属的物理性能

金属名称	符号	密度 ρ $(kg \cdot m^{-3}) \times 10^3$ (20℃)	熔点 ℃	热导率 λ $W \cdot (m \cdot K)^{-1}$	线膨胀系数 α_e $K^{-1} \times 10^{-6}$ (0~100℃)	电阻率 $(\Omega \cdot m) \times 10^{-8}$ (0℃)
银	Ag	10.49	960.8	418.6	19.7	1.65
铝	Al	2.698	660.1	221.9	23.6	2.83
铜	Cu	8.96	1 083	393.5	17	1.75
铬	Cr	7.19	1 903	67	6.2	12.9
铁	Fe	7.84	1 538	75.4	11.76	9.78
镁	Mg	1.74	650	153.7	24.3	4.47
锰	Mn	7.43	1 244	4.98	37	185
镍	Ni	8.90	1 453	92.1	13.4	6.84
钛	Ti	4.508	1 677	15.1	8.2	47.8
锡	Sn	7.298	231.9	62.8	2.3	11.5
钨	W	19.3	3 380	166.2	4.6(20℃)	5.48

2.熔点

熔点是固体将其物态由固态转变(熔化)为液态的温度,也就是材料的熔化温度。进行相反动作(即由液态转为固态)的温度,称之为凝固点。与沸点不同的是,熔点受压力的影响很小。而大多数情况下一个物体的熔点就等于凝固点。物质有晶体和非晶体,晶体有熔点,而非晶体则没有熔点。

金属都有固定的熔点,取决于它的化学成分,对于金属和合金的冶炼、铸造和焊接等都要利用这个性能。熔点低的金属称为易熔金属(如 Sn,Pb 等),可用来生产保险丝、焊丝等。熔点高的金属称为难熔金属或耐热金属(如 W,Mo 等),可用来生产高温零件,如燃气轮机转子等。

陶瓷的熔点一般都高于常规的金属和合金的熔点,加上其具有良好的绝缘性,所以在一些要求高温绝缘的机器零件中一直得到很好的应用,如用于制造汽车火花塞、高压开关等。

3.热膨胀性

热膨胀性是材料受热后的体积膨胀,通常用线性膨胀系数表示。对于三维的具有各向异性的物质,有线膨胀系数和体膨胀系数之分,如石墨结构具有显著的各向异性,因而石墨纤维线膨胀系数也呈现出各向异性,表现为平行于层面方向的热膨胀系数远小于垂直于层面方向。对精密仪器或机器的零件,特别是高精度配合零件,热膨胀系数(thermal expansion)就是其在使用中的一个尤为重要的性能参数。如发动机活塞与缸套的材料就要求两种材料的膨胀量尽可能接近,否则将影响密封性。一般情况下,陶瓷材料的热膨胀系数较低,金属次之,而高分子材料最大。工程上有时也利用不同材料的膨胀系数的差异制造一些控制部件,如电热式仪表的双金属片等。

4.导电性

材料传导电流的能力称为导电性(electric conductivity),一般用电阻率表示。按物质是否具有电传导性,可把物质分为导体、半导体和绝缘体。金属一般都具有良好的导电性,Ag

的导电性最好,Cu 和 Al 次之。由于价格因素,导线主要用 Cu 或 Al 制造。合金的导电性一般比纯金属差,所以用镍铬合金、铁锰铝合金等制作电阻丝。

导电性与环境的温度也有关系。一般情况下金属的电阻率随温度的升高而增加,而非金属材料的电阻率则随温度升高而变小。高分子材料一般都是绝缘体,但有的高分子复合材料也具有良好的导电性,正像陶瓷材料一样,一般都是良好的绝缘体,但有些特殊成分的陶瓷却是具有一定导电性的半导体。

一般情况下,金属的电阻率较小,合金的电阻率较大,非金属和一些金属氧化物更大,而绝缘体的电阻率极大。Ge,Si,Se,CuO,B 等的电阻率比绝缘体小而比金属大,把这类材料叫做半导体(semiconductors)。

工业领域常用来制造导线的,几乎都是 Cu(精密仪器,特殊场合除外)。Al 线由于化学性质不稳定容易氧化已被淘汰。由于 Al 密度小,取材广泛,且价格比 Cu 便宜,目前被广泛用于电力系统中传输电力的架空输电线路。为解决铝材刚性不足的缺陷,一般采用钢芯铝绞线,即铝绞线内部包有一根钢线,以提高强度。Ag 导电性能最好,但由于成本高而很少被采用,只有在高要求场合才被使用,如精密仪器、高频振荡器、航天领域等。然而,在某些特殊场合的仪器上,触点也有用 Au 的,那是因为 Au 的化学性质稳定,并不是因为其电阻率小。

5. 导热性

材料热传导的能力称为导热性(thermal conductivity),一般用热导率表示。材料的热导率大,说明导热性好。金属中导热性以 Ag 最好,Cu 和 Al 次之。纯金属的导热性比合金好,而合金又比非金属好。导热性能好的物体,往往吸热快,散热也快。

一般地,导电性好的材料,其导热性也好。若某些零件在使用中需要大量吸热或散热时,则要用导热性好的材料。如凝汽器中的冷却水管常用导热性好的铜合金制造,以提高冷却效果。

在制定焊接、铸造、锻造和热处理等金属热加工工艺时就必须考虑其导热性,从而防止材料在加热或冷却过程中,由于表面与内部具有较大温差,而产生内应力,造成变形或开裂。例如,高速钢的导热性较差,锻造时应采用低的速度来加热升温,否则容易产生裂纹。而材料的导热性对切削刀具的温升有很大影响。导热性好的材料散热性也好,利用这个性能可制作热交换器、散热器等器件。相反,利用导热性较差的材料可制作保温部件。

6. 磁性

材料能导磁的性能叫磁性。物质的磁性可以分为抗磁性、顺磁性、铁磁性、反铁磁性和亚铁磁性。磁性材料可分软磁材料和硬磁材料。软磁材料容易磁化,导磁性良好,但当外磁场去掉后,磁性基本消失,如硅钢片等;硬磁材料具有外磁场去掉后,保持磁场,磁性不易消失的特点,如稀土钴等。许多金属都具有较好的磁性,如 Fe,Ni,Co 等。也有许多金属是无磁性的,如 Al,Cu 等。非金属材料一般无磁性。

磁性材料的应用很广泛,可用于电声、电信、电表、电机中,还可做记忆元件、微波元件等,可用于记录语言、音乐、图像信息的磁带、计算机的磁性存储设备、乘客的乘车卡和票价结算的磁性卡等。

7. 光学性能

材料对光的辐射、吸收、透射、反射和折射以及荧光性等都属光学性能。金属对光具有不透明性和高反射率,而陶瓷材料、高分子材料反射率均较小。某些材料通过激活剂引发荧光

能较好。

在设计零件和选择工艺方法时,都要考虑金属材料的工艺性能。例如,灰铸铁的铸造性能优良,是其广泛用来制造铸件的重要原因,但它的可锻性极差,不能进行锻造,其焊接性也较差。又如,低碳钢的焊接性优良,而高碳钢则很差,因此焊接结构广泛采用低碳钢。

1.2 铁碳合金

铁碳合金 (Iron-carbon alloy)就是在工业领域应用广泛的碳钢和铸铁,含 C 质量分数低于2.11%的铁碳合金称为碳钢,含 C 质量分数高于 2.11%的铁碳合金称为铸铁。在碳钢和铸铁中除 C 之外,还含有 Si,Mn,S,P,N,H,O 等一些杂质,这些杂质是在冶炼过程中由生铁、脱氧剂和燃料等带入的。这些杂质的存在对钢铁的性能产生一定的影响。

钢铁材料适用范围广阔的原因,首先在于可用的成分跨度大,从近于无碳的工业纯铁到含 C 质量分数 4%左右的铸铁,在此范围内合金的相结构和微观组织都有很大的变化;另外,还在于可采用各种热加工工艺,尤其金属热处理技术,大幅度地改变某一成分合金的组织,从而可以改善其性能。

1.2.1 纯铁的晶体结构及其同素异构转变

自然界中大多数金属结晶后晶格类型都不再变化,但少数金属,如 Fe,Mn,Co 等,在结晶过程中,随着温度或压力的变化,晶格会有所不同。在固态下,金属晶格类型随温度(或压力)变化的特性为同素异构转变,如图 1-7 所示。纯铁的同素异构转变可概括如下:

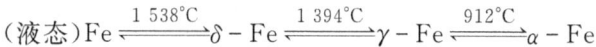

$$(液态)Fe \underset{1\,538℃}{\rightleftharpoons} \delta-Fe \underset{1\,394℃}{\rightleftharpoons} \gamma-Fe \underset{912℃}{\rightleftharpoons} \alpha-Fe$$

$\alpha-Fe$ 和 $\delta-Fe$ 都是体心立方晶格,$\gamma-Fe$ 为面心立方晶格。纯铁具有同素异构转变的特征,是钢铁材料能够通过热处理改善性能的重要依据。纯铁在发生同素异构转变时,由于晶格结构变化,体积也随之改变,这是加工过程中产生内应力的主要原因。

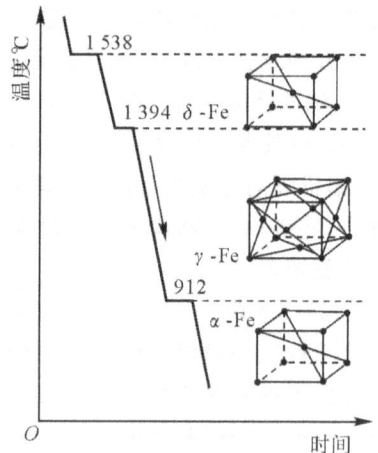

图 1-7 纯铁的同素异构转变

1.2.2 铁碳合金的基本组织

在铁碳合金中,由于 Fe 和 C 的交互作用,可形成下列五种基本组织。

1. 铁素体(F 或 α)

铁素体(ferrite)是 C 溶解在 $\alpha-Fe$ 中形成的间隙固溶体,它仍保持 $\alpha-Fe$ 的体心立方晶格结构。由于 $\alpha-Fe$ 晶粒的间隙小,溶解 C 的量极微,其最大含 C 质量分数只有 0.021 8%(727℃),所以是几乎不含 C 的纯铁。

铁素体的力学性能与纯铁相似,即塑性和冲击韧度较好,而强度、硬度较低。

$$\sigma_b = 180 \sim 280 \text{ MPa} \qquad \text{HBS } 50 \sim 80$$

$$\delta = 30\% \sim 50\% \qquad a_k = 128 \sim 160 \text{ J/cm}^2$$

　　显微镜下观察,铁素体呈灰色并有明显大小不一的颗粒形状,其显微组织呈明亮白色等轴多边形晶粒,如图 1-8 所示。

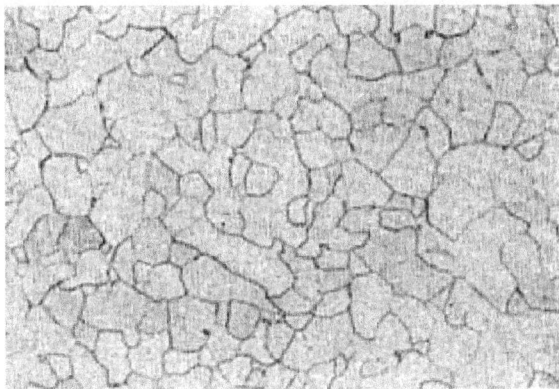

图 1-8　铁素体金相组织

2.奥氏体(A 或 γ)

　　奥氏体(austenite)是 C 溶解在 γ-Fe 中形成的间隙固溶体。它保持 γ-Fe 的面心立方晶格结构。因其晶格间隙较大,所以溶解 C 的能力比铁素体强,在 727℃时,含 C 质量分数为 0.77%,1 148℃时,含 C 质量分数达到 2.11%。

　　奥氏体的强度、硬度较低,但具有良好的塑性,是绝大多数钢高温进行压力加工的理想组织。

$$\sigma_b \approx 400\ \text{MPa}\quad \text{HBS}\ 160\sim200\quad \delta=40\%\sim50\%$$

　　由于 γ-Fe 一般存在于 727～1 394℃之间,所以奥氏体也只出现在高温区域内。显微镜观察,奥氏体呈现外形不规则的多边形颗粒状结构,并有明显的界限,晶界较铁素体平直,如图 1-9 所示。

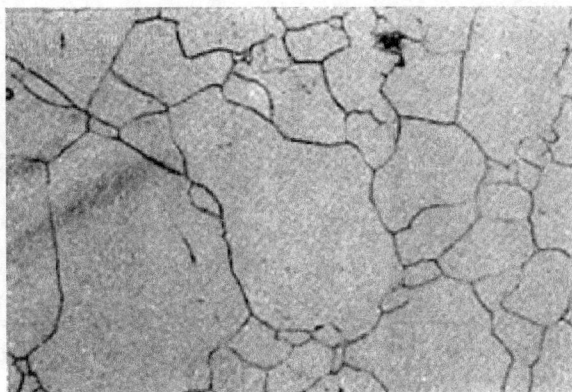

图 1-9　奥氏体金相组织

3.渗碳体(Fe$_3$C)

　　渗碳体(cementite)是 Fe 与 C 形成的具有复杂斜方晶体结构的化合物,含 C 质量分数为 6.69%,硬度很高(HBW 800),脆性很大,塑性和韧性几乎为零,是一种硬而脆的组织。但它是钢和铸铁中一种主要的强化相。渗碳体分为一次渗碳体(从液体相中析出)、二次渗碳体(从奥氏体中析出)和三次渗碳体(从铁素体中析出)。在铁碳合金中,渗碳体的含量、形状和分布情况对合金性能有很大影响。渗碳体在铁碳合金中的形态可呈片状、粒状、网状、板条状。渗碳体越细小,并均匀地分布在固溶体基体中,合金的力学性能越好;反之,越粗大或呈网状分布则脆性越大。

显微镜下观察,渗碳体呈银白色光泽,并在一定条件下可以分解出石墨,如图 1-10 所示。

图 1-10　渗碳体金相组织

4. 珠光体(P)

珠光体(pearlite)是铁素体和渗碳体组成的共析体(机械混合物)。珠光体的平均含 C 质量分数为 0.77%,在 727℃ 以下温度范围内存在。

珠光体的力学性能介于铁素体和渗碳体之间,即综合性能良好。

$$\sigma_b = 770 \text{ MPa} \quad HBS\ 180 \quad \delta = 20\% \sim 35\%$$

显微镜观察,珠光体呈层片状特征,如图 1-11 所示,表面具有珍珠光泽,因此得名。

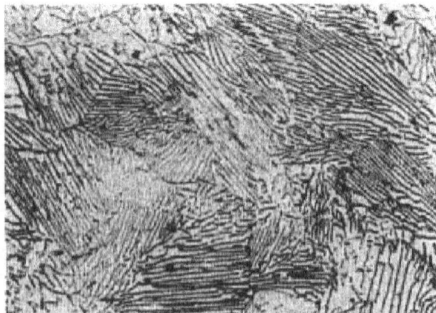

图 1-11　珠光体金相组织

图 1-12　莱氏体金相组织

5. 莱氏体(Ld)

莱氏体是由奥氏体和渗碳体组成的共晶体。铁碳合金中含 C 质量分数为 4.3% 的液体冷却到 1 148℃ 时发生共晶转变,生成高温莱氏体(Ld);合金继续冷却到 727℃ 时,其中的奥氏体转变为珠光体,故室温时由珠光体和渗碳体组成,叫低温莱氏体(Ld'),统称莱氏体。

显微镜观察,如图 1－12 所示,由于大量渗碳体存在,其性能与渗碳体相似,即硬度高,塑性差。

1.2.3　铁碳合金相图

铁碳合金相图(the iron-carbon alloy phase diagram)是在缓慢冷却条件下,研究铁碳合金的成分、温度、组织及性能等的变化规律。铁碳合金相图是在长期的生产和科学实验中总结出来的,是研究钢铁材料,制定热加工工艺的重要理论依据和工具。

由于含 C 质量分数 $\omega_C > 6.69\%$ 的铁碳合金脆性很大,在工业生产中没有使用价值,所以只研究 $\omega_C < 6.69\%$ 的部分。$\omega_C = 6.69\%$ 对应的正好全部是渗碳体,把它看做一个组元。实际上,我们研究的铁碳合金相图是 $Fe-Fe_3C$ 相图。为了便于研究分析将其简化,得到了简化的 $Fe-Fe_3C$ 相图,如图 1－13 所示。

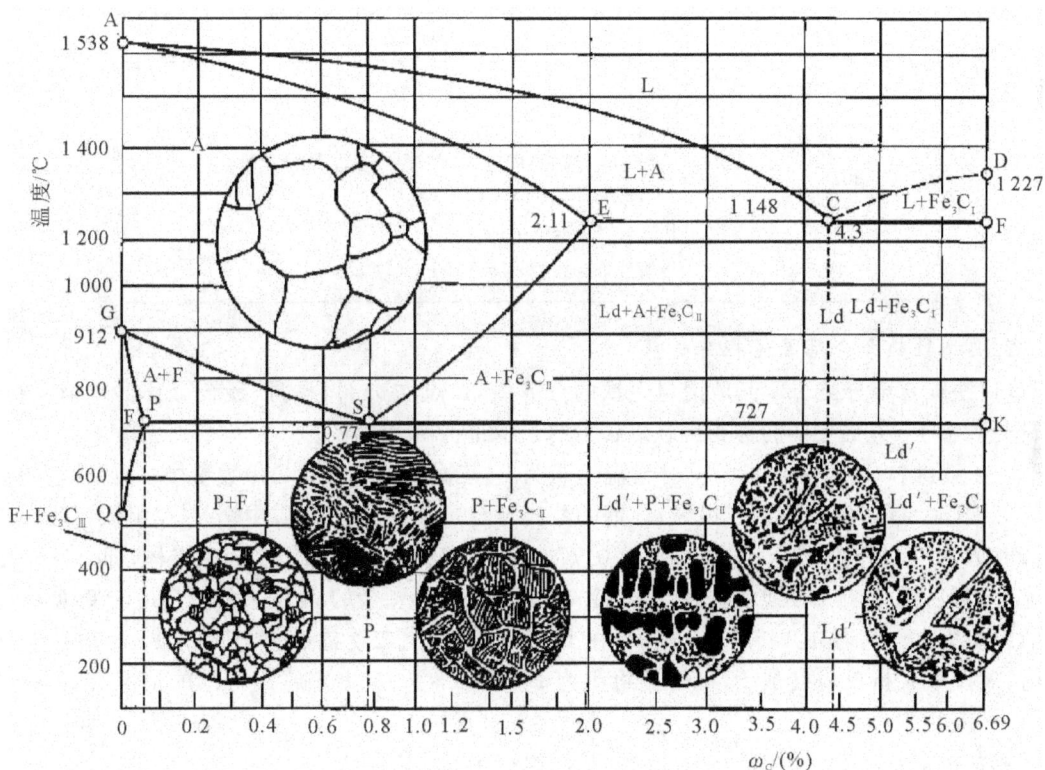

图 1－13　铁碳合金相图

1. 相图分析

简化的 $Fe-Fe_3C$ 相图纵坐标为温度,横坐标为含 C 的质量百分数,其中包括共晶和共析两种典型反应。

(1)$Fe-Fe_3C$ 相图中特性点的含义,见表 1－2。

(2)$Fe-Fe_3C$ 相图中特性线的意义,见表 1－3。

(3)$Fe-Fe_3C$ 相图的区域分析。依据特性点和线的分析,简化 $Fe-Fe_3C$ 相图主要有四个单相区:L,A,F,Fe$_3$C;五个双相区:L＋A,A＋F,L＋Fe$_3$C,A＋Fe$_3$C,F＋Fe$_3$C(见图1-13)。

表 1-2 Fe-Fe$_3$C 相图中几个特性点

符号	温度/℃	含C质量分数 ω_C/(%)	说　明
A	1 538	0	纯铁的熔点
C	1 148	4.3	共晶点,L$_C$＝A＋Fe$_3$C
D	1 227	6.69	渗碳体的熔点
E	1 148	2.11	C在γ-Fe中的最大溶解度
G	912	0	纯铁的同素异构转变点 α-Fe$\leftrightarrows\gamma$-Fe
P	727	0.021 8	C在α-Fe中的最大溶解度
S	727	0.77	共析点,A＝F＋Fe$_3$C

表 1-3 简化的 Fe-Fe$_3$C 相图中的特性线

特性线	含　义
ACD	液相线
AECF	固相线
GS	A$_3$线,冷却时不同含量的A中结晶F的开始线
ES	A$_{cm}$线,碳在A中的固溶线
ECF	共晶线 L$_C$＝A＋Fe$_3$C
PSK	共析线,A$_1$线。A$_s$＝F＋Fe$_3$C

2.典型铁碳合金结晶过程分析

(1)铁碳合金分类。E点是钢与生铁的分界线,E点左边部分的铁碳合金称为钢,而含C质量分数小于 0.021 8%的称为纯铁。E点右边的部分称为生铁。

1)工业纯铁(ω_C<0.021 8%)。常温组织为F,三次渗碳体(Fe$_3$C$_{III}$)数量极少,经常忽略。

2)钢(ω_C=0.021 8%～2.11%)。钢的共同特点是在 AESG 区域中全是A组织。当温度下降时A发生如下的转变:若钢的 ω_C=0.77%,A在727℃时全部转变为珠光体,即 A→P;若 ω_C<0.77%,则A在GS线首先析出F,冷却到PSK线时剩余的A发生共析反应转变为P,最后的组织为F＋P;若 ω_C>0.77%,则A在ES线首先析出二次渗碳体(Fe$_3$C$_{II}$),冷却到PSK线时,A发生共析反应变成P,最后的组织为 P＋Fe$_3$C$_{II}$。所以根据A析出的情况,钢可分为三种:

亚共析钢:ω_C=0.021 8%～0.77%,常温组织为 F＋P。

共析钢:ω_C=0.77%,常温组织为 P。

过共析钢:ω_C=0.77%～2.11%,常温组织为 P＋Fe$_3$C$_{II}$。

3)生铁(白口铁)(ω_C=2.11%～6.69%)。生铁的共同特点是在 ECF 线上都有共晶反应,都有莱氏体的组织存在。生铁也分为三种:

亚共晶生铁:ω_C=2.11%～4.3%,常温组织为 P＋Fe$_3$C$_{II}$＋Ld′。

共晶生铁:ω_C=4.3%,常温组织为 Ld′。

过共晶生铁:ω_C=4.3%～6.69%,常温组织为 Ld′＋Fe$_3$C$_I$。

在 1 148～727℃之间的莱氏体是A与渗碳体组成的混合物,在 727℃以下的莱氏体是P

与渗碳体组成的混合物,莱氏体的性能基本上与渗碳体相同。因此,上述这三种不同组织的铸铁统称为白口铸铁。

(2)典型铁碳合金结晶过程分析。

1)共析钢的组织转变。含 C 质量分数 $\omega_C = 0.77\%$ 的共析钢冷却过程中的组织转变如图 1-14 所示。

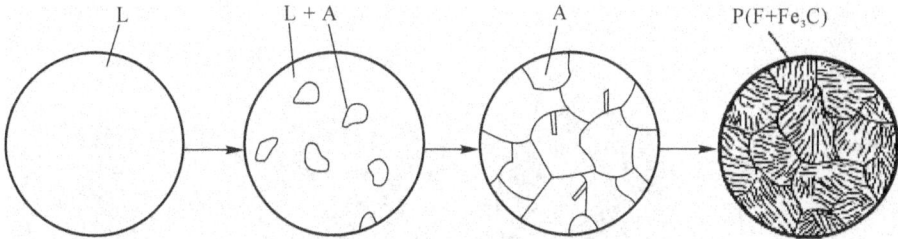

图 1-14 共析钢的结晶过程

液态合金温度降到 AC 线以后,开始结晶出奥氏体,直至 AE 线结晶完毕,在 AE-GSE 线间是单相奥氏体的冷却,当温度降到 S 点,奥氏体在恒温下发生共析反应,形成珠光体。温度继续下降至室温,珠光体不再发生组织变化。因此,共析钢室温时的平衡组织为珠光体。

2)亚共析钢的组织转变。亚共析钢冷却过程中的组织转变如图 1-15 所示。

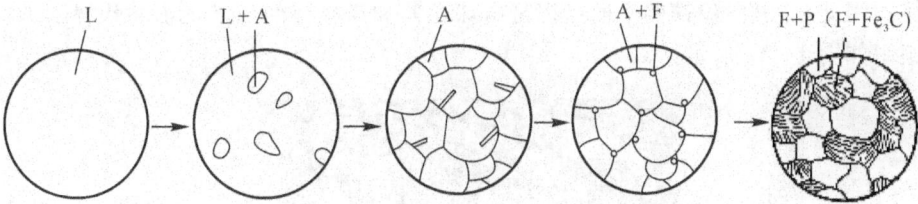

图 1-15 亚共析钢的结晶过程

液态合金温度降到 AC 线以后,开始从合金液中结晶出奥氏体。奥氏体的数量随温度的降低而逐渐增多,温度降到 AE 线,合金液全部凝固,在 AC-AE 线之间是单一奥氏体冷却。温度降到 GS 后,从奥氏体中不断析出铁素体。温度降到 PS 线,剩余的奥氏体在恒温下转变成珠光体。PS 线以下不再发生组织变化,因此,亚共析钢的室温平衡组织是由铁素体和珠光体组成的。亚共析钢中含 C 质量分数愈大,铁素体愈少,而珠光体量则愈多,反之亦然。

3)过共析钢的组织转变。过共析钢冷却过程中的组织转变如图 1-16 所示。

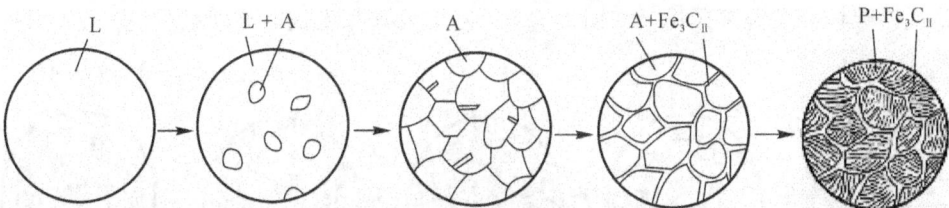

图 1-16 过共析钢的结晶过程

液态合金温度降到 AC 线以后,开始从合金液中结晶出奥氏体,直到 AE 线结晶完毕。在 AC-SE 线之间为单相奥氏体。到 SE 线时从奥氏体中析出二次渗碳体(Fe_3C_{II})。随着温度的下降,析出的二次渗碳体不断增加,奥氏体的数量与含 C 质量分数却逐渐减少,到 SK 线时,剩余的奥氏体的数量进行共析反应,生成珠光体。SK 线以后组织不再发生变化,因此过共析钢的室温平衡组织是由珠光体和呈网状的二次渗碳体组成。

4)共晶生铁的组织转变。共晶生铁冷却过程中的组织转变如图 1-17 所示。

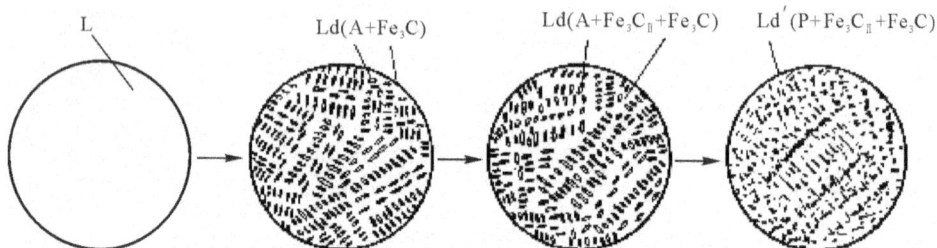

图 1-17　共晶生铁的结晶过程

当温度降到 C 点时,在恒温下发生共晶反应,全部液体均转变为莱氏体,即共晶渗碳体基体上分布着奥氏体的共晶体。在 C 点和 SK 线之间,从奥氏体中不断析出二次渗碳体,但因它混合于基体之中而无法分辨,当冷却到 SK 线时,剩余的奥氏体在恒温下发生共析反应,转变成珠光体。因此,共晶白口铁的平衡组织是由珠光体和渗碳体组成的低温莱氏体。共晶生铁的显微组织如图 1-18 所示。

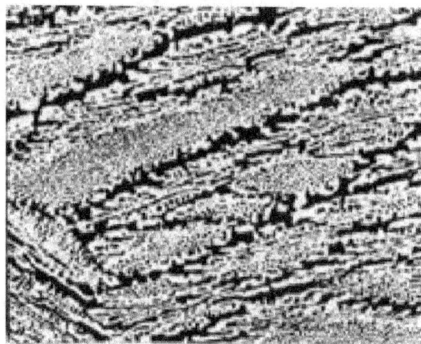

图 1-18　共晶生铁的显微组织

5)亚共晶生铁的组织转变。如图 1-19 所示,为亚共晶生铁的结晶过程,其常温组织为珠光体,二次渗碳体和低温莱氏体。如图 1-20 所示为亚共晶生铁的显微组织。

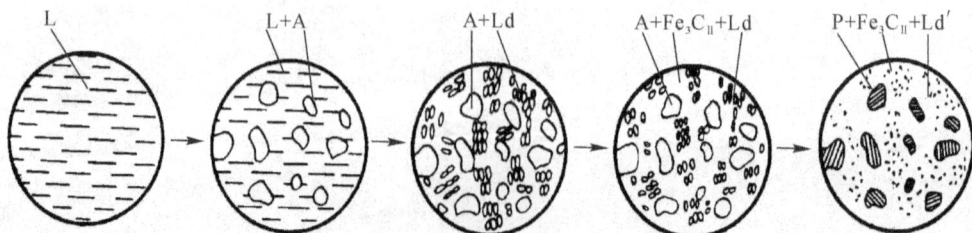

图 1-19　亚共晶生铁的结晶过程

6)过共晶生铁的组织转变。过共晶生铁的结晶过程如图 1-21 所示,其常温组织为一次渗碳体(Fe_3C_I)和低温莱氏体。如图 1-22 所示为过共晶生铁的显微组织。

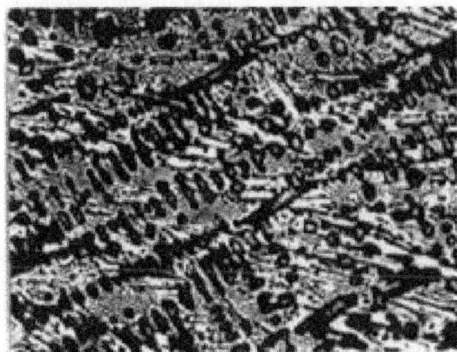

图 1-20　亚共晶生铁的显微组织

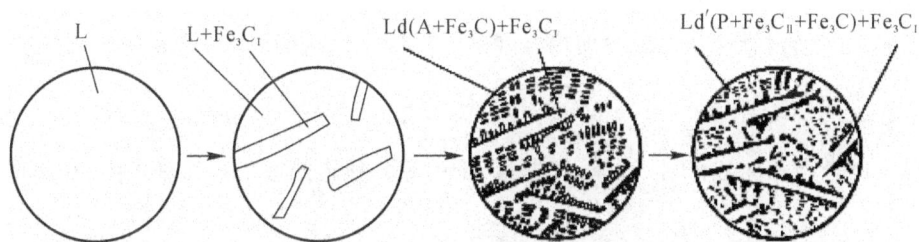

图 1-21　过共晶生铁的结晶过程

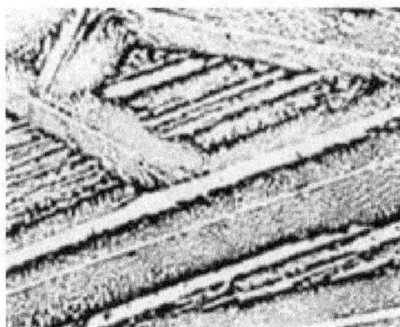

图 1-22　过共晶生铁的显微组织

生铁组织的特点是都含有莱氏体,其性能基本上与渗碳体相同,因此 4)、5)、6)这三种不同组织的生铁都是很硬很脆的。在生产上把这三种生铁统称为白口铸铁。在 727℃ 以上的白口铸铁组织是由奥氏体和渗碳体所组成,727℃ 以下的白口铸铁组织是由珠光体和渗碳体组成。

1.2.4　铁碳合金相图的应用

1.选材方面
铁碳合金相图涵盖了铁碳合金的组织和性能随成分的变化规律,这样,就可以根据零件的应用条件和性能要求,来选择合适的材料。碳含量对铁碳合金的组织和性能有着重大的影响,不同成分的铁碳合金在机械性能和工艺性能等方面有着极大的差异。

根据铁碳合金相图中成分、组织、性能关系的规律,可以按照零件或工具性能要求,进行合理的选材。如果需要塑性好、韧性高的材料,则可选用铁素体组织多的碳钢;对于要求综合机械性能较高的材料,可选组织是铁素体和珠光体的碳钢;当需要硬度高、耐磨性好的材料时,则应选含碳更高的、其组织是珠光体和渗碳体的碳钢。

2. 铸造方面

铸造过程中,浇铸温度可依据铁碳合金相图确定,一般在液相线以上 150℃ 左右,并且还可选择流动性好的合金。接近共晶成分的合金应用最广泛,因其熔点低,结晶温度间隔小,流动性好,组织致密。

3. 锻造方面

依据铁碳合金相图可以确定钢材在锻造时的温度范围,必须选择在奥氏体区的适当温度范围内进行,因为奥氏体单相变形均匀,强度较低,塑性较好,便于塑性变形。

4. 焊接方面

焊接时从焊缝到母材各区域的加热温度是不同的,可根据铁碳合金相图分析低碳钢焊接接头的组织变化情况。

5. 热处理方面

根据铁碳合金相图,对于拟订淬火、退火、正火等各种热处理工艺加热规范,有着特别重要的意义。

1.3　钢的热处理

1.3.1　钢的热处理原理

机床、汽车、摩托车、火车、矿山、石油、化工、航空、航天等领域应用的大量零部件,都需要通过热处理工艺改善其性能。据初步统计,在机床制造中,约 $60\% \sim 70\%$ 的零件要经过热处理;在汽车、拖拉机制造中,需要热处理的零件多达 $70\% \sim 80\%$;而工模具、滚动轴承和工量具类零件,则 100% 需要进行热处理。总之,凡重要的零件都必须进行适当的热处理才能使用。

现代机器制造对金属材料的性能不断提出更高的要求,如果完全依赖原材料的原始性能来满足这些要求,常常是不经济的,甚至是不可能的。热处理可提高零件的强度、硬度、韧性、弹性,同时,还可改善毛坯或原材料切削性能,使之易于加工。可见,热处理是改善原材料或毛坯的工艺性能、保证产品质量、延长使用寿命、挖掘材料潜力不可缺少的工艺方法。热处理在机械制造业中的应用极其广泛。

材料的热处理(heat treatment)就是将材料在固态下,通过加热、保温和冷却的过程,以改变材料的内部组织,从而获得所需性能的工艺方法。热处理与其他加工方法(如铸造、锻压、焊接、切削加工等)不同,它只改变金属材料的组织和性能,而不以改变其形状和尺寸为目的。大多数热处理是要将钢加热到临界温度以上,使原有组织转变为均匀的奥氏体后,再以不同的冷却方式转变成不同的组织,并获得所需要的性能。

钢的热处理就是将钢加热到相变温度以上,保温一段时间,使材料的内部组织发生相变,然后,在一定的介质中进行冷却,材料组织再发生相变的工艺过程。通过材料内部组织的相变与再相变,实现材料内部组织的根本变化,达到材料性能的彻底变化。例如碳素工具钢 T8,在市场上采购的状态是,经球化退火,其硬度仅为 HRC 20,但是,作为工具使用,需要经过淬火并低温回火的热处理工艺,使得硬度提高到 HRC 60～63,这是因为内部组织由淬火之前的粒状珠光体转变为淬火加低温回火后的回火马氏体。

同一种材料,热处理工艺不同,其性能差别很大。如表 1-4 所示为经过不同热处理方法后 45 钢的力学性能参数变化情况。导致性能差别如此大的原因是采用不同的热处理方法后,材料的内部组织截然不同所致。

表 1-4　经过不同热处理后 45 钢的力学性能参数(试样直径 15 mm)

热处理方法	力学性能				
	σ_b/MPa	σ_s/MPa	$\delta/(\%)$	$\Psi/(\%)$	a_k/J
退火(随炉冷却)	600～700	300～350	15～20	40～50	32～48
正火(空气冷却)	700～800	350～450	15～20	45～55	40～64
淬火(水冷却)低温回火	1 500～1 800	1 350～1 600	2～3	10～12	16～24
淬火(水冷却)低温回火	850～900	650～750	12～14	60～66	96～112

热处理工艺中有三大基本要素:加热、保温、冷却。这三大基本要素决定了材料热处理后的组织和性能。加热是热处理的第一道工序。不同的材料,其加热工艺和加热温度都不同。加热分为两种,一种是在临界点 A_1 以下的加热,此时不发生组织变化。另一种是在 A_1 以上的加热,目的是为了获得均匀的奥氏体组织,这一过程称为奥氏体化。保温的目的是要保证工件烧透,防止脱碳、氧化等。保温时间和介质的选择与工件的尺寸和材质有直接的关系。一般工件越大,导热性越差,保温时间就越长。冷却是热处理的最终工序,也是热处理最重要的工序。钢在不同冷却速度下可以转变为不同的组织。

由于环境因素等的影响,钢在实际加热和冷却过程中的相变点是不同的,如图 1-23 所示。在理想的平衡状态时,钢的相变温度线分别是 A_1,A_3,A_{cm};实际加热时,钢的相变温度线是 Ac_1,Ac_3,Ac_{cm};而实际冷却时,钢的相变温度线则分别是 Ar_1,Ar_3,Ar_{cm}。

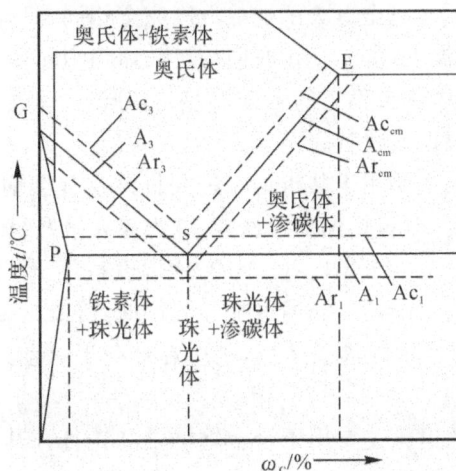

图 1-23　钢在加热和冷却时的相变温度线

热处理的工艺方法分类,如图 1-24 所示。

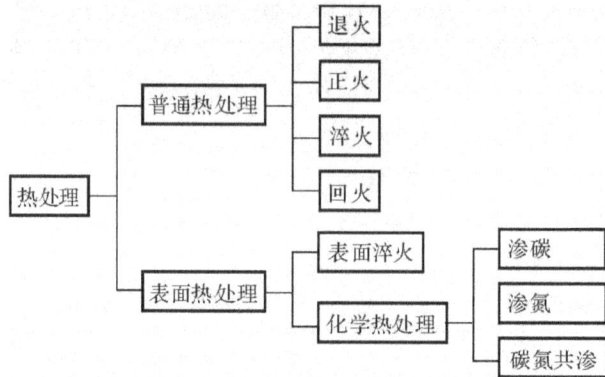

```
                              ┌── 退火
                    ┌─ 普通热处理 ─┤── 正火
                    │            ├── 淬火
                    │            └── 回火
热处理 ─┤
                    │            ┌── 表面淬火        ┌── 渗碳
                    └─ 表面热处理 ─┤              ├── 渗氮
                                 └── 化学热处理 ──┤── 渗氮
                                                 └── 碳氮共渗
```

图 1-24 热处理分类

1.3.2 钢的普通热处理

1. 退火

退火(annealing)的主要目的是使钢材软化以利于切削加工;消除内应力以防止工件变形;细化晶粒、改善组织,为零件的最终热处理做好准备。退火主要用于铸、锻、焊毛坯或半成品零件,为预先热处理。根据钢的成分和退火目的的不同,常用的退火方法有完全退火、等温退火、球化退火、均匀化退火、去应力退火和再结晶退火等。

(1)完全退火。完全退火主要用于亚共析钢和合金钢的铸件、锻件及热轧型材,有时也用于焊接结构件。其目的在于细化晶粒,消除内应力与组织缺陷,降低硬度,为随后的切削加工和淬火做好组织准备。

完全退火是把钢加热到 Ac_3 线以上 30~50℃ 的温度范围,保温一定时间,随炉缓慢冷却到 600℃ 以下,再出炉在空气中冷却至室温。完全退火可获得接近平衡状态的组织,过共析钢不宜采用完全退火,以避免二次渗碳体以网状形式沿奥氏体晶界析出,给切削加工和以后的热处理带来不利影响。

(2)等温退火。等温退火与完全退火的加热温度完全相同,只是冷却方式有差别。等温退火是以较快速度冷却到某一温度,等温一定时间使奥氏体组织转变为珠光体组织,然后在空气中冷却至室温。对某些奥氏体比较稳定的合金钢,采用等温退火可缩短退火时间。生产中为提高生产效率,往往采用等温退火代替完全退火。

(3)球化退火。球化退火主要用于共析钢和过共析钢及合金钢。其目的在于使钢中的渗碳体球状化,以降低钢的硬度,改善切削加工性能,并为淬火做好组织准备。

球化退火是将钢加热到 Ac_1 线以上 20~40℃ 的温度范围,保温一段时间后,随炉冷却到 600℃ 以下出炉空冷。球化退火随炉冷却通过临界温度时,冷却应足够缓慢,以使共析渗碳体球化。若钢的原始组织中有严重的渗碳体网,则应在球化退火前进行正火消除,再进行球化退火。

(4)均匀化退火。均匀化退火主要用于合金钢铸锭和铸件。其目的是消除铸造中产生的枝晶偏析,使成分均匀化。

均匀化退火是将钢加热到 Ac_3 线以上 150～300℃的温度范围,保温 10～15 h,然后随炉缓慢冷却到 350℃,再出炉冷却。均匀化退火以钢中成分能进行充分扩散而达到均匀化为目的,故均匀化退火也称扩散退火。由于温度高、时间长,均匀化退火易使晶粒粗大,因此必须再进行一次完全退火或正火来消除过热缺陷。

(5)去应力退火。去应力退火又称低温退火,它主要用于消除铸件、锻件、焊接件和冷冲压件的残余应力。

去应力退火是将工件缓慢加热到 500～600℃,保温一定时间,然后随炉缓慢冷却至 200℃,再出炉冷却。一些大型焊接结构件,由于体积过大,无法装炉退火,可采用火焰加热或感应加热等局部加热方法,对焊缝及热影响区进行局部去应力退火。

(6)再结晶退火。把冷变形金属加热到再结晶温度以上,使其发生再结晶的热处理工艺,称为再结晶退火。它主要用于消除冷变形加工产品的加工硬化,提高其塑性。也常用于作为冷变形加工过程的中间退火,恢复金属材料的塑性以便于继续加工。

2. 正火

钢的正火(normalizing)是将钢加热到 Ac_3(Ac_{cm})线以上 30～50℃的温度范围,保温一定时间,出炉后在空气中冷却的热处理工艺。

正火同退火相比较,正火的冷却速度更快,得到的组织比较细小,处理后材料的强度和硬度也稍高一些,并且操作简便、省时,能耗也较小,所以在可能条件下,应优先采用正火处理。正火主要有以下几个方面的应用:

(1)可作为普通结构零件的最终热处理,用以消除铸件和锻件生产过程中产生的过热缺陷,细化组织,提高力学性能。

(2)改善低碳钢和低碳合金钢的切削加工性能。

(3)作为中、低碳钢结构件的预先热处理,消除热加工中所造成的组织缺陷。

(4)代替调质处理,为后续高频感应加热表面淬火做好组织准备。

(5)消除过共析钢中的二次渗碳体网,为球化退火做好组织准备。

3. 淬火

淬火(quenching)是将钢加热到 Ac_3(亚共析钢)或 Ac_1(共析钢、过共析钢)线以上 30～50℃的温度范围,保温后在淬火介质中快速冷却,以获得马氏体组织的热处理工艺。淬火-回火工艺是强化钢最常用的方法。通过淬火、配以不同温度的回火,可使钢获得所需的力学性能。

现以共析钢为例,分析淬火时其内部组织的转变过程。共析钢被加热到 Ac_1 线以上 30～50℃温度范围后,将全部转变成奥氏体。奥氏体若在缓慢冷却条件下,将转变成铁素体和渗碳体的机械混合物——珠光体。然而,淬火时的冷却速度极快,奥氏体仅能发生 $\gamma-Fe$ 向 $\alpha-Fe$ 的同素异构转变,而 $\alpha-Fe$ 中的过饱和 C 原子在低温下却难以从晶格内扩散出去,这样就形成了 C 原子在 $\alpha-Fe$ 中的严重过饱和固溶体,这种严重过饱和固溶体称作马氏体,以符号"M"表示。

马氏体中的 C 原子在 $\alpha-Fe$ 的晶格中严重过饱和,致使晶格发生严重的畸变,增加了变形的抗力,因此马氏体通常具有高的硬度和耐磨性,但塑性和韧性很差。马氏体的实际硬度与钢的含 C 质量分数密切相关。含 C 质量分数愈高,晶格畸变加大,钢的硬度愈高,因此,要求高硬度和高耐磨性的工件多采用中、高碳钢来制造。

马氏体的比容比奥氏体大,致使在形成马氏体的过程中将伴随着体积膨胀,造成淬火内应力。同时,马氏体含 C 质量分数愈高,脆性愈大,这些都使工件在淬火时容易产生裂纹或变形。为防止上述缺陷的产生,除选用适合的钢材和正确的结构外,在工艺上还应采取如下措施:

(1)严格控制淬火加热温度。若淬火加热温度不足,因未能完全形成奥氏体,致使淬火后的组织中除马氏体外,还残存有少量铁素体,使钢的硬度不足。若淬火加热温度过高,因奥氏体晶粒长大,淬火后的马氏体晶粒也粗大,会增加钢的脆性,致使工件产生裂纹、变形倾向。

(2)合理选择淬火介质。淬火时工件的快速冷却是依靠淬火介质来实现的。水和油是最常用的淬火介质。水的冷却能力强,使钢易于获得马氏体,但工件的淬火内应力大,易产生裂纹和变形。油的冷却能力较水低,工件不易产生裂纹和变形,但用于碳钢件淬火时难以使马氏体转变充分。通常,碳素钢应在水中淬火;合金钢则因淬透性较好,以在油中淬火为宜。

(3)正确选择淬火方法。采用适合的淬火方法也可有效地防止工件产生裂纹和变形。生产中最常用的是单介质淬火法,它是在一种淬火介质中连续冷却到室温。单介质淬火法操作简单,便于实现机械化和自动化生产,故应用最广。对于容易产生裂纹、变形的工件,有时采用先水后油的双介质淬火法或分级淬火等其他淬火工艺方法。

4. 回火

回火(tempering)是将淬火后的钢重新加热到 A_1 以下某一温度范围内,保温一定时间后,再冷却到室温的热处理工艺。

回火的主要目的是消除淬火内应力,以降低钢的脆性,防止产生裂纹,同时使钢获得所需的力学性能。

淬火所形成的马氏体是在快速冷却条件下被强制形成的不稳定组织,因而具有重新转变成稳定组织的自发趋势。回火时,由于被重新加热,原子活动能力加强,所以随着温度的升高,马氏体中过饱和的 C 原子将以碳化物形式析出。总的趋势是回火温度愈高,析出的碳化物愈多,钢的强度、硬度下降,而塑性、韧性升高。

根据所加热温度范围的不同,可将钢的回火分为如下三种:

(1)低温回火(150~250℃)。目的是降低淬火钢的内应力和脆性,但基本保持淬火所获得的高硬度(HRC 56~64)和高的耐磨性。淬火后进行低温回火的热处理工艺用途最广,主要用于工量具钢的热处理,如各种刀具、模具、量具、滚动轴承和耐磨件等。

(2)中温回火(350~500℃)。目的是使钢获得高弹性,保持较高硬度(HRC 35~50)和一定的韧性。中温回火主要用于各种弹簧、发条、锻模等。

(3)高温回火(500~650℃)。将淬火后进行高温回火的热处理工艺称为调质处理。调质处理广泛用于承受疲劳载荷的中碳钢重要件,如连杆、曲轴、主轴、齿轮、重要螺钉等。其硬度为 HRC 20~35。这是由于调质处理后其渗碳体呈细粒状(细球状),与正火后的片状渗碳体组织相比,在载荷下不易产生应力集中,钢的韧性显著提高的结果。因此,调质处理的钢可获得强度及韧性都较好的综合力学性能。

1.3.3 钢的表面热处理

机器中的很多零件经常承受交变载荷、冲击载荷,使得其表面比心部承受更高的应力,还由于表面受到磨损、腐蚀等损害,造成零件的表面失效较快,因此,许多机器零件都需要进行表面强化处理,从而使零件表面具有较高的强度、硬度、耐磨性、疲劳极限、耐腐蚀性,而心部仍保持足够的塑性、韧性,防止脆断,即具有"外硬内韧"的组织。

1. 表面淬火

表面淬火是将钢件的表面层淬透到一定的深度,而心部仍保持未淬火状态的一种局部淬火方法。表面淬火时通过快速加热,使钢件表面层很快达到淬火温度,在热量来不及传到工件心部就立即冷却,实现局部淬火。

表面淬火的目的在于获得高硬度、高耐磨性的表层,而心部仍保持原有的良好韧性,常用于机床主轴、齿轮,发动机的曲轴等。表面淬火是钢表面强化的重要手段,具有工艺简单,热处理变形小,生产效率高等优点。

表面淬火所采用的快速加热方法有多种,如电感应、火焰、电接触、激光等,目前应用最广的是电感应加热法,其原理如图 1-25 所示。

感应加热表面淬火法就是在一个感应线圈中(空心铜管制成),通以一定频率的交流电(有高频 $100\sim500$ kHz、中频 $500\sim10\,000$ Hz、工频 50 Hz 三种),使感应圈周围产生频率相同的交变磁场,置于磁场中的工件就会产生与感应线圈频率相同、方向相反的感应电流,这个电流叫做涡流。由于涡流主要集中在工件表层(集肤效

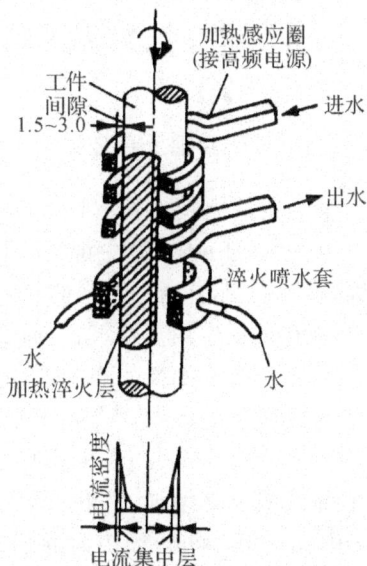

图 1-25 感应加热表面淬火示意图

应),这样由涡流所产生的电阻热使工件表层被迅速加热到淬火温度,随即向工件喷水,将工件表层淬硬。

感应电流的频率愈高,集肤效应愈强烈,故高频感应加热用途最广。高频感应加热常用频率为 $200\sim300$ kHz,其加热速度极快,通常只有几秒钟,加热温度可达 $800\sim1\,000$ ℃,淬硬层深度一般为 $0.5\sim2$ mm。主要用于要求淬硬层较薄的中、小型零件,如齿轮、轴等。

感应加热表面淬火零件,宜选用中碳钢和中碳低合金结构钢。目前,应用最广泛的是汽车、拖拉机、机床、工程机械中的齿轮、轴类等,也可用于高碳钢、低合金钢制造的工具、量具、铸铁冷轧辊等。经感应加热表面淬火的工件,具有表面不易氧化、无脱碳等不良现象,耐磨性好,生产效率高,适用于批量生产,表面硬度比普通淬火高 HRC $2\sim3$ 等特点。

2. 化学热处理

化学热处理是将工件置于一定的化学介质中加热和保温,使介质中的活性原子渗入工件表层,以改变工件表层的化学成分和组织,从而获得所需的力学性能或理化性能。如提高工件表面硬度、耐磨性、疲劳强度,增强耐高温、耐腐蚀性能等。

化学热处理的种类很多,依照渗入元素的不同,有渗碳、渗氮、碳氮共渗、渗硼、渗铝、多元共渗等,以适用于不同的场合,其中以渗碳应用最广。

渗碳是向钢件的表层渗入 C 原子。渗碳时,通常是将钢件放入密闭的渗碳炉中,通入气体渗碳剂(如煤油等),加热到 $900\sim950$ ℃,经较长时间的保温,使 C 原子渗入到工件表层,从而增加表层材料的含 C 质量分数。渗碳件都是低碳钢或低碳合金钢。渗碳后,工件表层的含 C 质量分数将增加到 1% 左右,再经淬火和低温回火后,表层硬度可达 HRC $56\sim64$,因而零件

的表层耐磨性较好;而心部因仍然是低碳钢,故保持其良好的塑性和韧性。可以看出,渗碳工艺可使工件具有"外硬内韧"的性能。

渗碳工艺主要用于既承受强烈摩擦、又承受冲击或疲劳载荷的工件。如汽车变速箱齿轮、活塞销、凸轮、自行车和缝纫机零件等。

1.4 常用金属材料及其用途

1.4.1 碳素钢及合金钢

含 C 质量分数小于 2.11% 的铁碳合金称为碳素钢,简称碳钢。碳素钢中除含有铁(Fe)、碳(C)元素以外,还含有少量锰(Mn)、硅(Si)、硫(S)、磷(P)等杂质元素。碳素钢由于其价格低廉,容易生产,并通过不同的热处理方法可改变其力学性能,因此能满足工业生产上的很多要求,所以广泛应用于建筑、交通运输及机械制造工业中。

1. 化学成分对碳素钢组织与性能的影响

(1) 碳(C)的影响。C 是影响碳素钢的组织和性能的主要元素。在钢中,C 主要以渗碳体(Fe_3C)的形式存在。当钢中含 C 质量分数等于或小于 1.0% 时,随着含 C 质量分数的增加,铁素体减少,珠光体增加,又由于层片状渗碳体起着强化作用,因此,致使钢的强度、硬度上升,而塑性、韧性下降,如图1-26所示。但是,钢中含 C 质量分数大于 1.0% 后,钢中出现网状渗碳体,随着含 C 质量分数增加,尽管钢的硬度直线上升,但由于脆性增大,强度反而下降。钢中含 C 质量分数愈大,渗碳体愈密集,所以高碳钢的性能硬而脆。

(2)锰(Mn)和硅(Si)。Mn 和 Si 在钢中是有益元素,来源于炼钢材料——生铁和脱氧剂中的锰铁。在室温下,Mn 和 Si 能熔于铁素体,对钢有一定的固熔强化作用。同时,Mn 具有一定的脱氧和脱硫能力,能使钢中的 FeO 还原成 Fe,又可与 S 生成 MnS,减轻S 的有害作用。碳素钢中含 Mn 质量分数一般在 0.25%~0.80% 之间,含 Si 质量分数一般不超过 0.40%。

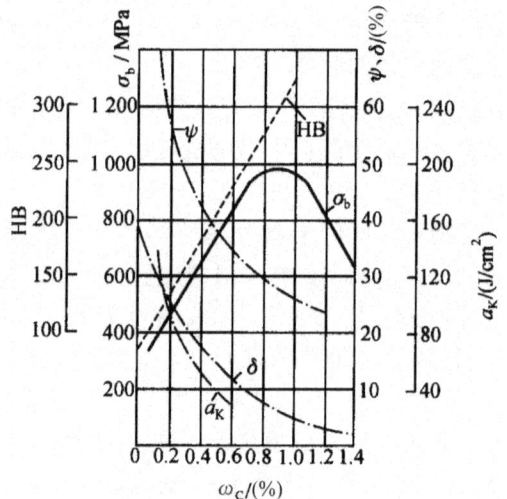

图 1-26 碳素钢的性能

(3)硫(S)和磷(P)。S 和 P 是从炼钢原料及燃料中带入钢中的,是钢的有害元素。在钢中,S 常以 FeS 的形式存在。FeS 与 Fe(铁)形成低熔点共晶体(熔点 980℃),当钢材在轧制或锻造时(加热温度为 800~1 250℃),沿着晶界分布的低熔点共晶体呈现熔融状态。因此,削弱了晶粒之间的连接,使钢材在热加工时容易产生裂纹,这种现象称为**热脆性**。钢中 S 的含量不超过 0.05%。P 在结晶时容易形成脆性很大的 Fe_3P,使钢在室温下的塑性和韧性急剧下降,这种现象称为**冷脆性**。通常,钢的含 P 质量分数限制在 0.045% 以下。

另外,钢中还含有氢(H)、氧(O)、氮(N)等元素,它们对钢的机械性能也带来不利的影响。

2. 碳素钢的分类、牌号及用途

根据用途,碳素钢一般分为碳素结构钢、优质碳素结构钢、碳素工具钢。

(1)碳素结构钢。碳素结构钢的含C质量分数一般小于0.38%,而最常用的是含C质量分数小于0.25%的低碳钢。碳素结构钢具有较高的强度、良好的塑性与韧性,工艺性能优良,冶炼成本低。因此,广泛应用于一般建筑、工程结构、普通机械零件制造等。

碳素结构钢的牌号是由代表屈服点的字母(Q)、屈服点数值、质量等级符号(A,B,C,D)及脱氧方法符号(F,b,Z,TZ)四个部分按顺序组成的。质量等级反映了碳素结构钢中有害元素(S,P)含量的多少,从A级到D级,钢中S和P的含量依次减少。C级和D级的碳素结构钢的S和P含量最少,质量好,可用做重要焊接结构件。脱氧方法符号F,b,Z,TZ分别表示沸腾钢、半镇静钢、镇静钢、特殊镇静钢。钢的牌号中"Z"和"TZ"可以省略,如Q215-AF表示屈服强度数值为215 MPa的A级沸腾钢。

碳素结构钢常见的牌号及用途包括:Q195钢和Q215钢通常轧制成薄板、钢筋等,可用于制作铆钉、螺钉、地脚螺栓、轻负荷的冲压零件和焊接结构件等;Q235钢和Q255钢用于制作铆钉、螺钉、螺栓、螺母、吊钩和不太重要的渗碳件,以及建筑结构中的螺纹钢、T字钢、钢筋等;Q235C钢和Q235D钢可用于重要的焊接件;Q275钢属中碳钢,强度高,可部分代替优质碳素结构钢使用。

Q235钢是用途最广的碳素结构钢,属于低碳钢,通常热轧成钢板、型钢、钢管、钢筋等。因其铁素体含量多,故其塑性、韧性优良。常用来制造建筑构件、车辆、不重要的轴类、螺钉、螺母、冲压件、锻件、焊接件等。

(2)优质碳素结构钢。优质碳素结构钢的含S,P质量分数较低(小于等于0.035%),主要用来制造较为重要的机械零件。

依据国家标准GB699—88规定,优质碳素结构钢的牌号用两位数字表示,这两位数字即是钢中平均含C质量分数的万分数。例如,20钢表示平均含C质量分数为0.20%的优质碳素结构钢。对于沸腾钢则在尾部增加符号F,如10F,15F等。

08,10,15,**20**,25等牌号属于低碳钢。其塑性好,易于拉拔、冲压、挤压、锻造和焊接。其中20钢用途最广,常用来制造机罩、焊接容器、销子、法兰盘、螺钉、螺母、垫圈、小轴以及冲压件、焊接件,有时也用于制造渗碳凸轮、齿轮等。

30,35,40,**45**,50,55等牌号属于中碳钢。因钢的组织中珠光体含量增多,其强度和硬度较前面的钢有所提高,淬火后的硬度可显著增加。其中,以45钢最为典型,它不仅强度、硬度较高,且兼有较好的塑性和韧性,即综合性能优良。45钢在机械结构中用途最广,常用来制造轴、丝杠、齿轮、连杆、套筒、键、重要螺钉和螺母等。

60,**65**,70,75等牌号属于高碳钢。它们具有较高的强度、硬度和弹性,但可焊性、可切削性差,主要用做各种弹簧、高强度钢丝及其他耐磨件。经过淬火、回火后,不仅强度、硬度提高,特别是弹性优良,因此,常用来制造小弹簧、发条、钢丝绳、轧辊等。

(3)碳素工具钢。碳素工具钢的含C质量分数高达0.7%~1.35%,它们淬火后有高的硬度(HRC值大于60)和良好的耐磨性,常用来制造锻工、木工、钳工工具和小型模具。

碳素工具钢较合金工具钢价格便宜,但淬透性和红硬性差。由于淬透性差,只能在水类淬火介质中才能淬硬,且工件不宜过大和复杂。因红硬性差,淬火后工件的工作温度应小于250℃,否则硬度将迅速下降。

碳素工具钢的牌号以符号"T"起首,其后面的一位或两位数字表示钢中平均含 C 质量分数的千分数。例如,T8 表示平均含 C 质量分数为 0.8%的碳素工具钢(属优质钢材)。对于含 S,P 质量分数更低的高级优质碳素工具钢,则在数字后面增加符号"A"表示,如 T8A。

常用的碳素工具钢为 T8,T10,T10A 和 T12 等牌号。在上述牌号中,T8 韧性最好,多用于制造承受冲击的工具,如錾子、锤子等锻工工具;T10,T10A 硬度较高,且仍有一定韧性,常用来制造钢锯条、小冲模等;T12 硬度最高,耐磨性好,但脆性大,适用于制造不承受冲击的耐磨工具,如钢锉、刮刀等。参见表 1-5。

表 1-5　碳素工具钢牌号、化学成分、力学性能及用途(GB1298—86)

牌号	化学成分的质量分数/(%)			硬　　度			用途举例
				退火状态	试样淬火		
	ω_C	ω_{Mn}	ω_{Si}	HBS≤	淬火温度/℃ 淬火介质	HRC≤	
T7	0.65~0.74	≤0.40	≤0.35	187	800~820 水	62	錾子、冲头、木工工具、大锤等
T8	0.75~0.84	≤0.40	≤0.35	187	780~800 水	62	冲头、木工工具、剪切金属用剪刀等
T8Mn	0.80~0.90	0.40~0.60	≤0.35	187	780~800 水	62	与 T8 钢相似,但淬透性高,可制作截面较大的工具
T9	0.85~0.94	≤0.40	≤0.35	192	760~780 水	62	冲模、冲头、凿岩石用的凿子
T10	0.95~1.04	≤0.40	≤0.35	197	760~780 水	62	刨刀、车刀、钻头、丝锥、手锯锯条、拉丝模、冷冲模等
T11	1.05~1.14	≤0.40	≤0.35	207	760~780 水	62	
T12	1.15~1.24	≤0.40	≤0.35	207	760~780 水	62	丝锥、锉刀、板牙、刮刀、铰刀、量具
T13	1.25~1.35	≤0.40	≤0.35	217	760~780 水	62	剃刀、刮刀、刻字刀具等

3.合金钢

合金钢是为改善钢的某些性能,特意加入一种或几种合金元素所炼成的钢。如果钢中的含 Si 质量分数大于 0.5%,或者含 Mn 质量分数大于 1.0%,也属于合金钢。

(1)合金结构钢。合金结构钢是在优质碳素结构钢的基础上,加入一些合金元素而形成的钢种。因加入合金元素较少(大多数小于 5%),所以合金结构钢都属于中、低合金钢。合金结构钢中的主加元素一般为 Mn,Si,Cr,B 等,这些元素对于提高淬透性起主导作用;辅加元素主要有 W,Cu,V,Ti,Ni 等。

合金结构钢的牌号通常以"数字+元素符号+数字"的方法来表示。牌号中起首的两位数字表示钢的平均含 C 质量分数的万分数,元素符号及其后的数字表示所含合金元素及其平均质量分数的百分数。若合金元素的质量分数小于 1.5%,则不标其质量分数。高级优质钢在牌号尾部增加符号"A"。例如,16Mn,20Cr,40Mn2,30CrMnSi,38CrMoAlA 等。

合金结构钢比碳素钢有更好的力学性能,特别是热处理性能优良,因此便于制造尺寸较大、形状复杂或要求淬火变形小的零件。

合金结构钢都是优质钢、高级优质钢(牌号后加"A"字)或特级优质钢(牌号后加"E"字)。一般按用途及热处理特点,合金结构钢可分为合金渗碳钢、合金调质钢、合金弹簧钢、滚动轴承钢等。

(2)合金工具钢。合金工具钢主要用来制造刃具、模具和量具。其合金元素的主要作用是增加钢的淬透性、耐磨性及红硬性。与碳素工具钢相比,它适合制造形状复杂、尺寸较大、切削速度较高或工作温度较高的工具和模具。

合金工具钢的牌号与合金结构钢类似,不同的是以一位数字表示平均含 C 质量分数的千分数,当含 C 质量分数超过 1% 时,则不标出。如 9Cr2 的平均含 C 质量分数为 0.9%,CrWMn 的平均含 C 质量分数为 1.0%。合金元素的表示方法与合金结构钢相同,但由于合金工具钢都是高级优质钢,故牌号后不标"A"。

合金工具钢按用途可分为合金刃具钢、合金模具钢及合金量具钢。

1)合金刃具钢。合金刃具钢是在碳素工具钢的基础上加入少量的合金元素(小于 5%)而制成的。合金刃具钢的含 C 质量分数一般为 0.8%～1.05%,以保证钢淬火后有足够的硬度和耐磨性。另外,材料中加入 Cr,Mn,Si,W,V 等合金元素,Cr,Mn,Si 元素主要提高钢的淬透性,Si 还能提高钢的回火稳定性;W,V 等元素在钢中形成稳定的碳化物,能提高钢的硬度和耐磨性,并防止加热时过热,保持细小的晶粒组织。合金刃具钢切削时受切削力的作用,使刃部和切屑之间产生强烈摩擦,刃部温度可达 500～600℃;同时还要承受一定的振动和冲击。因此,刃具钢应具有较小的淬火变形,很高的强度、硬度(HRC 60～65)和耐磨性,较高的热硬性(300℃),足够的塑性和韧性典型合金刃具钢的牌号是 9SiCr,适于制造各种变形要求小、转速较低的薄刃切削刀具,如扳牙、丝锥、钻头、铰刀、齿轮铣刀、拉刀等,也常作冷冲模。Cr06 常用来制作剃刀、刀片、手术刀具以及刮刀、刻刀等。

2)合金模具钢。合金模具钢按其工作条件不同可分为冷作模具钢和热作模具钢。

冷作模具钢主要用来制造各种冷冲模、冷墩模、冷挤压模和拉丝模等,工作温度为 200～300℃。冷作模具钢应具有很高的硬度、高耐磨性,足够的强度和韧性;另外,还要求其热处理变形小,以保证模具的加工精度。尺寸较大、精度要求较高的冷作模具可选用低合金含量的冷作模具钢 9Mn2V 和 CrWMn 等,也可采用刃具钢 9SiCr 或轴承钢 GCr15 等;承受重负荷、生产批量大、形状复杂、要求淬火变形小、耐磨性高的大型模具,则必须选用淬透性高的高 Cr、高 C 的 Cr12 型冷作模具钢或高速钢。

热作模具钢用于制作热锻模、热压模、热挤压模和压铸模等,工作时型腔表面温度可达 600℃以上。热作模具钢在高温下应具有足够的强度、韧性和耐磨性,高的抗氧化性和高的热硬性,良好的耐热疲劳性(即在反复的受热、冷却循环中,表面不易热疲劳),还应具有良好的导热性及高的淬透性。热作模具钢对韧性要求高而对热硬性要求不太高,常用钢种有 5CrNiMo,5CrMnMo 及 3Cr2W8V 等。大型锻压模或压铸模采用含 C 质量分数较低、合金元素较多和热硬性很好的模具钢(如 4Cr5MoSiV1)。热作模具钢具有较高的硬度、耐磨性和韧性,广泛用于制造模锻锤的锻模、热挤压模和 Al,Cu 及其合金的压铸模等。

3)合金量具钢。合金量具钢主要用来制造各种在机械加工过程中控制加工精度的测量工具,如卡尺、千分尺、螺旋测微仪和块规等。由于量具在使用过程中要求测量精度高,不能因磨损或尺寸不稳定而影响测量精度,所以合金量具钢应具有很高的硬度(HRC 值大于 56)和耐磨性以及高的尺寸稳定性。此外,合金量具钢还需要有良好的磨削加工性,使量具能达到小的表面粗糙度。形状复杂的量具还要求淬火变形小。

量具一般选用耐磨性和硬度较高的微变形合金工具钢,如 CrMn 和 CrWMn 等。GCr15钢具有很高的耐磨性和较好的尺寸稳定性,也常用于制造高精度块规、螺旋塞头、千分尺等。对于在腐蚀介质中工作的量具,则可选用不锈钢,如 9Cr18 和 4Cr13 等来制造。

高速工具钢(简称高速钢)用于制造高速切削刃具,有锋钢之称。高速钢要求具有高强度、高硬度、高耐磨性以及足够的塑性和韧性。由于当高速切削时,其温度可高达 600℃,因此,如果此时其硬度仍无明显下降,即要求高速钢具有良好的热硬性。高速钢属于高碳钢,含 C 质量分数一般为 0.75%～1.6%,目的是形成足够的合金碳化物。钢中加入大量的 W,V,Mo 及较多的 Cr 等元素,其中 W,Mo,V 元素主要是提高钢的热硬性及耐磨性,Cr 元素主要是提高钢的淬透性。

高速钢主要有钨系和钨钼系两类。钨系高速钢以 W18Cr4V 为代表,其特点是通用性强,具有适当的耐磨性和热硬性、过热与脱碳的倾向较小、淬透性高,并具有良好的韧性和磨削加工性,广泛用于制造工作温度在 600℃ 以下的复杂刀具,如拉刀、铣刀、机用丝锥等。钨钼系以W6Mo5Cr4V2 应用最广,其 Cr 元素和 V 元素的含量较高,对应耐磨性高;组织中 Mo 元素的碳化物细小,提高了钢的韧性;其热硬性比 W18Cr4V 稍差,过热与脱碳倾向较大;W6Mo5Cr4V2 广泛用于承受冲击力较大的刃具,如插齿刀、钻头等。

(3)特殊性能钢。特殊性能钢是指具有特殊物理化学性能并可在特殊环境下工作的钢,如不锈钢、耐热钢、耐磨钢及低温用钢等。特殊性能钢的牌号与合金工具钢基本相同,但当含 C质量分数小于等于0.08% 和小于等于 0.03% 时,在牌号前分别冠以"0"及"00",例如0Cr19Ni9,00Cr30Mo2 等。

1)不锈钢。不锈钢主要用来制造在各种腐蚀介质中工作并具有较好耐腐蚀性的零件或构件,例如化工装置中的各种管道、阀门和泵,医疗手术器械,防锈刀具和量具等。根据不锈钢的组织特征,一般可分为马氏体型不锈钢、铁素体型不锈钢和奥氏体型不锈钢三种类型。

i)马氏体型不锈钢。马氏体型不锈钢常用的有 1Cr13,2Cr13,3Cr13,9Cr18,1Cr17Ni2 等钢。因具有很好的力学性能、热加工性和切削加工性而得到广泛应用。一般来说,含 C 质量分数较低的 1Cr13 和 2Cr13 等钢,用来制造力学性能要求较高、又有一定耐腐蚀性的零件,如汽轮机叶片、热裂设备配件、锅炉管附件等;为获得良好的综合机械性能,其热处理通常为淬火加高温回火获得回火马氏体组织。3Cr13 和 4Cr13 钢,由于含 C 质量分数高,耐腐蚀性有所下降,但强度高;这两种钢一般通过淬火加低温回火获得回火马氏体组织,可用于制造医疗机械、刃具、热油泵轴等不锈钢工具。

ii)铁素体型不锈钢。铁素体型不锈钢有 1Cr17,1Cr17Ti,1Cr28,1Cr25Ti,1Cr17Mo2Ti等钢。由于 Cr17 型钢的 Cr 含量高,钢的组织为单相铁素体,使耐腐蚀性比 Cr13 不锈钢高得多。Cr17 型钢都是在退火及正火状态下使用,因此不能利用马氏体相变来强化;另外这类钢的强度较低,塑性和焊接性较好。因此 Cr17 型钢主要用于制造对力学性能要求不高而耐腐蚀性要求较高的构件及零件(如化工设备、容器和管道等)。

iii)奥氏体型不锈钢。奥氏体型不锈钢是在含 Cr 质量分数为 18% 的钢中加入约 8%～

11％的 Ni 元素,其最典型的代表是 1Cr18Ni9Ti 钢。由于 Ni 的加入,扩大了奥氏体区的范围而获得稳定的单相奥氏体组织,因而具有更高的化学稳定性及耐腐蚀性,是目前应用最多、性能最好的一类不锈钢。

2)耐热钢。耐热钢是指在高温下具有高的化学稳定性和好的强度的特殊钢。

耐热钢多为中、低碳合金钢,合金元素有 Cr,Ni,Mo,Mn,Si,Al,W,V 等。加入 Cr,Si 和 Al,在钢的表面形成完整、稳定的氧化膜,提高钢的抗氧化性;加入 Mo,W,V,Ti 等合金元素,在钢中形成细小弥散的碳化物,起弥散强化作用,可提高钢的高温强度。耐热钢主要用于制造化工机械、石油装置、热工动力机械和加热炉等高温条件下工作的构件。

3)耐磨钢。耐磨钢是指在巨大压力和强烈冲击载荷作用下才能发生硬化现象的高锰钢。耐磨钢主要用于制造运转过程中承受严重磨损和强烈冲击的零件,如坦克、拖拉机的履带、碎石机领板、铁路道岔、挖掘机铲斗的斗齿以及防弹钢板、保险箱钢板等。

1.4.2　常用铸造合金

铸铁是极其重要的铸造合金,它大量用于制造机器设备。白口铸铁极硬且脆,难以机械加工,很少用它制造机器零件,在工业中大量应用的是灰口铸铁。灰口铸铁中的 C 原子除微量溶入铁素体外,全部或大部以石墨形式存在,因断口呈灰色,故而得名。依据石墨形状的不同,灰口铸铁又可分为灰铸铁、可锻铸铁、球墨铸铁、蠕墨铸铁等多种。

1. 灰铸铁

灰铸铁是指具有片状石墨的铸铁,是应用最广的铸铁,其产量占铸铁总产量的 80％以上。

(1)灰铸铁的性能。灰铸铁的显微组织由金属基体和片状石墨所组成(见图 1-27),相当于在纯铁或钢的基体上嵌入了大量石墨片。石墨的强度、硬度、塑性极低,因此可将灰铸铁视为布满细小裂纹的纯铁或钢。由于石墨的存在,减少了承载的有效面积,石墨的尖角处还会引起应力集中,因此,灰铸铁的抗拉强度低,塑性、韧性差,通常 σ_b 仅为 $120\sim250$ MPa,δ,a_k 接近于零。显然,石墨愈多、愈粗大、分布愈不均,其力学性能愈差。其实,灰铸铁的抗压强度受石墨的影响较小,并与钢相近,这对于灰铸铁的合理应用甚为重要。

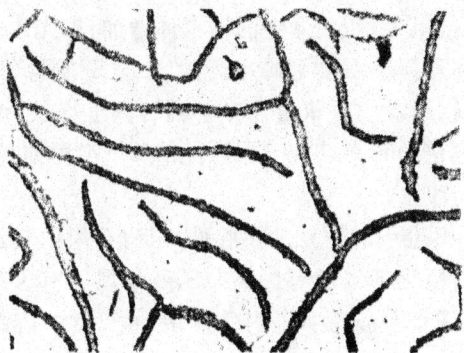

图 1-27　灰铸铁的显微组织

由于灰铸铁属于脆性材料,故不能锻造和冲压。灰铸铁的焊接性能很差,焊接区域组织容易出现白口组织,裂纹的倾向较大。

但是,由于石墨的存在,灰铸铁具有如下优越性能:

1)优异的铸造性能。由于灰铸铁的含 C 质量分数高,接近于共晶成分,熔点比钢低,液态时流动性好,因而具有良好的铸造性。

2)优良的减振性。由于石墨对机械振动起缓冲作用,从而阻止振动能量的传播。灰铸铁减振能力为钢的 $5\sim10$ 倍,是制造机床床身、机器底座的好材料。

3)耐磨性好。石墨本身是一种良好的润滑剂,而石墨剥落后又可使金属基体形成储存润滑油的凹坑,故灰铸铁的耐磨性优于钢,适于制造机器导轨、衬套、活塞环等零件。

4)缺口敏感性小。由于石墨的存在使金属基体形成了大量缺口,因此,外来缺口对灰铸铁的疲劳强度影响甚微,从而增加了零件工作的可靠性。

5)切削加工性能优良。石墨的存在使铸铁在切削加工时,容易形成断屑,因而切削加工性能优于钢。

(2)影响铸铁组织和性能的因素。灰铸铁依照其金属基体显微组织的不同,可分为珠光体灰铸铁、珠光体-铁素体灰铸铁和铁素体灰铸铁三种类型。珠光体灰铸铁是在珠光体的基体上分布着均匀、细小的石墨片,其强度、硬度相对较高,常用于制造床身、机体等重要部件。珠光体-铁素体灰铸铁是在珠光体和铁素体混合的基体上,分布着较为粗大的石墨片,此种铸铁的强度、硬度尽管比前者低,但仍可满足一般机件要求,其铸造性、减振性均佳,且便于熔炼,是应用最广的灰铸铁。铁素体灰铸铁是在铁素体的基体上分布着多而粗大的石墨片,其强度、硬度差,故很少应用。

灰铸铁显微组织的不同,实质上是 C 在铸铁中存在形式的不同。灰铸铁中的 C 由化合碳(Fe_3C)和石墨碳所组成。含化合碳质量分数为 0.8% 时,属珠光体灰铸铁;含化合碳质量分数小于 0.8% 时,属珠光体-铁素体灰铸铁;当全部 C 都以石墨状态存在时,则为铁素体灰铸铁。因此,想要控制铸铁的组织和性能,必须控制其石墨化程度。

影响铸铁石墨化程度的主要因素是化学成分和冷却速度。

1)化学成分。铸铁中的 C,Si,Mn,S,P 的含量对其石墨化程度有着不同的影响,其中最主要的是 C 和 Si。

C 既是形成石墨的元素,又是促进石墨化的元素。铸铁中含 C 越多,析出的石墨数量越多、越粗大,而基体中的铁素体增加、珠光体减少;反之,含 C 越少,石墨析出减少,且细化。Si 是强烈促进石墨化的元素,随着含 Si 质量分数的增加,石墨显著增多。实践证明,若铸铁含 Si 质量分数过少,即使含 C 甚高石墨也难以形成。可以得出,C 和 Si 的作用是一致的,都是促进石墨化的元素,因此,在铸件壁厚不变的前提下,改变含 C,Si 总质量分数,可使铸铁获得不同的组织。

S 会引起铸铁的热脆性,阻碍石墨的析出,增加白口倾向。P 则会增加铸铁的冷脆性,但对石墨化基本没有影响。S,P 都属于有害杂质,其质量分数一般应控制在 0.1%～0.15%。Mn 可部分抵消 S 的有害作用,并可增加铸铁的强度,属有益元素。但含 Mn 过多将阻碍石墨的析出,增加铸铁的白口倾向,其质量分数通常为 0.6%～1.2%。

2)冷却速度。相同化学成分的铸铁,若冷却速度不同,其组织和性能也不同。从图 1-28 所示的三角形试样断口处可以看出,冷却速度很快的左部尖端处呈银白色,属白口组织;冷却速度较慢的右部呈暗灰色,其心部晶粒较为粗大,属灰口组织;在灰口和白口的交界处属麻口组织。这是由于缓慢冷却时,石墨得以顺利析出;反之,石墨的析出受到抑制。为了确保铸件的组织和性能,必须考虑冷却速度对铸铁组织和性能的影响。铸件的冷却速度主要取决于铸型材料和铸件的壁厚。

各种铸型材料的导热能力不同。如金属型比砂型导热快,铸件的冷却速度快,致使石墨化受到严重阻碍,铸件容易产生

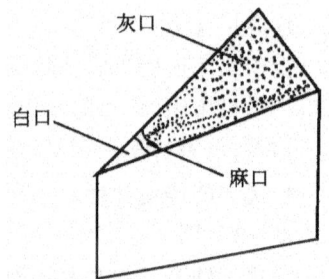

图 1-28 冷却速度对铸铁组织的影响

白口组织。反之,砂型导热慢,容易获得灰口组织,这也是砂型铸造广泛用于铸铁件生产的重要原因。

在铸型材料相同的条件下,不同壁厚的铸件因冷却速度的差异,铸铁的组织也随之变化,因此,必须按照铸件的壁厚选定铸铁的化学成分和牌号。

(3)灰铸铁的牌号及其用途。灰铸铁的牌号以其力学性能来表示。依照 GB5612—85(《铸铁牌号表示方法》),灰铸铁的牌号以"HT"起首,其后加三位数字来表示,其中"HT"表示灰铸铁,数字为其最低抗拉强度值。例如,HT200,表示以 ϕ30 mm 单个铸出的试棒测出的抗拉强度值大于 200 MPa(小于 300 MPa)。依照国家标准 GB5675—85,灰铸铁共分为 HT100,HT150,HT200,HT250,HT300,HT350 六个牌号。其中,HT100 为铁素体灰铸铁,HT150 为珠光体-铁素体灰铸铁,HT200 和 H250 为珠光体灰铸铁,HT300 和 HT350 为孕育铸铁。

表 1－6 列出了不同壁厚灰铸铁件抗拉强度参考值和用途举例。由表可见,选择铸铁牌号时必须考虑铸件的壁厚。例如,某铸件的壁厚为 40 mm,要求抗拉强度值为 200 MPa,此时,应选 HT250,而不是 HT200。

表 1－6　灰铸铁牌号、不同壁厚抗拉强度、用途举例

强度/MPa　　条件　牌号	铸件壁厚/mm				用途举例
	2.5～10	10～20	20～30	30～50	
HT100	130	100	90	80	重锤、防护罩、盖板等
HT150	175	145	130	120	机座、支架、箱体、法兰、泵体、缝纫机件、阀体等
HT200	220	195	170	160	气缸、齿轮、机床床身、飞轮、底架、中等压力阀阀体等
HT250	270	240	220	200	机体、阀体、油缸、床身、凸轮、衬套等
HT300	—	290	250	230	齿轮、凸轮、剪床、压力机床身、重型机械床身等
HT350	—	340	290	260	

2. 球墨铸铁

球墨铸铁是 20 世纪 40 年代末发展起来的一种铸造合金,它是向出炉的铁水中加入球化剂和孕育剂而得到的球状石墨铸铁。

(1)球墨铸铁的组织和性能。由于球墨铸铁中石墨呈球状(见图 1－29),使石墨对金属基体的割裂作用进一步减轻,其基体强度利用率可达 70％～90％,而灰铸铁仅 30％～50％,故球墨铸铁强度和韧性远远超过灰铸铁,并可与钢媲美。如抗拉强度一般为 400～600 MPa,最高可达 900 MPa;伸长率一般为 2％～10％,最高可达 18％。球墨铸铁可通过退火、正火、调质、高频淬火、等温淬火等使基体形成不同组织,如铁素体、珠光体及其他淬火、回火组织,从而进一步改善其性能。此外,球墨铸铁还兼有接近灰铸铁的优良铸造性能。

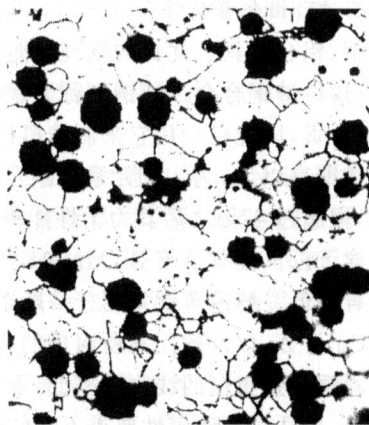

图 1－29　球墨铸铁

后工艺性能良好,可以进行冷弯、冲压等工艺过程;时效后,切削加工性也比较好,主要用于制作中等负荷的结构零件。

3)高合金硬铝。如 LY12,LY16 等,Mg 和 Cu 等合金元素的质量分数较高,强度和硬度较高,但塑性及变形加工性能较差。主要用于制作航空模锻件和重要的销、轴等零件。

(3)超硬铝合金。超硬铝合金主要是 Al-Cu-Mg-Zn 合金,还含有少量的 Cr 和 Mn。常用的牌号有 LC4,LC6 等。合金元素 Zn,Cu,Mg 与 Al 可形成固溶体和多种复杂的强化相。因此,经淬火和人工时效后,可获得很高的强度和硬度。它是强度最高的铝合金,但塑性较低,压力加工性能不好。此外,它的耐腐蚀性和耐热性均较差,当工作温度超过 120℃ 时,就会很快软化。超硬铝合金主要用于制造承受重负荷的重要结构件,如飞机大梁、起落架等。

(4)锻铝合金。锻铝合金主要是 Al-Mg-Si-Cu 和 Al-Cu-Mg-Ni-Fe 合金。这类合金中的合金元素种类多,但用量都较少。锻铝合金具有良好的热塑性、铸造性和较高的力学性能,适于制造形状复杂、承受重负荷的大型锻件。

2. 钛(Ti)及其合金

(1)工业纯钛。Ti 在地壳中的蕴藏量仅次于 Al,Fe,Mg,居金属元素中的第四位。尤其在我国 Ti 资源十分丰富,是一种很有发展前途的金属材料。

Ti 的熔点为 1 667℃,密度为 4.5 g/cm³,约相当于 Fe 密度的一半。

工业纯钛的力学性能与低碳钢相似,具有较高的强度和较好的塑性。Ti 在常温下虽为密排六方结构,但由于其滑移系较多,并且还容易出现孪生,因此其塑性比其他密排六方结构的金属要高,可以直接用于航空产品。常用来制造在 350℃ 以下工作的飞机构件,如超音速飞机的蒙皮、构架等。

(2)Ti 及其合金的主要特性。Ti 及其合金的性能有以下突出优点。

1)比强度高。工业纯钛强度达 350~700 MPa,钛合金强度可达 1 200 MPa,和调质结构钢相近。由于钛合金的密度比钢低得多,因此钛合金具有比其他金属材料都高的比强度,这正是 Ti 及其合金适于用做航空材料的主要原因。

2)热强度高。Ti 的熔点高,再结晶温度也高,因而 Ti 及其合金具有较高的热强度,目前钛合金使用温度可达 500℃,并在向 600℃ 的温度发展。

3)耐腐蚀性好。Ti 的表面能形成一层致密、牢固的由氧化物和氮化物组成的保护膜,因此具有很好的耐腐蚀性。Ti 及其合金在潮湿空气、海水、氧化性酸(硝酸、铬酸等)和大多数有机酸中,其耐腐蚀性与不锈钢相当,甚至超过不锈钢。Ti 及其合金作为一种高耐腐蚀性材料,已在航空、化工、造船及医疗等行业得到广泛应用。

但是,Ti 及其合金还存在一些缺点,使其应用受到一定的限制。它的主要缺点是:

1)切削加工性差。Ti 的导热性差(仅为 Fe 的 1/5,Al 的 1/13),摩擦因数大,切削时容易升温,也容易黏刀,因而切削速度低,并降低了刀具寿命,影响了零件表面精度。

2)热加工工艺性差。加热到 600℃ 以上时,Ti 及其合金极易吸收 H₂,N₂,O₂ 等气体而使其性能变脆,使得铸造、锻压、焊接和热处理等工艺都存在一定的困难。Ti 的热加工工艺过程只能在真空或保护气体中进行。

3)冷压加工性差。由于 Ti 及其合金的屈强比值较高,弹性模量又小,故冷压加工成形时回弹较大,成形困难,一般须采用热压加工成形。

4)硬度较低,耐磨性较差。因此,不宜用来制造要求耐磨性高的零件。

随着化学切削、激光切削、电解加工、超塑性成形及化学热处理工艺的进展,上述问题将逐步得到解决,钛合金的应用也将更加广泛。

3. 铜(Cu)及其合金

(1)纯铜。纯铜呈玫瑰色,其表面形成氧化膜后呈紫红色,因此称为紫铜。Cu 的密度为 8.94 g/cm², 熔点 1 083℃,无同素异构转变,无磁性。

纯铜最突出的特点是导电、导热性好,仅次于 Ag,故在电器工业和动力机械中得到广泛的应用,如用来制造导电线、散热器、冷凝器等。

纯铜具有很高的化学稳定性,在空气、淡水及蒸汽中均有优良的耐腐蚀性,但在氨、氯盐及氧化性的硝酸和浓硫酸中的耐腐蚀性很差,在海水中也易受腐蚀。

纯铜强度虽不高,但塑性高(延伸率 δ 约为 35% ~ 45%),所以有良好的冷加工成形性。

纯铜的力学性能不高,故在机械结构零件中使用的都是铜合金。常用的铜合金有黄铜和青铜两类。

(2)黄铜。黄铜是以 Zn 为主加元素的铜合金,因含 Zn 而呈金黄色,故称黄铜,按其化学成分的不同,分为普通黄铜和特殊黄铜两类。

普通黄铜是铜锌二元合金,又称为简单黄铜。普通黄铜的牌号以"H+数字"表示,H 为"黄"字汉语拼音字首,数字表示 Cu 的百分含量,如 H80 即表示含 Cu 质量分数为 80%、含 Zn 质量分数为 20% 的普通黄铜。

特殊黄铜是在铜锌合金中再加入其他合金元素的铜合金,又称为复杂黄铜。特殊黄铜的牌号用"H+其他元素的化学符号+铜质量分数+其他元素质量分数"表示。如 HPb59-1 表示含 Cu 的质量分数为 59%,含 Pb 的质量分数为 1%,其余为 Zn。

铸造用黄铜在牌号"H"前加"Z"("铸"字汉语拼音字首)表示,如 ZHAl67-2.5 表示含 Cu 质量分数为 67%,含 Al 质量分数为 2.5% 的铸造铝黄铜。

1)普通黄铜。普通黄铜中 Zn 的质量分数对其力学性能有显著的影响。Zn 加入 Cu 中不但使其强度增大,也能使其塑性增强。含 Zn 质量分数增加到 30% ~ 32% 时,塑性最强,当含 Zn 质量分数增加到 40% ~ 42% 时,塑性下降而强度最大。在含 Zn 质量分数超过 45% ~ 47% 后,强度和塑性均剧烈下降。所以黄铜的含 Zn 质量分数都低于 50%。

当黄铜以冷加工状态使用时,由于其中有残余内应力存在,在湿气(特别是含氨的气体)的作用下,腐蚀易沿着应力分布不均匀的晶界进行,并在应力作用下发生破裂。这一现象因常发生在空气潮湿的雨季,故亦称季裂。含 Zn 质量分数超过 20% 的黄铜,发生这种现象的可能性更大。为防止季裂的产生,冷加工后的黄铜件须进行消除内应力退火。

2)特殊黄铜。特殊黄铜除主加元素 Zn 外,常加入的其他合金元素如 Pb,Al,Mn,Sn,Fe,Ni,Si 等,又分别称为铅黄铜、铝黄铜、锰黄铜等。这些元素的加入都能提高黄铜的强度,其中 Al,Mn,Sn,Ni 等元素还能提高黄铜的耐腐蚀性和耐磨性。

特殊黄铜可分为压力加工用和铸造用两种。前者加入的合金元素较少,使之能进入固溶体中,以保证较高的塑性;后者不要求高的塑性,目的是提高强度和铸造性能,故加入的合金元素较多。

(3)青铜。在青铜中使用最早的是铜锡合金,因其外观呈青黑色,故称之为锡青铜。近代工业中广泛应用含 Al,Be,Pb,Si 等的铜基合金,统称为无锡青铜。

青铜的牌号以"Q"("青"字汉语拼音字首)为首,其后标出主要的合金元素及其含量。铸造用青铜,在牌号"Q"前冠以"Z"字,例如 ZQSn10 表示含 Sn 质量分数 10％的铸造锡青铜。

锡青铜的力学性能随 Sn 质量分数的不同而变化。当含 Sn 质量分数在 5％～6％以下时,Sn 熔于铜中形成固溶体,合金的强度随 Sn 质量分数的增加而增大。当含 Sn 质量分数超出 5％～6％时,合金组织中出现脆性的化合物,使塑性急剧下降,工业用的锡青铜含 Sn 质量分数都在 3％～14％之间。含 Sn 质量分数小于 8％的锡青铜具有较好的塑性,适用于压力加工;含 Sn 质量分数大于 10％的锡青铜,由于塑性低,只适于铸造。锡青铜在铸造时,由于其流动性差,易于形成分散缩孔,因此铸造收缩率很小,适于铸造外形及尺寸要求较严的铸件(如艺术品),但不宜用做要求致密度较高的铸件。锡青铜对空气、海水与无机盐溶液都有极强的耐腐蚀性,但对氨水、盐酸与硫酸的耐腐蚀性却不够理想。

铝青铜具有可与钢相比的强度,其冲击韧性与疲劳强度都很好,并且具有耐腐蚀、耐磨、受冲击时不产生火花等优点。铝青铜的结晶温度间隔小,流动性好,铸造时形成集中缩孔,可获得致密的铸件。含 Al 质量分数较高(大于 10％)的铝青铜,还能通过热处理方法(淬火与回火)强化。铝青铜常用来制造齿轮、摩擦片、涡轮等要求高强度、高耐磨性的零件。

铍青铜是含 Be 质量分数为 1.7％～2.5％的铜合金。因为 Be 在 Cu 中的固溶度随温度下降而急剧降低,室温时仅能溶解 0.16％,所以铍青铜可以通过淬火和时效的方法进行强化,而且强化的效果很好。铍青铜的半成品多在淬火状态供应,制造零件后不再进行淬火,直接进行时效。铍青铜在淬火状态的塑性很高,但切削加工性不好。为了改善切削加工性,可在淬火后先进行一次半时效处理,切削加工后再进行完全时效。铍青铜在工业上用来制造重要的弹性元件、耐磨零件和其他重要零件,如仪表齿轮、弹簧、航海罗盘、电焊机电极、防爆工具等。

1.5　非金属材料及其用途

非金属材料指除金属材料以外的其他一切材料。这类材料发展迅速,种类繁多,已在工业领域中广泛应用。非金属材料主要包括有机高分子材料(如塑料、合成橡胶、合成纤维、胶黏剂、涂料及液晶等)和陶瓷材料(如陶瓷、玻璃、水泥、耐火材料及各类新型陶瓷材料等),其中工程塑料和工程陶瓷的应用在工程结构中占有重要的地位。

人类已进入 21 世纪,随着科学技术的迅速发展,在传统金属材料与非金属材料仍大量应用的同时,各种适应高科技发展的新型材料不断涌现,为新技术取得突破创造了条件。所谓新型材料,是指那些新发展或正在发展中的、采用高新技术制取的、具有优异性能和特殊性能的材料。新型材料是相对于传统材料而言的,二者之间并没有明确的分界。新型材料的发展往往以传统材料为基础,传统材料进一步发展也可以成为新型材料。材料,尤其是新型材料,是 21 世纪知识经济时代的重要基础和支柱之一,它将对经济、科技、国防等领域的发展起到至关重要的推动作用,对机械制造业更是如此。

1.5.1　工程塑料

1. 塑料的组成

塑料一般是以合成树脂(高聚物)为基体,再加入各种添加剂而制成的。

(1)合成树脂。合成树脂即人工合成高聚物,是塑料的主要组分(约占 40％～100％),对塑料的性能起着决定性作用,故绝大多数塑料以树脂的名称命名。合成树脂受热时呈软化或熔融状态,因而塑料具有良好的成形能力。

(2)添加剂。添加剂是为改善塑料的使用性能或成形工艺性能而加入的辅助组分。

1)填料(填充剂)。主要起增强作用,还可使塑料具有所要求的性能。如在塑料中加入铝粉可提高其对光的反射能力和防老化,加入二硫化铝可提高其自润滑性,加入云母粉可提高其电绝缘性,加入石棉粉可提高其耐热性等。另外,有一些填料比树脂便宜,加入后可降低塑料成本。

2)增塑剂。为提高塑料的柔软性和可成形性而加入的物质,主要是一些低熔点的低分子有机化合物。合成树脂中加入增塑剂后,大分子链间距离增大,降低了分子链间作用力,增加了大分子链的柔顺性,因而使塑料的弹性、韧性、塑性提高,强度、刚度、硬度、耐热性降低。加入增塑剂的聚氯乙烯比较柔软,未加入增塑剂的聚氯乙烯则比较刚硬。

3)固化剂(交联剂)。加入到某些树脂中可使线形分子链间产生交联,从而由线形结构变成体形结构,固化成刚硬的塑料。

4)稳定剂(防老化剂)。其作用是提高树脂在受热、光、氧等作用时的稳定性。

此外,还有为防止塑料在成形过程中粘连在模具上,并使塑料表面光亮美观而加入的润滑剂;为使塑料具有美丽的色彩而加入的有机染料或无机颜料等着色剂;以及为使塑料具有不同性能而加入发泡剂、阻燃剂、抗静电剂等。总之,根据不同的塑料品种和性能要求,可加入不同的添加剂。

2. 塑料的分类

(1)按树脂的热性能分类。

1)热塑性塑料。这类塑料为线形结构分子链,加热时会软化、熔融,冷却时会凝固、变硬,此过程可以反复进行。典型的品种有聚乙烯、聚氯乙烯、聚丙烯、聚苯乙烯、聚酰胺(尼龙)、ABS、聚甲醛、聚碳酸酯、聚砜、聚四氟乙烯(F-4)、聚苯醚、聚氯醚、有机玻璃(聚甲基丙烯酸甲脂)等。这类塑料机械强度较高,成形工艺性能良好,可反复成形和再生使用,但耐热性与刚性较差。

2)热固性塑料。这类塑料为密网形结构分子链,其形成是固化反应的结果。具有线形结构的合成树脂,初加热时软化、熔融,进一步加热、加压或加入固化剂,通过共价交联而固化。固化后再加热,则不再软化、熔融。品种有由酚醛塑料、氨基塑料、环氧树脂、不饱和聚酯树脂、有机硅树脂等构成的塑料。这类塑料具有较高的耐热性与刚性,但脆性大,不能反复成形与再生使用。

(2)按应用范围分类。

1)通用塑料。主要指产量大、用途广、价格低廉的聚乙烯、聚氯乙烯、聚苯乙烯、聚丙烯、酚醛塑料等几大品种,它们约占塑料总产量的 75% 以上,广泛用于工业、农业和日常生活的各个方面,但其强度较低。

2)工程塑料。主要指用于制作工程结构、机器零件、工业容器和设备的塑料。最重要的有聚甲醛、聚酰胺(尼龙)、聚碳酸酯、ABS 四种,还有聚砜、聚氯醚、聚苯醚等。这类塑料具有较高的强度(60~100 MPa)、弹性模量、韧性、耐磨性、耐腐蚀性和耐热性也较好。目前,工程塑料发展十分迅速。

3)其他塑料。例如耐热塑料,一般塑料的工作温度不超过 100℃,耐热塑料可在 100~200℃,甚至更高的温度下工作,如聚四氟乙烯(F-4)、聚三氟乙烯、有机硅树脂、环氧树脂等。

目前,耐热塑料的产量较少,价格较贵,仅用于特殊用途,但有发展前途。

随着塑料性能的改善和提高,新塑料品种不断出现,通用塑料、工程塑料和耐热塑料之间已经没有明显的界限了。

3. 常用工程塑料的性能和用途

工程塑料相对金属来说,具有密度小、比强度高、电绝缘性好、耐腐蚀、耐磨和自润滑性好等特点,还有透光、隔热、消音、吸振等优点,也有强度低、耐热性差、容易蠕变和老化的缺点。

不同类别的塑料有着不同的性能特点。表1-8和表1-9分别列出了工业上常用的热塑性塑料和热固性塑料的性能特点及用途。除此之外,还有以两种或两种之上的聚合物,用物理或化学方法共混而成的共混聚合物,这在塑料工业中称为塑料合金。这使可供选用的工程塑料的性能范围更加广泛。

表1-8 常用热塑性塑料的性能和用途

名称(代号)	主要性能特点	用途举例
聚氯乙烯 (PVC)	硬质聚氯乙烯强度较高,电绝缘性能优良,对酸、碱的抵抗力强,化学稳定性好,可在 $-15\sim600℃$ 使用,有良好的热成形性能,密度小	化工耐腐蚀的结构材料,如输油管、容器、离心泵、用途很广
	软质聚氯乙烯强度不如硬质的,但伸长率较大,有良好的电绝缘性,可在 $-15\sim60℃$ 使用	电线、电缆的绝缘包装,农用薄膜,工业包装,但有毒,不适于食品包装
	泡沫聚氯乙烯质轻、隔热、隔音、防振	泡沫衬垫、包装材料
聚乙烯 (PE)	低压聚乙烯质地坚硬,有良好的耐磨性、耐腐蚀性和电绝缘性能,而耐热性差,在沸水中变软;高压聚乙烯是聚乙烯中最轻的一种,其化学稳定性高,有良好的高频绝缘性、柔软性、耐冲击性和透明性;超高分子聚乙烯冲击强度高,耐疲劳,需冷压浇铸成形	低压聚乙烯用于制造塑料板、塑料绳,承受小载荷的齿轮、轴承等;高压聚乙烯最适宜吹塑成薄膜、软管、塑料瓶等用于食品和药品包装的制品,超高分子量聚乙烯可作减摩、耐磨件及传动件,还可制作电线及电缆包皮等
聚丙烯 (PP)	密度小,是常用塑料中最轻的一种。强度、硬度、刚性和耐热性均优于低压聚乙烯,可在 $100\sim200℃$ 温度中长期使用;几乎不吸水,并有较好的化学稳定性,优良的高频绝缘性,且不受温度影响。但低温脆性大,不耐磨,易老化	制作一般机械零件,如齿轮、管道、接头等耐腐蚀件,如泵叶轮、化工管道、容器、绝缘件;制作电视机、收音机、电扇、电机罩等
聚酰胺 (通称尼龙) (PA)	无味、无毒;有较高强度和良好韧性;有一定耐热性,可在 $100℃$ 以下使用。优良的耐磨性和自润滑性,摩擦因数小,良好的消音性和耐油性,能耐水、油、一般溶剂;耐腐蚀性较好;抗菌霉;成形性好。但蠕变值较大,导热性较差(约为金属的 $1/100$),吸水性高,成形收缩率较大	常用的有尼龙6、尼龙66、尼龙610、尼龙1010等。用于制造要求耐磨、耐腐蚀的某些承载和传动零件,如轴承、齿轮、滑轮、螺钉、螺母及一些小型零件;还可用做高压油密封圈,喷涂金属表面作防腐蚀耐磨涂层

续 表

名称(代号)	主要性能特点	用途举例
聚甲基丙烯酸甲酯(即有机玻璃)(PMMA)	透光性好,可透过99%以上太阳光;着色性好,有一定强度,耐紫外线及大气老化,耐腐蚀,优良的电绝缘性能,可在-60~100℃使用。但质较脆,易溶于有机溶剂中,表面硬度不高,易擦伤	制作航空、仪器、仪表、汽车和无线电工业中的透明件与装饰件,如飞机座窗、灯罩、电视、雷达的屏幕,抽标、油杯、设备标牌,仪表零件等
苯乙烯-丁二烯-丙烯腈共聚体(ABS)	性能可通过改变三种单体的含量来调整。有高的冲击韧性和较高的强度,优良的耐油、耐水性和化学稳定性,好的电绝缘性和耐寒性,高的尺寸稳定性和一定的耐磨性。表面可以镀饰金属,易于加工成形,但长期使用易起层	制作电话机、扩音机、电视机、电机、仪表的壳体、齿轮、泵叶轮、轴承、把手、管道,储槽内衬,仪表盘,轿车车身,汽车扶手等
聚四氟乙烯(俗称塑料王)(F-4)	几乎能耐所有化学药品的腐蚀,良好的耐老化性及电绝缘性,不吸水,优异的耐高、低温性,在-195~250℃温度中可长期使用,摩擦因数很小,有自润滑性。但在高温下不流动,不能热塑成形,只能用类似粉末冶金的冷压、烧结成形工艺,高温时会分解出对人体有害的气体,价格较高	制作耐腐蚀件、减摩耐磨件、密封件、绝缘件,如高频电缆、电容线圈架以及化工用的反应器、管道等

表 1-9 常用热固性塑料的性能和用途

名称(代号)	主要性能特点	用途举例
聚氨酯塑料(PUR)	耐磨性优越,韧性好,承载能力高,低温时硬而不脆裂,耐氧、耐候,耐许多化学药品和油,抗辐射,易燃。软质泡沫塑料吸音和减振优良,吸水性大;硬质泡沫高低温隔热性能优良	密封件,传动带,隔热、隔音及防振材料,齿轮,电气绝缘件,实心轮胎,电线电缆护套,汽车零件
酚醛塑料(俗称电木)(PF)	高的强度、硬度及耐热性,工作温度一般在100℃以上,在水润滑条件下具有极小的摩擦因数,优异的电绝缘性,耐腐蚀性好(除强碱外),耐霉菌,尺寸稳定性好。但质较脆,耐光性差、色泽深暗,加工性差,只能模压	制作一般机械零件,水润滑轴承,电绝缘件,耐化学腐蚀的结构材料和衬里材料等,如仪表壳体、电器绝缘板、绝缘齿轮、整流罩、耐酸泵、刹车片
环氧塑料(EP)	强度较高,韧性较好,电绝缘性优良,防水、防潮、防霉、耐热、耐寒,可在-80~200℃范围内长期使用,化学稳定性较好,固化成形后收缩率小,对许多材料的黏结力强,成形工艺简便,成本较低	塑料模具、精密量具、机械仪表和电气结构零件,电气、电子元件及线圈的灌注、涂覆和包封以及修复机件等

1.5.2 合成橡胶

1. 橡胶的特性和应用

橡胶是在室温下处于高弹态的高分子材料,最大的特性是高弹性,其弹性模量很低,只有$1\sim10$ MPa;弹性变形量很大,可达$100\%\sim1\,000\%$;具有优良的伸缩性和积储能量的能力。此外,还有良好的耐磨性、隔音性、阻尼性和绝缘性。

橡胶在工业上应用相当广泛,可用于制作轮胎、动静态密封件(如旋转轴、管道接口密封件)、减振防振件(如机座减振垫片、汽车底盘橡胶弹簧)、传动件(如三角胶带、传动滚子)、运输胶带、管道、电线、电缆、电工绝缘材料和制动件等。

2. 橡胶的组成

橡胶制品是以生胶为基础加入适量的配合剂制成的。

(1)生胶。未加配合剂的天然或合成的橡胶统称生胶。天然橡胶综合性能好,但产量不能满足日益增长的需要,及满足某些特殊性能要求,因此合成橡胶获得了迅速发展。

(2)配合剂。为了提高和改善橡胶制品的各种性能而加入的物质称为配合剂。配合剂种类很多,其中主要是硫化剂,其作用类似于热固性塑料中的固化剂,它使橡胶分子链间形成横链,适当交联,成为网状结构,从而提高橡胶的力学性能和物理性能。常用的硫化剂是硫磺和硫化物。

为提高橡胶的力学性能,如强度、硬度、耐磨性和刚性等,还需加入填料。使用最普遍的是碳黑,以及作为骨架材料的织品、纤维,甚至是金属丝或金属编织物。填料的加入还可减少胶用量,降低成本。其他配合剂还有为加速硫化过程,提高硫化效果而加入的硫化促进剂;用以增加橡胶塑性,改善成形工艺性能的增塑剂;以及防止橡胶老化而加入的防老化剂(抗氧化剂)等。

3. 常用橡胶

橡胶按原料来源分为天然橡胶与合成橡胶,按用途分为通用橡胶和特种橡胶。

天然橡胶属通用橡胶,广泛用于制造轮胎、胶带、胶管等。常用合成橡胶的性能与用途见表1-10。其中,产量最大的是丁苯橡胶,占橡胶总产量的$60\%\sim70\%$;发展最快的是顺丁橡胶。特种橡胶价格较贵,主要用于要求耐热、耐寒、耐腐蚀的特殊环境。

表1-10 常用合成橡胶的性能与用途

名称		性能									应用举例
		抗拉强度/MPa	延伸率(%)	使用温度上限℃	耐磨性	回弹性	耐油性	耐碱性	耐老化	抗撕性	使用性能	
通用橡胶	天然橡胶	$25\sim30$	$650\sim900$	<100	中	好				好	高强、绝缘、防振	通用制品、轮胎
	丁苯橡胶	$15\sim21$	$500\sim800$	$80\sim120$	好	中				中	耐磨	通用制品、胶布、胶板、轮胎、胶管
	顺丁橡胶	$18\sim25$	$450\sim800$	120	好	好				中	耐磨、耐寒	轮胎、耐寒运输带、V带、防振器
	丁基橡胶	$17\sim21$	$650\sim800$	$120\sim170$	中	中	中	好	好	中	耐酸碱、气密、防振	内胎、水胎、化工衬里、防振品

续 表

名称		性　能										应用举例
		抗拉强度 MPa	延伸率 （％）	使用温度上限 ℃	耐磨性	回弹性	耐油性	耐碱性	耐老化	抗撕性	使用性能	
通用橡胶	氯丁橡胶	25～27	800～1000	120～150	中	中	好	好		好	耐酸、耐碱、耐燃	油罐衬、管道、电缆皮、门窗嵌条
	丁腈橡胶	15～30	300～800	120～170	中	中	好			中	耐油、耐水、气密	耐油垫圈、油管、油槽衬
	乙丙橡胶	10～25	400～800	150	中	中			好	好	耐水、绝缘	汽车配件、散热管、电绝缘件
特种橡胶	聚氨酯	20～35	300～800	80	好	中	好	差		中	高强、耐磨	实心胎胶辊、耐磨件、特种垫圈
	氟橡胶	20～22	100～500	300	中	中	好	好	好	中	耐油、耐酸碱、耐热	化工衬里、高级密封件、高真空胶件
	硅橡胶	4～10	50～500	100～300	差	差				差	耐热、绝缘	耐高低温件、绝缘件、管道接头
	聚硫橡胶	9～15	100～700	80～130	差	差	好	好	好	差	耐油、耐酸碱	丁腈改性用

1.5.3　陶瓷材料

陶瓷是由金属和非金属元素组成的无机化合物材料,其性能硬而脆,比金属材料和工程塑料更能抵抗高温环境的作用,已成为现代工程材料的三大支柱之一。

1. 陶瓷的分类

陶瓷种类繁多,工业陶瓷大致可分为普通陶瓷和特种陶瓷两大类。

(1)普通陶瓷(传统陶瓷)。除陶、瓷器之外,玻璃、水泥、石灰、砖瓦、搪瓷、耐火材料都属于陶瓷材料。一般人们所说的陶瓷常指日用陶瓷、建筑瓷、卫生瓷、电工瓷、化工瓷等。普通陶瓷以天然硅酸盐矿物如黏土(多种含水的铝酸盐混合料)、长石(碱金属或碱土金属的铝硅酸盐)、石英(SiO_2)、高岭土($Al_2O_3 \cdot 2SiO_2 \cdot 2H_2O$)等为原料烧结而成。

(2)特种陶瓷(现代陶瓷)。特种陶瓷采用纯度较高的人工合成原料,如氧化物、氮化物、硅化物、硼化物、氟化物等制成,具有各种特殊力学、物理、化学性能。

按性能和应用不同,陶瓷也可分为工程陶瓷和功能陶瓷两大类。

(1)工程陶瓷。在工程结构上使用的陶瓷称为工程陶瓷。现代工程陶瓷主要在高温下使用,故也称高温结构陶瓷。这些陶瓷具有在高温下优越的力学、物理和化学性能,在某些科技场合和工作环境往往是唯一可用的材料。工程陶瓷有许多种,目前应用广泛和有发展前途的有氧化铝、氮化硅、碳化硅和增韧氧化物等材料。

(2)功能陶瓷。利用陶瓷特有的物理性能可制造出种类繁多、用途各异的功能陶瓷材料。例如导电陶瓷、半导体陶瓷、压电陶瓷、绝缘陶瓷、磁性陶瓷、光学陶瓷(如光导纤维、激光材料)等,以及利用某些精密陶瓷对声、光、电、热、磁、力、湿度、射线及各种气氛等信息显示的敏感特性而制得的各种陶瓷传感器材料。

2. 陶瓷材料的性能特点

(1)力学性能。和金属材料相比较,大多数陶瓷的硬度高,弹性模量大,脆性大,几乎没有塑性,抗拉强度低,抗压强度高。

(2)热性能。陶瓷材料熔点高,抗蠕变能力强,热硬性可达 1 000 ℃。但陶瓷热膨胀系数和导热系数小,承受温度快速变化的能力差,在温度剧变时会开裂。

(3)化学性能。陶瓷的化学性能最突出的特点是化学稳定性很高,有良好的抗氧化能力,在强腐蚀介质、高温共同作用下有良好的耐腐蚀性。

(4)其他物理性能。大多数陶瓷是电绝缘体,功能陶瓷材料具有光、电、磁、声等特殊作用。

3. 常用工程陶瓷的种类、性能和用途

(1)普通陶瓷。普通陶瓷按用途可分为日用陶瓷、建筑用瓷、电瓷、卫生瓷、化学瓷与化工瓷等。这类陶瓷质地坚硬、不氧化、耐腐蚀、不导电、成本低,但含有相当数量的玻璃相,强度较低,使用温度不能过高。普通陶瓷产量大、种类多,广泛应用于电气、化工、建筑等行业。

(2)特种陶瓷。

1)氧化铝陶瓷的主要特点是耐高温性能好,可在 1 600 ℃高温下长期使用,耐腐蚀性很强,硬度很高,耐磨性好,因此可用于制造熔化金属的坩埚、高温热电耦套管、刀具与模具等。氧化铝有很好的电绝缘性能,在高频下的电绝缘性能尤为突出。其缺点是脆性大,不能承受冲击载荷,也不适于温度急剧变化的场合。

2)氮化硅陶瓷的原料丰富,加工性能优良,用途广泛。可以用较低的成本生产各种尺寸精确的部件,尤其是形状复杂的部件,其成品率高于其他陶瓷材料。

氮化硅是键性很强的共价键化合物,稳定性极强,能耐各种酸和碱的腐蚀,也能抵抗熔融有色金属的侵蚀。氮化硅的硬度很高,耐磨性好,摩擦因数小,在无润滑条件下工作是一种极为优良的耐磨材料。氮化硅陶瓷的热膨胀系数小,有极好的抗温度急变性。氮化硅陶瓷的使用温度不如氧化铝陶瓷,但它的硬度在 1 200 ℃时仍不降低。

氮化硅陶瓷的制造方法有热压烧结和反应烧结两种。热压烧结氮化硅陶瓷组织致密,强度与韧性均高于反应烧结氮化硅陶瓷,但受模具限制,只能制作形状简单且精度要求不高的零件。热压烧结氮化硅陶瓷主要用于制造刀具,可切削淬火钢、铸铁、钢结硬质合金等,可制作高温轴承等。反应烧结氮化硅陶瓷的强度低于热压烧结氮化硅陶瓷,多用于制造形状复杂、尺寸精度要求高的零件,可用于要求耐磨、耐腐蚀、耐高温、绝缘等场合,如泵的机械密封环、热电耦套管、燃气轮机叶片等。

3)碳化硅和氮化硅一样,也是键能很高的共价键结合的晶体。碳化硅陶瓷的生产方式除反应烧结与热压烧结以外,新近还开发了一种常压烧结的方法。

碳化硅陶瓷的最大特点是高温强度高,在 1 400 ℃时抗弯强度仍保持在 500～600 MPa 的较高水平。碳化硅陶瓷有很好的耐磨损、耐腐蚀、抗蠕变性能,热传导能力很强,可用于制作火箭尾喷管的喷嘴、炉管、高温轴承与高温热交换器等。

4)氮化硼有两种晶型:六方晶型和立方晶型。六方氮化硼的结构、性能均与石墨相似,故有"白石墨"之称,它有良好的耐热性、热稳定性、导热性和高温介电强度,是理想的散热材料、高温绝缘材料,如制作冶金用高温容器、半导体散热绝缘材料、高温轴承、热电耦套管等。六方氮化硼陶瓷的硬度不高,是目前唯一易于机械加工的陶瓷。立方氮化硼陶瓷结构牢固,硬度接近金刚石,是极好的耐磨材料,作为超硬工模具材料,现已用于高速切削刀具的拔丝模具等。

此外,其他应用较多的特种陶瓷还有氧化物陶瓷,如氧化锆陶瓷、氧化镁陶瓷等。近几年,在氧化锆陶瓷的增韧研究方面已取得了突破性进展,在氧化锆中加入某种稳定剂,形成部分稳定氧化锆陶瓷,其断裂韧性远高于其他结构陶瓷,有"陶瓷钢"之称。

1.5.4　新型材料

目前,对各种新型材料的研究和开发正在加速。新型材料的特点是高性能化、功能化、复合化。传统的金属材料、有机材料、无机材料的界限正在消失,新型材料的分类变得困难起来,材料的属性区分也变得模糊起来。例如,传统认为导电性是金属固有的,而如今有机、无机材料也均可出现导电性。复合材料更是融多种材料性能于一体,甚至出现一些与原来截然不同的性能。

1. 高温材料

所谓高温材料,一般是指在 600℃ 以上,甚至在 1 000℃ 以上能满足工作要求的材料,这种材料在高温下能承受较高的应力并具有相应的使用寿命。常见的高温材料是高温合金,出现于 20 世纪 30 年代,其发展和使用温度的提高与航天、航空技术的发展紧密相关。现在高温材料的应用范围越来越广,从锅炉、蒸汽机、内燃机到石油、化工用的各种高温物理化学反应装置、原子反应堆的热交换器、喷气涡轮发动机和航天飞机的许多部件都有广泛的使用。高新技术领域对高温材料的使用性能不断提出要求,促使高温材料的种类不断增多,耐热温度不断提高,性能不断改善。反过来,高温材料的性能提高,又扩大了其应用领域,推动了高新技术的发展。

到目前为止,开发使用的高温材料主要有以下几类。

(1)铁基高温合金。铁基高温合金由奥氏体不锈钢发展而来。这种高温合金在成分中加入比较多的 Ni 以稳定奥氏体基体。现代铁基高温合金中,有的含 Ni 质量分数接近 50%。另外,加入 10%～25% 的 Cr 可以保证获得优良的抗氧化及抗热蚀能力;W 和 Mo 主要用来强化固溶体的晶界,Al,Ti,Nb 起沉淀强化作用。我国研制的 Fe - Ni - Cr 系铁基高温合金有 GH1140,GH2130,K214 等。用做导向叶片的工作温度最高可达 900℃。一般而言,这种高温合金的抗氧化性和高温强度都还不足,但其成本较低,可用于制作一些使用温度要求较低的航空发动机和工业燃气轮机的部件。

(2)镍基高温合金。这种合金以 Ni 为基体,含 Ni 质量分数超过 50%,使用温度可达 1 000℃。镍基高温合金可溶解较多的合金元素,可保持较好的组织稳定性,其高温强度、抗氧化性和耐腐蚀性都较铁基高温合金好。在现代喷气发动机中,涡轮叶片几乎全部采用镍基高温合金制造。镍基高温合金按其生产方式可分为变形合金与铸造合金两大类。由于使用温度越高的镍基高温合金,其锻造性能越差,因此,现在的发展趋势是耐热温度高的零部件,大多选用铸造镍基高温合金制造。

为适应现代工业更高的要求,高温合金的研究开发尽管难度极大,但也在不断地取得进展。现在已经使用或正在研制的新型高温合金有定向凝固高温合金、单晶高温合金、粉末冶金高温合金、快速凝固高温合金、金属间化合物高温合金和其他难熔金属高温合金等。由于单晶高温合金消除了晶界,去除了晶界强化元素,使合金的初熔温度大为提高,这样可加入更多的强化元素并采取更高的固溶处理温度,使强化元素的作用充分发挥。单晶高温合金的工作温度比普通铸造高温合金高约 100℃。对涡轮叶片而言,每提高 25℃,相当于提高叶片寿命 3

倍,发动机的推力将会有较大幅度的增加。因此,单晶高温合金等新型高温合金的问世极大地促进了航空、航天等工业的发展。

(3)高温陶瓷材料。高温高性能结构陶瓷正在得到普遍关注。以氮化硅陶瓷为例,其已成为制造新型陶瓷发动机的重要材料,目前采用的镍基气轮机叶片的使用温度可达 1 050℃。氮化硅陶瓷不仅有良好的高温强度,且热膨胀系数较小,导热系数高,抗热振性能好。用它制成的发动机可在更高的温度工作,效率将会有较大的提高。

2. 形状记忆材料

形状记忆是指某些材料在一定条件下,虽经变形但仍然能够恢复到变形前原始形状的能力。最初具有形状记忆功能的材料是一些合金材料,如 Ni – Ti 合金。目前,高分子形状记忆材料因为其优异的综合性能已成为重要的研究与应用对象。

材料的形状记忆现象是由美国海军军械实验室的科学家布勒(W. J. Buchler)在研究 Ni – Ti 合金时发现的。典型的形状记忆合金的应用例子是制造月面天线。半球形的月面天线直径达数米,用登月舱难以运载进入太空。科学家们利用 Ni – Ti 合金的形状记忆效应,首先将处于一定状态下的 Ni – Ti 合金丝制成半球形的天线,然后压成小团,用阿波罗火箭送上月球,放置在月球上,小团被阳光晒热后恢复成原状,即可成功地用于通信。

(1)形状记忆合金。目前,形状记忆合金主要分为 Ni – Ti 系、Cu 系和 Fe 系合金等。Ni – Ti 系形状记忆合金是最具有实用化前景的形状记忆材料,其室温抗拉强度可达 1 000 MPa 以上,密度为 6.45 g/cm²,疲劳强度高达 480 MPa,而且具有很好的耐腐蚀性。近年来又发展了一系列改良型的 Ni – Ti 合金,如在 Ni – Ti 合金中加入微量的 Fe,Cr,Cu 等元素,以进一步扩大 Ni – Ti 材料的应用范围。Cu 系形状记忆合金主要是 Cu – Zn – Al 合金和 Cu – Ni – Al 合金,与 Ni – Ti 合金相比,其加工制造较容易,价格便宜,记忆性能也较好,但其主要问题是合金的热稳定性等较差。Fe 系形状记忆合金,如 Fe – Pt,Fe – Ni – Co – Ti 等系列合金在价格上有明显优势,目前处于研究应用的初始阶段。

(2)形状记忆高聚物。高聚物材料的形状记忆机理与金属不同。目前开发的形状记忆高聚物具有两相结构,即固定成品形状的固定相以及某种温度下能可逆地发生软化和固化的可逆相。固定相的作用是记忆初始形态,第二次变形和固定是由可逆相来完成的。凡是有固定相和软化-固化可逆相的聚合物都可以作为形状记忆高聚物。根据固定相的种类,分为热固性和热塑性两类。如聚乙烯类结晶性聚合物、苯己烯-丁二烯共聚物等。

(3)形状记忆材料的应用。形状记忆材料可用于各种管接头、电路的连接,自控系统的驱动器和热机能量转换材料等。如图 1 – 30 所示为形状记忆材料在铆钉中的应用实例。

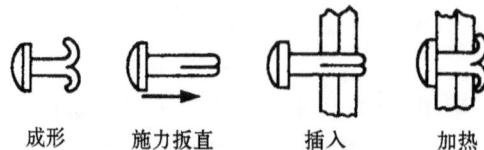

| 成形 | 施力扳直 | 插入 | 加热 |

图 1 – 30　形状记忆铆钉的应用

大量使用形状记忆材料的是各种管接头。由于在相变温度以下马氏体非常软,接头内径很容易扩大。在此状态下,把管子插入接头,加热后接头内径即可恢复原来的尺寸,完成管子的连接过程。因为形状恢复力很大,故连接很严密,很少有漏油、脱落等事故发生。形状记忆材料还可用于各种温度控制仪器,如温室窗户的自动开闭装置,防止发动机过热用的风扇离合器等。由于形状记忆材料具有感知和驱动的双重功能,因此可能成为未来微型机械手和机器人的理想材料。

3. 超导材料

超导材料是近年来发展最快的功能材料之一。超导体是指在一定温度下,材料电阻为零,物质内部失去磁通成为完全抗磁性的物质。

超导现象是荷兰物理学家昂内斯(Onnes)在 1911 年首先发现的。他在检测水银低温电阻时发现,在温度低于 4.2 K 时水银的电阻突然消失。这种零电阻现象称为超导现象,出现零电阻的温度称为临界温度 T_c。T_c 是物质常数,同一种材料在相同条件下有确定值。T_c 的高低是超导材料能否实际应用的关键。1933 年,迈斯纳(Meissner)发现了超导的第二个标志——完全抗磁。当金属在超导状态时,它能将通过其内部的磁力线排出体外,称为迈斯纳效应。零电阻和完全抗磁是超导材料的两个最基本的宏观特性。

此后,人们不仅在超导理论研究上做了大量工作,而且在研究新超导材料,提高超导零电阻温度上进行了不懈努力。T_c 值愈大,超导体的使用价值愈大。由于大多数超导材料的 T_c 值都太低,必须用液氦才能降到所需温度,这样不仅费用昂贵而且操作不便,因而许多科学家都致力于提高 T_c 值的研究工作。1973 年应用溅射法制成的 Nb_3Ge 薄膜,其 T_c 值从 4.2 K 提高到 23.2 K。到 20 世纪 80 年代中期,超导材料研究取得突破性进展。中国、美国、日本等国先后获得了 T_c 高达 90 K 以上的 $Y-Ca-Cu-O$ 高温超导材料,而后又研制出 T_c 超过 120 K 的高温超导材料。这些结果已成为技术发展史上的重要里程碑,使在液氮温度下使用的超导材料变为现实,这必将对许多科学技术领域产生难以估量的深远影响。至今,高温超导材料的研究仍方兴未艾。

超导材料在工业中也有重大应用价值。

在电力系统方面,超导电力储存是目前效率最高的电力储存方式。利用超导输电可降低目前高达 7% 左右的输电损耗。超导磁体用于发电机,可大大提高电机中的磁感应强度,提高发电机的输出功率。利用超导磁体实现磁流体发电,可直接将热能转换为电能,使发电效率提高 50%~60%。

在运输方面,超导磁悬浮列车是在车底部安装许多小型超导磁体,在轨道两旁埋设一系列闭合的铝环。列车运行时,超导磁体产生的磁场相对于铝环运动,铝环内产生的感应电流与超导磁体相互作用,产生的浮力使列车浮起,列车浮力愈大,速度愈高。磁悬浮列车速度可达 500 km/h。

在其他方面,超导材料可用于制作各种高灵敏度的器件,利用超导材料的隧道效应可制造运算速度极快的超导计算机等。

4. 超硬结构材料

切削物体或对物体进行塑性变形加工的工具材料分为高碳钢、高速钢、超硬质合金、金刚石。其中可列入超硬质材料范畴的是超硬质合金和金刚石等材料。

金属陶瓷可作为超硬质材料,是具有耐磨、耐高温等优良特性的陶瓷和具有韧性的金属组合而成的复合材料。碳化物基金属陶瓷已工业化规模生产,这类超硬质合金的组成有:$WC-Co$,$WC-C-Co$,$TiC-Ni-Mo$,Cr_2O_3-Ni 等,其中应用最多的是前两种。$WC-Co$ 可用于制造耐磨、抗冲击工具等;WC - C - Co 可用于切削钢的工(刀)具;TiC - Ni - Mo 也主要用来切削钢;Cr_2O_3 - Ni 仅作为耐腐蚀材料。硅化物、硼化物、氮化物基金属陶瓷方面的研究进程也发展很快。

从经济角度考虑,若切削工具由于刀片尖端产生一定磨损就报废整块材料,是很可惜的,因此涂层刀片就显得很重要。涂层刀片是在超硬质合金刀片表面覆盖非常耐磨的成分,形成叠层结构。表面薄薄的涂层可以显著提高刀具的使用寿命。如用化学气相沉积法在刀片的表面覆盖约 $5~\mu m$ 的 TiC,TiN 或 Al_2O_3 等的刀具已得到大量应用。由于表面有了约 $5~\mu m$ 耐磨涂覆层,这种刀片的耐磨性大大提高,韧性并不显著地下降。WC 基超硬质合金的导热率高,能适应温度急剧变化而引起的热冲击,可作为基体。

由于金刚石具有极高的硬度,因此人工合成金刚石是科学工作者一直探索的课题。通过采用超高压高温装置可以形成完整结晶的金刚石,这可作为加工硬质岩石的材料;一些不规则形状的强度较低的结晶可用树脂结合起来做成砂轮,用来研磨超硬质合金。目前,人造金刚石专门用于岩石、玻璃、硬质金属的研磨和切削,也可以用来制作地质钻头。

5. 纳米材料

(1)纳米技术——21 世纪新产品诞生的源泉。直到 20 世纪 80 年代,科学家们才惊奇地发现,在宏观与微观之间的纳米体系(介观)中,许多我们认为理所当然的性质都完全变了模样:在介观状态时,金属 Ag 竟会失去典型的金属特征;纳米 SiO_2 比典型的粗晶 SiO_2 的电阻下降了几个数量级;常态下电阻较小的金属到了纳米级电阻会增大,电阻温度系数下降甚至出现负数;原始绝缘体的氧化物到了纳米级,电阻却反而下降;$10\sim25$ nm 的铁磁金属颗粒,其矫顽力比相同的宏观材料大 1 000 倍,而当颗粒尺寸小于 10 nm,矫顽力变为零,表现为超顺磁性现象。

1959 年美国物理学家理查德·费曼(Richard P. Feynman,1918—1988 年)大胆地提出了一个设想:"如果有一天可以按照人的意志安排一个个原子的话,将会产生怎样的奇迹?"1989年,美国 IBM 公司的科学家用单个原子排列写出 IBM 的商标,日本科学家用单个原子排列了汉字"原子"的字形。从此以后科学家们都在研究利用纳米材料的奇特物理、化学和力学性能,涉及纳米复合材料、设计纳米组装体系和纳米结构材料,并应用到各个领域中。

把金属的纳米颗粒放入常规的陶瓷中,可大大提高材料的力学性能;纳米 Si_2O_3 和 SiO_2 离子放入橡胶中可提高橡胶的介电性和耐磨性;放入金属或合金中可以使晶粒细化,大大改善力学性能,既不影响透明度又提高了高温冲击韧性;纳米氧化铝的悬浮液被用于高级光学玻璃、石英晶体及各种宝石的抛光;纳米微粒加入油墨中可改善油墨的流动性。

目前,一般彩电等电器是黑色家电,由于需要树脂加碳黑来进行静电屏蔽。日本松下公司已成功研制具有良好静电屏蔽作用的纳米涂料,可以通过控制纳米微粒的种类来控制涂料的颜色。在化纤制品和纺织品中添加纳米微粒还具有杀菌作用,把 Ag 纳米微粒加入到袜子中,可以清除脚臭;医用纱布中放入纳米 Ag 粒子有消毒杀菌作用。

人们普遍认为,纳米技术将是 21 世纪新产品诞生的源泉,纳米技术会引起新一轮的产业革命,必将推动生产力的发展,改善人类生活环境。有信息表明,不少国产无菌冰箱上用了纳米材料制成的抗菌塑料;深圳一家公司推出了包括无菌餐具、无菌扑克牌在内的一系列纳米材料制成的产品。

(2)纳米 TiO_2 的应用。随着工业的飞速发展,环境污染问题日益突出。而纳米 TiO_2 在治理环境污染方面可以达到现有的处理方法难以达到的理想效果。

1)纳米 TiO_2 光催化降解有机物水处理技术具有明显的优势——无二次污染,纯净度高。

2)降解空气中的有害有机物,降解效果好,可达到 100％。其机理是在光照条件下将这些有害物质转化为 CO_2,H_2O,有机酸。

3)可以降解有机磷农药。

4)可以加速城市生活垃圾的降解。

5)纳米 TiO_2 表面具有超亲水性和超亲油性,因此其表面具有防污、防雾、易洗、易干的特点。如在汽车挡风玻璃、后视镜表面镀上纳米 TiO_2 薄膜,可防止镜面起水雾。

6)纳米 TiO_2 在可见光的照射下对碳氢化合物有催化作用。利用这一效应可以在玻璃、陶瓷和瓷砖的表面涂上一层纳米 TiO_2 薄层,这会有很好的自洁作用。如日本已经制成自洁玻璃和自洁瓷砖。任何黏在其表面上的物质,包括油污、细菌在光的照射下由纳米 TiO_2 光致催化作用,使这些碳氢化合物进一步氧化变成气体。日本已经用这种保洁瓷砖装饰了一家医院的墙壁,经使用证明,这种保洁瓷砖有明显的杀菌作用。

(3)纳米陶瓷极具市场潜力。氧化物陶瓷进入规模生产以来,其研究朝着高纯超细的方向发展,在一定程度上改善了陶瓷性能和微观结构。如氧化铝陶瓷:从普通瓷→高铝瓷→75 瓷(指 75％ Al_2O_3)→95 瓷→99 瓷,其强度性能有了很大提高。随着科技的发展,对高性能的陶瓷要求不断提高。实验表明,在 95 瓷中添加少量的纳米 Al_2O_3 可以使陶瓷更加致密,强度和抗冷热疲劳等性能大大提高。如果把纳米氧化硅粉体添加到 95 瓷中,不但提高陶瓷材料的强度、韧性,而且提高了材料的硬度和弹性模量等性能,其效果比添加 Al_2O_3 更理想。目前,主要研究方向为添加纳米如何使常规陶瓷综合性能得到改善,特别是提高陶瓷的韧性。研究表明,纳米氧化铝粉体添加到常规 85 瓷、95 瓷中,强度和韧性均可以提高 50％以上。

(4)其他方面的应用。我国是涂料生产和消费大国,但是,当前国产涂料普遍存在性能方面的不足,如悬浮稳定性差、触变性差、耐候性差、耐洗刷性差等,致使每年要进口大量高质量的涂料。上海、北京、杭州、宁波等地的一些涂料生产企业,成功地实现了纳米氧化硅在涂料中的应用,这种纳米改性涂料一改以往产品的不足,经测试其主要性能指标均大幅提高。

橡胶是一种伸缩性优异的弹性体,但其综合性能并不令人满意,生产橡胶制品过程中通常需在胶料中加入碳黑来提高强度、耐磨性、抗老化性,但碳黑的加入使得制品均为黑色,且档次不高。1997 年舟山明日纳米公司通过和首都师范大学新材料研究所合作,成功开发出纳米氧化硅改性的彩色场地材料,在普通橡胶中添加少量纳米氧化硅后,产品的强度、耐磨性、抗老化性能等性能均达到或超过高档橡胶制品,而且可以保持颜色长久不变。化工部橡胶研究所利用纳米氧化硅替代碳黑成功开发出新型橡胶,其耐磨性、抗拉强度、抗折性能、抗老化性能均明显提高,且色彩鲜艳,保色效果优异。如轮胎侧面的抗折性能由原来的 10 万次提高到 50 万次以上,而且不久的将来,将实现国产汽车、摩托车轮胎的彩色化。

纳米材料在电子封装材料、树脂基复合材料、塑料、颜(染)料、密封胶及黏结剂、玻璃钢制品、药物载体、化妆品、抗菌材料等方面也具有十分重要的意义。如飞机的窗口材料常用的是有机玻璃钢(PMMA),当飞机在高空飞行时窗口玻璃经紫外线辐射易老化,造成透明度下降。上海华东理工大学研究人员利用纳米氧化硅极强的紫外线反射性能,在有机玻璃生产过程中加入表面修饰后的纳米氧化硅,生产出的产品抗紫外线辐射能力提高一倍以上,抗冲击强度提高 80％。一般家电外壳都是由树脂加碳黑的涂料喷涂而形成的一个光滑表面,由于碳黑有导电作用,因而表面的涂层就有静电屏蔽作用,如果不能进行静电屏蔽,电器的信号就会受到外部静电的严重干扰。例如,人体接近屏蔽效果不好的电视机时,人体的静电就会对电视图像产生严重的干扰。日本松下公司已成功研制出具有良好静电屏蔽的纳米涂料,不但可起到良好的静电屏蔽效果,而且也克服了碳黑静电屏蔽涂料只有单一颜色的单调性,所应用的纳米微粒有 Fe_2O_3,TiO_2,Cr_2O_3,ZnO 等。这些具有半导体特性的纳米氧化物粒子在室温下具有比常规氧化物更高的导电性,因而能起到静电屏蔽作用,同时氧化物纳米微粒的颜色不同,TiO_2,SiO_2 纳米粒子为白色,Cr_2O_3 为绿色,Fe_2O_3 为褐色,这样就可以复合控制涂料的颜色。

在 21 世纪,特别引人注目的是纳米半导体的研究和应用。虽然由于成本太高,目前已经商用化的光伏电池难以大规模推广应用。但是自从 Crabel 首次报道经染料敏比的纳米晶光伏电池优异的光电转换特性以来,各国科学家围绕纳米晶光伏电池的研究越来越热。这是由于纳米晶光伏电池的制备较为简单,且具有较高的界面电荷转移效率,利用太阳作为辐照光源即可获得较高的光电转换效率。研究表明,除了纳米晶体 TiO_2 光伏电池外,其他如 ZnO,F_2O_3,WO_3,SnO_2 等单一氧化物和 $CdSe$ 等单一硒化物纳米晶光伏电池亦显示出较好的光电转换特性。

纳米半导体粒子的高比表面、高活性等特性使之成为应用于传感器方面最有前途的材料。它对温度、光、湿气等环境因素相当敏感,外界环境的改变会迅速引起表面或界面离子价态及电子输运的变化。利用其电阻的显著变化可做成传感器,特点是响应速度快、灵敏度高、选择性优良。

纳米半导体微粒是在纳米尺度原子和分子的集合体,这个过去从来没有被人们注意的非宏观、非微观的中间层次出现了许多新问题,例如电子的平均自由程比传统固体短,周期性被破坏,过去建立在平移周期上对电子的布洛赫波已不适用,建立在亚微米范围内的半导体 PN 结理论对于小于 $10\ \mu m$ 的微粒已经失效。对纳米尺度上电子行为的描述必须引入新的理论,这也将促进介观物理和混沌物理的发展。

纳米科学与技术为现代材料的开发带来了新的革命。

第2章

铸造成形工艺

将液态金属浇注到具有与零件形状、尺寸相适应的铸型型腔中,待其冷却凝固,以获得毛坯或零件的生产方法,称为铸造。

铸造是历史最为悠久的金属成形方法,直到今天仍然是毛坯生产的主要方法。在机器设备中铸件所占比例很大,如机床、内燃机中,铸件占总质量的 70%～90%,在压气机中占 60%～80%,在拖拉机中占 50%～70%,在农业机械中占 40%～70%。铸造之所以获得如此广泛的应用,是由于铸造成形为由液态凝结成固态的过程。因此,铸造生产具有以下特点:

(1)适应范围广。铸造成形方法对工件的尺寸形状几乎没有任何限制。铸件的尺寸可大可小,铸件的形状可简单亦可复杂。因此,形状复杂或大型机械零件一般采用铸造方法初步成形,特别是具有复杂内腔的毛坯,如箱体、气缸体等。铸件的大小几乎不限,从几克到 300 t 以上,铸件的壁厚可由 0.3 mm 到 1 000 mm 左右,长度从几毫米到十几米。铸造的批量不限,从单件、小批,直到大量生产。在各种批量的生产中,铸造都是重要的成形方法。

(2)可用材料广泛。几乎所有能熔化成液态的合金材料均可用于铸造。铸件的材料可以是铸铁、铸钢、铸造铝合金、铸造铜合金等各种金属材料,也可以是高分子材料和陶瓷材料。对于塑性较差的脆性材料,铸造是唯一可行的成形工艺。铸铁的生产最为广泛,占工业铸件产量的 70%以上。

(3)成本较低。由于铸造成形方便,铸件毛坯与零件形状相近,能节省金属材料和切削加工工时;铸造原材料来源广泛,可以利用废料、废零件等,节约国家资源;铸造设备通常比较简单,投资较少。因此,铸件的成本较低。

(4)铸件的组织性能较差。一般条件下,铸件晶粒粗大(通常称为铸态组织),化学成分不均匀,力学性能较差。因此,受力不大或承受静载荷的机械零件,如箱体、床身、支架等常用铸件毛坯。

在铸造生产中,最基本的工艺方法是砂型铸造,用这种方法生产的铸件占总产量的 90%以上。此外,还有多种特种铸造方法,如熔模铸造、金属型铸造、压力铸造、离心铸造等,它们在不同条件下各有其优势。

2.1 液态金属成形理论基础

2.1.1 合金的铸造性能

铸造过程中,铸件的质量与合金的铸造性能密切相关。所谓合金的铸造性能是指在铸造生产过程中,合金铸造成形的难易程度,容易获得外形正确、内部又健全的铸件,其铸造性能就好。应该指出,合金的铸造性能是一个复杂的综合性能,通常用充型能力、收缩性等来衡量。

影响铸造性能的因素很多,除合金元素的化学成分外,还有工艺因素等。因此,掌握合金的铸造性能,采取合理的工艺措施,可以防止铸造缺陷,提高铸件质量。

合金在铸造过程中所表现出来的性能统称为合金的铸造性能,主要是指流动性、收缩性、偏析和吸气性等。

1. 液态合金的流动性

(1)合金的流动性及其对铸件质量的影响。合金的流动性是指液态合金的流动能力,合金流动性的好坏,可用螺旋形试样(见图 2-1)进行测定。

液态金属的流动性好,充型能力强,能浇出形状复杂、壁薄的铸件,避免产生浇不足、冷隔等缺陷;有利于金属液中气体和夹杂物的上浮和排除,可减少气孔、渣眼等缺陷;铸件在凝固及收缩过程中,可得到来自冒口的液态合金的补充,可防止铸件产生缩孔、缩松等缺陷。

(2)影响流动性的因素。影响流动性的因素很多,主要有合金成分和浇注条件等。

1)合金成分。不同成分的合金具有不同的结晶特点,其流动性不同。例如,共晶成分的合金流动性最好;凝固温度范围小的合金流动性较好,而凝固温度范围大的合金流动性差,这是

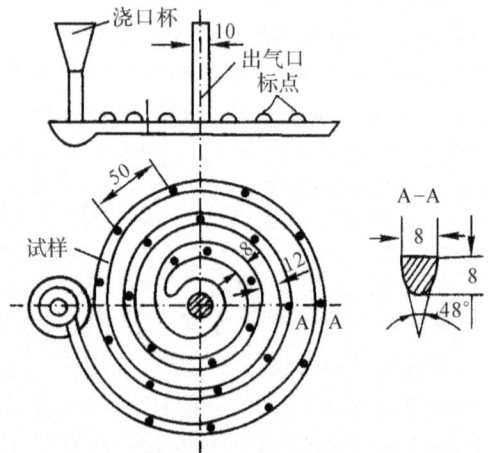

图 2-1 螺旋形试样

因为较早生长的树枝状晶体对液态合金的流动产生较大阻力。成分不同的合金其熔点不同,熔点高的合金难于加热,合金保持在液态的时间短,其流动性较差。如表 2-1 所示为常用合金流动性比较。在常用的铸造合金中,铸铁的流动性好,铸钢的流动性较差。

表 2-1 常用合金的流动性比较

合金	造型方法	浇注温度/℃	螺旋线长度/mm
铸铁	砂型	1 300	1 800
		1 300	1 300
		1 300	1 000
		1 300	600
铸钢	砂型	1 600	100
		1 640	200
铝硅合金	金属型(300℃)	690～720	100～800
镁合金	砂型	700	400～600
锡青铜	砂型	1 040	420
硅黄铜	砂型	1 100	1 000

2)浇注温度。浇注温度越高,保持液态的时间就越长,液态合金的黏度也越小,其流动性也就越好。因此,适当地提高浇铸温度,是防止铸件产生浇不到、冷隔的工艺措施之一。

3)浇注压力。浇注时液态金属所受压力大,流速大,流动性好,充型能力强。

4)铸型。铸型对液态金属的充填也有一定的影响。铸型中凡能增加液态合金流动阻力、降低流速和增加冷却速度的因素,均降低合金的流动性。例如:内浇道横截面小,型腔表面粗糙,型砂透气性差,铸型排气条件不良等因素均增加液态合金的流动阻力,降低流速。铸型材料导热快,液态合金的冷却速度增大,流动性下降。

2. 合金的收缩性

合金在冷却凝固过程中,其体积和尺寸减小的现象称为收缩。合金从浇注温度冷却到室温要经过液态收缩、凝固收缩和固态收缩三个阶段。液态收缩和凝固收缩是铸件产生缩孔的基本原因,固态收缩是产生铸造应力、变形和裂纹的基本原因。

(1)影响铸件收缩的因素。影响铸件收缩的主要因素有合金成分、浇注温度以及铸型和铸件结构等。

1)合金成分。不同成分的合金具有不同的收缩率,如表 2-2 所示。在灰铸铁、球墨铸铁、铝合金、铜合金等几种常见合金中,灰铸铁的收缩率最小,这是因为灰铸铁在冷却过程中结晶出体积较大的石墨相时,产生的体积膨胀抵消了部分收缩。

表 2-2　几种合金的收缩率

合金种类	含 C 质量分数 ω_c/(%)	浇注温度 /℃	液态收缩率 /(%)	凝固收缩率 /(%)	固态收缩率 /(%)	总收缩率 /(%)
碳素铸钢	0.25	1 610	1.6	3.0	7.86	12.46
白口铸铁	3.00	1 400	2.4	4.2	5.4~6.3	12~12.9
灰铸铁	3.50	1 400	3.5	0.1	3.3~4.2	6.9~7.8

2)浇注温度。浇注温度愈高,合金液态收缩愈大,为减少收缩,浇注温度不宜过高。

3)铸型及铸件结构。铸型及铸件结构会使铸件受到收缩阻力的作用,这些阻力来源于铸件各部分收缩时受到的相互制约及铸型和型芯对铸件收缩的阻碍。例如,当铸件结构设计不合理或型砂、芯砂的退让性不良时,铸件就易于产生裂纹。

(2)缩孔和缩松的形成及防止。铸件在凝固过程中,由于补缩不良而产生的孔洞称为缩孔。缩孔形成的过程如图 2-2 所示。液态合金填满型腔后由于铸型的吸热,铸件首先凝结成一层外壳,再由于液态收缩和凝固收缩的结果,液面下降,随着温度的降低,凝固外壳逐渐加厚,最后凝固的金属由于得不到液态金属的补缩,在凝固结束后,在铸件上部形成缩孔。

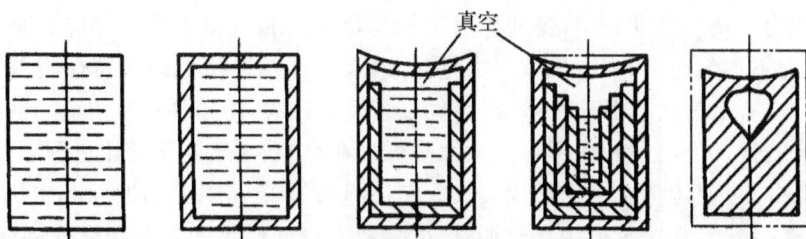

真空

图 2-2　缩孔的形成过程

缩松是铸件某一区域中分散、细小的缩孔。缩孔、缩松都是由于液态收缩和凝固收缩未得到外来金属液及时补充所致。缩孔、缩松使铸件的力学性能降低,缩松还使铸件的致密度下降,如图2-3所示。

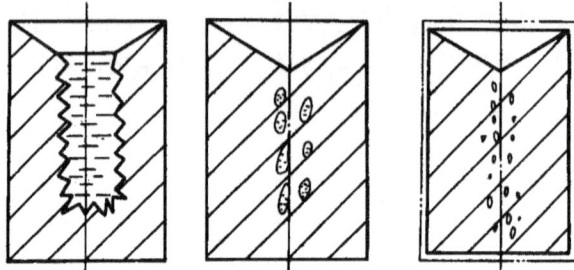

图2-3 缩松的形成过程

为防止缩孔、缩松的产生,应合理设计铸件的结构,力求避免铸件上有局部金属积聚;在铸型中合理开设浇注系统、设置冒口和冷铁,对铸件凝固过程进行控制,使之实现顺序凝固。所谓顺序凝固,就是使铸件的凝固按薄壁→厚壁→冒口的顺序进行,让缩孔转移到冒口中去,从而获得致密的铸件,如图2-4所示为冒口、冷铁设置的示意图。冷铁是用铸铁制成的金属块,嵌在铸型中,其作用是使铸件厚壁部位的冷却速度增大,避免缩孔、缩松的产生,冷铁本身并不起补缩作用。

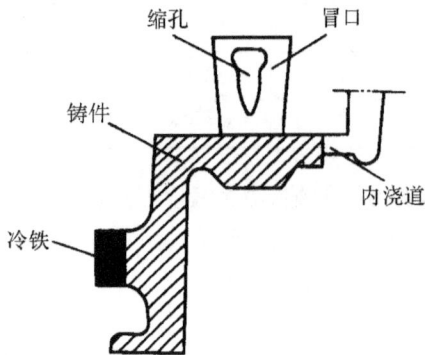

图2-4 冒口和冷铁的设置

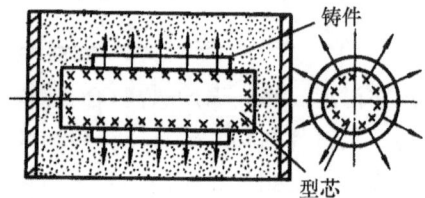

图2-5 产生机械应力示意图

(3)铸造应力、变形和裂纹。铸件固态收缩受到阻碍而引起的内应力称为铸造应力。当铸造应力达到一定数值时,可导致铸件变形或出现裂纹。

1)铸造应力。按产生的原因,铸造应力可分为热应力和机械应力。热应力是由于铸件各部分冷却、收缩不均匀而引起的;机械应力是由于铸型、型芯等机械阻碍铸件收缩而引起的内应力,如图2-5所示为型芯退让性差,对铸件收缩阻碍较大,使铸件产生内应力的示意图。

铸造应力使铸件的精度和使用寿命大大降低。在存放、加工甚至使用过程中,铸件内的残留应力将重新分布,使铸件发生变形或裂纹。它还降低了铸件的耐腐蚀性,其中机械应力尽管是暂时的,但是当它与其他应力相互叠加时,也会增大铸件产生变形与裂纹的倾向,因此必须尽量减小或消除之。要减少铸造应力就应设法减少铸件冷却过程中各部位的温差,使各部位收缩一致,如将浇口开在薄壁处,在厚壁处安放冷铁,即采取同时凝固原则;此外,改善铸型和砂芯的退让性,减少机械阻碍作用,以及通过热处理等方法也可减少或消除铸造应力。

2)铸造变形和裂纹。当铸造应力超过材料的强度极限时,铸件会产生裂纹。裂纹有热裂纹和冷裂纹两种。热裂纹是铸件凝固末期在高温下形成的,此时,结晶出来的固体已形成完整的骨架,开始进入固态收缩阶段,但晶粒间还有少量的液体,因此合金的强度很低。如果合金的固态收缩受到铸型或型芯的阻碍,使机械应力超过了在该温度下该合金的强度,就会发生裂纹。热裂纹具有裂纹短、缝隙宽、形状曲折、缝内严重氧化、裂口沿晶界产生和发展等特征。热裂纹是铸钢和铝合金铸件常见的缺陷。冷裂纹是在较低温度下形成的裂纹,当铸件中产生的应力的总和,大于该温度下金属的强度时,则产生冷裂纹。冷裂纹常出现在铸件受拉伸的部位,其形状细小,呈连续直线状,裂纹断口表面具有金属光泽或轻微氧化色。壁厚差别大、形状复杂的铸件,尤其是大而薄的铸件易于发生冷裂纹。

3)减少变形,防止开裂的措施。生产中有效减少铸件变形,防止铸件开裂的主要措施有:①合理设计铸件的结构,力求铸件壁厚均匀,结构对称;②合理设计浇冒口、冷铁等使铸件冷却均匀;③采用退让性好的型砂和芯砂;④严格控制合金中 S,P 所占质量分数;⑤切勿过早落砂;⑥铸件在清理后进行去应力退火。

3. 合金的偏析和吸气性

(1)偏析。在铸件中出现化学成分不均匀的现象称为偏析。偏析使铸件性能不均匀,严重时会使铸件报废。偏析分为晶内偏析和区域偏析两大类。晶内偏析(也称枝晶偏析、微观偏析)是指晶粒内各部分化学成分不均匀的现象。采用扩散退火可消除晶内偏析。区域偏析(也称宏观偏析)是指铸件上、下部分化学成分不均匀的现象。为防止区域偏析,在浇注时应充分搅拌或加速合金液冷却。

(2)吸气性。合金在熔炼和浇注时吸收气体的性能称为合金的吸气性。气体来源于炉料熔化和燃料燃烧时产生的各种氧化物和水气、浇注时带入铸型的空气、造型材料中的水分等。气体在合金中的溶解度随温度和压力的提高而增加,因此在合金液冷凝过程中,随着温度降低会析出过饱和气体。若这些气体来不及从合金液中逸出,将在铸件中形成气孔、针孔或非金属夹杂物(如 FeO,Al_2O_3 等),从而降低铸件的力学性能和致密性。为减少合金的吸气性,常采用缩短熔炼时间,选用烘干过的炉料;在熔剂覆盖层下或在保护性气体介质中,或在真空中熔炼合金;进行精炼除气处理;提高铸型和型芯的透气性;降低造型材料中的含水量和对铸型进行烘干等方法。

2.1.2　常用铸造合金的铸造性能及工艺特点

用于铸造的金属统称铸造合金,常用的铸造合金有铸铁、铸钢和铸造有色金属。由上述分析可知,铸造合金的铸造性能及工艺特点对获得优质、高产的铸件十分重要。它与铸型的制作相辅相成,缺一不可。

1. 铸铁

灰铸铁是含 C 质量分数大于 2.11% 的铁碳合金。工业上应用的铸铁是以 Fe,C,Si 为主的多元合金。铸铁具有许多优良性能,且制造简单,成本低廉,是最常用的金属材料。

(1)灰铸铁。

1)铸造性能。灰铸铁的碳硅当量接近共晶成分,熔点低,结晶温度范围小,呈逐层凝固方式凝固,流动性好。另外,凝固时石墨析出,使总收缩较小,因此,灰铸铁的熔铸工艺容易,铸件缺陷少。

2)铸造工艺特点。灰铸铁的铸造熔点低,对型砂耐火性要求低,适合于湿型铸造;浇注温度可适当降低。流动性好,可浇注形状复杂的薄壁铸件。收缩小,铸件不易产生缩孔、裂纹等缺陷,一般可不用或少用冒口和冷铁。

(2)球墨铸铁。

1)铸造性能。球墨铸铁流动性与灰铸铁相近;它的结晶区间宽,属糊状凝固,补缩困难,而且球墨铸铁凝固后期的石墨化膨胀又远大于灰铸铁,会引起铸型胀大,造成铸件内部金属液不足,很容易产生缩孔、缩松和皮下气孔。

2)铸造工艺特点。球墨铸铁含 C 的质量分数高,球化处理使铁水得到净化,流动性应比灰铸铁好,但经过球化处理和孕育处理,铁水温度大幅度降低,且易于氧化,因此,实际生产中应注意适当提高球墨铸铁的浇注温度。同时要加大内浇道截面,采用快速浇注等措施,以防止产生浇不足、冷隔等缺陷。球墨铸铁件表面完全凝固的时间较长,收缩大,而且外壁与中心几乎同时凝固,造成凝固后期外壳不坚实,此时因析出石墨的膨胀所产生的压力会使铸型型腔扩大,容易产生缩孔、缩松等缺陷。常采用顺序凝固原则,并增设冒口以加强补缩。同时应提高铸型的紧实度,增强其刚度,使型腔不胀大或尽快在铸件表层形成硬壳,使石墨膨胀能补偿铸铁收缩。此外,球墨铸铁凝固时有较大内应力,产生变形、裂纹的倾向大,所以要注意消除内应力。由于铁水中 MgS 与型砂中水分作用,生成 H_2S 气体,易使铸件产生皮下气孔。所以应严格控制型砂中水分和铁水中 S 的含量。球墨铸铁还易产生石墨飘浮及球化不良等缺陷,所以必须严格控制 C、Si 的质量分数和尽量缩短球化处理后铁水停留时间,一般不超过 15～20 min。球化处理后常含有 MgO、MgS 等夹渣,故应考虑排渣措施,一般常采用封闭式浇注系统。

2. 铸钢

铸钢比铸铁强度高,尤其是韧性好,故适于制造承受重载荷及冲击载荷的重要零件,如大型轧钢机立柱、火车挂钩及车轮等。但由于铸钢铸造性能差,生产成本高,其应用不如铸铁广泛。

铸钢按化学成分分为碳素铸钢和合金铸钢两大类。碳素铸钢占铸钢总产量的 80% 以上,用于制造零件的铸钢主要是中碳钢。

铸钢的熔点高、流动性差、收缩率高,但是在熔炼过程中氧化、吸气严重,容易产生浇不足、冷隔、缩孔、缩松、变形、裂纹、夹渣、黏砂和气孔等缺陷。因此其铸造性能差,在铸造工艺上应采取相应措施,如合理设计铸件的结构;合理设计冒口、冷铁等,以确保铸钢件质量。

铸钢的浇注温度高,为了防止变形、裂纹,所用的型(芯)砂的透气性、耐火性、强度和退让性都要好。为防止黏砂,铸型表面要涂以耐火度高的石英粉或铅砂粉涂料。为了减少气体的来源,提高合金的流动性和铸型强度,大件多用干型或快干型来铸造。

中小型铸钢件的浇注系统开设在分型面上或开设在铸件的上面,大型铸钢件开设在下面。为使金属液迅速充满铸型,减少流动阻力,其浇注系统的形状应简单,内浇道横截面的面积应是灰铸铁的 1.5～2 倍,一般采用开放式。铸钢件大多需要设置一定数量的冒口,采用顺序凝固原则,以防缩孔、缩松等缺陷。冒口所耗钢水的质量为浇入金属质量的 25%～50%。为控制凝固顺序,在热节处需设置冷铁。对少数壁厚均匀的薄件,因其产生缩孔的可能性小,可采用同时凝固原则,并常开设多道内浇道,以使钢水均匀、迅速地充满铸型。

　　3.铸造有色合金

　　常用的铸造有色合金有铜合金、铝合金及镁合金等。在机械制造中应用最多的是铸造铝合金和铸造铜合金。

　　(1)铸造铝合金。铸造铝合金按成分可分为铝硅合金、铝铜合金、铝镁合金和铝锌合金等。其中铝硅合金具有良好的铸造性能,如流动性好、收缩率较小,不易产生裂纹、致密性好;应用较广,约占铸造铝合金总产量的 50% 以上。含 Si 的质量分数达 10%~13% 的铝硅合金是最典型的铝硅合金,是共晶类型的合金。

　　铸造铝合金的熔点低,流动性好,对型砂耐火性要求不高,可用细砂造型,以减小铸件表面粗糙度值,还可浇注薄壁复杂铸件;为防止铝液在浇注过程中的氧化和吸气,通常采用开放式浇注系统,并多开内浇道,使铝液迅速而平稳地充满铸型,不产生飞溅、涡流和冲击;为去除铝液中的夹渣和氧化物,浇注系统的挡渣能力要强;另外,铸型应能造成合理的温度分布,使铸件进行顺序凝固,并在最后凝固部位设置冒口进行补缩,以利于消除缩孔和缩松等缺陷。

　　(2)铸造铜合金。铸造铜合金分为铸造黄铜和铸造青铜两大类。

　　铸造黄铜是铜锌合金,黄铜强度高,成本低,铸造性能好,产量大。黄铜的铸造性能和工艺特点是熔点低,结晶温度范围较窄,流动性好,对型砂耐火性要求不高,可用较细的型砂造型,以减小铸件表面粗糙度值,减少加工余量,并可浇注薄壁复杂铸件。但是铸造黄铜容易产生集中缩孔,铸造时应配置较大的冒口,进行充分补缩。

　　锡青铜合金的结晶温度范围较宽,流动性差,但凝固收缩及线收缩率均小,不易产生缩孔,却易产生枝晶偏析与缩松,降低了铸件致密度。然而这种缩松便于存储润滑油,故适于制造滑动轴承。壁厚不大的锡青铜铸件,常用同时凝固的方法。锡青铜宜采用金属型铸造,因冷速大而易于补缩,使铸件结晶细密。锡青铜在液态下易氧化,在开设浇口时,应使金属液流动平稳,防止飞溅,常常采用底注式浇注系统。锡青铜的耐磨性、耐腐蚀性优于黄铜,适于制造形状复杂、致密性要求不高的耐磨、耐腐蚀零件,如轴承、轴套水泵壳体等。

　　铝青铜的结晶温度范围窄,流动性好,易获得致密铸件。但其收缩大,易产生集中缩孔,需安置冒口、冷铁,使之顺序凝固。又因铝青铜易吸气和氧化,所以,适宜采用底注式浇注系统,并在浇注系统中安放过滤网以除去浮渣。

2.2　砂型铸造

　　砂型铸造是历史悠久而传统的铸造方法。砂型铸造适用于各种形状、大小、批量及各种合金铸件的生产。掌握砂型铸造是合理选择铸造方法和正确设计铸件的基础。

　　为了获得健全的铸件、减少制造铸型的工作量、降低铸件成本,必须合理地制订铸造工艺方案,并绘制出铸造工艺图。

　　铸造工艺图是在零件图上用各种工艺符号及参数表示出铸造工艺方案的图形。其中包括浇注位置,铸型分型面,型芯的数量、形状、尺寸及其固定方法,加工余量,收缩率,浇注系统,起模斜度,冒口和冷铁的尺寸和布置等。铸造工艺图是指导模样(芯盒)设计、生产准备、铸型制造和铸件检验的基本工艺文件。依据铸造工艺图,结合所选定的造型方法,便可绘制出模样图及合箱图(见图 2-6)。

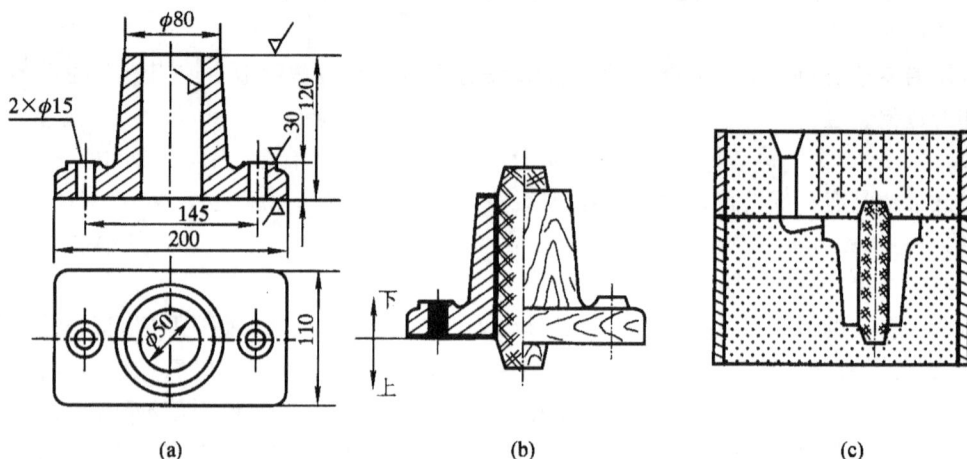

图 2-6 支架的零件图、铸造工艺图、模样图及合箱图
(a)零件图;(b)铸造工艺图(左)和模样图(右);(c)合箱图

2.2.1 砂型铸造的生产过程

1.砂型铸造生产过程

砂型铸造是采用型砂为原材料制作铸型,利用液态金属的重力充满整个铸型型腔来制造零件的工艺方法。齿轮毛坯的砂型铸造生产过程,如图 2-7 所示。

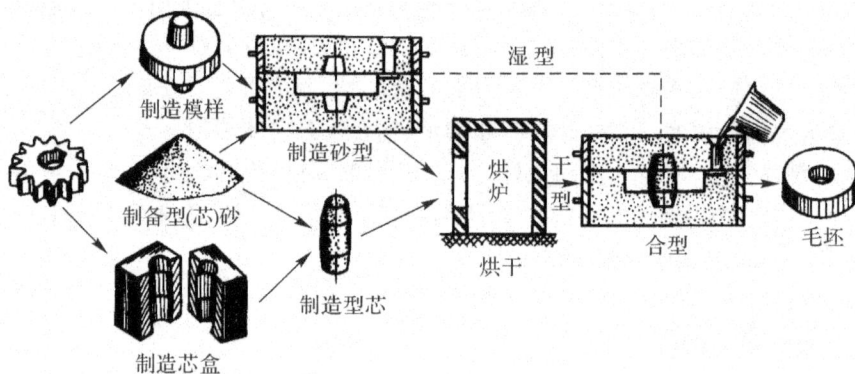

图 2-7 齿轮毛坯的砂型铸造过程

2.砂型铸造工艺简介

砂型铸造一般可分为手工砂型铸造和机器砂型铸造。手工造型主要适用于单件、小批生产以及复杂和大型铸件的生产,而机器造型主要适用于成批大量生产。由于手工造型和机器造型对铸造工艺的要求有着明显的不同,在许多情况下,造型方法的选定是制订铸造工艺的前提,因此,先来研究造型方法的选择。

(1)手工造型。手工造型操作灵活,大小铸件均可适应,它可采用各种模样及型芯,通过两箱造型、三箱造型等方法制出外廓及内型形状复杂的铸件。手工造型对模样的要求不高,一般采用成本较低的实体木模,对于尺寸较大的回转体或等截面铸件还可采用成本甚低的刮板来造型。手工造型对砂箱的要求也不高,如砂箱不需严格的配套和机械加工,较大的铸件还可采用地坑来取代下箱,这样可减少砂箱的费用,并缩短生产准备时间。因此,尽管手工造型生产率低,对工人技术水平要求较高,而且铸件的尺寸精度及表面质量较差,但在实际生产中仍然是难以完全取代的重要造型方法。手工造型主要用于单件、小批量生产,有时也可用于较大批量的生产。

为了适应不同的铸件和不同批量的生产,手工造型的具体工艺是多种多样的。如图 2-8 所示为压环及其分型面。由于压环的内径大、高度小,这样便可利用起模后形成的砂垛(即自带型芯)制出铸件的内腔,不需另制型芯。但在不同的生产条件下,采用的造型方法也将有所不同。

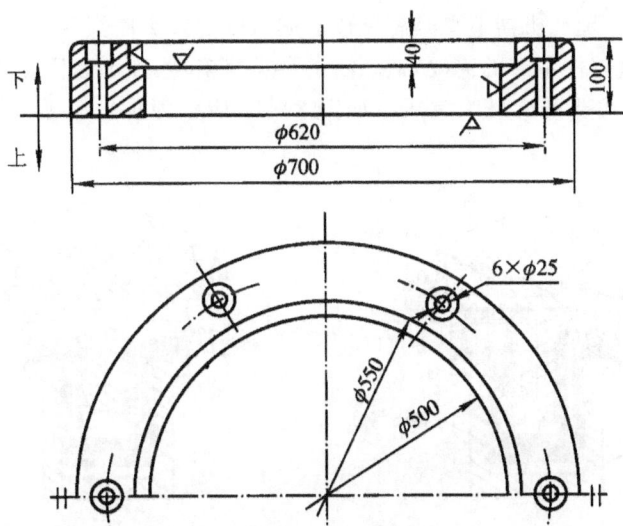

图 2-8 压环及其分型面

1)单件、小批量生产。由于铸件的尺寸较大,又属回转体,故在单件、小批量生产条件下压环宜采用刮板-地坑造型(见图 2-9)。刮板造型虽较实体模样造型费工,要求工人的技术水平高,但制造刮板可节省许多工时和木材,因而铸件成本显著降低。地坑造型因省去下箱,使砂箱的准备及运输简化,故在大、中型铸件生产中时常被采用。

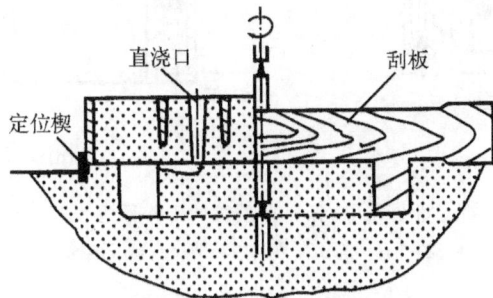

图 2-9 刮板-地坑造型

2)成批生产。在铸件的生产批量较大、又缺乏机械化生产的条件下,上述压环仍可采用手工造型。此时,由于均摊到每个铸件上的模具费用较少,而造型工时对铸件的成本影响就变得显著,故宜采用实体模样(木模或金属模)进行两箱造型,这不仅简化了造型和合箱操作,还因型砂紧实度较为均匀,铸件的表面质量将会得到提高。

(2)机器造型。现代化的铸造车间已广泛采用机器来造型和造芯,并与机械化砂处理、浇注和落砂等工序共同组成流水生产线。

机器造型可大大提高劳动生产率,改善劳动条件,铸件尺寸精确,表面光洁,加工余量小。尽管机器造型需要的设备、模板、专用砂箱以及厂房等投资较大,但在大批量生产中铸件的成本仍能显著降低。应当看到,随着模板结构的不断改进和制造成本的降低,现在上百件批量的铸件已开始采用机器来造型,因此,机器造型的使用范围日益扩大。

1)机器造型基本原理。机器造型是将紧砂和起模等主要工序实现机械化。为了适应不同形状、尺寸和不同批量铸件生产的需要,造型机的种类繁多,紧砂和起模方式也不同。其中,以压缩空气驱动的振压式造型机最为常用。如图2-10所示为顶杆起模式振压造型机的工作过程。

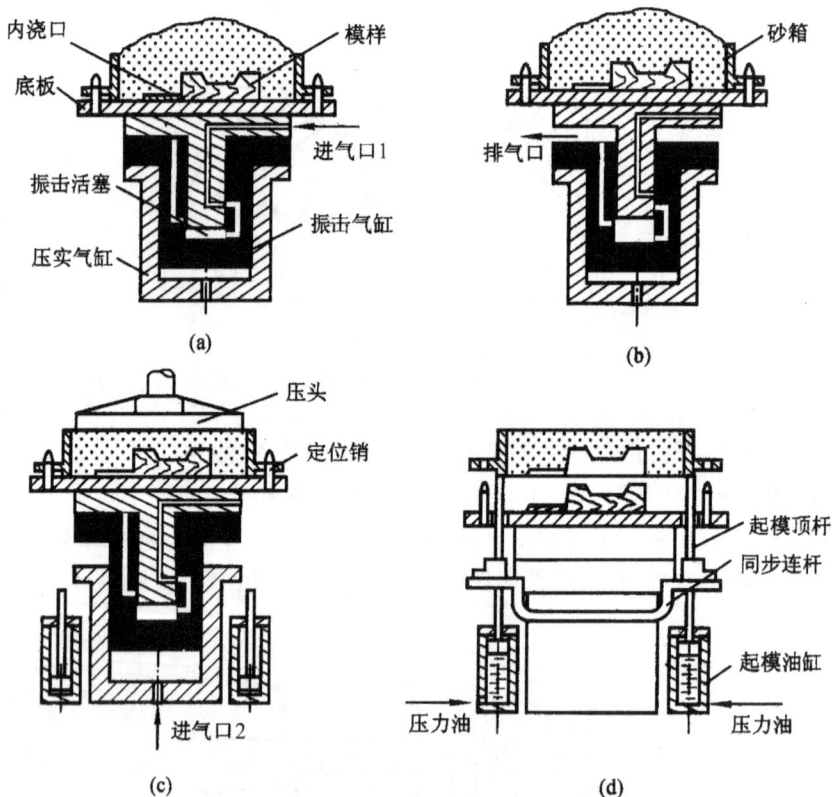

图 2-10 振压造型机的工作原理
(a)填砂;(b)振击紧砂;(c)辅助压实;(d)起模

i)填砂(见图2-10(a)):打开砂斗门,向砂箱中放满型砂。

ii)振击紧砂(见图2-10(b)):先使压缩空气从进气口1进入振击气缸底部,活塞在上升过程中关闭进气口,接着又打开排气口,使工作台与振击汽缸顶部发生一次振击。如此反复进行振击,使型砂在惯性的作用下被初步紧实。

iii)辅助压实(见图 2-10(c)):由于振击后砂箱上层的型砂紧实度仍然不足,还必须进行辅助压实。此时,压缩空气从进气口 2 进入压实气缸底部,压实活塞带动砂箱上升,在压头的作用下,使型砂受到压实。

iv)起模(见图 2-10(d)):压缩空气推动的压力油进入起模油缸,四根顶杆平稳地将砂箱顶起,从而使砂型与模样分离。

一般振压式造型机价格较低,生产率为 30~60 箱/h,目前主要用于一般机械化铸造车间。它的主要缺点是型砂紧实度不够、噪声大、工人劳动条件差,且生产率不够高。在现代化的铸造车间,一般振压式造型机已逐步被其他先进造型机所取代。

微振压实造型机是在压实的同时进行微振(振动频率 600~800 次/min,振幅 2~6 mm),因而型砂紧实度的均匀性和型腔表面质量均优于振压造型机,且噪声较小。高压造型机的压实比压(即型砂表面单位面积上所受的压实力)大于 0.7 MPa,由于型砂紧实度高且均匀,因而铸件的尺寸精度和表面质量大大提高,且噪声更小。高压造型机在汽车、拖拉机零部件等大批量生产中甚有发展前途。

射压造型机的工作原理如图 2-11 所示,它是采用射砂和压实复合方法紧实型砂。首先,利用压缩空气使型砂从射砂头射入造型室内(见图 2-11(a)),造型室由左、右两块模板(又称压实板)组成。射砂完毕后,通过右模板(即右压实板)水平施压,以进行压实(见图 2-11(b))。然后,左模板向左移动,起模一定距离后向上翻起,以让出空间。右模板前移、推出砂型,并与前一块砂型合上,形成空腔(见图 2-11(c))。最后,左、右模板恢复原位,准备下一次射砂(见图 2-11(d))。射压造型所形成的是一串无砂箱的垂直分型的铸型。通常,射压造型与浇注、落砂、配砂构成一个完整的自动生产线,其生产率可高达 240~300 箱/h。射压造型的主要缺点是因垂直分型,下芯困难,且对模具精度要求高,现主要用于大量生产小型简单件。

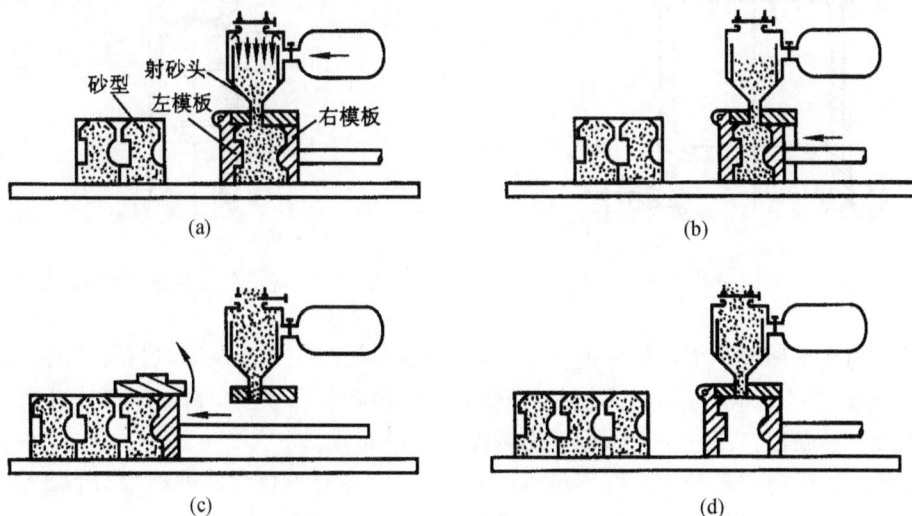

图 2-11 射压造型机的工作原理
(a)射砂;(b)压实;(c)合型;(d)复位

2)机器造型的工艺特点。机器造型的工艺特点是通常采用模板进行两箱造型。模板是将模样、浇注系统沿分型面与模底板连接成一个整体的专用模具。造型后,模底板形成分型面,模样形成铸型空腔,而模底板的厚度并不影响铸件的形状与尺寸。

机器造型不能紧实中箱,故不能进行三箱造型。同时,机器造型也应尽力避免活块,因为取出活块费时,将使造型机的生产率大为降低。为此,在制定铸造工艺方案时,必须考虑机器造型这些工艺要求。

2.2.2 砂型铸造工艺设计

1.浇注位置和分型面的选择

浇注位置是指浇注时铸型分型面所处的空间位置,而铸型分型面是指铸型组元间的结合面。

(1)浇注位置选择原则。铸件的浇注位置正确与否,对铸件的质量影响很大。浇注位置的选择原则如下。

1)铸件的重要加工面应朝下。因为铸件的上表面容易产生砂眼、气孔、夹渣等缺陷,组织也不如下表面致密。如果这些加工面难以朝下,则应尽力使其位于侧面。当铸件的重要加工面有数个时,则应将较大的平面朝下。

如图2-12所示为机床床身铸件的浇注位置方案。由于床身导轨面是关键表面,不允许有明显的表面缺陷,而且要求组织致密,因此,通常将导轨面朝下浇注。

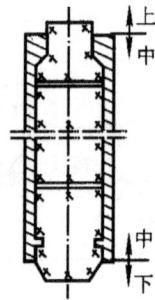

如图2-13所示为起重机卷扬筒的浇注位置方案。因为卷扬筒的圆周表面质量要求高,不允许有明显的铸造缺陷。若采用卧铸,圆周的朝上表面的质量难以保证;反之,若采用立铸,由于全部圆周表面均处于侧立位置,其质量均匀一致,较易获得合格铸件。

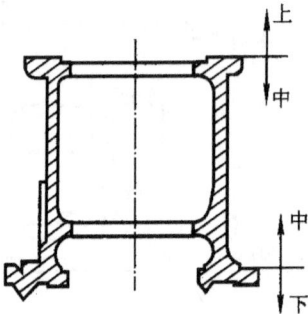

图2-12 机床床身的浇注位置   图2-13 起重机卷扬筒的浇注位置

2)铸件的大平面应朝下。铸件的大平面若朝上,容易产生夹砂缺陷,这是由于在浇注过程中金属液对型腔上表面有强烈的热辐射,型砂因急剧热膨胀和强度下降而拱起或开裂,于是铸件表面形成夹砂缺陷。因此,平板、圆盘类铸件的大平面应朝下。

3)为防止铸件薄壁部分产生浇不足或冷隔缺陷,应将面积较大的薄壁部分置于铸型下部或使其处于垂直或倾斜位置。如图2-14所示为油盘铸件的合理浇注位置。

4)对于容易产生缩孔的铸件,应使厚的部分放在铸型的上部或侧面,以便在铸件厚壁处直接安置冒口,使之实现自下而上的定向凝固。如前述之铸钢卷扬筒(见图2-13),浇注时厚端放在上部是合理的;反之,若厚端放在下部,则难以补缩。

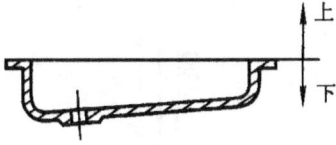

图 2-14 油盘铸件的浇注位置

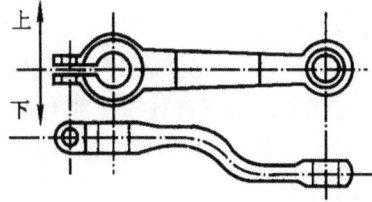

图 2-15 起重臂的分型面

(2)铸型分型面的选择原则。铸型分型面的选择正确与否是铸造工艺合理性的关键之一。如果选择不当,不仅影响铸件质量,而且还会使制模、造型、造芯、合箱或清理等工序复杂化,甚至还会增大切削加工的工作量。因此,分型面的选择应能在保证铸件质量的前提下,尽量简化工艺,节省人力物力。分型面的选择原则如下:

1)应使造型工艺简化。如尽量使分型面平直、数量少,避免不必要的活块和型芯等。

如图 2-15 所示为一起重臂铸件,图中所示分型面为一平面,故可采用简便的分开模造型。如果采用顶视图所示的弯曲分型面,则需采用挖砂或假箱造型。显然,在大批量生产中应尽量采用图中所示的分型面,这不仅便于造型操作,且模板的制造费用低。但在单件、小批量生产中,由于整体模样坚固耐用、造价低,故也常采用弯曲分型面。

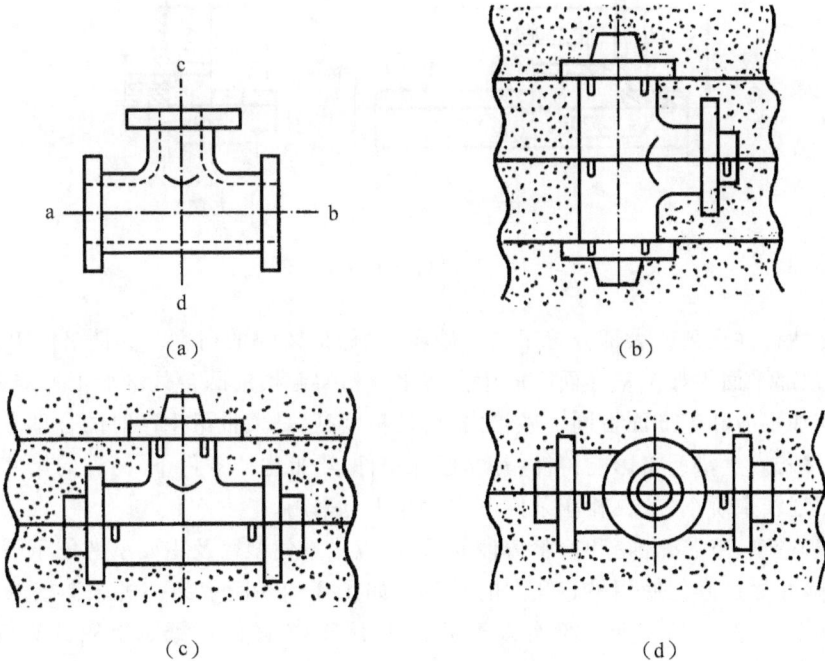

(a)

(b)

(c)

(d)

图 2-16 三通铸件的分型方案

应尽量使铸型只有一个分型面,以便采用工艺简便的两箱造型。同时,多一个分型面,铸型就增加一些误差,使铸件的精度降低。如图 2-16 所示的三通铸件,其内腔必须采用一个 T

字型芯来形成,但不同的分型方案,其分型面数量不同。当中心线 ab 处于铅垂位置时(见图2-16(b)),铸型必须有三个分型面才能取出模样,即用四箱造型。当中心线 cd 处于铅垂位置时(见图 2-16(c)),铸型有两个分型面,必须采用三箱造型。当中心线 ab 与 cd 都处于水平位置时(见图 2-16(d)),因铸型只有一个分型面,采用两箱造型即可。显然,第三种是合理的分型方案。

如图 2-17 所示支架分型方案是避免活块的示例。按图中方案Ⅰ,凸台必须采用四个活块方可制出,而下部两个活块的部位甚深,取出困难。当改用方案Ⅱ时,可省去活块,仅在 A 处稍加挖砂即可。

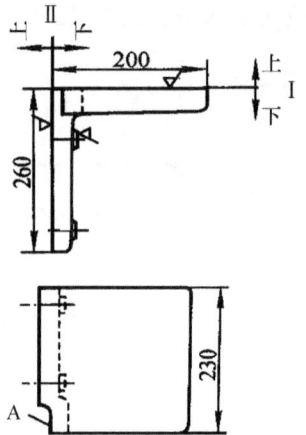

型芯通常用于形成铸件的内腔,有时还可用它来简化铸件的外形,以制出妨碍起模的凸台、凹槽等。但制造型芯需要专门的芯盒、芯骨,还需烘干及下芯等工序,增加了铸件成本。因此,选择分型面时应尽量避免不必要的型芯。

图 2-17 支架的分型方案

如图 2-18 所示为一底座铸件。若按图中方案Ⅱ分开模造型,其上、下内腔均需采用型芯。若改用图中方案Ⅰ,采用整模造型,则上、下内腔均可由砂垛形成,省掉了型芯。

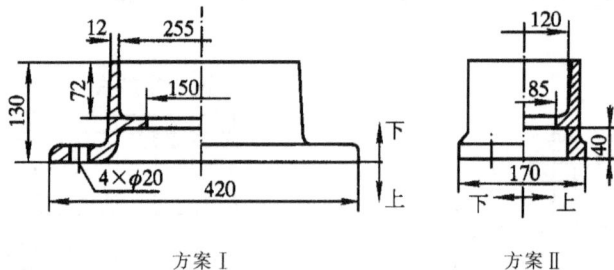

方案Ⅰ 方案Ⅱ

图 2-18 底座铸件的分型方案

2)应尽量使铸件全部或大部分置于同一砂箱,以保证铸件的精度。如图 2-19 所示为一床身铸件,其顶部平面为加工基准面。图中方案Ⅰ在妨碍起模的凸台处增加了外部型芯,因采用整模造型使加工面和基准面在同一砂箱内,铸件精度高,是大批量生产时的合理方案。若采用方案Ⅱ,铸件若产生错型将影响铸件精度,但在单件、小批生产条件下,铸件的尺寸偏差在一定范围内可用划线来矫正,故在相应条件下方案Ⅱ仍可采用。

(3)为便于造型、下芯、合箱和检验铸件的壁厚,应尽量使型腔及主要型芯位于下箱。但型腔也不宜过深,并尽量避免使用吊芯和大的吊砂。如图 2-20 所示为一机床支柱的两个分型方案。可以看出,方案Ⅱ的型腔大部分及型芯位于下箱,这样便可减少上箱的高度,故较为合理。

上述诸原则,对于具体铸件来说难以全面满足,有时甚至互相矛盾。因此,必须抓住主要矛盾,全面考虑,至于次要矛盾,则应从工艺措施上设法解决。例如,质量要求很高的铸件(如机床床身、立柱、钳工平板、造纸烘缸等),应在满足浇注位置要求的前提下考虑造型工艺的简化。对于没有特殊质量要求的一般铸件,则以简化工艺、提高经济效益为主要依据,不必过多地考虑铸件的浇注位置。对于机床立柱、曲轴等圆周面质量要求很高、又需沿轴线分型的铸件在批量生产中有时采用"平作立浇"法,此时,采用专用砂箱,先按轴线分型来造型、下芯,合箱之后,将铸型翻转 90°,竖立后进行浇注。

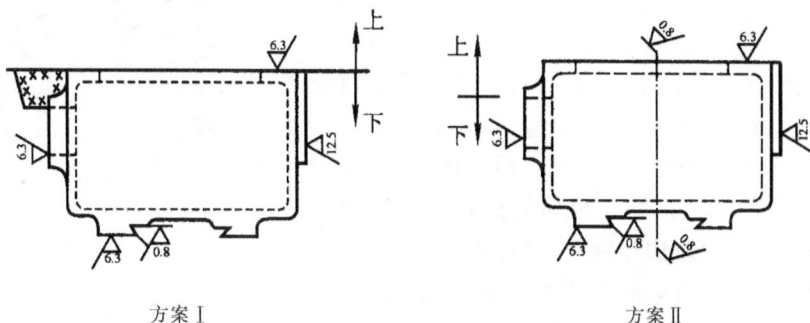

图 2-19　床身铸件的分型方案

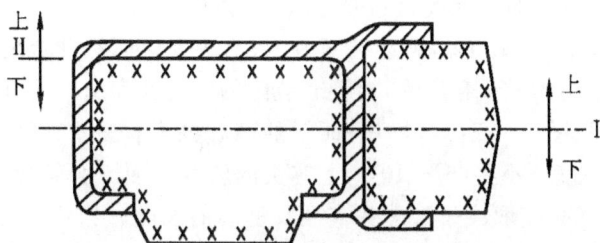

图 2-20　床身支柱的分型方案

2.工艺参数的确定

为了绘制铸造工艺图,在铸造工艺方案初步确定之后,还必须选定铸件的机械加工余量、起模斜度、收缩率、型芯头尺寸等工艺参数。

(1)机械加工余量和最小铸孔。在铸件上为切削加工而加大的尺寸称为机械加工余量。加工余量必须认真选取,余量过大,切削加工费工,且浪费金属材料;余量过小,制品会因残留黑皮而报废,或者因铸件表层过硬而加速刀具磨损。

机械加工余量的具体数值取决于铸件的生产批量、合金的种类、铸件的大小、加工面与基准面的距离及加工面在浇注时的位置等。大批量生产时,因采用机器造型,铸件精度高,故余量可减小;反之,手工造型误差大,余量应加大。铸钢件因表面粗糙,余量应加大;非铁合金铸件价格甚贵,且表面光洁,所以余量应比铸铁小。铸件的尺寸愈大或加工面与基准面的距离愈大,铸件的尺寸误差也愈大,故余量也应随之加大。此外,浇注时朝上的表面因产生缺陷的机率较大,其加工余量应比底面和侧面大。

铸件的孔、槽是否铸出,不仅取决于工艺上的可能性,还必须考虑其必要性。一般来说,较大的孔、槽应当铸出,以减少切削加工工时、节省金属材料,同时也可减小铸件上的热节。但较小的孔、槽则不必铸出,留待加工反而更经济。灰铸铁件的最小铸孔(毛坯孔径)推荐如下:单件生产 30～50 mm，成批生产 15～20 mm，大量生产 12～15 mm。对于零件图上不要求加工的孔、槽，无论大小均应铸出。

（2）起模斜度。为了使模样（或型芯）便于从砂型（或芯盒）中取出，凡垂直于分型面的立壁在制造模样时，必须留出一定的倾斜度（见图 2-21），此倾斜度称为起模斜度。

起模斜度的大小取决于立壁的高度、造型方法、模样材料等因素，通常为 15′～3°。立壁愈高，斜度愈小；机器造型应比手工造型斜度小，而木模应比金属模斜度大。为使型砂便于从模样内腔中脱出，以形成自带型芯，内壁的起模斜度应比外壁大，通常为 3°～10°。

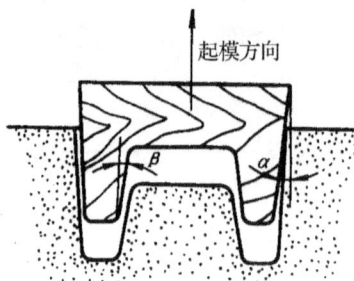

图 2-21 起模斜度

（3）收缩率。由于合金的线收缩，铸件冷却后的尺寸将比型腔尺寸略为缩小。为保证铸件应有的尺寸，模样尺寸必须比铸件放大一个该合金的收缩量。

在铸件冷却过程中其线收缩不仅受到铸型和型芯的机械阻碍，同时还受到铸件各部分之间的相互制约。因此，铸件的实际线收缩率除随合金的种类而异外，还与铸件的形状、尺寸有关。通常，灰铸铁为 0.7%～1.0%，铸造碳钢为 1.3%～2.0%，铝硅合金为 0.8%～1.2%。

（4）型芯头。型芯头的形状和尺寸，对型芯装配的工艺性和稳定性有很大影响。垂直型芯一般都有上、下芯头（见图 2-22(a)），但短而粗的型芯也可省去上芯头。芯头必须留有一定的斜度 α。下芯头的斜度应小些（5°～10°），上芯头的斜度为便于合箱应大些（6°～15°）。水平芯头（见图 2-22(b)）的长度取决于型芯头直径及型芯的长度。悬臂型芯头必须加长，以防合箱时型芯下垂或被金属液抬起。

型芯头与铸型型芯座之间应有 1～4 mm 的间隙 s，以便于铸型的装配。

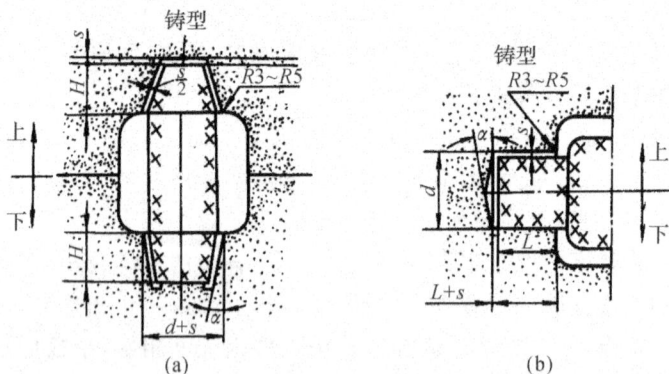

图 2-22 型芯头的构造

3.浇注系统的确定

将液态金属引入铸型型腔而在铸型内开设的通道称为浇注系统，如图 2-23 所示。浇注系统包括：①浇口杯：承接浇包倒进来的金属液，也称外浇口。②直浇道：连接外浇口和横浇道的通道，将金属液由铸型外面引入铸型内部。③横浇道：连接直浇道，分配由直浇道传来的金属液流。④内浇道：连接横浇道，直接向铸型型腔灌输金属液。

浇注系统的作用是：控制金属液充填铸型的速度及充满铸型所需的时间；使金属液平稳地进入铸型，避免紊流和对铸型的冲刷；阻止熔渣和其他夹杂物进入型腔；浇注时不卷入气体，并尽可能使铸件冷却时符合顺序凝固的原则。内浇道的总截面积、横浇道的总截面积和直浇道的总截面积是浇注系统的重要参数。根据内浇道、横浇道、直浇道的各自总截面积的比例不同，浇注系统分为开放式和封闭式两种。这里所说的截面积都是指与液流方向垂直的最小截面面积。当内浇道的总截面积最小时，浇注开始后整个浇注系统很快就充满了金属液，有利于阻止熔渣及夹杂物进入型腔，这种浇注系统通常称为封闭式浇注系统，一般都优先采用。当横浇道或直浇道的总截面积小于内浇道的总截面积时，浇注过程中金属液不会完全充满浇注系统，这种浇注系统通常称为开放式浇注系统。

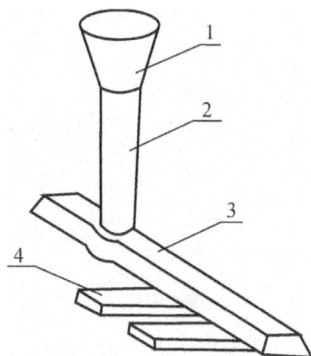

图 2-23　浇注系统示意图
1—浇口杯；2—直浇道；
3—横浇道；4—内浇道

浇口杯的作用是将浇包的液态金属倾注进直浇道。小型铸件的浇口杯大都为漏斗形，上口的直径应是直浇道的 2 倍以上，而且一般都在造型时直接在铸型上做出。中型以上的铸件，浇口杯常为盆形，一般都单独做出后置于铸型上面。质量要求高的铸件还要在浇口杯中设置特殊的集渣装置。

铸件浇注系统的设计主要是选择浇注系统类型，确定内浇道开设位置以及各组元截面积、形状和尺寸等。按照内浇道在铸件上开设的位置不同，浇注系统类型可分为顶部注入式、底部注入式、中间注入式和分段注入式，如图 2-24 所示。

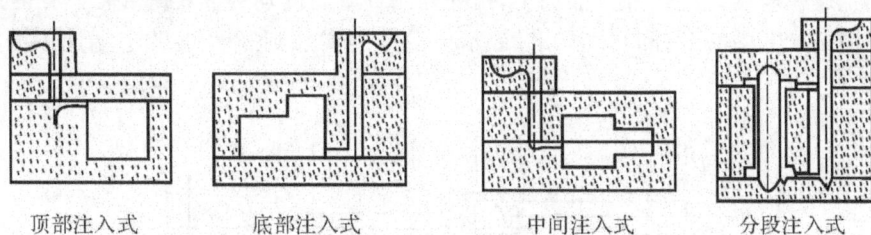

顶部注入式　　底部注入式　　中间注入式　　分段注入式

图 2-24　浇注系统类型

4.绘制铸造工艺图

进行铸造工艺设计时，为了表示设计意图和要求，需要绘制铸造工艺图。铸造工艺图是在零件图上用规定的工艺符号表示出铸造工艺内容的图形，它决定了铸件的形状、尺寸、生产方法和工艺过程，是制造模样、芯盒、造型、造芯和检验铸件的依据。在蓝图上绘制的铸造工艺图，采用红、蓝颜色将各种工艺符号直接标注在零件图样上。

现以联轴器零件为例，说明铸造工艺设计的步骤。

某型联轴器零件如图 2-25 所示，选择材料为 HT200，小批量生产，采用砂型手工造型。

(1)工艺分析。对零件进行铸造工艺分析得知，该零件为一般连接件，$\phi60$ 孔和两端面质量要求较高，不允许有铸造缺陷。$\phi60$ 孔较大，制作型芯铸出，$\phi12$ 的四个小孔则不予铸出。

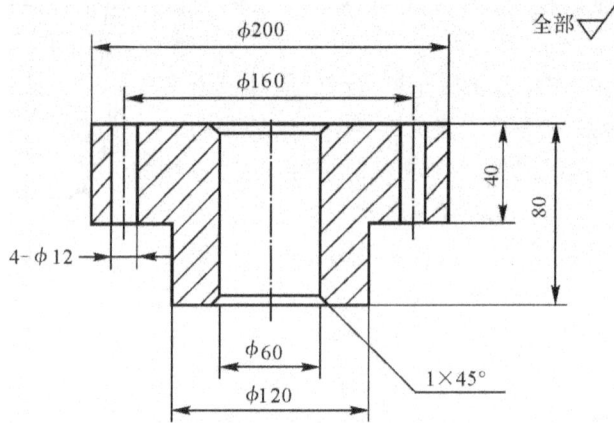

图 2-25 联轴器零件图

(2)选择浇注位置和分型面。该铸件的浇注位置有两个方案,一是零件轴线呈垂直位置,二是零件轴线呈水平位置。若采用后者,需要分模造型,容易错型,而且质量要求高的 $\phi 60$ 孔和两端面质量无法保证;浇注采用垂直位置,并沿大端端面分型,造型操作方便,可采用整模造型,避免了错型,质量要求高的端面和孔处于下面或侧面,铸件质量好。直立型芯的高度不大,稳定性尚可。综合分析后确定采用方案一比较合适。

(3)确定加工余量。该铸件为回转体,基本尺寸取 $\phi 200$,查铸造工艺手册中有关表格,得到各个尺寸的加工余量。$\phi 200$ 大端面加工余量 8.5,$\phi 200$ mm 外圆加工余量 7,$\phi 200$ 与 $\phi 120$ 之间的台阶面加工余量 7,$\phi 120$ 端面加工余量 5.5,$\phi 120$ mm 外圆加工余量 5.5。$\phi 60$ 孔径加工余量 5.5。

(4)确定起模斜度。因铸件全部加工,两处外侧直壁高度均为 40,查相关手册得到木模的起模斜度,图 2-26 中"8/7"和"6.5/5.5"表示侧壁分别增加到 8 和 6.5,上端比下端大 1 mm 构成起模斜度。

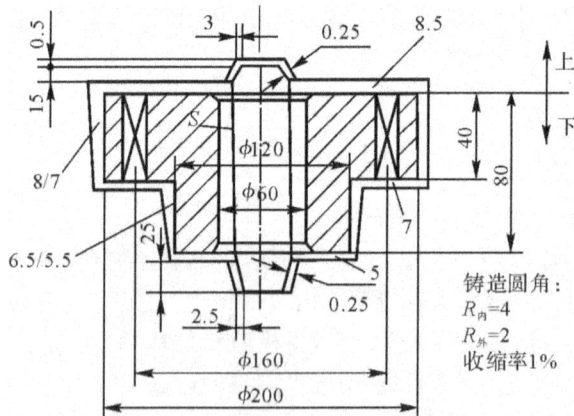

图 2-26 联轴器零件的铸造工艺图

(5)确定线收缩率。对于灰铸铁、小型铸件,查相关手册得到线收缩率取 1%。

(6)芯头尺寸。垂直芯头查相关手册得到如图 2-26 所示芯头尺寸。

(7)铸造圆角。对于小型铸件,外圆角半径取 2,内圆角半径取 4。

(8)绘制铸造工艺图。

按照上述铸造工艺设计步骤绘制的联轴器零件的铸造工艺图如图 2-26 所示。

2.3 特种铸造

特种铸造是指与普通砂型铸造有显著区别的一些铸造方法。如熔模铸造、压力铸造、低压铸造、离心铸造、气化模铸造等,每种特种铸造方法均有其优越之处和适用的场合。

本节仅介绍目前应用较为普遍的几种,为合理选择铸造方法奠定必要的基础。

2.3.1 熔模铸造

熔模铸造有着悠久的历史。它是用易熔材料制成模样,然后在模样上涂挂耐火材料,经硬化之后,再将模样熔化以排出型外,从而获得无分型面的铸型。由于模样广泛采用蜡质材料来制造,故又常将熔模铸造称为"失蜡铸造"。

1. 熔模铸造的工艺过程

熔模铸造的工艺过程包括蜡模制造、型壳制造、焙烧和浇注等步骤,如图 2-27 所示。

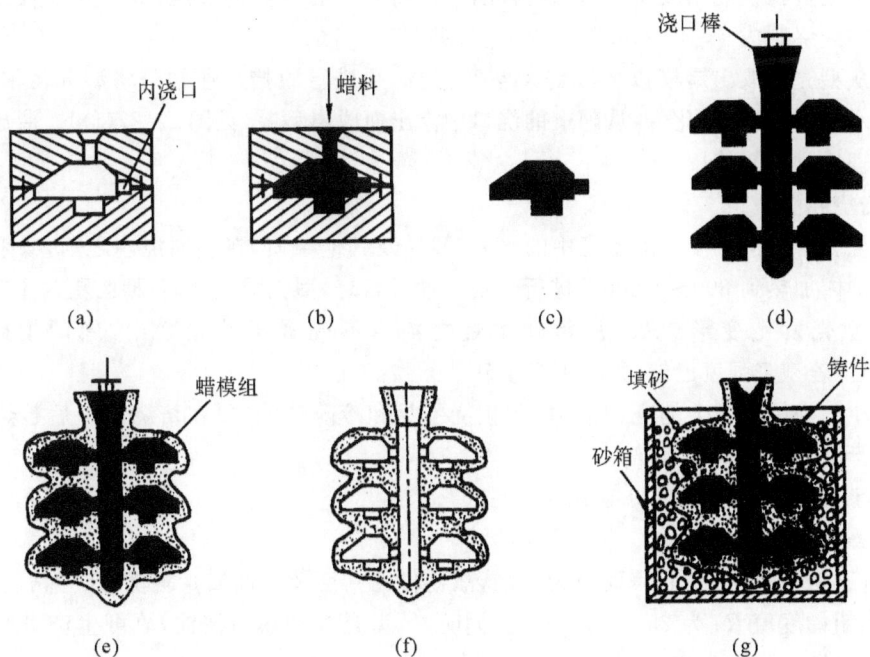

图 2-27 熔模铸造工艺过程

(a)压型;(b)注蜡;(c)单个蜡模;(d)蜡模组;(e)结壳;(f)脱蜡、焙烧;(g)填砂、浇注

(1)蜡模制造。制造蜡模包括如下工序。

1)压型制造。压型(见图 2-27(a))是用来制造单个蜡模的专用模具。

压型一般用钢、铜或铝经切削加工制成,这种压型的使用寿命长,制出的蜡模精度高,但压型的制造成本高,生产准备时间长,主要用于大批量生产。对于小批量生产,压型还可采用易熔合金(Sn,Pb,Bi 等组成的合金)、塑料或石膏直接向模样上浇注而成。

2)蜡模的压制。将蜡料加热到糊状后,在 2～3 个大气压下,将蜡料压入到压型内(见图 2-27(b)),待蜡料冷却凝固便可从压型内取出,然后修去分型面上的毛刺,即得单个蜡模(见图 2-27(c))。

3)蜡模组装。熔模铸件一般均较小,为提高生产率、降低成本,通常将若干个蜡模焊在一个预先制好的浇口棒上构成蜡模组(见图 2-27(d)),从而可实现一型多铸。

(2)型壳制造。它是在蜡模组上涂挂耐火材料,以制成具有一定强度的耐火型壳的过程。由于型壳的质量对铸件的精度和表面粗糙度有着决定性的影响,因此,结壳是熔模铸造的关键环节。

1)浸涂料。将蜡模组置于涂料中浸渍,使涂料均匀地覆盖在蜡模组的表层。涂料是由耐火材料(如石英粉)、黏结剂(如水玻璃、硅酸乙酯等)组成的糊状混合物。这种涂料可使型腔获得光洁的面层。

2)撒砂。它使浸渍涂料后的蜡模组均匀地黏附一层石英砂,以增厚型壳。

3)硬化。为了使耐火材料层结成坚固的型壳,撒砂之后应进行化学硬化和干燥。

如以水玻璃为黏结剂,将蜡模组浸于 NH_4Cl 溶液中,于是发生化学反应,析出来的凝胶将石英砂黏得十分牢固。

由于上述过程仅能结成 1～2 mm 薄壳,为使型壳具有较高的强度,故结壳过程要重复进行 4～6 次,最终制成 5～12 mm 的耐火型壳(见图 2-27(e))。

为了从型壳中取出蜡模以形成铸型空腔,还必须进行脱蜡。通常是将型壳浸泡于 85～95℃的热水中,使蜡料熔化,并从朝上的浇口中浮出而脱离型腔(见图 2-27(f))。脱出的蜡料经回收处理后可重复使用。

(3)焙烧和浇注。

1)焙烧。为了进一步去除型壳中的水分、残蜡及其他杂质,在金属浇注之前,必须将型壳送入加热炉内加热到 800～1 000℃进行焙烧。通过焙烧,型壳强度增高,型腔更为干净。为防止浇注时型壳发生变形或破裂,常在焙烧之前将型壳置于铁箱之中,周围填砂(见图 2-27(g))。若型壳强度已够,则可不必填砂。

2)浇注。为提高合金的充型能力,防止浇不足和冷隔缺陷,要在焙烧出炉后趁热(600～700℃)进行浇注。

2.熔模铸造的特点和适用范围

熔模铸造有如下优点:

(1)由于铸型精密、型腔表面极为光洁,故铸件的精度及表面质量均优(尺寸精度 IT14～IT11,表面粗糙度值 Ra 为 25～3.2 μm)。同时,铸型是在预热后浇注,故可生产出形状复杂的薄壁小件(最小壁厚 0.7 mm)。

(2)由于型壳用高级耐火材料制成,故能用于生产高熔点的黑色金属铸件。

(3)生产批量不受限制,除适于成批、大量生产外,也可用于单件生产。

熔模铸造的主要缺点是原材料价格昂贵,工艺过程复杂,生产周期长(4～15 d),铸件成本高。此外,铸件不宜过大(或太长),一般质量为几十克到几千克,最大不超过 45 kg。

综上所述,熔模铸造最适于高熔点合金精密铸件的成批、大量生产,主要用于形状复杂、难以切削加工的小零件。例如,汽轮机叶片其形状非常复杂,若采用切削加工方法来制造,不仅费工,且金属材料(耐热合金钢)的利用率甚低;若采用熔模铸件,则稍加磨削便可使用。目前熔模铸造已在汽车、拖拉机、机床、刀具、汽轮机、仪表、航空、兵器等制造业得到了广泛的应用,成为少、无屑加工中最重要的工艺方法。

2.3.2 压力铸造

压力铸造简称压铸。它是在高压下(约为 5~150 MPa)将液态或半液态合金快速地压入金属铸型中,并在压力下凝固以获得铸件的方法。

1. 压力铸造的工艺过程

压铸是在压铸机上进行的,它所用的铸型称为压型。压型与垂直分型的金属型相似,其半个铸型是固定的,称为静型;另半个可水平移动,称为动型。压铸机上装有抽芯机构和顶出铸件机构。

压铸机主要由压射机构和合型机构所组成。压射机构的作用是将金属液压入型腔;合型机构用于开合压型,并在压射金属时顶住动型,以防金属液自分型面喷出。压铸机的规格通常以合型力的大小来表示。

如图 2-28 所示为卧式压铸机的工作过程。

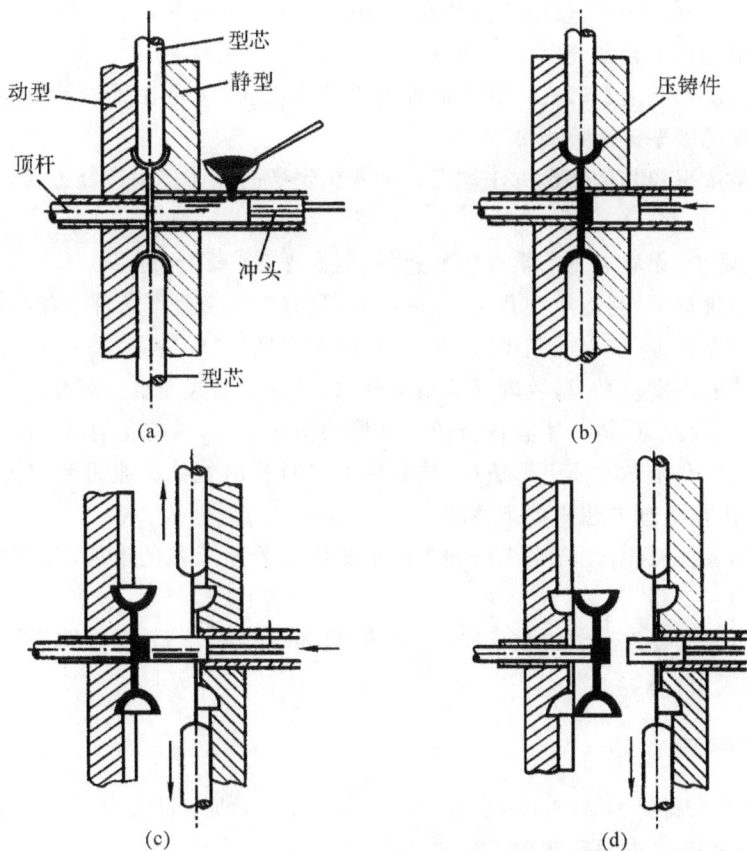

图 2-28　卧式压铸机的工作过程

(1)注入金属。先闭合压型,将勺内金属液通过压室上的注液孔向压室内注入(见图2-28(a))。

(2)压铸。压射冲头向前推进,金属液被压入型腔中(见图2-28(b))。

(3)取出铸件。铸件凝固之后,抽芯机构将型腔两侧型芯同时抽出,动型左移开型,铸件则借冲头的前伸动作离开压室(见图2-28(c))。此后,在动型继续打开过程中,由于顶杆停止了左移,铸件在顶杆的作用下被顶出动型(见图2-28(d))。

为了制造出高质量铸件,压型的型腔精度必须很高、表面粗糙度值要低。压型要采用专门的合金工具钢(如3Cr2W8V)来制造,并须进行严格的热处理。压铸时,压型应保持120~280℃的工作温度,并喷刷涂料。

在压铸件生产中有时采用镶嵌法。它是将预先制好的嵌件放入压型中,通过压铸使嵌件与压铸合金结合成整体。镶嵌法可制出通常难以制出的复杂件,还可采用其他金属或非金属材料制成的嵌件,以改善铸件某些部位的性能,如强度、耐磨性、绝缘性、导电性等,并使装配工艺大为简化。

2. 压力铸造的特点和适用范围

压力铸造有如下优越性:

(1)铸件的精度及表面质量较其他铸造方法均高(尺寸精度IT13~IT11,表面粗糙度值Ra为6.3~1.6 μm)。通常,不经机械加工即可使用。

(2)可压铸形状复杂的薄壁件,或直接铸出小孔、螺纹、齿轮等。这是由于压型精密,在高压下浇注,极大地提高了合金充型能力所致。

(3)铸件的强度和硬度都较高。因为铸件的冷却速度快,又是在压力下结晶,其表层结晶细密,如抗拉强度比砂型铸造提高25%~30%。

(4)压铸的生产率较其他铸造方法均高。如我国生产的压铸机生产能力为50~150次/h,最高可达500次/h。

压铸虽是实现少、无屑加工非常有效的途径,但也存在许多不足。

(1)压铸设备投资大,制造压型费用高、周期长,只有在大量生产条件下在经济上才合算。

(2)压铸高熔点合金(如铜、钢、铸铁)时,压型寿命很低,难以适应。

(3)由于压铸的速度极高,型腔内气体很难排除,厚壁处的收缩也很难补缩,致使铸件内部常有气孔和缩松。因此,压铸件不宜进行较大余量的切削加工,以防孔洞的外露。

(4)由于上述气孔是在高压下形成的,热处理加热时孔内气体膨胀将导致铸件表面起泡,所以压铸件不能用热处理方法来提高性能。

必须指出,随着加氧压铸、真空压铸和黑色金属压铸等新工艺的出现,会有可能克服压铸的这些缺点。

目前,压力铸造已在汽车、拖拉机、航空、兵器、仪表、电器、计算机、轻纺机械、日用品等制造业得到了广泛应用。

2.3.3 离心铸造

将液态合金浇入高速旋转(250~1 500 r/min)的铸型,使金属液在离心力作用下充填铸型并结晶成形,这种铸造方法称作离心铸造。

1. 离心铸造的基本方式

离心铸造必须在离心铸造机上进行。根据铸型旋转轴空间位置的不同,离心铸造机可分为立式和卧式两大类。

在立式离心铸造机上的铸型是绕垂直轴旋转的。当其浇注圆筒形铸件时(见图 2-29 (a)),金属液并不填满型腔,这样便于自动形成内腔,而铸件的壁厚则取决于浇入的金属量。在立式离心铸造机上进行离心铸造的优点是便于铸型的固定和金属的浇注,但其自由表面(即内表面)呈抛物线状,使铸件上薄下厚。显然,在其他条件不变的前提下,铸件的高度愈大,立壁的壁厚差别也愈大。因此,立式离心铸造机主要用于制造高度小于直径的圆环类铸件。

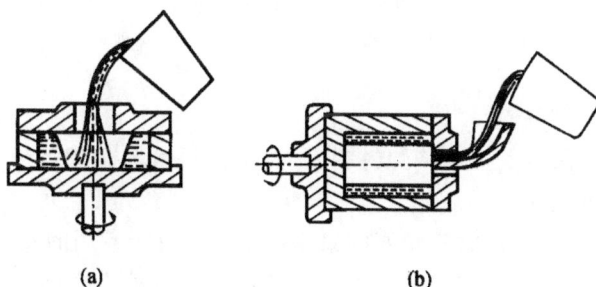

(a)　　　　　　　　　　(b)

图 2-29　卧式与立式离心铸造原理

在卧式离心铸造机上铸型是绕水平轴旋转的。由于铸件各部分的冷却条件相近,故铸出的圆筒形铸件无论在轴向和径向的壁厚都是均匀的(见图 2-29(b)),因此适于浇注长度较大的套筒、管类铸件,这也是最常用的离心铸造方法。

离心铸造也可用于生产成形铸件。成形铸件的离心铸造通常在立式离心铸造机上进行,但浇注时金属液填满铸型型腔,故不存在自由表面。此时,离心力的作用主要是提高金属液的充型能力,并有利于补缩、使铸件组织致密。

2. 离心铸造的特点和适用范围

离心铸造具有如下优点:①利用自由表面生产圆筒形或环形铸件时,可省去型芯和浇注系统,因而省工、省料,降低了铸件成本。②在离心力的作用下,铸件呈由外向内的定向凝固,而气体和熔渣由于密度较金属小,向铸件内腔(即自由表面)移动而排除,故铸件极少有缩孔、缩松、气孔、夹渣等缺陷。③便于制造双金属铸件。如可在钢套上镶铸薄层铜材,用这种方法制出的滑动轴承较整体铜轴承节省铜料,降低了成本。

离心铸造的不足之处是:①依靠自由表面所形成的内孔尺寸偏差大,而且内表面粗糙,若需切削加工,必须加大余量。②不适于密度偏析大的合金及轻合金铸件,如铅青铜、铝合金、镁合金等。此外,因需要专用设备的投资,故不适于单件、小批量生产。

离心铸造是大口径铸铁管、汽缸套、铜套、双金属轴承的主要生产方法,铸件的最大质量可达十多吨。在耐热钢辊道、特殊钢的无缝管坯、造纸烘缸等铸件生产中,离心铸造已被采用。

2.3.4　气化模铸造

气化模铸造又称实型铸造。它是用泡沫塑料做模样(包括浇注系统)替代木模(或金属模)进行砂型铸造的一种铸造方法。由于浇注时模样迅速气化、燃烧而消失,使金属液充填了模样的位置、冷却凝固形成铸件,故而得名。气化模铸造的工艺过程如图 2-30 所示。

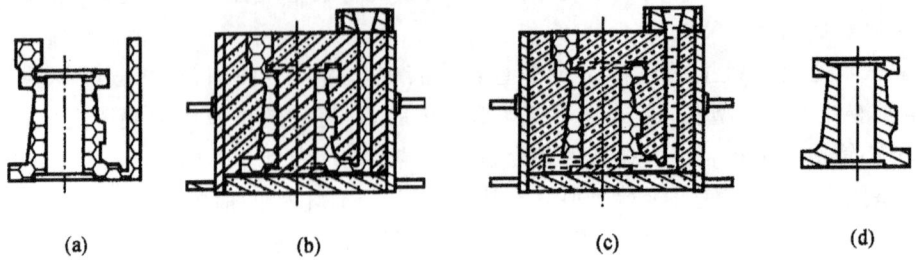

图 2-30　气化模造型
(a)泡沫塑料模;(b)铸型;(c)浇注;(d)铸件

1. 泡沫塑料模

泡沫塑料模多采用聚苯乙烯泡沫塑料制成,由于塑料呈蜂窝状结构,故其密度小、气化迅速。泡沫塑料模制造方法如下:

(1)发泡成形法。将预发泡并熟化好的聚苯乙烯珠粒置于专用的发泡模内,通入热空气或蒸气加热少时,使珠粒进一步膨胀形成附浇冒口的模样。这种模样制造方法主要用于大批量生产。

(2)加工成形法。通常以厚度为 100 mm 的泡沫塑料板为原材料,先用机械加工或电热丝切割等方法制成形状简单的部件,然后用黏结剂将这些部件黏合成模样。显然,这种方法不需制造模具,适于单件、小批量生产。

泡沫塑料模表面必须浸涂厚度为 0.5～2.5 mm 的耐火涂料,以提高铸件的表面质量。在铸铁件涂料中,除铝矾土和石墨粉外,多以陶土和少量糖浆作为黏结剂。模样在浸涂涂料后,应彻底烘干。

2. 铸造工艺

在单件、小批量生产中,气化模铸造多采用自硬砂(如水玻璃砂、水泥砂等)造型。舂砂时,要自下而上分层均匀舂实。在大批量生产中,可采用干砂造型,此时,填砂之后采用机械将干砂振实。

金属浇注时,应先慢后快,使金属液上升速度低于模样的气化速度,以减少气化模分解产物与金属液的作用,防止铸件的表面缺陷。同时,浇注场地要有良好的通风与排烟设施,以保护环境。

3. 特点

(1)由于铸型没有分型面,省去起模和修型工序,便于制出凸台、法兰、肋条、吊钩等在普通砂型铸造中需要活块(或型芯)的结构,从而可简化造型工艺,降低劳动强度。

(2)加大了铸件结构的自由度,简化了铸件结构和工艺设计。

(3)铸件尺寸精度优于普通砂型铸造。铸件无飞翅,减轻了铸件清理工作量。

气化模铸造适用范围较广,几乎不受铸造合金、铸件大小及生产批量限制,尤其适用于形状复杂件。近些年,已在此基础上发展出磁型铸造、实型负压造型、实型精密铸造等新工艺。

2.3.5　常用铸造方法的选择和比较

1.优先采用砂型铸造

据统计,在全部铸件产量中,60%～70%的铸件是用砂型铸造生产的,而且其中70%左右是用黏土砂型生产的。主要原因是砂型铸造较之其他铸造方法成本低、生产工艺简单、生产周期短。因此,像汽车的发动机气缸体、气缸盖、曲轴等铸件都是用黏土湿型砂工艺生产的。当湿型砂不能满足要求时,再考虑使用黏土干型砂或其他型砂。黏土湿型砂铸造的铸件质量可从几公斤直到几十公斤,而黏土干型砂生产的铸件可重达几十吨。

一般来讲,对于中、大型铸件,铸铁件可以用树脂自硬砂型、铸钢件可以用水玻璃砂型来生产,可以获得尺寸精确、表面光洁的铸件,但成本较高。

当然,砂型铸造生产的铸件精度、表面光洁度、材质的密度和金相组织、机械性能等方面往往较差,所以当铸件的这些性能要求更高时,应该采用其他铸造方法,例如熔模铸造、压力铸造、低压铸造等等。

2.铸造方法和生产批量应该相适应

例如砂型铸造,大量生产的工厂应创造条件采用技术先进的造型、造芯方法。老式的振击式或振压式造型机生产线生产率不够高,工人劳动强度大,噪声大,不适应大量生产的要求,应逐步加以改造。对于小型铸件,可以采用水平分型或垂直分型的无箱高压造型机生产线、实型造型,其生产效率高,占地面积也少;对于中型铸件可选用各种有箱高压造型机生产线、气冲造型线,以适应快速、高精度造型生产线的要求,造芯方法可选用冷芯盒、热芯盒、壳芯等高效制芯方法。中等批量的大型铸件可以考虑应用树脂自硬砂造型和造芯。

单件小批生产的重型铸件,手工造型仍是重要的方法,手工造型能适应各种复杂的要求,比较灵活,不要求很多工艺装备。可以应用水玻璃砂型、VRH法水玻璃砂型、有机酯水玻璃自硬砂型、黏土干型、树脂自硬砂型及水泥砂型等;对于单件生产的重型铸件,采用地坑造型法,成本低、投产快。批量生产或长期生产的定型产品采用多箱造型、劈箱造型法比较适宜,虽然模具、砂箱等开始投资高,但可从节约造型工时、提高产品质量方面得到补偿。

低压铸造、压力铸造、离心铸造等铸造方法,因设备和模具的价格昂贵,所以只适合批量生产。

3.造型方法应该适合企业的客观条件

对于生产大型机床床身等铸件,一般的企业均采用组芯造型法,不制作模样和砂箱,在地坑中组芯;而另外的企业则采用砂箱造型法,制作模样。不同的企业生产条件(包括设备、场地、员工素质等)、生产习惯、所积累的经验各不相同,应该根据这些条件综合考虑适合铸造哪些类型的产品。

4.要兼顾铸件的精度要求和成本

各种铸造方法所获得的铸件精度不同,初始投资和生产率也不一致,最终的经济效益也有差异。因此,要做到多、快、好、省,就应当兼顾到各个方面。应对所选用的铸造方法进行初步的成本估算,即确定经济效益高且能保证铸件要求的铸造方法,常用铸造方法的特点和用途,见表2-3所示。

表 2－3 常用铸造方法的特点和适用范围

铸造方法	铸件材质	铸件质量	表面粗糙度	铸件复杂程度	生产成本	适用范围	工艺特点
砂型铸造	各种材质	几十克~很大	高	简单	低	最常用的铸造方法。手工造型:单件、小批量和形状复杂以难以使用造型机的大型铸件;机械造型:适用于批量生产的中、小铸件	手工造型:灵活、易行,但效率低、劳动强度大、尺寸精度和表面质量低;机械造型:尺寸精度和表面质量高,但投资大
熔模铸造	铸钢、有色合金	几克~几公斤	很低	任何复杂程度	较低	各种批量的铸钢及高熔点合金的小型复杂精密铸件,特别适合铸造艺术品,精密机械零件	尺寸精度高,表面光洁,但工序繁多、劳动强度大
压力铸造	铝、镁合金	几克~几十公斤	低	复杂(可用砂芯)	金属模的制作费用很高	大量生产的各种有色合金中,小型铸件、薄壁铸件、耐压铸件	铸件尺寸精度高,表面光洁,组织致密,但压铸机和铸型成本高
离心铸造	灰铸铁、球墨铸铁	几十公斤~几吨	较低	一般为圆筒形铸件	较低	小批量到大批量的旋转体铸件、各种直径的管件	铸件尺寸精度高,表面光洁,组织致密,生产率高
消失模铸造	各种材质	几克~几吨	较低	较复杂	较低	不同批量的较复杂的各种合金铸件	铸件尺寸精度较高,铸件设计自由度大,工艺简单,但模样燃烧影响环境

2.4　铸件结构工艺性

铸件结构工艺性是指铸件的结构应在满足使用要求的前提下,还要满足铸造性能和铸造工艺对铸件结构要求的一种特性。它是衡量铸件设计质量的一个重要方面。合理的铸件结构不仅能保证铸件质量,满足使用要求,而且工艺简单、生产率高、成本低。

2.4.1　铸造性能对铸件结构的要求

1. 铸件壁厚要合理

在一定的工艺条件下,由于受铸造合金流动性的限制,能铸出的铸件壁厚有一个最小值。若实际壁厚小于它,就会产生浇不到、冷隔等缺陷。表 2-4 列出了在砂型铸造条件下常用铸造合金所允许的最小壁厚值。但是,铸件壁厚过大,铸件壁的中心冷却较慢,会使晶粒粗大,还容易引起缩孔、缩松缺陷,使铸件强度随壁厚增加而显著下降,因此,不能单纯用增加壁厚的方法提高铸件强度。通常采用加强肋(见图 2-31)或合理的截面结构(丁字形、工字形、槽形)满足薄壁铸件的强度要求。

表 2-4　在砂型铸造条件下铸件的最小壁厚值　　　单位:mm

铸件尺寸	铸钢	灰铸铁	球墨铸铁	可锻铸铁	铝合金	铜合金
<200×200	6~8	5~6	6	5	3	3~5
200×200~500×500	10~12	6~10	12	4	4	6~8
>500×500	15	15	—	—	5~7	

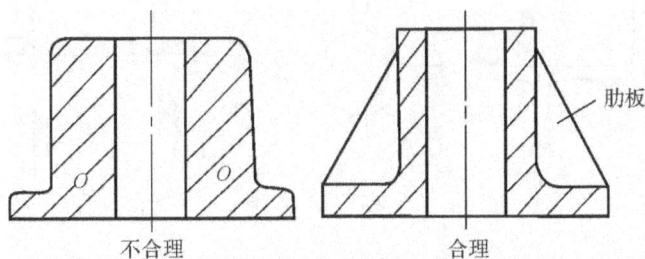

图 2-31　采用加强肋减小壁厚

2. 铸件壁厚要均匀

铸件薄厚不均,必然在壁厚交接处形成金属聚集的热节而产生缩孔、缩松,并且由于冷却速度不同而形成热应力和裂纹(见图 2-32)。确定铸件壁厚,应将加工余量考虑在内,有时加工余量会使壁厚增加而形成热节。

3. 铸件内壁应薄于外壁

铸件内壁和肋,散热条件较差,内壁薄于外壁,可使内、外壁均匀冷却,减小内应力,防止裂纹。内、外壁厚相差值约为 $10\%\sim30\%$。

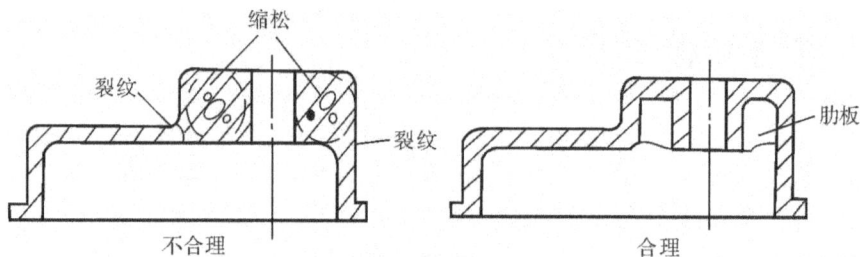

图 2-32 采用加强肋减小壁厚

4. 铸件壁连接要合理

为减少热节,防止缩孔,减少应力,防止裂纹,壁间连接应有铸造圆角(见图 2-33)。不同壁厚的连接应逐步过渡(见图 2-34),以防接头处热量聚集和应力集中。铸件上的肋或壁的连接应避免十字交叉和锐角连接(见图 2-35)。

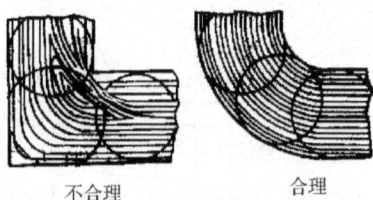

图 2-33 铸造圆角

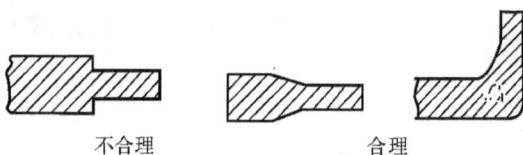

图 2-34 壁厚过渡形式

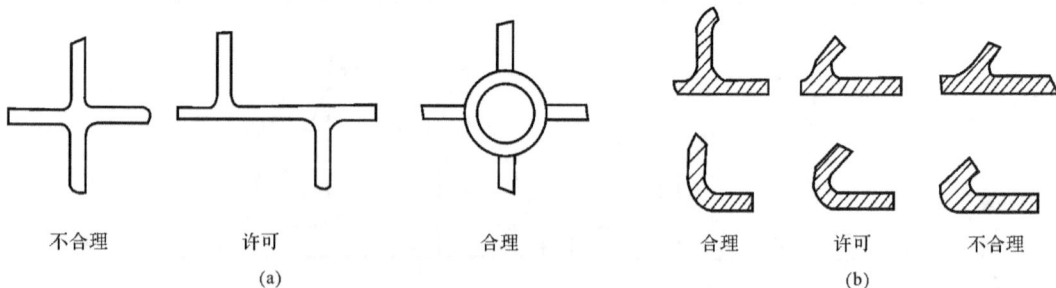

图 2-35 铸件接头结构
(a)避免十字连接;(b)避免锐角连接

5. 避免铸件收缩受阻

当铸件收缩受到阻碍,产生的内应力超过材料的抗拉强度时将产生裂纹。如图 2-36 所示为手轮铸件。图 2-36(a)所示为直条形偶数轮辐,在合金线收缩时手轮轮辐中产生的收缩力相互抗衡,容易出现裂纹,可改用奇数轮辐(见图 2-36(b))或弯曲轮辐(见图 2-36(c))。这样可借助轮缘、轮毂和弯曲轮辐的微量变形自行减缓内应力,防止开裂。

6. 防止铸件翘曲变形

细长形或平板类铸件在收缩时易产生翘曲变形。如图 2-37 所示,改不对称结构为对称结构或采用加强肋,提高其刚度,均可有效地防止铸件变形。

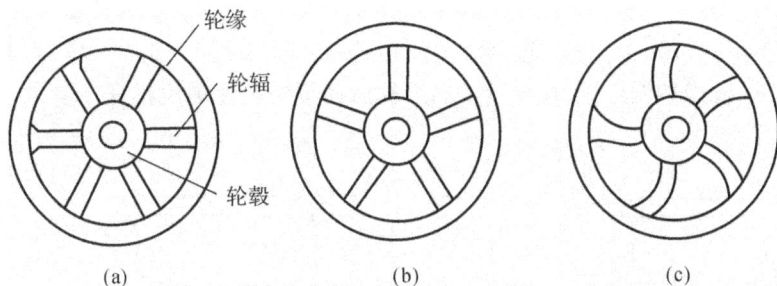

图 2-36　手轮轮辐的设计

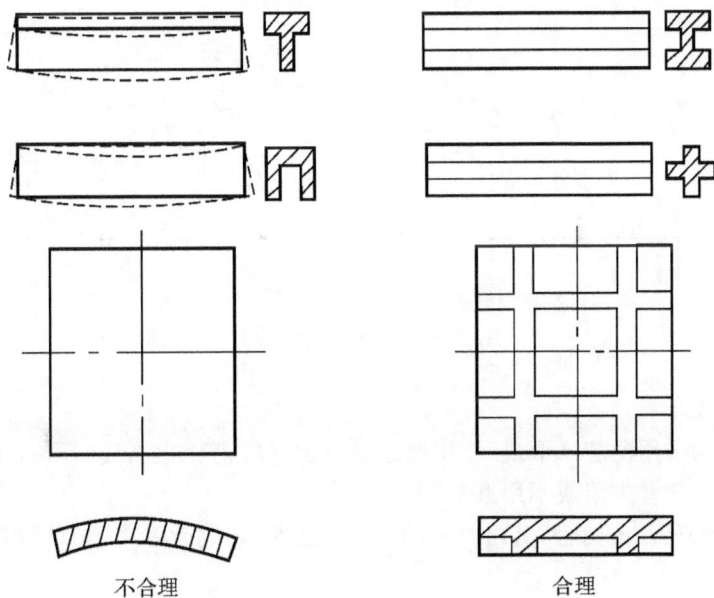

不合理　　　　　　　　　　　　合理

图 2-37　防止铸件变形的结构

2.4.2　铸造工艺对铸件结构的要求

铸件结构的设计,应有利于简化铸造工艺;有利于避免产生铸造缺陷;便于后续机械加工。

1. 铸件外形力求简单

在满足铸件使用要求的前提下,应尽量简化外形,减少分型面,以便造型。如图 2-38(a)所示端盖存在侧凹,需三箱造型或增加环状型芯。若改为如图 2-38(b)所示结构,可采用简单的两箱造型,造型过程大为简化。

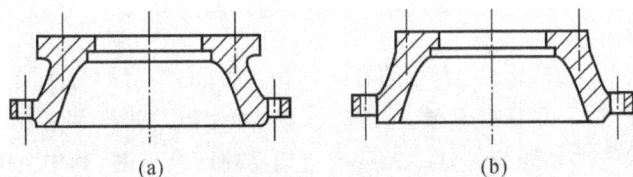

(a)　　　　　　　　　　　　(b)

图 2-38　端盖的结构设计

如图 2-39(a)所示圆凸台的设计,通常采用活块(或外型芯)才能起模,若圆凸台改为如图2-39(b)所示的设计结构,可以避免活块或型芯,造型简单。如图 2-40(a)所示铸件上的肋条使起模受阻,改为如图 2-40(b)所示的结构后便可顺利地取出模样。

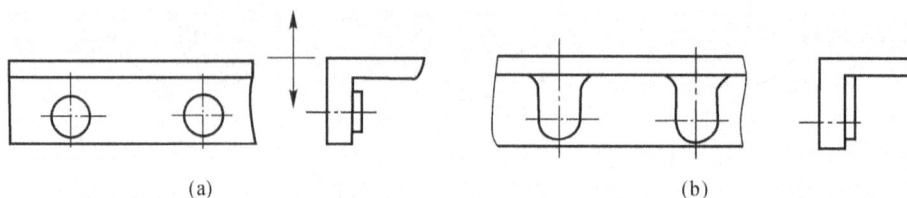

(a)   (b)

图 2-39　凸台的设计

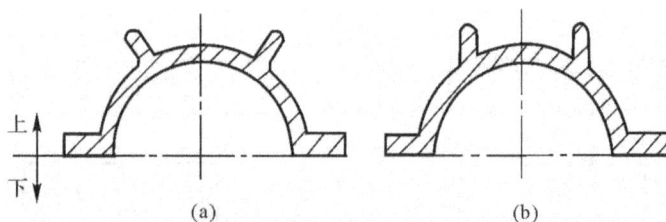

(a)   (b)

图 2-40　结构斜度的设计

2.铸件内腔设计

铸件内腔结构采用型芯来形成,使用型芯会增加材料消耗,且工艺复杂,成本提高,因此,设计铸件内腔时应尽量少用或不用型芯。

如图 2-41(a)所示的铸件,其内腔只能用型芯成形,若改为图 2-41(b)所示结构,可用自带型芯成形。

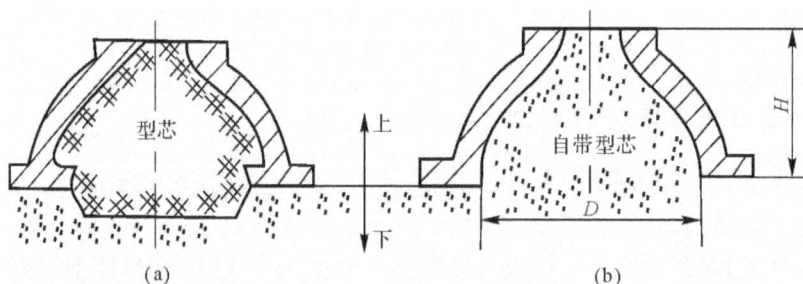

(a)   (b)

图 2-41　铸件内腔设计

(a)需制造型芯;(b)无需另制型芯

如图 2-42 所示的支架,用(b)表示的开式结构代替(a)表示的封闭结构,可省去型芯。在必须采用型芯的情况下,应尽量做到便于下芯、安装、固定以及排气和清理。

如图 2-43 所示的轴承架铸件,(a)表示的结构需要两个型芯,其中大的型芯呈悬臂状态,需要芯承支撑,若按(b)所示改为整体芯,其稳定性大大提高,排气通畅,清砂方便。

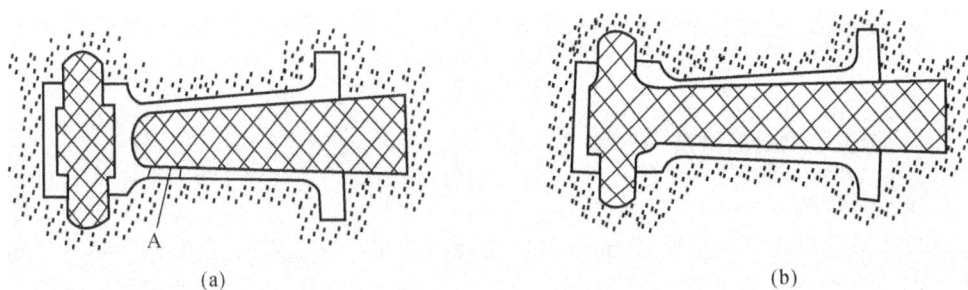

图 2-42　支架的结构设计

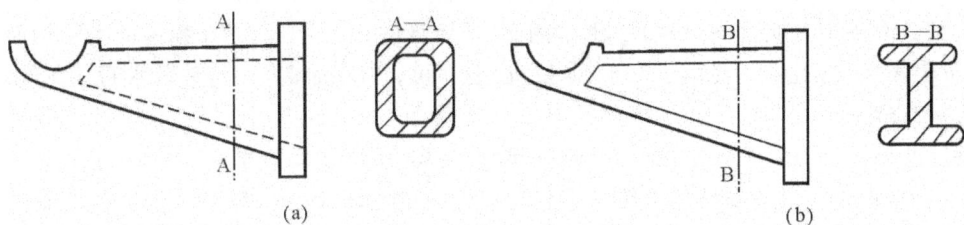

图 2-43　轴承架的结构设计

3.铸件的结构斜度

为了便于起模,垂直于分型面的非加工表面应设计结构斜度。如图 2-44 所示,图中(a)、(b)、(c)、(d)表示的设计不带结构斜度,在造型的过程中不便起模,且容易破坏模型,改为图中(e)、(f)、(g)、(h)表示的设计形式,结构比较合理。

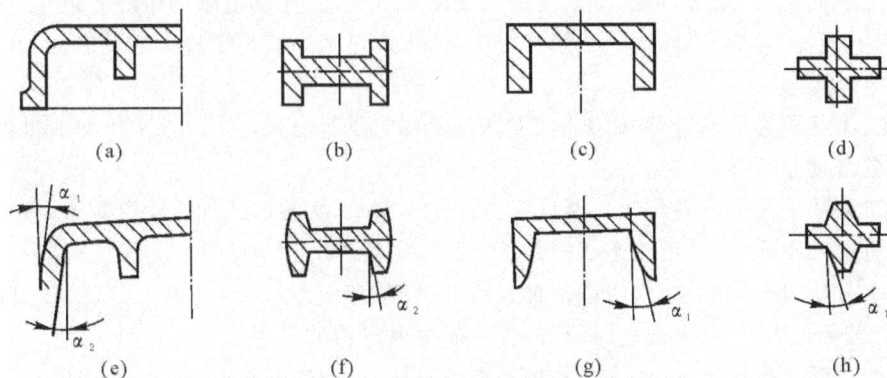

图 2-44　结构斜度的设计

2.5 铸造新技术、新工艺简介

2.5.1 造型技术的新进展

1.气体冲压造型

这是近年来发展迅速的低噪声方法,其主要特点是在型砂紧实前,先将型砂填入砂箱和辅助框内,然后在短时间内开启快速释放阀门给气,对松散的型砂进行脉冲冲击紧实成形。由于气体压力大,且压力增长速率高,可一次紧实成形,无需辅助紧实。气体冲压造型包括空气冲击造型和燃气冲击造型两类。前者是将储存在压力罐内的压缩空气突然释放实现脉冲成形;后者是利用储气罐内的可燃气体和空气的混合物点火燃烧爆炸产生的压力波冲击紧实。气体冲击造型具有砂型紧实度高,均匀合理,能生产复杂铸件,噪声小,节约能源,设备结构简单等优点,近年来发展较快,主要用于汽车、拖拉机、缝纫机、纺织机械所用铸件及水管的生产。

2.静压造型

静压造型的特点是消除了振压造型机的噪声污染,型砂紧实效果好,铸件尺寸精度高。其工艺过程为:首先将填满型砂的砂箱置于装有通气塞的模板上,通以压缩空气,使之穿过通气塞排出,型砂被压实在模板上,越靠近模板,型砂密度越高。最后用压实板在型砂上部进一步压实,使其上、下紧实度均匀,起模即成为铸型。

静压造型不需要刮去大量余砂,维修简单,因而较适合于我国国情,目前主要用于汽车和拖拉机的汽缸等复杂件的生产。

3.真空密封造型(V法造型)

V法造型是一种全新的物理造型方法。其基本原理是在特制的砂箱内填入无水无黏结剂的干砂,用塑料薄膜将砂箱密封后抽成真空,借助铸型内外的压力差,使型砂紧实成形。V法造型用来生产面积大、壁薄、形状不太复杂及表面要求光洁、轮廓清晰的铸件。近年来,在叉车配重块、艺术铸件、大型标牌、钢琴弦架、浴缸等的生产过程中获得了极大的发展。

4.冷冻造型

冷冻造型又称为低温造型,由美国 BCD 公司首先研制出来,并于 1977 年建成世界上第一条冷冻造型自动生产线。

冷冻造型法采用石英砂作为骨架材料。加入少量水,必要时还加入少量黏土,按普通造型方法制好后送入冷冻室里,用液态 N_2 或 CO_2 作为制冷剂,使铸型冷冻,借助于包覆在砂粒表面的冷冻水分实现砂粒的结合,使铸型具有很高的强度和硬度。浇注时,铸型温度升高,水分蒸发,铸型逐渐解冻,稍加振动立即溃散,可方便地取出铸件。

与其他造型方法相比,这种造型方法具有以下特点:型砂配置简单,落砂清理方便;对环境的污染少;铸型的强度高、硬度大、透气性好,铸件表面光洁、缺陷少;成本低。

2.5.2 快速成形技术(RPT)简介

要将一种新产品成功地投入到现代激烈竞争的市场中,对于铸造商而言,主要在于其产品开发的速度及生产周期。只有将快速与柔性制造工艺相结合,才能取得市场占有率。RPT 集现代数控技术、CAD/CAM 技术、激光技术和新型材料科学成果于一体,突破了传统的加工模式,大大缩短了产品的生产周期,提高了铸件的市场竞争能力。

目前正在应用与开发的快速成形技术有:SLA,SLS,FDM,LOM 和 DSPC 等。每种技术都基于相同的原理,只是实现的方法不同而已。例如,有设计者首先在计算机上绘制所需生产零件的三维模样,用切片软件将立体模样切成成千上万个薄层。然后用快速成形机自动形成各截面的轮廓,并将各个截面逐一叠加,组合成所设计产品的模样实体。

1. 激光立体光刻成形技术(SLA)

SLA 是世界上第一种快速成形技术。其基本原理为:SLA 将设计零件的三维计算机成像数据,转换成一系列很薄的模样截面数据。然后在快速成形机上,用可控制的紫外线激光束,按计算机切片软件所得到的轮廓轨迹,对液态光敏树脂进行扫描固化,进行连续的固化,直到三维立体模样制成。一般每层厚度为 0.076~0.381 mm,制成后将模样从树脂液中取出,进行最终的硬化处理,经抛光、电镀、喷涂或着色即可。如图 2-45 所示为 SLA 工艺原理图。

美国 3D 系统公司是此项技术的典型代表。该技术主要特征是:可成形任意复杂形状,成形精度高,仿真性强,材料利用率高,性能可靠,性价比高。适合产品外形评估和功能实验及快速制造电极与各种快速经济模具。但所需设备和光敏树脂价格昂贵,其成本较高。

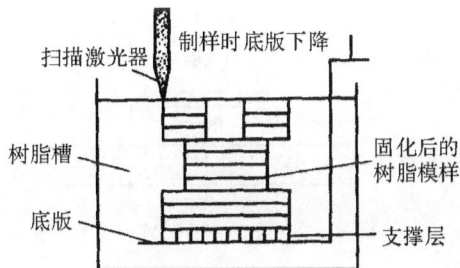

图 2-45　SLA 工艺原理图

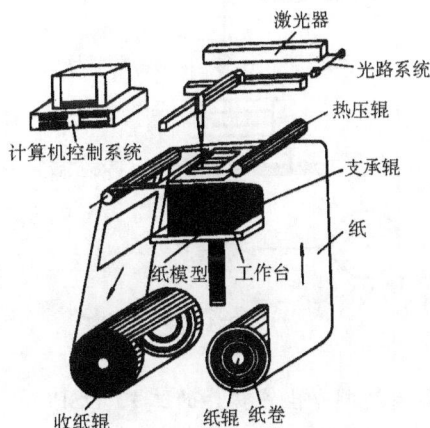

图 2-46　LOM 工艺原理图

2. 分层叠纸制造成形工艺(LOM)

LOM 的基本原理如图 2-46 所示。首先将产品零件的三维图形,输入计算机的成形系统,用切片软件对该图形进行切片处理,得到沿产品高度方向上的一系列横截面轮廓线。将单面涂有热熔胶的纸卷套在收纸辊上,并跨过支承辊缠绕在收纸辊上。步进电动机带动收纸辊转动,使纸卷沿图中箭头方向移动一定距离。工作台上升至与纸卷接触,热压辊沿纸面自右向左滚压,加热纸背面的热熔胶,并使这一层纸与地基上的前一层纸黏合。CO_2 激光器发射的激光束跟踪零件的二维截面轮廓数据进行切割,并将轮廓外的废纸料切割出方形小格,以便成形过程完成后易于剥离余料。每切割完一个截面,工作台连同被切出的轮廓层自动下降至一定高度,然后步进电动机再次驱动收纸辊将纸移到第二个需要切割的截面,重复下一次工作循环,直至形成由一层层横截面黏叠的立体纸样。然后剥离废纸小方块,即可得到性能似硬木或塑料的"纸质模样产品"。

LOM 工艺成形速度快,成形材料便宜,无相变,无热应力、收缩、膨胀、翘曲等现象,因此,形状与尺寸精度稳定,但成形后废料剥离费时。此工艺适用于航空、汽车等行业中体积较大的制件。

3.熔丝沉积成形工艺(FDM)

FDM 工艺使用一个外观非常像二维平面绘图仪的装置,只是笔头被一个挤压头代替。它可挤压出一束非常细的蜡状塑料(热塑性)或熔模丝,并以此逐步挤出热熔塑料丝的方法来画出和堆积由切片软件所形成的二维切片薄层。同理,制造模样从底层开始,一层一层进行。由于热塑性树脂或蜡冷却很快,这样就形成了两个由二维薄层轮廓堆积并黏结成的立体模样。如图 2-47 所示为 FDM 工艺原理示意图,如图 2-48 所示为放大的 FDM 喷头。

与其他 PRT 成形工艺相比,用 FDM 成形工艺制模时,其模样上的突出部分无需支撑也能制出,制出的模样表面光洁,尺寸精度高,且消除了因层间黏结不良而形成的层间台阶毛刺缺陷和分层等现象。

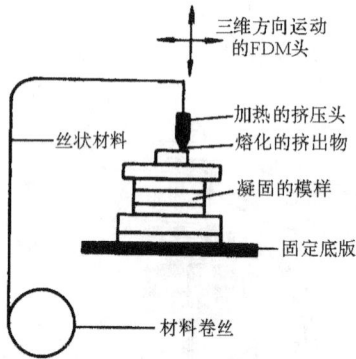

图 2-47　FDM 工艺原理图

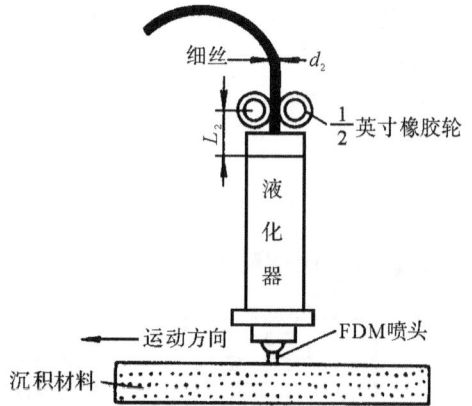

图 2-48　放大的 FDM 喷头

4.直接制壳生产铸件的工艺(DSPC)

DSPC 工艺与迄今所描述的制壳工艺有本质的区别。它允许在计算机上完成零件设计直到浇注的整个铸造工艺过程。它直接利用 CAD 数据自动制造陶瓷型壳,而无需模具和压型,大大缩短了铸件的生产周期。其工作过程是用计算机控制一个喷墨印刷头,依据分层软件逐层选择在粉末层上沉积的液体黏结材料,最终由顺序印刷的二维层堆积成一个三维实体、具有整体芯的型壳,型壳经焙烧后即可浇注金属液。其特点是不使用激光,主要用在金属陶瓷复合材料的多孔陶瓷预成形件上,目标是由 CAD 产品模型直接生产工装模具或功能性制件。

2.5.3　计算机在铸造技术中的应用

随着科学技术的不断发展,计算机在铸造过程中的管理、测控、工艺、凝固模拟等方面都得到了广泛的应用。

铸造工艺计算机辅助设计(CAD)系统是利用计算机协助制造工艺设计者确定方案、分析铸件质量、优化铸造工艺、估计铸造成本及显示并绘制铸造工艺图等,把计算机的快速性、准确性与设计人员的思维、综合分析能力结合起来,可以加快设计进程,提高设计质量,加速产品更新换代,提高产品竞争能力。

近年来,国内外在铸造工艺计算机辅助设计方面已做了较多的研究和开发,相继出现了一批较实用的软件。如美国铸协(AFS)的 AFS-oftrare 软件,可用于铸钢、铸铁的浇冒口设计;英国 Foseco 公司的 Feedercalc 软件可计算铸钢件的浇冒口尺寸、补缩距离及选择保温冒口套等;丹麦 DISA 公司的 Disamatc 软件专用于垂直分型,生产线的浇冒口设计。国内清华大学研究开发的 Ficast 软件适用于球墨铸铁件浇冒口系统;原华北工学院铸造工程中心开发的 Cast CAD 适用于铝合金、铸铁及铸钢件补缩,浇注系统及工艺图、工艺卡绘制。此外,还有环形体类、板类、缸体类及阀体类等铸件的 CAD 系统都在生产中得到较好的应用。

与传统的铸造工艺设计方法相比,用计算机设计铸造工艺有如下特点:①计算准确、迅速,消除了人为的计算误差;②可同时对几个铸造方案进行工艺设计和比较,从而找出较好的方案;③能够储存并系统利用铸造工作者的经验,使得设计者不论其经验丰富与否都能设计出较合理的铸造工艺;④计算结果能自动打印记录,并能绘制铸造工艺图等技术文件。

铸造工艺 CAD 应能完成以下设计和计算的功能:

(1)铸造工艺的设计与计算。铸件体积、质量和模数计算;铸件补缩系统的设计与计算(冒口、冷铁等);铸件浇注系统的设计与计算。

(2)铸件工艺文件的设计与绘制。铸造工艺卡的设计与绘制;铸件检验卡的设计与绘制。

(3)图形绘制。铸造工艺图绘制;铸造毛坯图绘制。

2.5.4　铸造技术的发展趋势

随着科学技术的进步和国民经济的发展,对铸造提出优质、低耗、高效、少污染的要求。铸造技术向以下几方面发展。

1.机械化、自动化技术的发展

随着汽车工业等大批大量制造的要求,各种新的造型方法(如高压造型、射压造型、气冲造型、消失模造型等)和制芯方法进一步开发和推广。铸造工程 CNC 设备,FMC 和 FMS 正在逐步得到应用。

2.特种铸造工艺的发展

随着现代工业对铸件的比强度、比模量的要求增加,以及少、无切削加工的发展,特种铸造工艺向大型铸件方向发展。铸造柔性加工系统逐步推广,逐步适应多品种少批量的产品升级换代需求。复合铸造技术(如挤压铸造和熔模真空吸铸)和一些全新的工艺方法(如快速凝固成形技术、半固态铸造、悬浮铸造、定向凝固技术、压力下结晶技术、超级合金等离子滴铸工艺等)逐步进入应用。

3.特殊性能合金进入应用

球墨铸铁、合金钢、铝合金、钛合金等高比强度、比模量的材料逐步进入应用。新型铸造功能材料如铸造复合材料、阻尼材料和具有特殊磁学、电学、热学性能和耐辐射材料进入铸造成形领域。

4.微电子技术进入使用

铸造生产的各个环节已开始使用微电子技术。如铸造工艺及模具的 CAD 及 CAM,凝固过程数值模拟,铸造过程自动检测、监测与控制,铸造工程 MIS,各种数据库及专家系统,机器人的应用等。

5."绿色铸造"的发展

绿色铸造的目标就是使铸件从设计、制造、包装、运输、使用到报废处理的整个"产品生命"

周期中,对环境的负面影响最小,资源效率最高,从而使企业经济效益和社会效益达到最优化。"绿色铸造"是社会可持续发展战略在制造业中的体现,是一种可持续发展的企业组织、管理和运行的新模式。和传统铸造生产模式相比,"绿色铸造"模式对企业信息化运作水平提出了相当高的要求,"绿色铸造"模式下铸件生产面临的关键是即时采用先进适用的铸造新技术来实现铸件"绿色生命周期"的全过程。

随着公众环境意识的不断提高及国家环境保护法律法规的进一步完善,"绿色铸造"已经成为铸造技术发展的方向。特别是国际标准化组织发布的有关环境管理体系的 ISO14000 系列标准,也在推动着"绿色铸造"的快速发展。

第 3 章

金属的塑性成形工艺

利用金属在外力作用下产生的塑性变形,来获得具有一定形状、尺寸和机械性能的原材料、毛坯或零件的生产方法,称为金属的塑性成形(plasticity forming),也称为压力加工。金属塑性成形是金属加工的方法之一,是机械制造生产过程中的一个重要组成部分。

常见的金属塑性成形方法有轧制、挤压、拉拔、自由锻、模锻、板料冲压等(见图 3-1),轧制、挤压和拉拔等加工方法主要用于制造一般常用的型材、板材、线材等。自由锻、模锻和板料冲压等加工方法又称为锻压,通过锻压加工可直接生产各种零件和毛坯。金属的塑性变形是金属塑性成形的基础,钢材和大多数非铁金属及其合金都具有一定的塑性,可以进行塑性成形,如低碳钢、铜和铝及其合金,而铸铁是脆性材料,不能用于塑性成形。

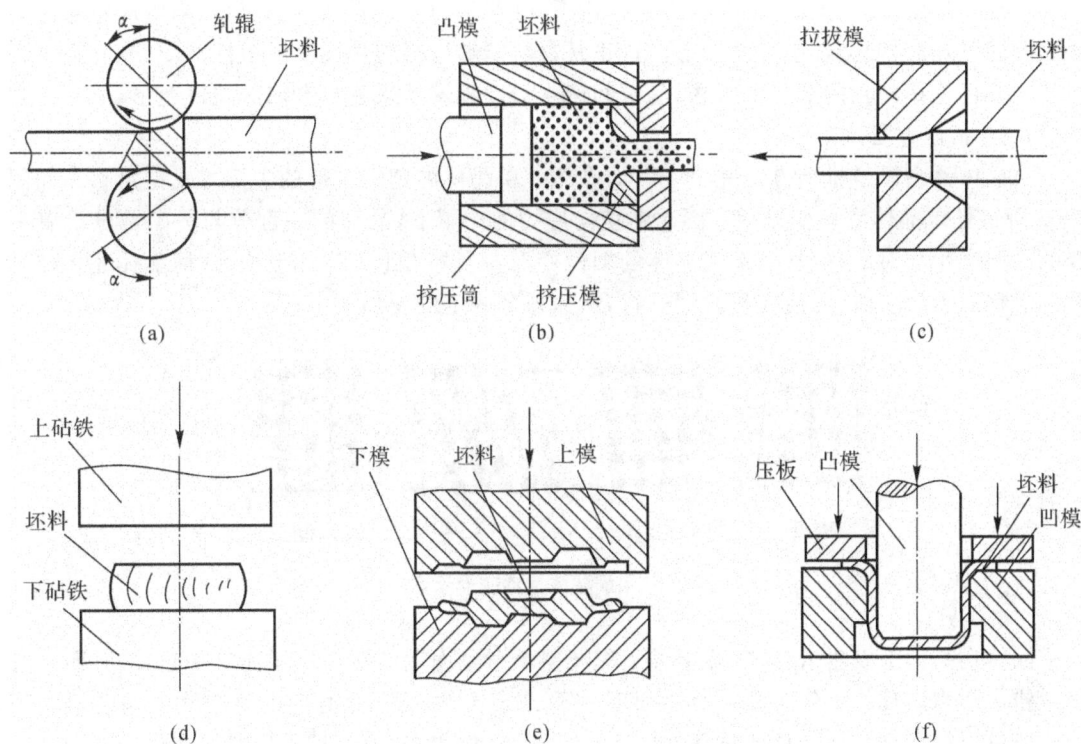

图 3-1 塑性成形的基本方法
(a)轧制;(b)挤压;(c)拉拔;(d)自由锻;(e)模锻;(f)冲压

与其他金属加工方法相比,金属的塑性成形有以下特点:

(1)改善金属组织,提高金属的机械性能。金属经过塑性加工后,不仅尺寸、形状发生改变,而且在加工过程中能压合铸态金属中的缩孔、缩松、空隙、气泡和裂纹等缺陷,使其内部组织也更致密、均匀,同时,晶粒得到细化,强度及冲击韧性都有所提高,因而与铸态金属相比,其性能得到了极大的改善,具有更好的机械性能。

(2)材料利用率和经济效益高。塑性成形主要通过坯料体积的重新分配获得所需形状和尺寸,成形中材料的损耗小。此外由于先进技术和设备的应用,不少零件已经达到少或无切削的要求,因而减少了金属加工工时,节约材料。

(3)效率高、成本低。塑性成形生产易实现机械化、自动化,因而在大批量生产时具有很高的劳动生产率和较低的生产成本。

各类机械中承受重载和冲击载荷的重要机器零件,如机床主轴、传动轴、齿轮、凸轮、曲轴、连杆等,大都采用锻件为毛坯。冲压件具有强度大、结构轻、刚度好、外形美观、互换性好等优点,广泛应用于汽车、仪表、电力及生活用品的制造中。

3.1 金属塑性成形的理论基础

3.1.1 金属的塑性变形机理

具有一定塑性的金属坯料在外力的作用下,会产生与外力平衡的内应力,当内应力超过该金属的屈服点后,便会发生塑性变形。这正是材料能够进行塑性加工的根据。

经典理论用晶粒内部产生滑移,晶粒间产生滑动和转动来解释金属的塑性变形。

1. 单晶体的塑性变形

单晶体是指原子排列方式完全一致的晶体。单晶体的塑性变形的主要方式是滑移。如图3-2所示是单晶体滑移变形示意图。在切向应力的作用下,晶体的一部分与另一部分沿着一定的晶面产生相对滑移,从而造成晶体的塑性变形。当外力继续作用或增大时,晶体还将在另外的滑移面上发生滑移,使变形继续进行,从而得到一定的变形量。

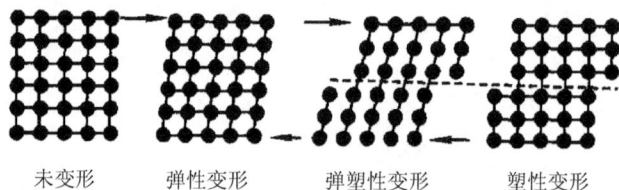

| 未变形 | 弹性变形 | 弹塑性变形 | 塑性变形 |

图 3-2 单晶体滑移变形示意图

晶体在晶面上发生滑移,实际上并不需要整个滑移面上的所有原子同时一起移动,而是通过位错运动来实现的。位错是晶体内部某一列或若干列原子发生错排而造成的晶格扭曲现象。通过位错运动实现滑移的过程如图3-3所示。在切应力作用下,只需位错中心附近少量原子作微量位移,就可使位错中心逐步右移,当位错运动到晶体表面时,就造成了一个原子间距的滑移变形量。实际晶体中含有大量的位错,在外力作用下,不断有位错移动到晶体表面,就使塑性变形量逐渐递增,形成了塑性变形。

由于位错运动只是少量原子的微量位移,因而其所需的临界切应力远远小于整体刚性滑移,这就是塑性变形在外力远未达到理论临界切应力时就已大量发生的原因。

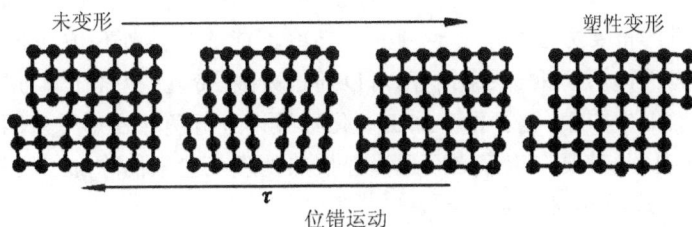

图 3-3　位错运动引起塑性变形示意图

2. 多晶体的塑性变形

通常使用的金属都是由大量晶粒组成的多晶体,每个晶粒都是有一定位向的单晶体,晶粒之间有晶界相连,使得其塑性变形机理较单晶体更为复杂。多晶体的塑性变形可以看成是各个单晶体变形的综合效果,如图 3-4 所示。在外力的作用下,变形首先在有利于变形的晶粒中进行,再逐步发展到其他晶粒内。与此同时各晶粒间的相互约束和牵制造成晶粒间的滑动和转动,外力达到一定值后晶界也会发生变形和破碎。所以,多晶体的塑性变形也可以看成是晶内变形(晶粒内部的滑移变形)与晶间变形(晶粒之间的相互移动或转动)的综合。

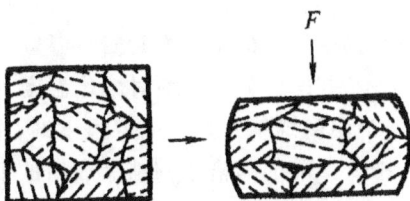

图 3-4　多晶体塑性变形示意图

由于多晶体含有大量的晶界,晶界附近的原子排列紊乱、杂质较多,当滑移发展到晶界时,必然受到阻碍,因此多晶体的变形抗力要比同种的单晶体高得多。晶粒越细,晶粒数目相对越多,变形量则可由更多的晶粒来分摊,变形更加均匀。因此,细晶粒金属不但强度高,还同时具有较高的塑性和韧性,此类金属在较高的温度下变形时可降低晶界的强度,因而可以在较小压力作用下使金属产生塑性变形。

3.1.2　塑性变形对金属组织和性能的影响

金属经塑性变形后,内部组织和宏观力学性能发生了很大的变化。

1. 加工硬化(work-hardening)

金属在室温下塑性变形,由于内部晶粒沿变形最大方向伸长并转动,晶格扭曲畸变以及晶内、晶间产生碎晶的综合影响,增大了进一步滑移的阻力,使继续滑移难以进行。这种随变形程度增大,金属的强度、硬度上升,塑性、韧性下降的现象称为加工硬化,如图 3-5 所示。

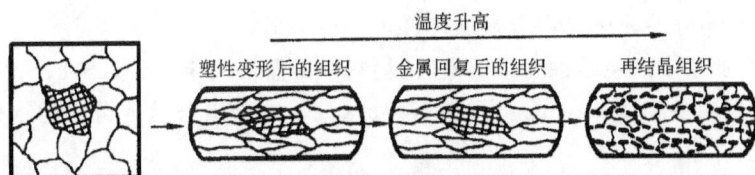

图 3-5　金属的回复和再结晶示意图

加工硬化在生产中很有实用意义,利用加工硬化可以提高金属的强度和硬度,这是工业生产中强化金属材料的重要方法之一。纯金属及某些不能通过热处理方法强化的合金,如低碳钢、形变铝合金、奥氏体不锈钢、高锰钢等,可以通过冷拔、冷轧、冷挤压等方法来提高其强度和硬度。但在压力加工生产中,也会由于加工硬化给继续进行塑性变形带来困难,如果变形程度过大,容易产生破裂,此时要在工序之间适当穿插热处理工艺来消除加工硬化。

2. 回复(revert)和再结晶(recrystal)

加工硬化是一种不稳定的现象,具有自发地回复到稳定状态的倾向,但在室温下不易实现。将已产生加工硬化的金属加热到一定温度,原子获得的热能可以将原子回复到正常排列位置,消除了晶格扭曲,降低了内应力,从而部分消除了加工硬化,使强度、硬度略有下降,塑性、韧性略有上升,这一过程称为"回复"(见图 3-5)。此时的温度称为回复温度,即

$$T_{回} = (0.25 \sim 0.3)T_{熔}$$

式中　$T_{回}$——金属的绝对回复温度;

　　　$T_{熔}$——金属的绝对熔化温度。

当温度继续升高到一定程度时,金属原子获得更高的热能,开始以某些碎晶或杂质为核心,按变形前的晶格结构结晶成新的细小晶粒,从而完全消除了加工硬化现象,这种以新的晶粒代替原变形晶粒的过程称为再结晶(见图 3-5)。此时的温度称为再结晶温度,即

$$T_{再} = 0.4T_{熔}$$

式中　$T_{再}$——金属的绝对再结晶温度。

金属通过再结晶过程,内应力得到全部消除,机械性能改变,降低了变形抗力,增加了金属的塑性。

3. 冷变形(cold working)和热变形(hot working)

由于金属在不同的温度下变形后的组织和性能不同,通常以再结晶温度为界,将金属的塑性变形分为冷变形和热变形两种。

金属在再结晶温度以下的变形,叫冷变形,变形过程中无再结晶现象,变形后有硬化现象。因此,冷变形时需要很大的变形力,变形程度一般不宜太大,以免降低模具寿命或使工件破裂。经冷变形的工件,具有较高的强度、硬度和低的表面粗糙度值,常用于已热变形后的坯料的再加工,如冷挤、冷拉、冷轧等。

在再结晶温度以上的变形叫热变形,此时,加工硬化随时被再结晶过程所消除,变形后具有再结晶组织而无硬化痕迹。因此,热变形时变形抗力小,能量消耗少,并且塑性始终良好,可以加工尺寸较大和形状比较复杂的工件。但由于热变形是在高温下进行的,因而金属在加热过程中,表面容易形成氧化皮,产品的尺寸精度和表面质量较低。热轧、热挤压、自由锻造和模型锻造等工艺都属于热变形。

4. 纤维组织(fibre structure)和锻造比(forging ratio)

铸锭在压力加工中产生塑性变形的同时,坯料中的塑性夹杂物(MnS,FeS 等)沿最大变形方向伸长,而脆性夹杂物(FeO,SiO_2 等)被打碎成链状,这种点条状或链状的结构被称为纤维组织。

纤维组织的存在造成了锻压件力学性能的各向异性,即纵向(平行于纤维方向)上的塑性、韧性均比横向(垂直于纤维方向)上的高。纤维组织是不能通过热处理来消除的,只能通过不同方向的锻压来改变其分布状况。因此在设计锻件时,应使纤维方向与零件轮廓相符合而不

是被切断,并使零件所受的最大正应力方向与纤维组织方向一致,最大切应力方向与纤维组织方向垂直。

如图 3-6 所示是不同成形工艺齿轮的纤维组织分布,图 3-6(a)表示用棒料直接切削成形的齿轮,齿根处的正应力垂直于纤维组织方向,力学性能最差,寿命最短;图 3-6(b)表示扁钢经切削加工的齿轮,齿 1 的根部正应力与纤维组织方向一致,力学性能好,齿 2 情况正好相反,性能差,寿命低;图 3-6(c)表示棒料墩粗后再经切削加工而成的齿轮,流线呈径向放射状,各齿的正应力方向均平行于纤维组织方向,强度与寿命较高;图 3-6(d)表示热轧成形齿轮,纤维组织完整且与齿廓一致,未被切断,性能最好,寿命最长。

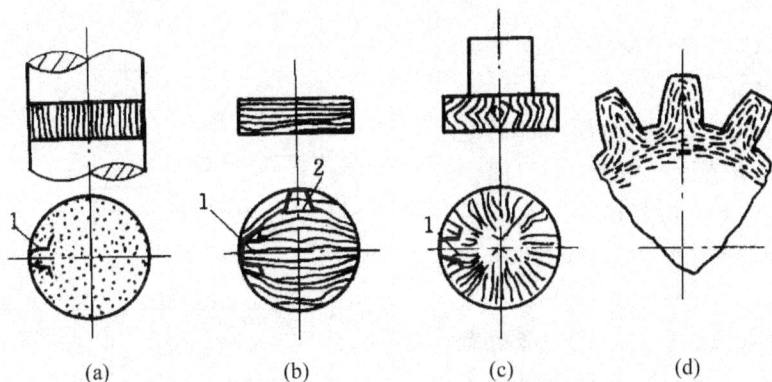

图 3-6　不同成形工艺齿轮的纤维组织
(a)棒料经切削成形;(b)扁钢经切削成形;(c)棒料墩粗后切削成形;(d)热轧成形

纤维组织的明显程度与金属的变形程度有关。金属的变形程度越大,纤维组织就越明显。锻压加工时常用锻造比 Y 来表示金属的变形程度。

拔长时的锻造比:
$$Y_{拔} = F_0/F$$

墩粗时的锻造比:
$$Y_{墩} = H_0/H$$

式中　H_0,F_0——分别表示坯料变形前的高度和横截面积;

　　　H,F——分别表示坯料变形后的高度和横截面积。

在锻造过程中,锻造比对锻件的机械性能有直接影响。随着锻造比的增加,金属的组织致密度和晶粒细化程度提高,使得金属的力学性能显著提高,但过大也无益。一般来说,$Y=2.5 \sim 5$ 时,在变形金属中开始形成纤维组织,纵向(顺纤维方向)的强度、塑性和韧性增高,横向(垂直纤维方向)同类性能下降,机械性能呈现各向异性;$Y>5$ 时,钢料的组织细密化程度已接近极限,力学性能不再提高,各向异性则进一步提高。因此,选择合适的锻造比十分重要。

以钢锭为坯料,墩粗锻造比一般取 $Y=2 \sim 2.5$;拔长锻造比一般取 $Y=2.5 \sim 3$;以型材为坯料时,由于型材在轧制过程中内部组织和力学性能已经得到了不同程度的改善,锻造比可取 $Y=1.1 \sim 1.5$。

3.1.3　金属的锻造性能

金属的锻造性能是衡量材料经塑性成形加工,获得优质零件的难易程度的一项工艺性能。它是金属的塑性和变形抗力的综合,金属塑性愈高、变形抗力愈小,则愈容易锻压成形,其锻造

性能愈好。金属的锻造性能不仅与金属
的化学成分、组织结构有关,而且与变形
条件也有很大的关系。

1. 金属的本质

(1)化学成分的影响。不同化学成分
的金属其锻造性能不同。一般纯金属的
锻造性能优于合金。钢中的 C 的质量分
数越低,锻造性能越好。随着合金元素质
量分数的增加,特别是当钢中含有较多碳
化物形成元素(Cr,W,V,Mo 等)时,其锻
造性能显著下降。

(2)合金组织的影响。金属内部的组
织结构不同,其锻造性能差别很大,固溶
体的锻造性能比化合物好;均匀、细小晶
粒组织比铸态柱状组织和粗晶粒组织锻
造性能要好。

另外,金属表面质量对锻造性能也有
影响,如果表面存在裂纹,成形时会产生
应力集中,造成开裂。

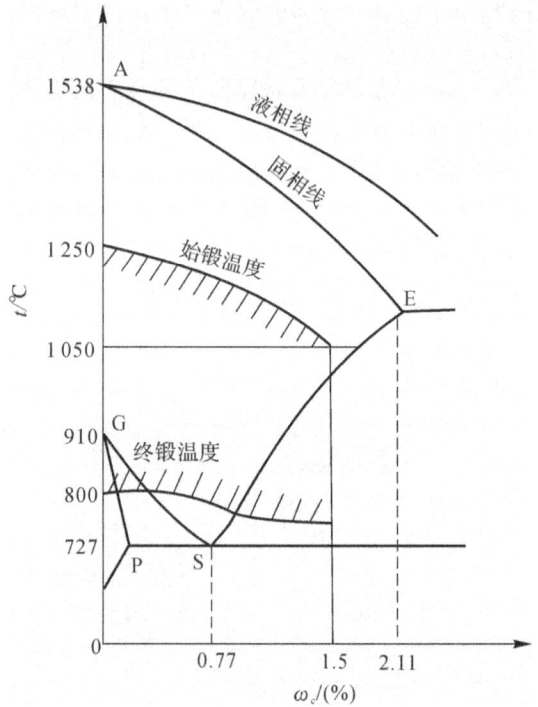

图 3-7 碳钢的锻造温度范围

2. 加工条件

(1)变形温度。变形温度升高,可以使金属的塑性变好,变形抗力降低,锻造性能提高。但
是加热要控制在一定的范围内,如果温度过高,晶粒会急剧长大,金属机械性能降低,这种现象
称为"过热"。若加热温度更高,接近熔点,致使晶界氧化破坏了晶粒间的结合,使金属失去塑
性,坯料报废,这一现象称为"过烧"。锻造时,应严格把加热温度控制在锻造温度范围内。

金属锻造加热所允许的最高温度称为始锻温度。在锻造过程中,金属坯料的温度不断降
低,当温度降低到一定程度时,塑性变差,变形抗力增大,不能再锻,否则引起加工硬化甚至开
裂,此时停止锻造的温度称为终锻温度。始锻温度与终锻温度之间的温度范围,称为锻造温度
范围。锻造时,应严格把加热温度控制在锻造温度范围内。锻造温度范围的确定以合金状态
图为依据。碳钢的锻造温度范围如图 3-7 所示。始锻温度比 AE 线低 200℃左右,终锻温度
为 800℃左右。

(2)变形速度。变形速度是指单位时间内金属
塑性变形的程度,它对锻造性能的影响可用图 3-8
来说明。一方面随着变形速度的增大,回复和再结
晶不能及时克服加工硬化,金属表现出塑性下降、变
形抗力增大的现象;另一方面,金属在塑性变形过程
中,消耗于塑性变形的能量有一部分转化为热能(称
为热效应现象),改善了变形条件。变形速度越大,
热效应现象越明显,使金属的塑性提高、变形抗力下
降,锻造性能变好。

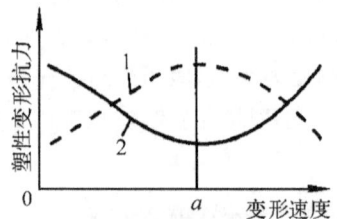

图 3-8 变形速度对塑性及变形抗力的影响
1—变形抗力曲线;2—塑性变化曲线

因此对于一些塑性较差的金属,例如高合金钢,应采用变形速度较慢的水压机成形,或用高速锤成形,以利用高速变形时产生的热效应来消除硬化的影响。

(3)应力状态。三向应力状态中,压应力的数目越多,材料的塑性越好,但变形抗力增加,变形过程不易开裂。这是因为在拉应力作用下,内部缺陷易于扩大而使金属失去塑性;但在拉应力下,金属滑移变形容易,所以变形抗力小,而在压应力作用下则正好相反。

因此,不同的材料应选择不同的加工方式,对于塑性较低的材料应尽量在三向压应力下变形,以免开裂(如挤压,见图 3-9);对于塑性较好的材料应选择在拉应力下变形,以减少能量消耗(如拉拔,见图 3-10)。

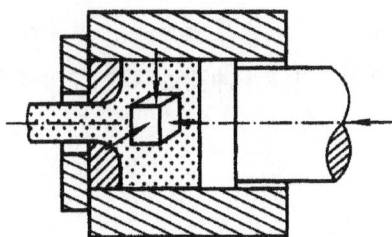

图 3-9　挤压时金属应力状态　　　　　图 3-10　拉拔时金属应力状态

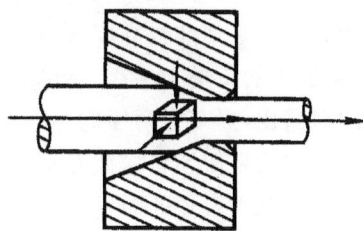

综上所述,影响金属锻造性能的因素是很复杂的,在进行压力加工时,要尽量创造有利的变形条件,充分发挥金属的塑性、降低变形抗力,使能量消耗最少,用最经济的方法达到加工目的。

3.2　常用锻造方法

锻造(forging)是指利用冲击力或压力使金属在砧铁间或锻模中变形,从而获得所需形状和尺寸锻件的加工方法,主要分为自由锻造和模型锻造。

3.2.1　自由锻造

只用简单的通用性工具,或在锻造设备的上、下砧间直接使坯料变形而获得所需的几何形状及内部质量的锻件,这种方法称为自由锻造(smith forging),简称自由锻。由于金属坯料在砧铁间受力变形时,沿变形方向可以自由流动,不受限制,故称自由锻。

由于自由锻工具简单、通用性强、灵活性大,锻件可从数十克到二三百吨,对于大型和特大型锻件,自由锻是唯一的锻造方式,因此,在重型机械制造中自由锻具有特别重要的作用。但自由锻有生产效率低,对操作工人的技艺要求高,工人劳动强度大,锻件精度差,后续机械加工量大等弱点,导致自由锻在锻件生产中日趋衰落。国外工业发达国家的中小型锻件在其锻件总产量的比例只有 20%~40%。故自由锻主要应用于单件、小批量生产及维修工作中。

1. 自由锻设备

根据自由锻设备对坯料作用力的性质,可分为锻锤类和液压类两种。

(1)锻锤。锻锤是以冲击力使坯料变形的,设备规格以落下部分的重力来表示,常用的有空气锤和蒸汽-空气锤。空气锤的吨位较小,只有 500~10 000 N,用于锻造 100 kg 以下的锻件;蒸汽-空气锤的吨位较大,可达 10～50 kN,可锻造 1 500 kg 以下的锻件。

(2)液压机。液压机是以液体产生的静压力使坯料变形的,设备规格以最大压力来表示。锻压中常用的液压机主要是水压机。水压机压力大,可达 5 000～15 000 kN,可以锻造几百吨重的锻件,是锻造巨型锻件的唯一成形设备。与锻锤相比,水压机传动平稳,撞击和振动小,工作空间和行程大,容易得到较大压力,故金属锻透性好,可获得整个截面都是细晶粒的锻件。

2. 自由锻的工序

自由锻的变形工序分为基本工序、辅助工序和精整工序三类。

(1)基本工序。这是实现锻件变形的基本成形工序,主要有镦粗、拔长、冲孔、弯曲、错移、扭转和切割等,其中最常用的是镦粗、拔长和冲孔。

1)镦粗。镦粗是使坯料高度减小、横截面积增大的工序。镦粗主要用在以下情形:一是制造高度小、截面大的盘类工件;二是作为冲孔前的准备工序,以减小冲孔的深度;三是为增加以后拔长时的锻造比,提高力学性能。

2)拔长。拔长是使坯料横截面积减小,长度增大的工序。拔长主要用于制造长轴类的实心或空心工件以及大直径的圆环等。

3)冲孔。冲孔是使坯料具有通孔或盲孔的工序。冲孔用来制造空心工件。

(2)辅助工序。这是为便于基本工序的实现而对坯料进行少量变形的预先工序,如压肩、倒棱、压钳口等。

(3)精整工序。这是在基本工序后对锻件进行少量变形的整形工序,使锻件尺寸合乎要求,提高表面质量,如滚圆、摔圆、矫正等。

3. 自由锻件分类及基本工序方案

一般自由锻件根据其复杂程度,大致可分为六类,不同形状类别的锻件应采用不同的锻造工序,如表 3-1 所示。

表 3-1　自由锻生产锻件的典型结构类型及其锻造工序

锻 件 类 别		图 例	锻 造 工 序
Ⅰ	实心圆截面光轴及阶梯轴		拔长(镦粗及拔长),切割和锻台阶
Ⅱ	实心方截面光杆及阶梯杆		拔长(镦粗及拔长),切割,锻台阶和冲孔
Ⅲ	单拐及多拐曲轴		拔长(镦粗及拔长),错移,锻台阶,切割和扭转
Ⅳ	空心光环及阶梯环		镦粗(拔长及镦粗),在芯轴上延伸
Ⅴ	空心筒		镦粗(拔长及镦粗),在芯轴上延伸
Ⅵ	弯曲件		拔长,弯曲

3.2.2　模型锻造

模型锻造简称为模锻(die forging),是将加热到锻造温度的金属坯料放到固定在模锻设备上的锻模模腔内,使坯料受压变形,从而获得锻件的方法。由于金属是在模腔内变形,其流动受到模壁的限制,因而与自由锻件相比较,模锻有以下优点:模锻件尺寸较精确,力学性能好,结构可以较复杂,而且生产效率高。但模锻需采用专用的模锻设备和价格昂贵的锻模,投资大、前期准备时间长,并且由于受三向压应力变形,变形抗力大,所以模锻只适用于中小型锻件的大批量生产,锻件质量一般不超过 150 kg。

按使用设备的不同,模锻可分为锤上模锻、曲柄压力机上模锻、胎膜模锻、热模锻压力机上模锻、摩擦压力机上模锻以及平锻机上模锻等。不同的模锻设备,其工艺特点不同,适合于不同类型锻件的生产。

1. 锤上模锻

在模锻锤上进行的模锻称为锤上模锻。它的工艺适应性广,可生产多种类型的模锻件,设备费用也相对较低,在我国应用最为广泛。

(1)模锻锤。锤上模锻所使用的设备有蒸汽-空气锤、无砧座锤、高速锤等,其中使用最广泛的是蒸汽-空气模锻锤,如图 3-11 所示。其结构与自由锻所使用的蒸汽-空气锤相似,同样以压缩空气或蒸汽为动力,但由于模锻生产要求精度较高,故锻锤的刚性更好,锤头与导轨之间的间隙更小。模锻锤的设备吨位也是以落下部分的重力来表示的,其吨位在 10~160 kN 之间,可以锻造的锻件质量在 0.5~150 kg 之间。

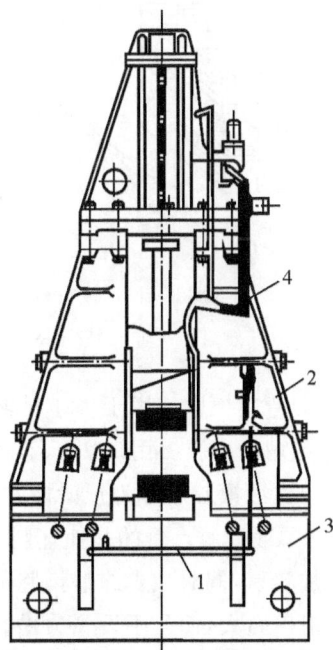

图 3-11　蒸汽-空气模锻锤

1—踏板;2—机架;3—砧座;4—操纵杆

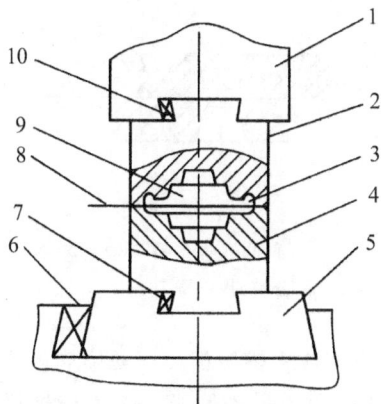

图 3-12　锤上模锻

1—锤头;2—上模;3—飞边槽;4—下模;
5—模垫;6,7,10—坚固楔铁;8—分模面;9—模腔

(2)锻模及锻模模腔。锤上模锻所用的锻模(见图 3-12)是由带有燕尾的上模和下模两部分组成的。下模固定在模座上,上模固定在锤头上,并与锤头一起作上下往复的锤击运动。根据锻件的形状和模锻工艺的安排,上、下模中都设有一定形状的凹腔,称为模腔。模腔根据其功用的不同分为制坯模腔和模锻模腔两大类。

1)制坯模腔。为了使坯料形状基本接近锻件形状,并合理分配坯料体积,对于形状复杂的模锻件,就必须预先在制坯模腔内制坯。制坯模腔有以下几种。

i)拔长模腔。用来减小坯料某部分的横截面积以增加该部分的长度(见图 3-13)。当模锻件沿轴向横截面积相差较大时,采用这种模腔进行拔长。

ii)滚压模膛。用来减小坯料某部分的横截面积以增加另一部分的横截面积(见图3-14)。主要使金属按模锻件形状来分布。

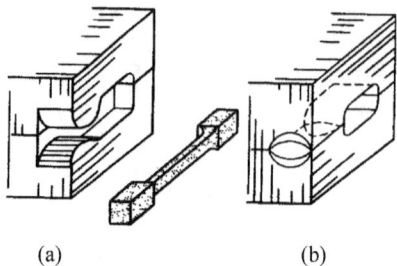

图3-13 拔长模膛
(a)开式;(b)闭式

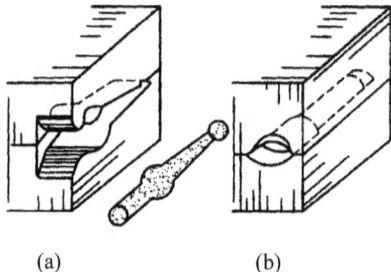

图3-14 滚压模膛
(a)开式;(b)闭式

iii)弯曲模膛。用于将坯料轴线由直线变成曲线形状(见图3-15(a))。

iv)切断模膛。用来切断坯料(见图3-15(b))。

2)模锻模膛。分为预锻模膛和终锻模膛两种。

i)预锻模膛。目的是使坯料变形到接近于锻件的形状和尺寸,以便在终锻成形时金属充型更加容易,同时减少终锻模膛的磨损,延长锻模的使用寿命。预锻模膛的圆角、模锻斜度均比终锻模膛大,而且不设飞边槽。对于形状简单的或批量不大的模锻件可不设置预锻模膛。

ii)终锻模膛。可使坯料最后变形到锻件所要求的形状和尺寸。因冷却后锻件要收缩,所以终锻模膛尺寸应比锻件尺寸放大一个收缩量。此外,终锻模膛的分模面上有一圈飞边槽,用以增加金属从模膛中流出的阻力,促使金属充满模膛,同时容纳多余的金属。对于有通孔的锻件,由于不可能靠上下模的凸起部分把金属完全挤压掉,故终锻后在孔内会留下一薄层金属,称为冲孔连皮(见图3-16)。模锻件的飞边和冲孔连皮需在模锻后切除。

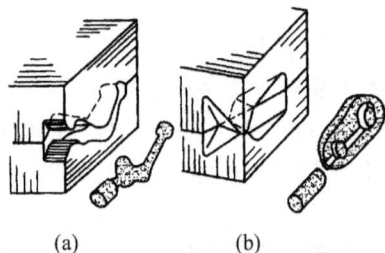

图3-15 弯曲和切断模膛
(a)弯曲模膛;(b)切断模膛

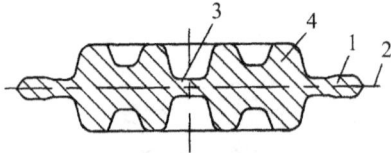

图3-16 带有冲孔连皮及飞边的模锻件
1—飞边;2—分模面;3—冲孔连皮;4—锻件

实际锻造时应根据锻件的复杂程度相应选用单模膛锻模或多模膛锻模。单模膛锻模是在一副锻模上只有终锻模膛一个模膛,一般形状简单的锻件采用单模膛锻模。多模膛锻模是在一副锻模上具有两个以上的模膛的锻模,用于形状复杂的锻件。

(3)典型锻件的锤上模锻过程。如图3-17所示为弯曲连杆的锤上模锻锻造过程。

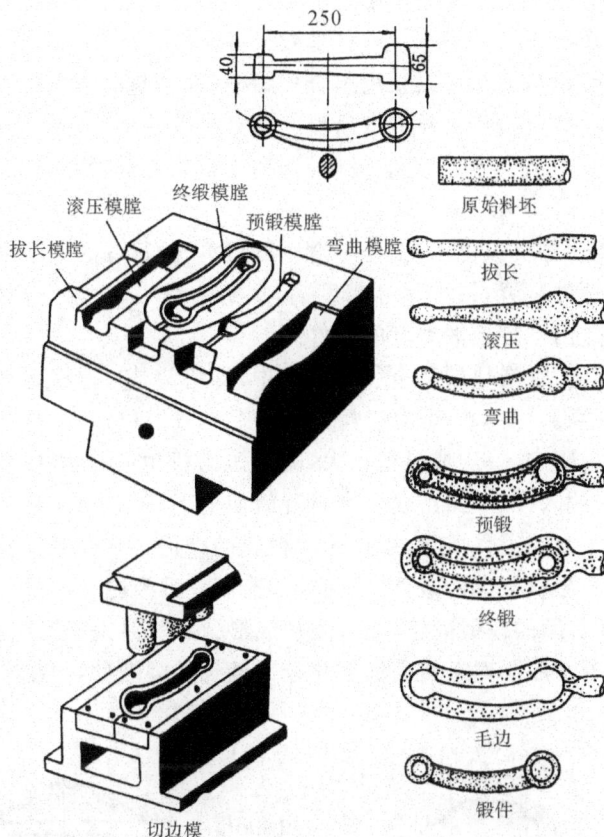

图 3-17　弯曲连杆锻造过程

2. 压力机上模锻

锤上模锻因其工艺适应性广而被广泛采用,但由于其工作时有振动和噪声大、能源消耗多、劳动条件差等无法克服的缺点,近年来,大吨位的模锻锤有逐步被压力机取代的趋势。模锻压力机主要有热模锻压力机、平锻机和摩擦压力机等。

(1)热模锻压力机上模锻。热模锻压力机是一种比较先进的便于实现机械化、自动化的模锻设备,按其工作机构的类型可分为连杆式、双滑块式和楔式等。国内应用较普遍的是曲柄连杆式热模锻压力机,简称曲柄压力机。曲柄压力机传动系统如图 3-18 所示。曲柄连杆机构的运动由离合器 1 控制,使曲柄 2 旋转,然后再通过连杆 3 将曲柄的旋转运动转换成滑块 4 的上下往复运动,从而实现对毛坯的锻造加工。曲柄压力机的吨位一般是 2 000~1 200 kN,可以锻造质量为2.5~80 kg 的锻件。

与锤上模锻相比,曲柄压力机上模锻具有以下优点:

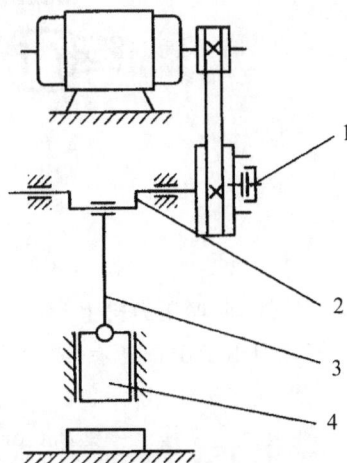

图 3-18　曲柄压力机传动图
1—离合器;2—曲柄;3—连杆;4—滑块

1)曲柄压力机作用于金属上的变形力是静压力,且变形抗力由机架本身承受,不传给地基,因此曲柄压力机工作时无振动,噪声小,打击效果好。

2)由于作用力为静压力,因此可以采用组合式锻模,即模膛由多个镶块拼合后与模板连接固装,模具制造简单,镶块更换容易,并节省昂贵的模具材料。

3)由于是静压力,金属在模膛中流动缓慢,有利于低塑性合金的变形,如耐热合金、镁合金等。

4)曲柄压力机的传动是机械传动,工作时滑块行程不变,行程的大小由曲柄尺寸决定。滑块运动精度高,并带有顶件装置,锻件尺寸精度高,加工余量小,比锤上模锻节约金属10%～15%,特殊情况下可锻造出不带模锻斜度的锻件。

5)由于滑块行程固定,在滑块的一个往复行程中,即可完成一个工步的变形,便于实现机械化、自动化,生产效率高。

但是,由于滑块行程固定,一次成形量较大,曲柄压力机也给模锻工艺带来了一定的困难和限制。首先是在坯料放入模膛后,滑块一个行程就使上下模闭合,坯料表面上的氧化皮无法清除而被压入锻件表面,影响锻件质量,也加速了模膛的磨损,因此,最好采用少氧化或无氧化的加热方法。其次,对于形状复杂的锻件,为使金属充满终锻模膛,应采用多模膛锻模,使变形逐渐进行。如图3-19所示的模锻齿轮,应采用预成形、预锻、终锻等工序。此外,曲柄压力机上不宜进行拔长、滚压等工序。对于横截面变化较大的长轴类锻件,须在专用的辊锻机上制坯或周期性轧制制坯。

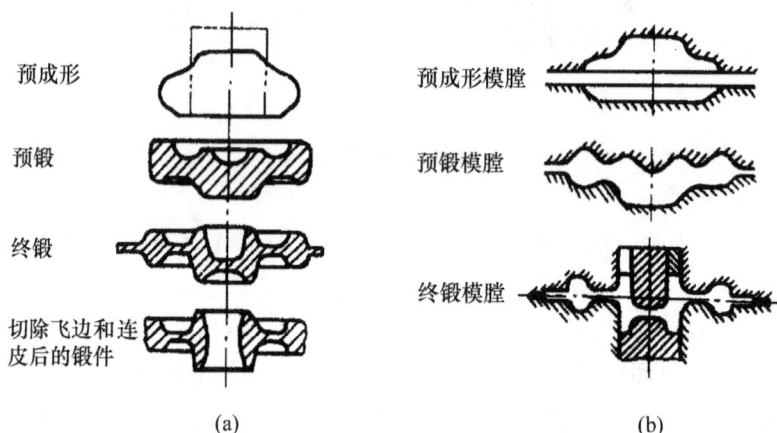

预成形

预锻

终锻

切除飞边和连皮后的锻件

(a)

预成形模膛

预锻模膛

终锻模膛

(b)

图3-19 曲柄压力机上模锻齿轮工步

(a)坯料变形过程;(b)模膛

综上所述,曲柄压力机上模锻与锤上模锻相比,锻件精度高、生产率高、节省金属、工人劳动条件好。但由于设备复杂、造价高,曲柄压力机只适合于锻件的大批量生产,目前我国仅在一些大型工厂中采用。

(2)平锻机上模锻。平锻机(forging machine)是沿水平方向对坯料施加压力的锻造机械,其工作原理与曲柄压力机类似,因其主滑块作水平运动,故称平锻机。平锻机的传动系统如图3-20所示。电动机通过皮带将运动传给皮带轮,皮带轮带着离合器一起装在传动轴上,经传动轴另一端的齿轮将运动传给曲轴。随着曲轴的旋转,一方面推动主滑块带着凸模作前后往复运动,另一方面又使凸轮旋转,凸轮通过导轮使副滑块运动,副滑块通过连杆系统带动活动模运动,实现锻模的闭合或开启。平锻机的吨位一般为 500~3 150 kN,可加工 $\phi25$~230 mm 的棒料。

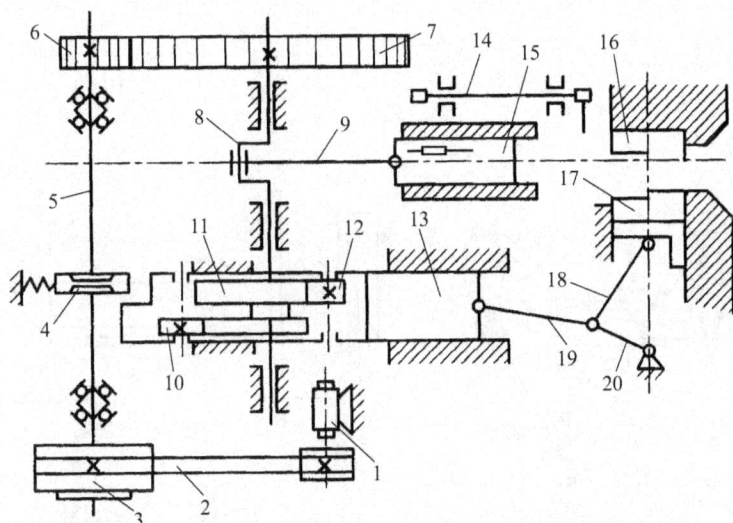

图 3-20　平锻机传动图

1—电动机;2—皮带;3—皮带轮;4—离合器;5—传动轴;6—小齿轮;7—大齿轮;8—曲轴;9—连杆;10—导轮;
11—凸轮;12—导轮;13—副滑块;14—挡料板;15—主滑块;16—固定模;17—活动模;18,19,20—连杆系统

平锻机上模锻具有曲柄压力机上模锻的一切特点,同时又具有其自身的优势:

1)锻模由固定模、活动模和凸模三部分组成,锻模有两个分模面。模锻过程如图 3-21 所示,在曲柄旋转一周内完成锻件的头部成形。由于锻模有两个分模面,扩大了模锻的适用范围,可以锻造出侧面带有凸台或凹槽的锻件。

2)一般用于对坯料进行局部变形,可锻造任意长的棒料,也可以锻造出曲柄压力机上不能锻造出的一些带头部的长杆类锻件,如汽车半轴、倒车齿轮等锻件。

3)锻件飞边小,冲孔件无连皮,锻件外壁无斜度,材料利用率高。

4)锻件尺寸精度高,表面粗糙度低,生产效率高,每小时可生产 400~900 件。

平锻机是专门用于局部墩粗和冲孔的模锻设备,其通用性不如锤上模锻和曲柄压力机上模锻,较难锻造非回转体及中心不对称的锻件,并且平锻机造价较高,超过了曲柄压力机,只适合于大批量生产。

(3)摩擦压力机上模锻。摩擦压力机(friction screw press)是介于模锻锤与曲柄压力机之间的一种锻压设备,其工作原理如图 3-22 所示。锻模分别安装在滑块和机

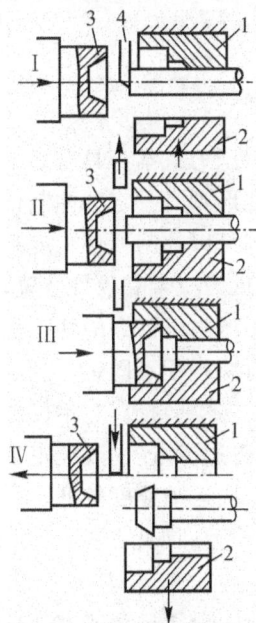

图 3-21　平锻机上模锻过程

1—固定模;2—活动模;3—凸模;4—挡料板

座上,滑块和机座相连只能沿导轨作上下滑动。两个圆轮装在同一根轴上,由电动机带动皮带使圆轮轴在机架的轴承中旋转。螺杆穿过固定在机架上的螺母,其上端装有飞轮。通过操纵系统,可使圆轮轴沿轴向左右移动,从而可使某个圆轮与飞轮接触,通过摩擦力带动飞轮旋转,螺杆也随飞轮在固定螺母的约束下带动滑块作上下运动。在滑块向下移动过程当中,滑块的移动速度越来越大,下降到一定位置后,通过操纵系统使飞轮与圆轮脱开,依靠飞轮、螺杆和滑块向下运动所积蓄的能量来实现模锻。目前吨位为 3 500 kN 的摩擦压力机使用较多,其最大吨位可达10 000 kN。

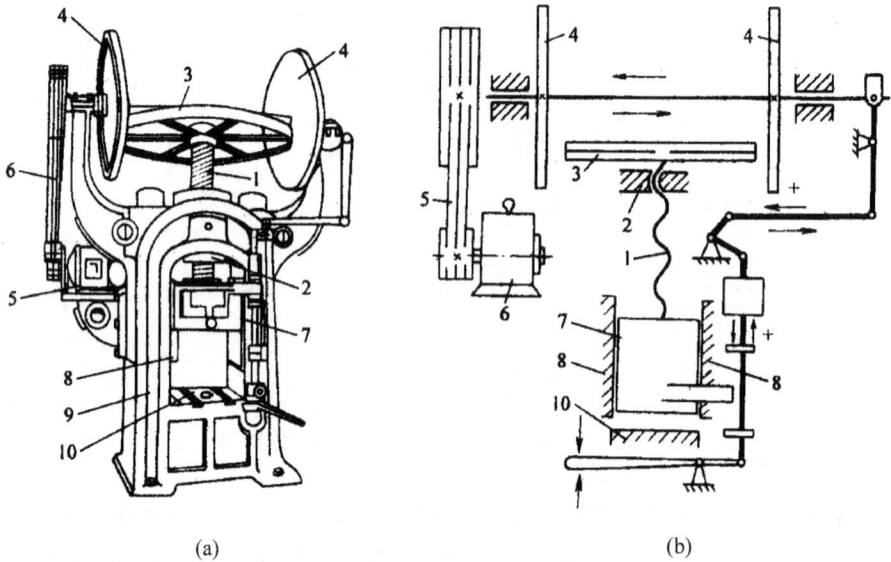

(a)　　　　　　　　　　　　　(b)

图 3 - 22　摩擦压力机传动图

(a)外形图;(b)传动图

1—螺杆;2—螺母;3—飞轮;4—圆轮;5—传动带;6—电动机;7—滑块;8—导轨;9—机架;10—机座

摩擦压力机本身具有如下结构特点:工作过程中滑块以 0.5~1.0 m/s 的速度向下运动,使坯料变形具有一定的冲击作用,但其冲击作用较弱,可以提高模具寿命。与模锻锤类似,其滑块行程可以控制。坯料变形中的抗力由机架控制,形成封闭力系,具有压力机的特点。其次,摩擦压力机带有顶件装置,锻后取出锻件容易。

摩擦压力机模锻的特点如下:

1)滑块行程不固定,并有一定的冲击作用,工艺适应性广,可实现轻打、重打,可在一个模腔内进行多次锻打。它不仅能满足模锻各种主要成形工序的要求,而且可以进行弯曲、热压、精压、切飞边、冲连皮及校正工序,但生产率相对较低。

2)滑块运动速度较低,主要靠旋转动能使金属变形,这样金属变形过程中的再结晶现象可以充分进行。因此,有利于塑性低的金属变形,特别适合于低塑性的合金钢和有色金属合金(如铜合金)。

3)由于滑块运动速度低且装有顶件装置,所以对模具要求条件较宽松。其锻模可以采用整体式,也可以采用组合式,这样使模具设计、制造简单,节约材料和降低生产成本。同时也可以锻造出形状复杂、工艺余量少、模锻斜度小的锻件,使锻件精度提高。组合式模具还可以将轴类零件直立起来进行局部锻造。

4)由于传动件螺杆承受偏心载荷的能力差,一般只适用于单膛模锻。因此,形状复杂的锻件,需要在自由锻设备或其他设备上制坯。

由于以上特点,摩擦压力机上模锻适合于中小型锻件的小批量或中等批量的生产。典型的摩擦压力机上模锻件有如图 3-23 所示的铆钉、螺钉、螺帽、配汽阀、齿轮、三通阀体等。

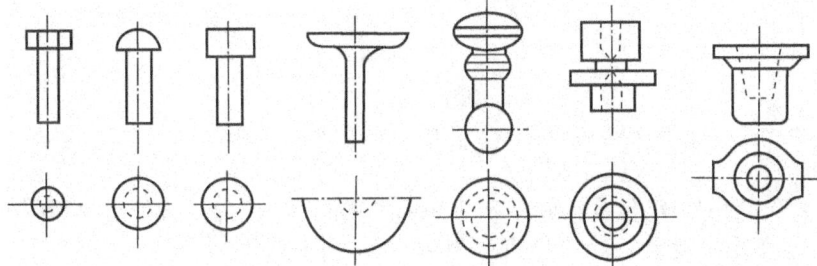

图 3-23　摩擦压力机上模锻件

综上所述,摩擦压力机具有结构简单、造价低、投资少、使用维修方便、基建要求不高、工艺用途广泛等优点,所以我国中小型工厂都拥有这类设备,用它来代替模锻锤、曲柄压力机、平锻机进行生产。

3. 胎模锻简介

胎模锻(loose tooling forging)是在自由锻设备上利用可移动的胎模生产模锻件的方法。胎模锻一般是采用自由锻方法制坯,然后在胎模中最后成形。胎模不固定在锤头或砧座上,在需要时将胎模放上去。

胎模种类较多,主要有扣模、套筒模和合模三种。

(1)扣模。扣模结构如图 3-24 所示,一般由上、下扣组成或上扣由上砧代替。用扣模锻造时坯料不转动,对坯料进行全部或局部扣形。扣模主要用于生产长杆非回转体锻件,或用来为合模锻造制坯。

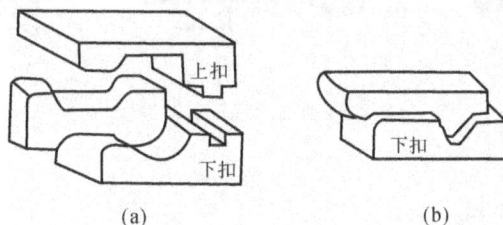

(a)　　　　　　　　　　　(b)

图 3-24　扣模

(a)有上扣;(b)无上扣

(2)套筒模。套筒模也称套模,具有开式和闭式两种,如图 3-25 所示。

开式套模只有下模,上模由上砧代替,金属在模膛内成形,上端面形成横向小飞边。开式套模主要用于生产回转体锻件(如齿轮、法兰盘等)。

闭式套模由模筒、上模垫、下模垫组成,下模垫也可由下砧代替。改变模垫端面的形状就可生产出端面带有凸台或凹坑的回转体锻件。

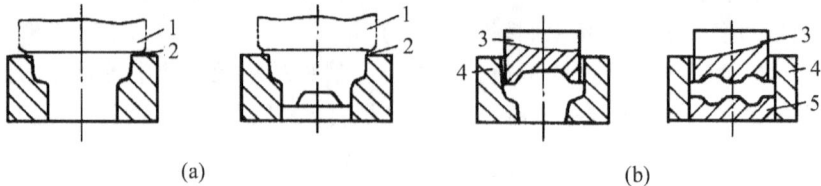

图 3 - 25 套筒模

(a)开式套模;(b)闭式套模

1—上砧;2—小飞边;3—上模垫;4—模套;5—下模垫

(3)合模。合模结构如图 3 - 26 所示,由上模、下模两部分组成。为使上下模锻造时不产生错移,模具上带有导向装置。导向装置一般有导销、导柱等,有的合模的模膛周围开有飞边槽。合模通用性较广,多用于生产形状复杂的非回转体锻件(如叉形件、连杆等)。如图 3 - 27所示为传动轴胎模锻工艺简图。

胎模锻兼有自由锻和模锻的部分优点:与自由锻相比,胎模锻操作简单,生产率较高。锻件尺寸精度高,表面粗糙度低,节约金属,降低成本;与模锻相比,胎模锻利用自由锻设备,不需要贵重的模锻设备,并且胎模制造简单、使用方便、成本低。但胎模锻锻件尺寸精度及生产率不如模锻件,锻造时

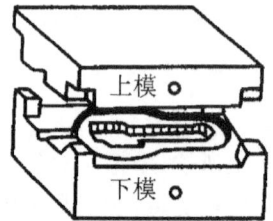

图 3 - 26 合模

胎模受到的冲击大,模具寿命低,且工人劳动强度大。故适合于锻件的中、小批量生产,在缺少模锻设备的中、小型工厂中应用较广。

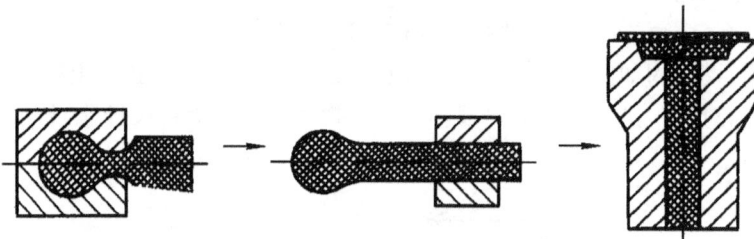

图 3 - 27 传动轴胎模锻工艺简图

3.2.3 锻件的结构工艺性

设计锻造成形的零件的结构时,除应满足使用性能要求外,还必须考虑锻造方法、相应的锻压设备和工具特点,材料的锻造性能等对锻压件的结构工艺性的要求,使其结构在锻造成形时操作方便、节约金属、保证质量和提高生产率。

1. 自由锻件的结构工艺性

对自由锻件结构设计的一般原则如下:

(1)锻件形状应尽可能对称、简单、平直,尽可能由平面和圆柱面组成。

(2)锻件上应避免锥体和斜面。自由锻锻件若有锥体或斜面结构,将使锻造工艺复杂,操

作不方便,降低设备的使用效率。

(3)锻件若由数个简单几何体构成,则几何体间的交接处应避免形成空间曲线,应改成平面与圆柱、平面与平面相接的结构。

(4)避免加强筋、凸台、工字形截面。自由锻件不能像铸件那样用加强筋的结构来增加承载能力。

(5)对于横截面有急剧变化或形状较复杂的锻件,应设计成由几个简单件构成的组合体。每个简单件锻制成形后,再用焊接或机械连接方式构成整体件。具体实例见表 3-2。

表 3-2　自由锻锻件的结构工艺性

要　　求	不合理的结构	合理的结构
1. 尽量避免锥面和斜面		
2. 不允许有特形相贯线		
3. 不允许有加强筋、凸台、工字形截面		

续 表

要　　求	不合理的结构	合理的结构
4. 复杂件可采用简单件组合形式		

2. 模锻件的结构工艺性

对模锻件结构设计的一般原则如下：

(1)模锻件上应具有一个合理的分模面,以保证模锻成形后,容易从锻模中取出,并且应使敷料最少,金属易于充满模腔,锻模容易制造。

(2)由于模锻件尺寸精度高、表面粗糙度低,因此,若是配合表面要留有加工余量,非配合表面应设计成非加工表面。

(3)模锻件上与分模面垂直的非加工表面,应设计出模锻斜度。两个非加工表面形成的角(包括外角和内角)都应按模锻圆角设计。

(4)为了使金属容易充满模腔和减少工序,模锻件外形应力求简单、平直和对称。尽量避免模锻件截面间差别过大,或具有薄壁、高筋、高台等结构。如图 3-28 所示结构均不宜模锻成形。

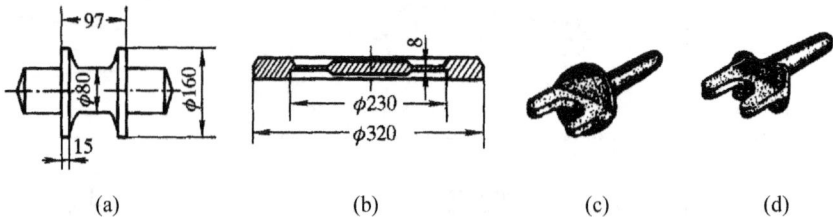

(a)　　　　　　　(b)　　　　　　　(c)　　　　　　　(d)

图 3-28　结构工艺性不好的模锻件形状

(5)模锻件的结构中应避免窄沟、深槽、深孔或多孔结构。以便于模具制造,延长模具寿命。

(6)形状复杂的锻件应采用锻-焊或锻-机械加工连接的方法,减少余块以简化工艺。如图 3-29 所示。

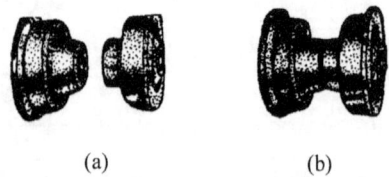

(a)　　　　　　　(b)

图 3-29　锻-焊结构模锻件

(a)模锻件;(b)焊合件

3.3 薄板冲压成形

薄板的冲压成形(sheet metal forming)是利用冲模将薄板材料进行分离或变形的加工方法。板料冲压大多在常温下进行,所以又叫冷冲压。对于大于 8～10 mm 的厚板,则须加热后再进行冲压。

板料冲压的特点如下:

(1)可以冲出形状复杂的零件,故材料消耗少。

(2)由于冲压主要是对薄板金属进行冷变形,所以冲压产品质量轻,强度、刚度好,精度高。

(3)冲压工作易于实现机械化、自动化,生产率很高。

(4)冲压模具结构复杂,成本高,只有在大批量生产条件下,采用冲压加工才是合适的。

冲压是机械制造中重要的加工方法之一,它的应用非常广泛。无论是在航空、汽车工业,还是在无线电、电子仪表工业中都占有极重要的地位。

3.3.1 冲压设备

薄板冲压的常见设备是剪床和冲床。

1.剪床

剪床用于把板料切成所需宽度的条料,以供冲压工序使用。如图 3-30 所示是斜刃剪床的外形及传动机构,电动机 1 通过带轮使轴 2 转动,再通过齿轮传动及离合器 3 使曲轴 4 转动,于是带有刀片的滑块 5 便上下运动,进行剪切工作。6 为工作台,7 是滑块制动器。生产中,常用剪床还有平刃剪、圆盘剪等。

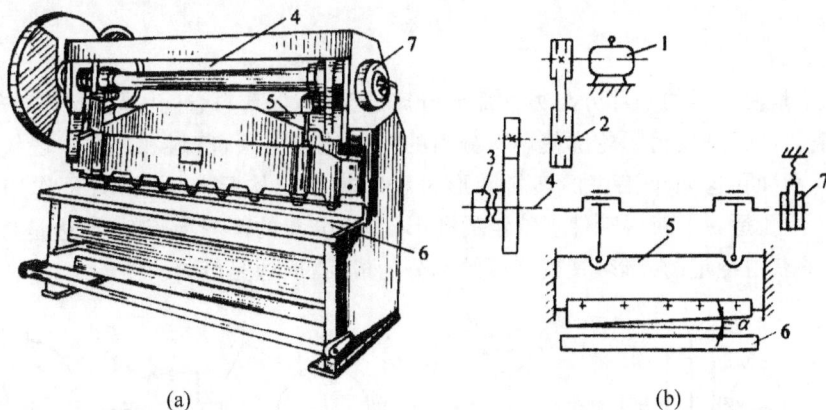

图 3-30 剪床

(a)外形图;(b)传动图

1—电动机;2—轴;3—离合器;4—曲轴;5—滑块;6—工作台;7—滑动制动器

2.冲床

冲床的种类较多,主要有单柱冲床、双柱冲床、双动冲床等。如图 3-31 所示是单柱冲床外形及传动示意图。电动机 5 带动飞轮 4 通过离合器 3 与单拐曲轴 2 相接,飞轮可在曲轴上自由转动。曲轴的另一端则通过连杆 8 与滑块 7 连接。工作时,踩下踏板 6,离合器将使飞轮带动曲轴转动,滑块做上下运动。放松踏板,离合器脱开,制动闸 1 立刻停止曲轴转动,滑块停留在待工作位置。

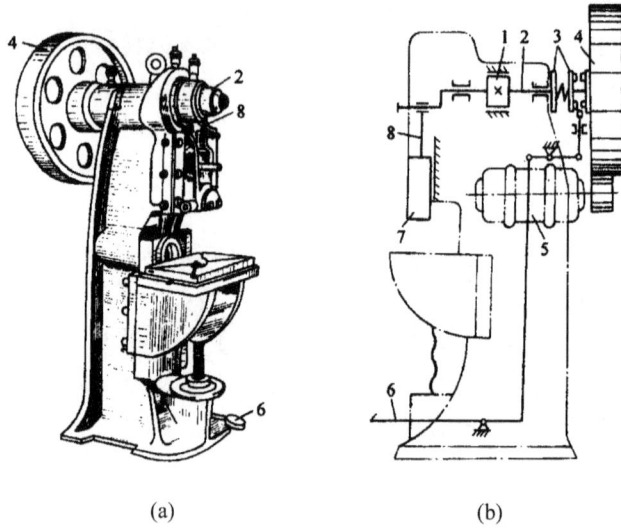

(a)　　　　　　　　(b)

图 3-31　单柱冲床

(a)外形图;(b)传动图

1—制动闸;2—曲轴;3—离合器;4—飞轮;5—电动机;6—踏板;7—滑块;8—连杆

3.3.2　冲压基本工序

冲压生产可进行的工序有多种,其基本工序有分离工序(cutting process)和变形工序(deformation process)两大类。

1. 分离工序

分离工序是使坯料的一部分与另一部分分离的工序,如落料、冲孔、切断、修整等。

(1)冲裁。冲裁是按封闭轮廓使坯料分离的一种冲压方法,落料和冲孔一般统称为冲裁。冲裁中,落料和冲孔这两个工序的坯料变形过程和模具结构是相同的,只是作用不同,如图 3-32所示。冲孔是为了获得工件上特定的孔形,其被分离的部分为废料,周边是带孔的成品;而落料是为了获得特定的外形,其被分离的部分为成品,周边是废料。

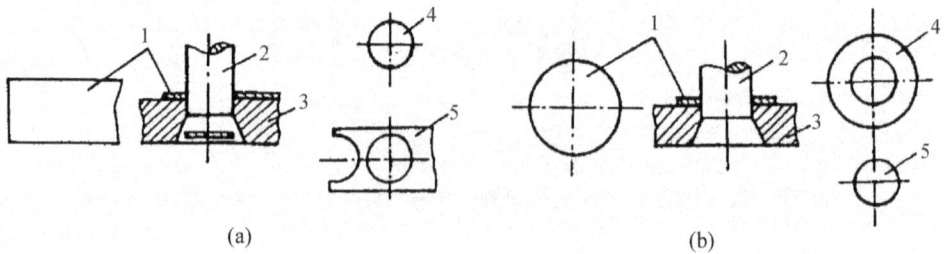

(a)　　　　　　　　　　　　(b)

图 3-32　落料和冲孔

(a)落料;(b)冲孔

1—坯料;2—凸模;3—凹模;4—成品;5—废料

冲裁用的凸模和凹模,其截面形状与工件相同,工作部分具有锋利的刃口,凸模和凹模间应有合适的间隙,间隙过小,会增加冲裁力并加剧模具磨损;间隙过大,冲裁件会产生毛刺等缺陷。间隙的大小主要取决于板厚和冲裁断口的精度。

(2)切断。切断是指使坯料沿不封闭轮廓进行分离的工序。

(3)修整。修整是利用修整模沿冲裁件外缘或内孔刮削一薄层金属,以获得平直而光洁的断面(见图 3-33)。修整模的切除量均很小,经修整后冲裁件公差等级达到 IT6~IT7,表面粗糙度 Ra 为 $0.4\sim0.8~\mu m$。

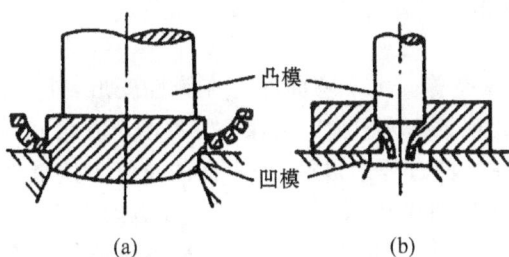

图 3-33 整修
(a)外缘整修;(b)内孔整修

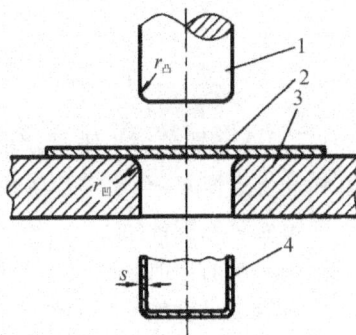

图 3-34 圆筒形零件的拉深
1—凸模;2—毛坯;3—凹模;4—工件

2. 变形工序

变形工序是使坯料的一部分相对于另一部分产生位移而不破裂的工序,如拉深、弯曲、翻边、胀形、旋压等。

(1)拉深。拉深是利用拉深模将冲裁得到的平面坯料变成开口空心件的冲压工序(见图 3-34)。拉深可以制成筒形、阶梯形、盒形、球形及其他复杂形状的薄壁零件。

拉深件最容易产生的缺陷是起皱和拉裂(见图 3-35 和图 3-36)。为避免拉裂,凸模和凹模的工作部分应做成圆角。板料每次的变形程度要受到限制,即拉深系数不能过小。所谓拉深系数是衡量拉深变形程度的指标,其值为拉深件直径 d 与坯料直径 D 的比值,用 m 表示,即 $m=d/D$。如果拉深系数过小,不能一次拉深成形时,可采用多次拉深的方法。坯料多次拉深时,必然产生加工硬化现象,应安排工序间的退火处理加以消除。至于拉深中的起皱现象,可通过设置压边圈的方法解决(见图 3-37)。此外,还应注意模具的润滑,拉深时要加润滑剂,降低侧壁部分的拉伸应力,以减轻拉裂、模具磨损的现象。

图 3-35 拉裂废品

图 3-36 起皱拉深件

(2)弯曲。弯曲是将板材、型材或管材在弯矩作用下弯成一定曲率和角度,获得一定形状零件的冲压工序(见图 3-38)。

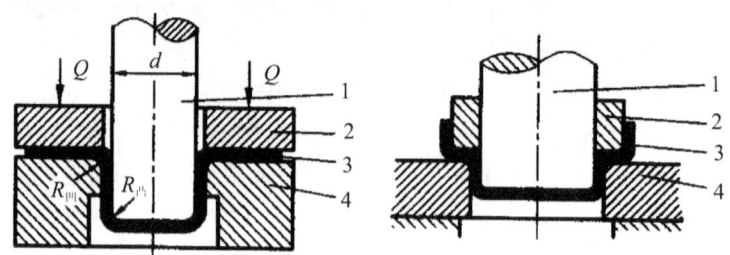

图 3-37 有压边圈的拉深
1—凸模;2—压边圈;3—工件;4—凹模

弯曲后零件容易产生的质量缺陷有回弹、弯裂等。由于弯曲时存在弹性变形,外力去除后,随着弹性变形恢复,会使零件弯曲角增大,此现象称为回弹。为保证零件的尺寸精度,设计模具时,其角度应比零件角度小一个回弹角。在弯曲过程中,坯料外表面的拉应力值最大,为防止弯裂,弯曲模的弯曲半径要大于限定的最小弯曲半径 r_{min}。此外还应注意弯曲件毛坯的下料方向,一般应尽可能使弯曲线与坯料纤维方向垂直(见图 3-39),这样不仅能防止弯裂,也有利于提高零件的使用性能。

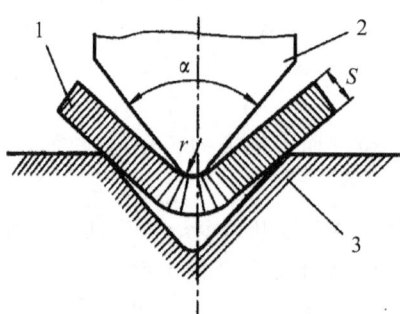

图 3-38 弯曲过程
1—板料;2—凸模;3—凹模

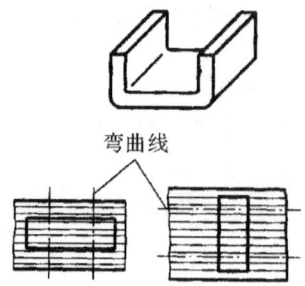

图 3-39 弯曲时的纤维方向

(3)其他变形工序。除了拉深、弯曲工序外,冲压时还可以采用如图 3-40 所示的翻边、压筋、胀形、收口等工序使毛坯产生局部变形,以适应各种产品的外形需要。

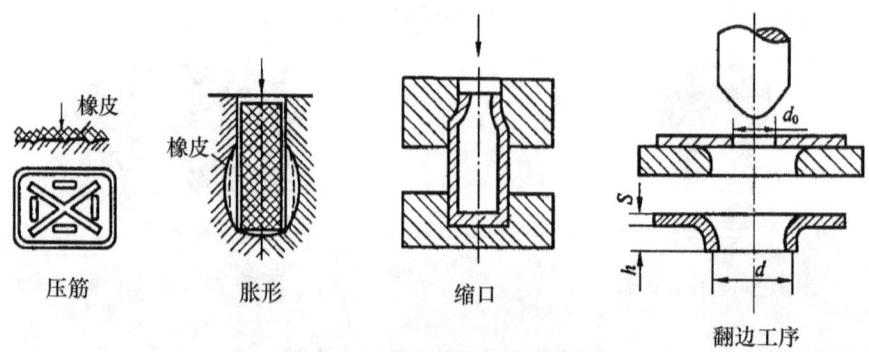

压筋　　胀形　　缩口　　翻边工序

图 3-40 部分变形工序示意图

3. 典型零件冲压过程实例

冲压件就是由一个或数个冲压基本工序将板料冲制而成的。各种工序的前后次序和应用次数是根据冲压件的形状、尺寸、产量及每道工序中金属材料所允许的变形程度来决定的。

对于平板类冲压件,一般只需应用剪切和冲裁工序。如电动机定子、转子硅钢片(见图3-41),通常是先用剪切工序把板料按定子尺寸剪成所需宽度,再用冲裁工序冲出定子、转子片。在批量生产时采用落料冲孔复合模,即在同一工位用滑块的一次行程同时把定子、转子坯料冲制出来,冲出定子孔的废料,就是转子的坯料。这不但提高了生产率,还保证了定子、转子有较好的同轴度。最后用自动冲槽模把槽冲出。

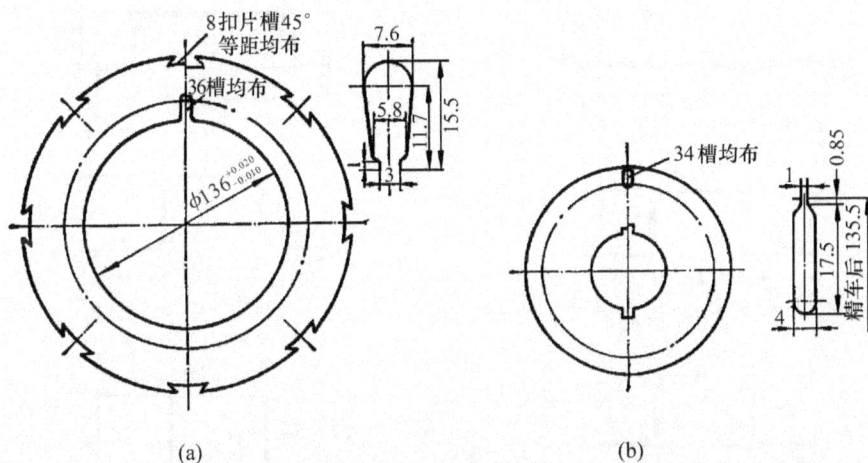

图 3-41　定转子硅钢片
(a)定子;(b)转子

对于杯状类冲压件,则主要应用落料或剪切、拉深等工序。如汽车消音器零件(见图3-42)应选用落料、拉深、冲孔、翻边、冲缺口等工序,由于消音器筒口直径与坯料直径相差较大,根据坯料允许的变形程度需三次拉深成形。零件底部的翻边孔径较大,只能在拉深后再冲孔。若先冲孔,则拉深难以进行。为防止翻边时产生破裂,凸、凹模工作部分应做成圆角,按翻边时所允许的变形程度计算,筒底和外缘都可一次翻边成形。

3.3.3　冲压模具

冲模是冲压生产中必不可缺的工艺装备,按冲压工序的组合程度不同可分为简单冲模(simple die)、连续冲模(progressive die)和复合冲模(compound die)三种。冲模结构形式是根据冲压件的生产批量、尺寸大小、精度要求、形状复杂程度和生产条件等多方面因素确定的。

(1)简单冲模。在冲床的一次行程中,只完成一个工序的冲模称为简单冲模。简单冲模的结构如图3-43所示,凹模2用压板7固定在下模板4上,下模板用螺栓固定在冲床工作台上。凸模1用压板6固定在上模板3上,上模板则通过模柄5与冲床的滑块连接,随滑块上下运动。凸模向下冲压时,冲下部分落入凹模孔。条料夹住凸模一起回程,碰到固定在凹模上的卸料板8时被推下。将条料沿两个导板9之间送进,碰到定位销10停止,重复上述运动,完成连续冲压。为了保证凸、凹模合模的准确性,保持均匀的间隙以及提高零件精度,采用了曲导柱 12 和套筒 11 组成的导向机构。

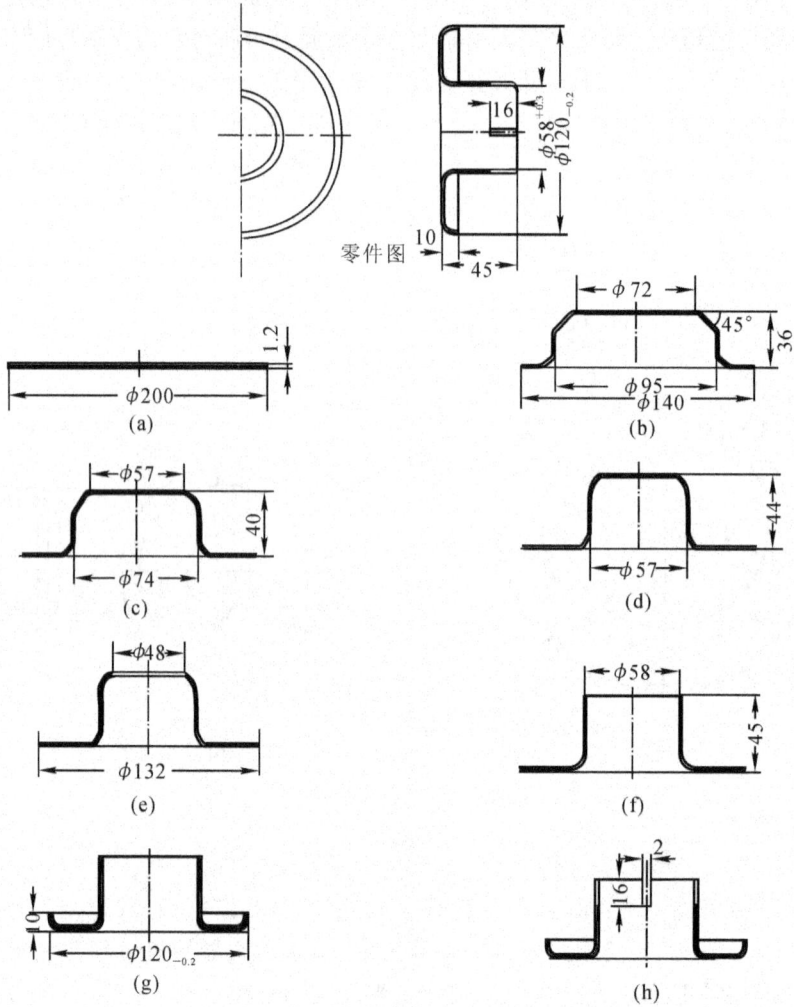

零件图

(a)

(b)

(c)

(d)

(e)

(f)

(g)

(h)

图 3-42　汽车消音器零件的冲压工序

(a)落料;(b)一次拉深;(c)二次拉深;(d)三次拉深;(e)冲孔;(f)筒底翻边;(g)外缘翻边;(h)冲缺口

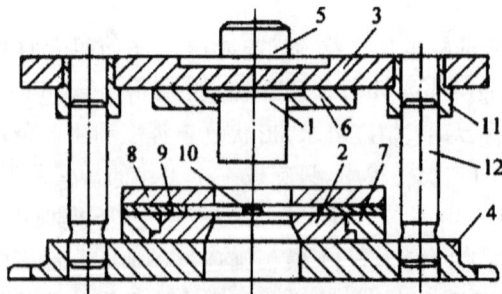

图 3-43　简单冲模

1—凸模;2—凹模;3—上模板;4—下模板;5—模柄;6,7—压板;

8—卸料板;9—导板;10—定位销;11—套筒;12—导柱

（2）连续冲模。按照一定顺序，在冲床的一次冲程中，在模具的不同位置上，同时完成数道冲压工序的模具叫做连续冲模，如图3-44所示。连续冲模工作时定位销2对准预先冲出的定位孔，上模向下运动，凸模4进行冲孔。与此同时，落料凸模1进行落料工序。当上模回程时，卸料板6从上模推下残料，将坯料7向前送进，送进距离由挡料销控制，执行第二次冲裁，如此循环进行。

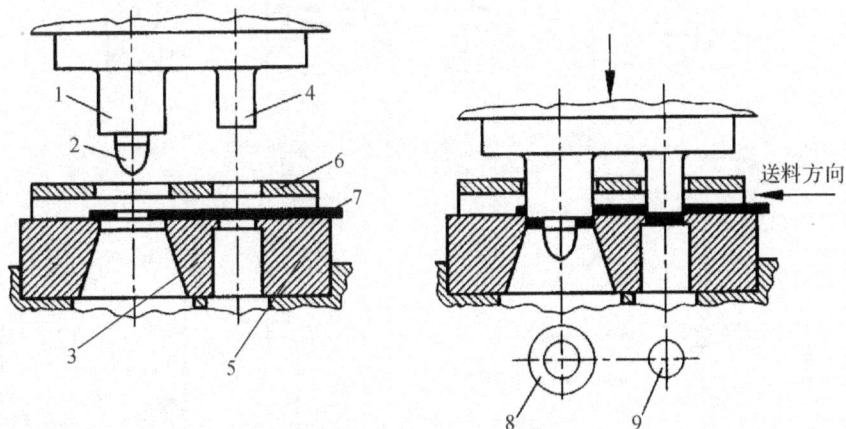

图3-44　连续冲模

1—落料凸模；2—定位销；3—落料凹模；4—冲孔凸模；5—冲孔凹模；6—卸料板；7—坯料；8—成品；9—废料

（3）复合冲模。在冲床的一次冲程中，在模具同一位置上完成数道冲压工序的模具叫做复合冲模。此种模具适用于批量大、精度高的冲压件生产。

3.3.4　冲压件结构工艺性

冲压件结构设计除应满足使用上的要求外，还必须具有良好的工艺性能，以减少材料消耗、延长模具使用寿命、保证产品质量、提高生产率和降低成本。

1. 冲压件的形状及尺寸

（1）对冲裁件的要求。

1）冲裁件的外形应力求简单、对称，尽可能采用圆形、矩形等规则形状，以使其在排样时将废料降低到最小。冲裁件排样分为有搭边排样和无搭边排样两种类型。无搭边排样是利用落料件形状的一个边作为另一个落料件的边缘。这种排样的优点是材料利用率高，但落料件尺寸不易准确，毛刺不在同一个平面上，对落料件质量要求不高时采用。有搭边排样是在各个落料件之间均留有一定尺寸的搭边，其优点是模具受力均匀，落料尺寸准确，毛刺少，质量高，但材料消耗多。如图3-45所示为一个冲裁件用四种不同排样方式时材料消耗的对比情况。其中图3-45（a）（b）（c）均表示有搭边排样，采用不同的排样方式，单个冲裁件的材料消耗不同；图3-45（d）表示无搭边排样，其单个零件消耗材料最少。

2）应避免长槽与细长悬臂结构，否则模具制造困难、寿命低。如图3-46所示为工艺性差的结构。

3）孔与有关尺寸应满足如图3-47所示要求；冲压件上应采用圆角代替尖角连接，以防应力集中；孔与沟槽尽量在变形工序前的平板坯料上冲出；最小圆角半径值可查有关手册。

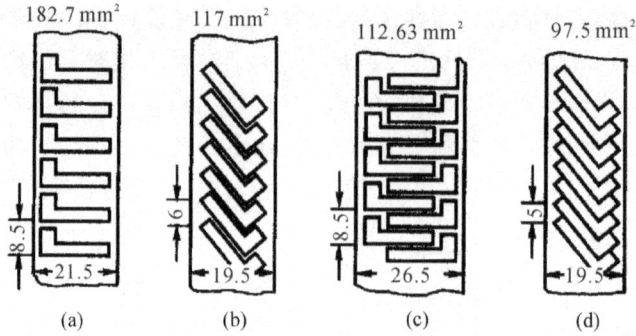

图 3-45 不同排样方式材料消耗对比

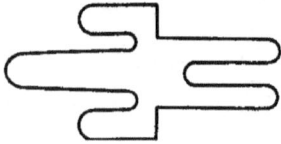

图 3-46 工艺性差的落料件外形

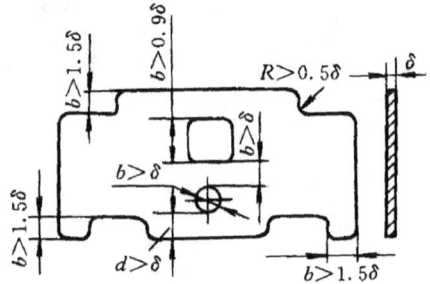

图 3-47 冲裁件的有关尺寸限制

(2)对拉深件的要求。

1)拉深件外形应简单、对称,以便减少拉深次数,有利于模具制造和延长模具寿命。

2)拉深件的最小许可圆角半径如图 3-48 所示,否则容易拉裂,这必将增加拉深次数或整形工作。模具数量增多,则成本上升。

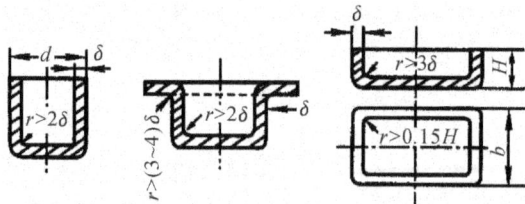

图 3-48 拉深件最小允许圆角半径

(3)对弯曲件的要求。

1)弯曲半径不能小于坯料的最小弯曲半径,弯曲件的形状应尽量对称。

2)弯曲边尺寸过短不易成形,如图 3-49 所示,应受弯曲边的平直部分 $H > 2\delta$;孔也不能距弯曲线太近,否则孔形容易改变。孔的位置如图 3-50 所示,图中 L 应大于$(1.5 \sim 2)\delta$。

2. 简化工艺、节省材料的设计

(1)采用冲压-焊接结构。对形状复杂的工件可首先冲压成若干个简单制件,然后再焊接成整体件,如图 3-51 所示。这样既省工省料,又结构轻巧。

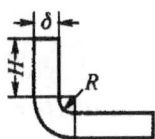

图 3-49 弯曲边长度

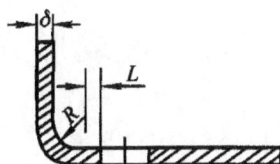

图 3-50 带孔的弯曲件

（2）采用冲口工艺。冲口工艺可代替铆接或焊接结构，以节省材料，简化工艺，降低成本，如图 3-52 所示。

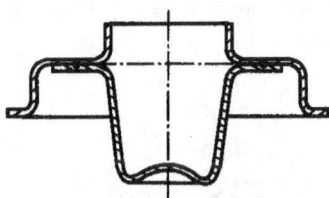

图 3-51 冲压-焊接结构零件

图 3-52 冲口工艺的运用

（3）采用加强肋冲压。利用冷变形强化，采用加强肋结构以实现薄板代替厚板，如图 3-53 所示。

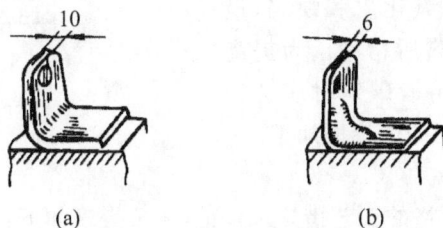

图 3-53 加强肋的应用

(a)无加强肋结构；(b)有加强肋结构

3. 冲压件的精度要求

对冲压件的精度要求，不要超过各冲压工序所能达到的一般精度：落料为 IT10；冲孔为 IT9；弯曲为 IT10～IT9；拉深高度上的尺寸精度为 IT10～IT8，经整修工序后可达 IT7～1T6；拉深直径尺寸精度为 IT9～IT8，厚度的精度为 IT10～IT9。

对冲压件表面质量的要求应避免高于原材料的表面质量，否则将增加切削加工等工序，使成本大幅提高。

3.4 特种塑性成形方法

工业生产的快速发展,对塑性成形生产提出了越来越高的要求。主要体现在以下三方面:①要求锻压生产过程实现机械化、自动化,以提高生产率。②提高锻件质量和精度,减小锻件公差,使锻件接近或等于零件尺寸,从而实现少、无切削加工。③减少变形力,以利于用较小吨位的锻压设备制造出大锻件。为满足这些要求,近年来,在压力加工生产方面出现了许多特种锻压工艺,如精密模锻、精冲、挤压、轧制、摆动辗压、超塑性成形和高速高能成形等。

3.4.1 精密模锻

精密模锻(precision forging)是在模锻设备上直接锻造出形状复杂、尺寸精度高的锻件的锻造工艺。它具有精度高、生产率高、成本低等优点。如图 3-54 所示是汽车、拖拉机上的差速齿轮,采用精密模锻,则其锻后的齿形部分不必切削加工。精密模锻件的尺寸精度可达 IT15~IT12,表面粗糙度 Ra 可达 1.6~3.2 μm,而且纤维组织分布更加合理,力学性能和抗蚀能力也大大提高。

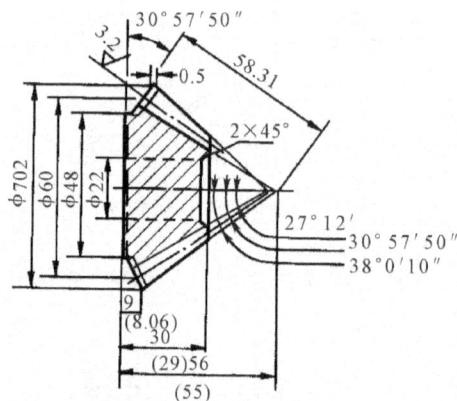

图 3-54 差速行星锥齿轮锻件图

1. 工艺过程

一般精密模锻的工艺过程为:先将原始坯料采用普通模锻方法锻成中间坯料;再对中间坯料进行严格的清理,除去氧化皮和缺陷;最后采用无氧化或少氧化加热后精锻。为提高锻件质量,减少氧化程度,精锻碳钢时应选择锻造温度为 900~450℃ 之间的温模锻加工。

2. 工艺特点

精密模锻必须有相应严格的工艺措施来保证,主要表现如下:

(1)原始坯料质量和尺寸必须精确。防止锻件尺寸公差增大,使锻件精度降低。

(2)采用无氧化或少氧化加热,尽量减少坯料表面形成氧化皮。

(3)仔细清理中间坯料表面,除净氧化皮、脱碳层及其他缺陷。

(4)模具的设计与制造必须精确,一般要求精锻模腔的加工高于锻件的精度 1~2 级。锻模应设置导柱、导套以准确合模。模腔内应开出小孔以便精锻时及时排气,减小金属流动阻力,更易于充满模腔。

(5)需认真润滑和冷却锻模,提高锻模寿命和降低设备功耗。

(6)精密模锻需在精度高、刚度大的高速锤、曲柄压力机、摩擦压力机上进行。

3.4.2 零件轧制

金属材料在旋转轧辊的压力作用下,产生连续塑性变形,来获得所要求的截面形状并改变其性能的方法称为轧制(rolling)(见图 3-1)。轧制生产所用的坯料主要是钢锭。在轧制过程中,金属坯料截面缩小,长度增加,从而获得各种截面形状的轧材,如钢板、型材、无缝钢管及各种型钢。近些年来,用轧制工艺生产零件得到了越来越广泛的发展,因为轧制具有生产率高、质量好、成本低、节约金属等优点。

根据轧辊轴线与坯料轴线的位置关系,轧制可分为纵轧、横轧、斜轧和楔横轧等。

1. 纵轧

纵轧(longitudinal rolling)是轧辊轴线与坯料轴线相互垂直的轧制方法。包括各种辊锻轧制、辗环轧制等。

(1)辊锻。辊锻轧制是使坯料通过装有圆弧形模块的一对相对旋转的轧辊内,受压而变形的生产方法(见图 3-55),是把轧制工艺运用到锻造生产中的一种新工艺。它既可作为模锻前的制坯工序,也可以直接辊锻锻件。

辊锻的工艺特点是坯料的局部变形,所需设备吨位小,结构简单,生产率比锤上模锻高,主要用于生产扁断面的长杆件(如扳手、链环等),也可生产带有不变头部而沿长度方向横截面面积递减的锻件(如汽轮机叶片)。辊锻件精度较低,常需其他锻压设备进行精整。

(2)辗环。辗环轧制是用来扩大环形坯料的内、外径,获得各种横截面为环状的零件的轧制方法。如轴承环、齿轮圈、火车轮箍及衬套等。辗环主要生产过程如图 3-56 所示。坯料在驱动辊和芯轴之间被碾压旋转,调整驱动辊的压入量,坯料产生受压变形,壁厚减薄而直径增大。导向轮对坯料起支撑和导向作用,并可随环直径增大作相应的移动。当环外径达到需要值与信号辊接触时,可传出信号使驱动辊停止工作。

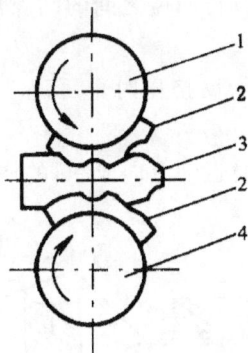

图 3-55　辊锻示意图
1—上锻辊;2—辊锻模;3—毛坯;4—下锻辊

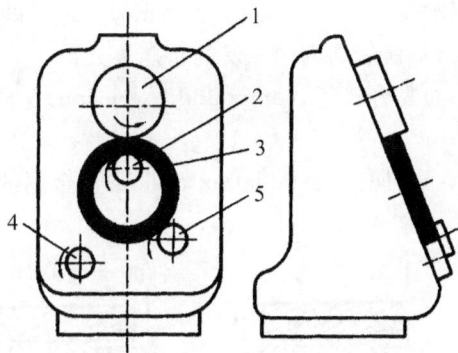

图 3-56　辗环示意图
1—轧辊;2—轧辊;3—坯料;4—信号辊;5—导向辊

2. 横轧

轧辊轴线与坯料轴线相互平行的轧制方法称为横轧(cross rolling)。如图 3-57 所示的齿轮轧制是热横轧的应用之一。它是一种无屑或少屑加工齿轮的新工艺。轧制前将轮缘加热,通过带齿形的轧轮与齿坯对辗,并在对辗过程中施加压力,从而使齿坯上一部分金属受压形成齿槽,而相邻部分金属被轧轮齿部反挤上升形成轮齿。

3. 斜轧

斜轧是轧辊轴线与坯料轴线成一定角度的轧制方法,又称螺旋轧制(skew rolling)。

斜轧采用两个带有螺旋型槽的轧辊,相互交叉成一定角度,并作同向旋转,使坯料既自转又作轴向运动。在运动中,坯料受压变形获得所需零件。如图 3-58 所示为螺旋斜轧钢球示意图,坯料在轧辊间螺旋型槽内受到轧制,并被分离成单个球。轧辊每旋转一周即可轧出一个钢球,轧制过程是连续的。斜轧还可以制造丝杠、滚刀体、轴承环等工件。

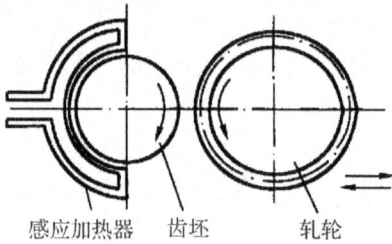

图 3-57　热轧齿轮

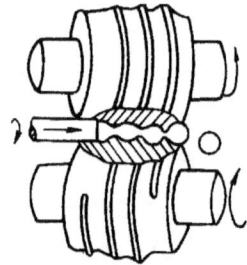

图 3-58　螺旋斜轧钢球示意图

3.4.3　零件挤压

挤压(extruding)是使坯料在挤压模内受压被挤出模孔而变形的加工方法。根据挤压时金属流动方向和凸模运动方向的关系,可分为四种挤压方式(见图 3-59)。

(1)正挤压(direct extrusion)。坯料从模孔中流出部分的运动方向与凸模运动方向相同的挤压方式。

(2)反挤压(indirect extrusion)。坯料的一部分沿着凸模与凹模之间的间隙流出,其流动方向与凸模运动方向相反的挤压方式。

(3)复合挤压(compound extrusion)。同时兼有正挤压、反挤压时金属流动特征的挤压方式。

(4)径向挤压(radial extrusion)。金属的流动方向与凸模运动方向成 $90°$ 的挤压方式。

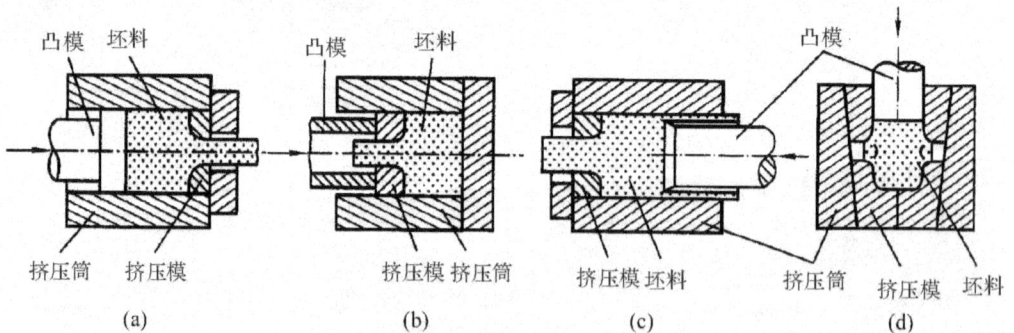

图 3-59　挤压类型
(a)正挤压;(b)反挤压;(c)复合挤压;(d)径向挤压

挤压时,为了降低坯料的变形抗力,也可以将坯料加热后再进行挤压。根据挤压时金属坯料所具有的温度不同,挤压又可分为热挤压、温挤压和冷挤压三种。热挤压的温度与锻造温度相同,冷挤压一般指在室温下进行的挤压,温挤压指在室温以上,再结晶温度以下进行的挤压成形。目前使用较多的挤压方法是冷挤压。冷挤压时变形抗力较热挤压高得多,但产品的表面光洁,且内部组织为加工硬化组织,从而提高了产品的强度。

由于挤压时坯料处于三向压应力状态,可显著提高金属的塑性。因此,塑性好的低碳钢、铝合金、铜合金以及塑性较差的合金结构钢与不锈钢都可以挤压,甚至在一定变形量条件下,某些高碳钢、轴承钢及高速钢等都可以挤压。挤压曾主要用于生产各种断面形状复杂的型材,近年来已广泛采用冷挤压直接生产各种薄壁、深孔、异型截面等复杂形状的零件。

3.4.4 超塑性成形

超塑性是指金属或合金在特定的条件下,即极低的变形速率($\varepsilon = 10^{-2} \sim 10^{-4}$ m/s)、一定的变形温度(约为熔点的一半)和均匀的细晶粒度(晶粒平均直径为 $0.2 \sim 5$ μm),其塑性比常态提高几倍甚至几百倍,而变形抗力降低到常态的几分之一至几十分之一的特性。利用材料的超塑性进行成形加工的方法称为超塑性成形(superplastic forging)。

目前常用的超塑性成形方法主要有超塑性模锻、超塑性挤压、超塑性板料拉深和超塑性板料气压成形等。目前常用的超塑性成形材料主要是锌铝合金、铝基合金、钛合金及高温合金等。

1. 超塑性板料拉深

如图 3-60 所示零件直径较小,而深度较大,在拉深模中对超塑性板料的法兰部分加热,并在外圈加油压,就能一次拉深出高深的薄壁容器,且制件壁厚均匀、力学性能显示各向同性。

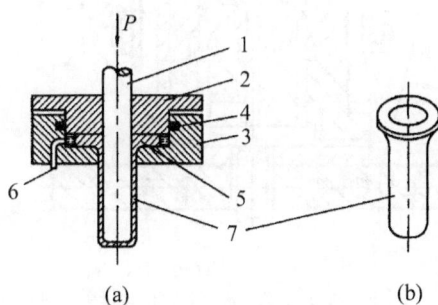

图 3-60　超塑性板料拉深

(a)拉深过程;(b)工件

1—冲头(凸模);2—压板;3—凹模;4—电热元件;5—板料;6—高压油孔;7—工件

2. 板料气压成形

如图 3-61 所示,超塑性金属板料放于模具中,把板料与模具一起加热到规定温度,向模具内吹入压缩空气(吹塑成形)或抽出模具内的空气(真空成形),利用气压差使板料贴紧在凹模或凸模上,获得所需形状的工件。

该方法主要适合于成形钛合金、铝合金、锌合金等形状复杂的壳体类零件,可加工的板料厚度为 $0.4 \sim 4$ mm。

3. 超塑性模锻

首先通过适当的预处理(挤压、轧制、锻造及热处理等)获取具备微细晶粒超塑性的毛坯,再将其加热到超塑性变形温度,以超塑性变形允许的应变速率,在液压机上进行等温模锻,最后对锻件进行热处理以恢复强度的方法称为超塑性模锻。与普通锻模不同的是,为了在成形过程中必须保持模具和坯料恒温,在锻模中设置有加热和隔热装置(见图 3-62)。

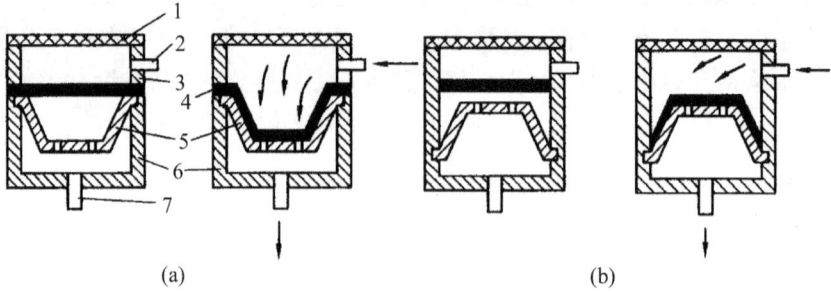

(a)   (b)

图 3-61 板料气压成形

(a)凹模内成形;(b)凸模内成形

1—电热元件;2—进气孔;3—板料;4—工件;5—凹(凸)模;6—模框;7—抽气孔

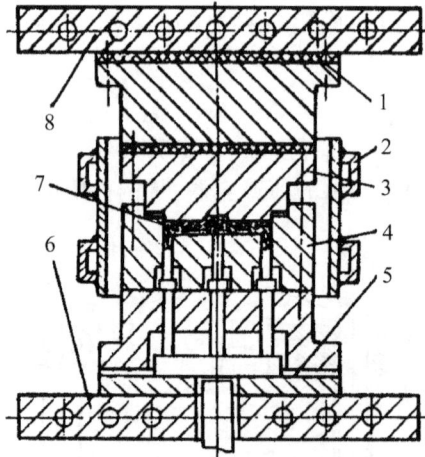

图 3-62 超塑性模锻

1—隔热垫;2—感应圈;3—凸模;4—凹模;5—隔热板;6,8—水冷板;7—工件

超塑性模锻用于小批量生产高温合金、钛合金等难成形、难加工材料的高精度零件,如高强度合金的飞机起落架和涡轮盘、注塑模型腔、特种齿轮等,大大节约了原材料,降低了生产成本。

超塑性成形扩大了适应锻压生产的金属材料范围。如过去只能采用铸造成形的镍基合金也可以进行超塑性模锻成形,而且可锻出形状复杂、尺寸精度高、组织均匀、晶粒细小的工件,是实现少、无切屑加工的新途径。同时由于金属的变形抗力很小,可充分发挥中、小型设备的作用,延长了模具的使用寿命。

3.4.5 液态模锻

将定量的熔化金属倒入凹模型腔内,在金属即将凝固或半凝固状态(即液、固两相共存)下用冲头加压,使其凝固以得到所需形状锻件的成形方法称为液态模锻(cast forging)。液态模锻是一种介于铸、锻之间的工艺方法,可实现少、无切削加工;可用于生产各种非铁金属、碳钢、不锈钢以及脆性灰铸铁和球墨铸铁工件;可生产出用普通模锻无法成形而性能要求高的复杂工件,例如铝合金活塞,镍、黄铜高压阀体,铜合金涡轮,球墨铸铁齿轮和钢法兰等锻件。但液态模锻不适于制造壁厚小于 5 mm 的空心工件,因为会造成结晶组织不均匀,无法保证锻件质量。

3.4.6　高速高能成形

高速高能成形(high-rate-energy forming)的共同特点是在极短的时间(几毫秒)内,将化学能、电能、电磁能或机械能传递给被加工的金属材料,使之迅速成形。其主要加工方法如下:

(1)爆炸成形(explosive forming)。利用炸药爆炸时所产生的高能冲击波,通过不同介质使坯料产生塑性变形的方法。

(2)电液成形(electro-hytraulic forming)。利用在液体介质中高压放电时所产生的高能冲击波,通过不同介质使坯料产生塑性变形的方法。

(3)电磁成形(electro-magnetic forming)。利用电流通过线圈所产生的磁场,其磁力作用于坯料使工件产生塑性变形的方法。

高速高能成形由于成形速度高、时间短,因此可以加工工艺性差的材料,且产品的精度高。

第4章

焊接成形工艺

焊接(welding)是指利用加热或热加压,或两者并用的方法,使分离的金属零件形成原子间的结合的一种加工方法。它是现代工业生产中用来制造各种金属结构和机械零件的一种主要工艺方法,广泛用于汽车、船舶、飞机、锅炉、压力容器、建筑等的制造。

焊接方法种类很多。根据焊接过程的特点,可以把常用的焊接方法分为三大类:

(1)熔化焊(fusion welding)。这是利用局部加热的手段,将工件的焊接处加热到熔化状态,形成熔池,然后冷却结晶,形成焊缝的焊接方法。熔化焊简称熔焊。

(2)压力焊(pressure welding)。这是在焊接过程中对工件加压(加热或不加热)完成焊接的方法。压力焊简称压焊。

(3)钎焊(brazing soldering)。这是利用熔点比母材低的填充金属熔化以后,填充接头间隙并与固态的母材相互扩散实现连接的焊接方法。

焊接方法的分类如图 4-1 所示。

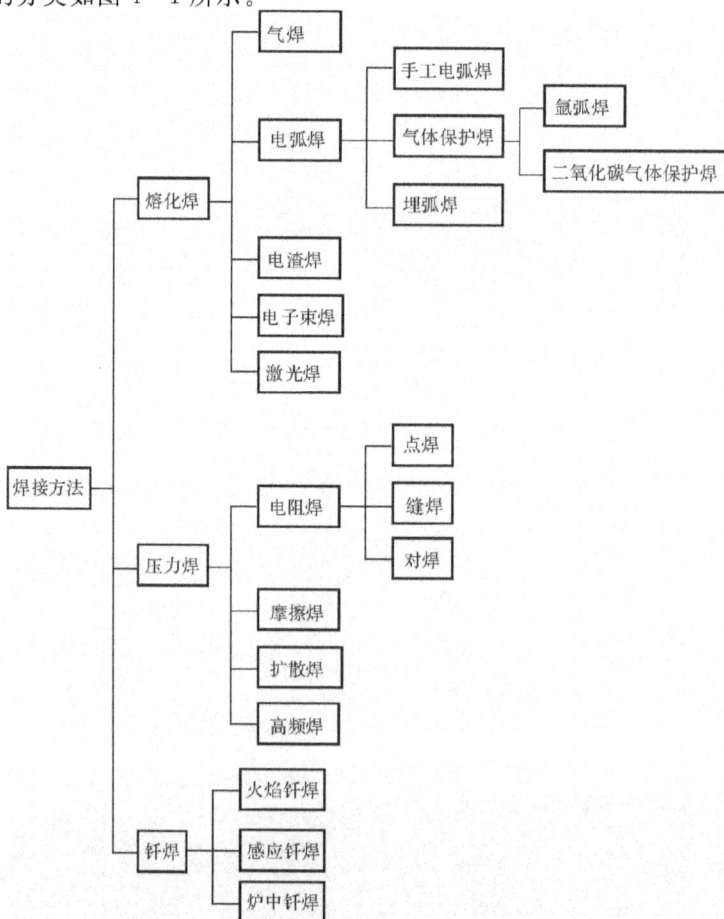

焊接方法
- 熔化焊
  - 气焊
  - 电弧焊
    - 手工电弧焊
    - 气体保护焊
      - 氩弧焊
      - 二氧化碳气体保护焊
    - 埋弧焊
  - 电渣焊
  - 电子束焊
  - 激光焊
- 压力焊
  - 电阻焊
    - 点焊
    - 缝焊
    - 对焊
  - 摩擦焊
  - 扩散焊
  - 高频焊
- 钎焊
  - 火焰钎焊
  - 感应钎焊
  - 炉中钎焊

图 4-1 焊接方法分类

　　焊接是材料进行连接的一种重要工艺方法,它与机械连接、胶接统称为三大连接技术(joining technology)。机械连接主要指螺栓连接,铆钉连接,销、键连接等。在通常情况下,机械连接均为标准件,因而具有良好的互换性,选用方便,易于检修,但成本较高,作为结构件时不仅影响外观,而且使用性能也受到限制。胶接是利用胶黏剂连接零件的一种连接方法。与其他连接方法相比,胶接可连接同种或异种金属或非金属的各种形状、厚度、大小的接头。特别适用于异型、异质、复杂形状、硬脆或热敏制品的连接,而且避免了焊点、焊缝周围的应力集中。但胶接产品的力学性能差,耐老化性能差,机械施工程度差,质量控制难度较大。

　　通常焊接较其他连接方法具有更好的力学性能与使用性能,可以达到较高的气密度。而且采用焊接工艺制造的金属结构质量轻,节约原材料,制造周期短,成本低,便于机械化、自动化生产。但是焊接接头容易产生焊接裂纹等缺陷,焊接后会产生残余应力与变形,这些都会影响焊接结构的质量。

4.1　焊接理论基础

　　焊接的方法很多,其中电弧焊(arc welding)是应用最为广泛的焊接方法,我们这里以电弧焊为例来进行分析。

　　典型焊条电弧焊的焊接过程如图 4-2 所示,焊条与被焊工件之间燃烧产生电弧(electric arc),电弧热使工件与焊条同时熔化为熔池(molten pool),同时也使焊条的药皮熔化和分解。药皮熔化后与液态金属发生物理化学反应,所形成的熔渣不断从熔池中浮起;药皮受热分解产生大量的 CO_2、CO、H_2 等保护性气体,围绕在电弧周围。熔渣和气体能防止空气中 O 和 N 的侵入,起保护熔池的作用。当电弧向前移动时,工件和焊条不断熔化汇成新的熔池,原来的熔池则不断冷却凝固,构成连续的焊缝。

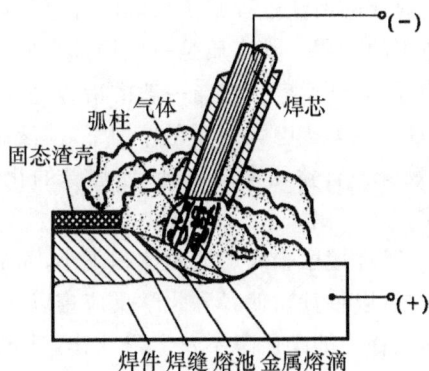

图 4-2　焊条电弧焊焊接过程

4.1.1　焊接电弧

　　焊接电弧所产生的热能是电弧焊的焊接热源。焊接电弧是在电极与工件之间的气体介质中长时间的放电现象,即在局部气体介质中有大量电子流过的导电现象。通常情况下气体是不导电的,要使气体导电,须将两个电极之间的气体电离,亦即将中性气体粒子分解为带电粒子,并使两极间产生一定的电压,使这些带电粒子在电场的作用下作定向运动,两个电极间的气体中就能连续不断地通过很大的电流,从而形成连续燃烧的电弧。

　　产生电弧的电极可以是金属丝、钨丝、碳棒或焊条。焊接电弧如图 4-3 所示。引燃电弧后,弧柱中就充满了高温电离气体,并放出大量的热能和强烈的光。使用直流电焊接时,焊接电弧由阳极区(anode region)、弧柱(arc column)和阴极区(cathode region)三部分组成。电弧中各部分产生的热量和温度分布是不同的。所产生的热量占电弧热的 36%,温度约为 2 400 K。阳极区产生的热量占电弧热量的 43%,温度大约为 2 600 K。弧柱是指阴极区与阳极区之

间的区域。弧柱区温度最高,其中心温度可
达 6 000~8 000 K。焊条电弧焊只有65%~
85%的热量用于加热和熔化金属,其余的热
量则散失在电弧周围和飞溅的金属滴中。

由于电弧产生的热量在阳极和阴极上
有一定差异及其他一些原因,所以在使用直
流电源焊接时,有正接和反接两种接线方
法。正接是将工件接到电源的正极,焊条
(或电极)接到负极(见图4-2),反接是将工
件接到电源的负极,焊条(或电极)接到正
极。正接时工件的温度相对高一些。如果

图 4-3 焊接电弧

焊接时使用的是交流弧焊机(弧焊变压器),则不存在正接和反接问题,一般情况下,交流电弧
的稳定性比直流电弧差。

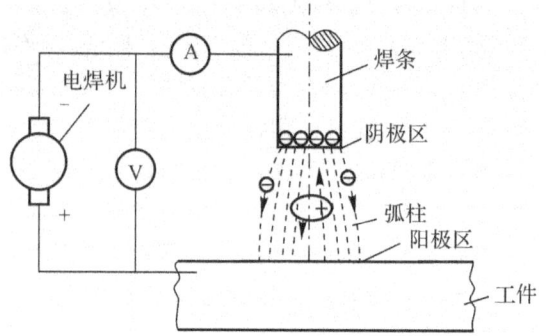

4.1.2 焊接的冶金过程

焊接的冶金过程是指熔焊时焊接区内各种物质之间(如液态金属、熔渣、气体)在高温下相
互作用的过程。其实质是一次局部金属再熔炼的过程。所以,在焊接区内将发生一系列复杂
的物理、化学反应。它与一般的冶金过程不同,具有以下特点:

(1)在焊接电弧的高温作用下,使液态金属中的有益元素(Mn,Si,C,Fe 等)大量烧损和蒸
发,减少了有益元素的含量,使焊缝的化学成分发生变化,因此降低了焊缝的力学性能,使之
变脆。

(2)焊接区金属熔池的体积很小,而周围又是冷金属,故冷却速度极快,熔池处于液态的时
间很短(以秒计),使各种化学反应难以达到平衡状态,并且在高温时溶解在液态金属熔池中的
气体及存在的杂质来不及上浮逸出,造成焊缝化学成分的不均匀,焊缝中存在气孔和夹渣等
缺陷。

上述情况将严重影响焊接质量,因此,必须采取有效措施来保护焊接区,防止周围有害气
体侵入金属熔池;同时要控制焊缝金属的化学成分,向金属熔池中补充易烧损的合金元素;此
外,还要进行脱氧和脱硫、磷,以减少焊接缺陷,获得优质焊接接头。

4.1.3 焊接接头的组织与性能

焊接是一个重新熔化与结晶的过程,故焊接接头(welded joint)组织与母材不同。现以低
碳钢为例说明焊接接头组织与性能的变化,如图 4-4 所示。焊接接头组织一般包括焊缝区、
熔合区和热影响区等几个区域。

(1)焊缝区(weld metal zone)。电弧焊的焊缝是由熔池内的液态金属凝固而成的,是一个
特殊的冶金过程。它属于铸造组织,晶粒呈垂直于熔池底壁的柱状晶,S,P 等形成的低熔点杂
质容易在焊缝中心形成偏析,使焊缝塑性降低,易产生热裂纹。由于是按等强度原则选用焊
条,通过渗合金实现合金强化,因此,焊缝的强度一般不低于母材。

(2)熔合区(semi-melt zone)。焊接接头中,焊缝区与热影响区过渡的区域,称为熔合区。
该区的加热温度在固、液相之间,由铸态组织和过热组织构成。该区域成分及组织极不均匀,

晶粒长大严重,冷却后成为粗晶粒,强度下降,塑性和韧性很差,而且此处接头端面变化,往往成为裂纹的发源地。熔合区宽度只有 0.1～1 mm,但它对焊接接头的性能有很大影响。

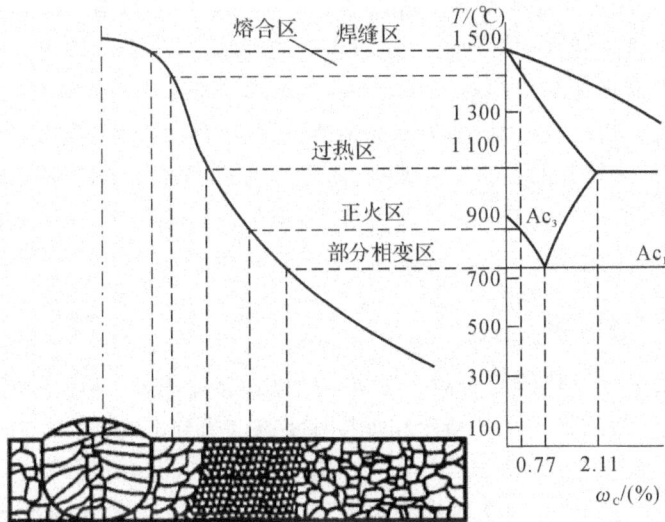

图 4-4　低碳钢焊接接头组织和性能变化示意图

(3)热影响区(heat-affected zone)。焊接接头中,材料因受加热的影响(但未熔化)而发生金相组织和力学性能变化的区域,称为热影响区。它包括过热区、正火区和部分相变区。

1)过热区。焊接热影响区中,具有过热组织或晶粒显著粗大的区域称为过热区。此区的温度范围为固相线至 1 100℃,宽度约 1～3 mm。由于温度高,晶粒粗大,塑性和韧性降低。当焊接刚度大的结构件时,常在过热区产生裂纹。

2)正火区。该区的温度范围为 1 100℃至 Ac_3 之间,宽度约为 1.2～4.0 mm。由于金属发生了重结晶,随后在空气中冷却,因此可以得到均匀细小的正火组织。正火区的力学性能优于母材。

3)部分相变区。该区温度范围为 Ac_1～ Ac_3 之间,只有部分组织发生相变。由于部分金属发生了重结晶,冷却后可获得细小的铁素体和珠光体晶粒,而未重结晶的部分金属则得到粗大的铁素体。由于晶粒大小不一,导致力学性能不均匀。

热影响区的大小和组织性能变化的程度取决于焊接方法、焊接规范、接头形式等因素。表 4-1 是用不同焊接方法焊接低碳钢时,焊接热影响区的平均尺寸。

表 4-1　焊接低碳钢时热影响区的平均尺寸

焊接方法	各 区 平 均 尺 寸/mm			热影响区总宽度/mm
	过热区	正火区	部分相变区	
焊条电弧焊	2.2～3.0	1.5～2.5	2.2～3.0	5.9～8.5
埋 弧 焊	0.8～1.2	0.8～1.7	0.7～1.0	2.3～3.9
电 渣 焊	18～20	5.0～7.0	2.0～3.0	25～30
气 焊	21	4.0	2.0	27
电子束焊	—	—	—	0.05～0.75

焊接热影响区在电弧焊焊接接头中是不可避免的。当热源热量集中、焊接速度快时,热影响区就小。所以电子束焊的热影响区最小,而气焊的热影响区较宽。实际上,接头的破坏常常是从热影响区开始。用焊条电弧焊或埋弧焊方法焊接一般低碳钢结构时,因热影响区较窄,危害性较小,焊后不进行热处理即可使用。但对重要的碳钢构件、合金钢构件或用电渣焊焊接的构件,则必须注意热影响区带来的不利影响。为消除其影响,一般采用焊后正火处理,使焊缝和焊接热影响区的组织转变成为均匀的细晶结构,以改善焊接接头的性能。

对焊后不能进行热处理的金属材料或构件,可以通过选择正确的焊接方法和焊接工艺来减少热影响区的范围。例如在同一种焊接方法下,增加焊接速度或减少焊接电流都能减少热影响区。

4.1.4 焊接应力和变形

焊接过程中,由于焊接热源对焊件的不均匀加热,会使焊件产生应力和变形(stress and deformation),以致焊接结构的尺寸精度和焊接接头强度受到影响。

1. 焊接应力与变形产生的原因

焊接加热是局部进行的。焊接时焊缝被加热,焊缝区域应膨胀,但是由于焊缝区域周围的金属未被加热和膨胀,所以该部分的金属制约了焊缝区受热金属的自由膨胀,焊缝产生塑性变形并缩短。焊缝冷却后,焊缝区域比周围区域短,但是焊缝周围区域没有缩短,从而阻碍焊缝区域的自由收缩,产生焊接以后工件的变形与应力。

一般情况下,焊件塑性较好、结构刚度较小时,焊件自由收缩的程度较大。因此,焊接应力较小,则相应的焊接变形增大;相反,如果焊件自由收缩受到很大限制,则焊接应力较大,焊接变形减小。基本的焊接变形形式如表4-2所示。

表4-2 基本焊接变形形式

焊接变形	焊接变形基本形式图	产 生 原 因
收缩变形		焊接后纵向(沿焊缝方向)和横向(垂直于焊接方向)收缩引起的
角变形		V形坡口对接焊后,由于焊缝截面形状上下不对称,焊缝收缩不均所致
弯曲变形		焊接T形梁时,由于焊缝布置不对称,焊缝纵向收缩引起的
扭曲变形		焊接工字梁时,由于焊接顺序和焊接方向不合理所致
波浪形变形		焊接薄板时,由于焊缝收缩,薄板局部产生较大压应力而失去稳定所致

2. 减少和消除焊接应力的措施

焊接应力和变形是不可避免的,但可以采取合理的工艺措施和结构设计来减少或消除它的影响。

(1)选择合理的焊接顺序。合理选择焊接顺序,可以减少焊接应力的产生。选择的主要原则是应尽量使焊缝自由收缩而不受较大的约束。如拼焊时,先焊错开的短焊缝,后焊直通的长焊缝(见图 4-5(a));采用对称焊接顺序来减少焊接变形(见图 4-5(b),(c));对于长焊缝可采用分段退焊法(见图 4-6)。

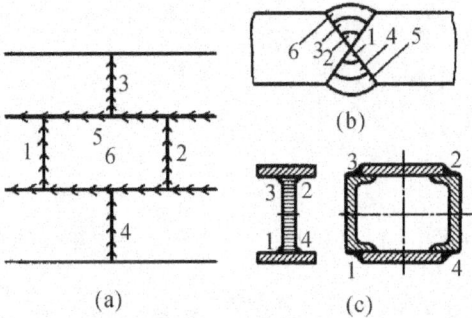

图 4-5　合理的焊接顺序

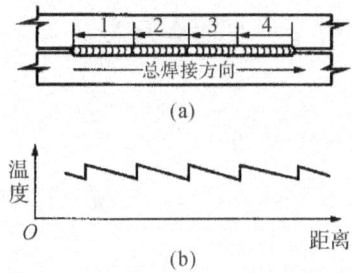

图 4-6　分段退焊法
(a)焊接顺序;(b)焊接温度分析

(2)焊前预热。焊前将焊件预热,可减小焊缝区金属与周围金属的温差,使各部分膨胀与收缩量均匀,以减小焊接应力,同时还能使焊接变形变小。除了整体预热外,还可以在焊接结构上选择合适的部位加热后再焊接,同样可以大大减小焊接应力。所选的加热部位称为"减应区",如图 4-7 所示。框架中部的杆件断裂须焊接,焊前选框架左右两杆中部作为减应区进行局部加热,使其伸长,并带动焊接部位产生与焊缝收缩方向相反的变形。焊接冷却时,加热区和焊缝一起收缩,减小了焊缝自由收缩时的拘束,使焊接应力降低。

(3)锤击或碾压焊缝。每焊一道焊缝后,当该焊缝仍处于红热状态时用圆头小锤对焊缝进行均匀迅速的锤击(避免产生裂纹),使缝焊金属在高温塑性较好时得以延伸,从而减小应力和变形。同理,辗压焊缝也可得到同样的效果,达到减小应力和变形的目的。

图 4-7　加热减应区法
(a)焊前;(b)焊后

(4)焊后热处理。去应力退火工艺可以消除焊接应力,它是将焊件整体或局部加热至相变温度以下、再结晶温度以上的区域,保温一定时间,然后缓慢冷却的工艺。一般通过去应力退火可消除焊接应力的 $80\%\sim90\%$,是最常用、最有效的方法。

(5)反变形法和刚性夹持法。根据焊接变形的规律,在焊接之前的装配中,将被焊工件进行相反方向的变形。这样,在焊接以后,焊接变形和预先产生的变形相抵消(见图 4-8)。如果焊前采用刚性固定的方法(见图 4-9),也可以减少焊接变形,但会产生较大的焊接应力。

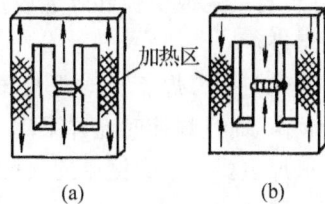

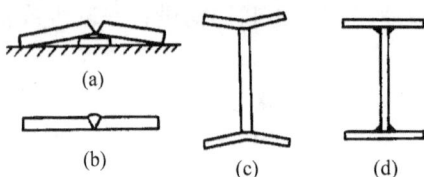

图 4-8 反变形法
(a),(c)焊前;(b),(d)焊后

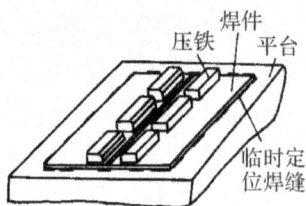

图 4-9 用刚性固定法拼接薄板

4.2 焊接方法

4.2.1 熔化焊

在工程训练中已对气焊、手弧焊等作了较详细的介绍,这里进一步介绍一些常用的熔化焊方法。

1. 埋弧焊

埋弧焊(submerged-arc welding)与手弧焊都属于渣保护的电弧焊方法,当进行埋弧焊时,电弧被焊剂所包围。引弧、送丝、电弧沿焊接方向移动等均由焊机自动完成。

如图 4-10 所示,在焊接过程中,工件被焊处覆盖着一层 30~50 mm 厚的颗粒状焊剂,焊接时送丝机构将焊丝自动送入电弧区,并保证选定的弧长。电弧在焊剂层下面燃烧,靠焊机控制,均匀地向前移动。在焊丝前面,颗粒状焊剂从焊剂漏斗不断流出,均匀地撒在工件表面。焊接前和焊接过程中可调整并控制焊机的焊接电流、电弧长度、电弧电压和机头移动速度等工艺参数,并可自动完成引弧和焊缝收尾动作,以保证焊接过程稳定进行。

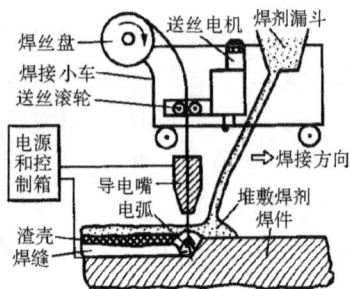

图 4-10 埋弧焊示意图及焊剖面

埋弧焊与手弧焊相比对焊接电弧的保护更好,焊接质量较高,而且焊接时允许采用大电流,生产率和熔深比手弧焊大得多。

埋弧焊主要用于焊接厚度大的直线平焊缝和大直径环行平焊焊缝,广泛用于容器、锅炉、造船等金属结构。

2. 气体保护焊

用外加气体作为电弧介质并保护电弧和焊接区的电弧焊,称为气体保护电弧焊(gas shielded arc welding)(简称气体保护焊),保护气体通常为惰性气体(Ar,N_2)和 CO_2。

(1)氩弧焊。使用 Ar 气作为保护气体的气体保护焊称为氩弧焊(argon arc welding)。Ar 气是惰性气体,不熔于液态金属,也不与金属发生化学反应,是一种较理想的保护气体。按电极不同,氩弧焊又分为不熔化极氩弧焊和熔化极氩弧焊,如图 4-11 所示。

不熔化极氩弧焊,以高熔点的铈钨棒为电极,焊接时铈钨极不熔化,只起导电与产生电弧的作用。钨极氩弧焊需加填充金属,填充金属可以是焊丝,也可以在焊接接头中附加填充金属条或采用卷边接头等。填充金属可采用母材的同种金属,有时可根据需要增加一些合金元素,在熔池中进行冶金处理,以防止气孔等。钨极氩弧焊虽焊接质量优良,但由于钨极载流能力有限焊接电流不能太大,所以焊接速度不高,而且一般只适用于焊接厚度 $0.5\sim4$ mm 的薄板。采用不熔化极氩弧焊焊接钢材时,多采用直流正接,以减少钨极的烧损。焊接 Al,Mg 及其合金时,则采用直流反接或交流电源。

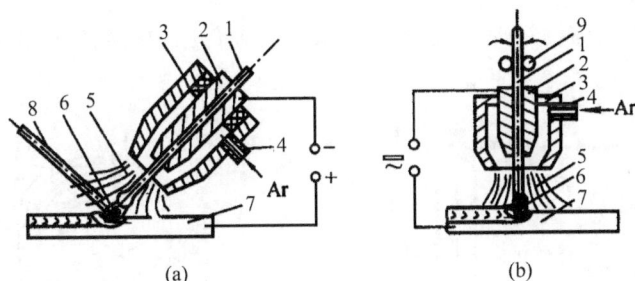

图 4 - 11　氩弧焊示意图

1—焊丝或电极;2—导电嘴;3—喷嘴;4—进气管;5—氩气流;6—电弧;7—工件;8—填充焊丝;9—送丝辊轮

熔化极氩弧焊用连续送进的焊丝做电极,熔化后做填充金属,生产率较高。熔化极氩焊为了使电弧稳定,通常采用直流反接,可采用较大电流焊接 $3\sim25$ mm 的中厚板,主要用于焊接不锈钢与有色金属。

氩弧焊主要有以下特点:

1)Ar 气的保护效果好,焊缝金属纯净,焊接质量优良,适于焊接各类合金钢、易氧化的有色金属及稀有金属,如 Zr,Ta,Mo 等。

2)电弧稳定,飞溅少,焊缝致密美观,表面没有熔渣。

3)电弧和熔池区受气流保护,明弧可见,便于观察和操作,可全位置焊,焊后无渣,利于实现机械化和自动化焊接。

4)电弧在 Ar 气流的压缩下燃烧,热量集中,焊接速度快,热影响区小,因而工件焊后变形也小。

由于 Ar 气成本高,氩弧焊的设备较复杂,目前主要用于焊接 Al,Cu,Mg,Ti 及其合金、耐热钢、不锈钢等,以及一部分重要的低合金结构钢件。

(2) 二氧化碳气体保护焊。二氧化碳气体保护焊(CO_2 arc welding)是利用 CO_2 作为保护气体的气体保护焊。这种焊接方法用焊丝做电极,焊丝是自动连续送进的。

二氧化碳气体保护焊的焊接装置如图 4 - 12 所示。焊丝由送丝机构送入送丝软管,再经导电嘴送出。CO_2 气体从焊炬喷嘴中以一定流量喷出。电弧引燃后,焊丝端部及熔池被 CO_2 气体所包围,故可以防止对高温金属的侵害。

二氧化碳气体保护焊的优点如下:

1)成本低,仅为埋弧焊和手弧焊的 40%。

2)焊接速度快,生产率比手弧焊高 $1\sim3$ 倍。

3)明弧可见,操作性能好。

二氧化碳气体保护焊的缺点在于用较大电流焊接时,飞溅较大,烟雾较多,弧光强烈,焊接表面不够美观。此外,CO_2 气体在高温下会分解出 CO 和原子 O,具有一定氧化作用,故不能用于焊接易氧化的有色金属。

因此当焊接碳钢、低合金钢和不锈钢等时,为补偿合金元素的烧损和防止气孔,应采用具有足够脱氧元素的合金钢焊丝。例如,焊接低碳钢时常选用 H08MnSiA 焊丝,焊接低合金结构钢常采用 H08Mn2SiA 焊丝。由于 CO_2 气流对电弧冷却作用较强,为保证电弧稳定燃烧,均采用直流电源。为防止金属飞溅,宜用反接法。

二氧化碳气体保护焊是一种重要的焊接方法,主要适用于厚度在 3 mm 以下的低碳钢和强度级别不高的低合金结构钢焊接,在汽车和其他工业部门中得到广泛的应用。

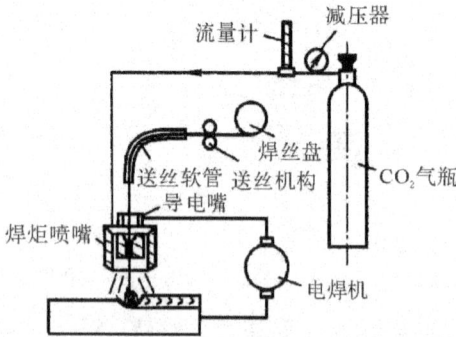

图 4-12 二氧化碳气体保护焊示意图   图 4-13 电焊渣

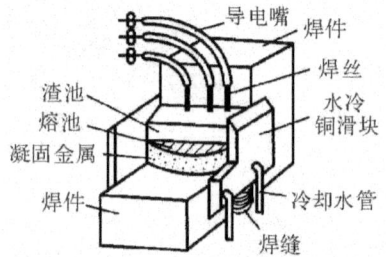

3. 电渣焊

电渣焊(electro-slag welding)是利用电流通过液体熔渣所产生的电阻热进行焊接的方法,其焊接过程如图4-13所示。两焊件垂直放置(呈立焊缝),相距 25～35 mm,两侧装有水冷铜滑块,底部加装引弧板,顶部装引出板。开始焊接时,焊丝与引弧板短路引弧,电弧将不断加入的焊剂熔化为熔渣并形成渣池。当渣池达到一定厚度时,将焊丝迅速插入其内,电弧熄灭,电弧过程转变为电渣过程,依靠渣池电阻热,使焊丝和焊件熔化形成熔池,并保持在 1 700～2 000℃。随着焊丝的不断送进,熔池逐渐上升,冷却块上移,同时熔池底部被水冷铜滑块强迫凝固形成焊缝。渣池始终浮于熔池上方,既产生热量,又保护熔池,此过程一直延续到接头顶部。根据焊件厚度不同,焊丝可采用一根或多根。

电渣焊与其他焊接方法比较,特点如下:

(1)可一次焊接很厚的工件。如单丝不摆动可焊厚度为 40～60 mm;单丝摆动可焊厚度为 60～150 mm;而三丝摆动可焊厚度达 450 mm,故生产效率高。同时任何厚度焊件均不开坡口,节省焊接材料和焊接工时,成本低。

(2)焊缝金属较纯净,渣池覆盖在熔池上,保护良好,且焊缝自下而上结晶,利于熔池中气体和杂质的上浮排出。

(3)焊后冷却速度慢,焊接应力小。但是该方法由于焊接区高温持续时间较长,故热影响区比其他焊接方法都宽,晶粒粗大易产生过热组织,因此,焊缝力学性能下降。对于较重要构件,焊后须正火处理,以改善其性能。

电渣焊主要用于厚壁压力容器和铸-焊、锻-焊、厚板拼焊等大型构件的制造,一般用于直缝焊接,也可用于环缝焊接。焊接厚度一般应大于 40 mm,焊件材料常用碳钢、合金钢和不锈钢等。

4.2.2 压力焊

压力焊是指在焊接过程中,对焊件施加一定的压力(加热或不加热),以完成焊接的方法。其中最常用的有电阻焊和摩擦焊。

1. 电阻焊

电阻焊(resistance welding)是指工件组合后通过电极施加压力,利用电流通过接头的接触面及邻近区域产生的电阻热进行焊接的方法。电阻焊使用低电压(几伏到十几伏)、大电流(几千安到几万安),故焊接时间极短。电阻焊生产率高,焊件变形小,无须填充金属,操作简单,劳动条件较好,易于实现机械化和自动化。但设备较复杂、耗电量大,对焊件厚度和截面形状有一定限制,一般适于大批量生产。

电阻焊分为点焊、对焊和缝焊等。

(1)点焊。点焊(spot welding)是焊件装配成搭接接头,并压紧在两电极之间,利用电阻热熔化母材金属,形成焊点的电阻焊方法,如图 4-14 所示。

电阻点焊的电极是用具有良好导电、导热性能的铜合金制成的柱状电极,且中间通冷却水,故电极上与焊件接触处的热量被电极传走,升温有限,不会焊合。焊接时,先加压然后通电,被紧密压合的两焊件柱状电极接触处,由于电阻热温度急速升高被熔化形成熔核,周围金属材料亦呈塑性状态。断电后,继续保持或稍加大压力,封闭在塑性材料中间的熔核在压力下凝固结晶,获得组织致密的焊点。焊点形成后移动焊件,依次形成其他焊点。焊第二点时,部分电流会流经已焊好的焊点,这种现象称为分流现象。分流会使焊接处电流变小,影响焊点质量,故两焊点间应有一定距离,其大小与焊件材料及厚度有关,导电性越强,厚度越大,分流越严重,点距应该越大。

图 4-14 点焊示意图

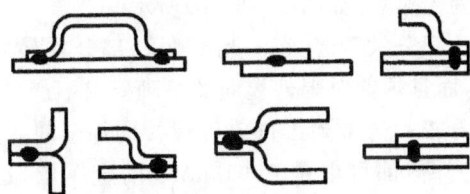

电阻点焊一般为搭接接头,其接头形式如图 4-15 所示。电阻点焊质量的好坏与焊接电流、通电时间、电极压力及焊件表面清理质量等有关。

电阻点焊主要适用于各种薄板、板料冲压结构及钢筋构件,适于点焊的最大厚度为 2.5～3 mm。点焊适用于不锈钢、铜合金、钛合金和铝镁合金等的焊接。

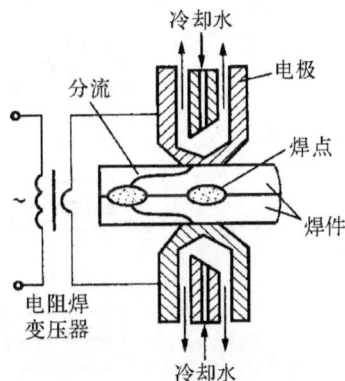

图 4-15 点焊接头形式

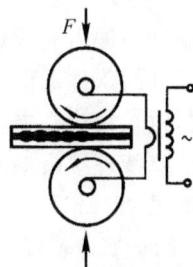

图 4-16 缝焊示意图

(2)缝焊。工件装配成搭接或对接接头并置于两滚轮电极之间,滚轮加压工件并转动,连续或断续送电,形成一条连续焊缝的电阻焊方法称为缝焊(seam welding),如图 4-16 所示。

缝焊过程与电阻点焊相似,只是用圆盘滚轮电极代替了柱状电极。焊接时,滚轮电极压紧焊件并滚动,同时带动焊件向前移动,配合连续或断续送电,形成连续焊缝或均匀断续焊点。

缝焊分流现象严重,焊接相同厚度的焊件,焊接电流和所加压力均比点焊要大得多,因此要求使用大功率焊机,用精确的电气设备控制间断通电的时间。

缝焊主要用于制造要求密封性的 3 mm 以下的薄壁结构,如油箱、小型容器和管道等。

(3)对焊。对焊(butt welding)是使用两个被焊工件沿整个接触面焊合的电阻焊工艺,如图 4 - 17 所示。按工艺不同可分为电阻对焊(upset butt welding)和闪光对焊(flash butt welding)。

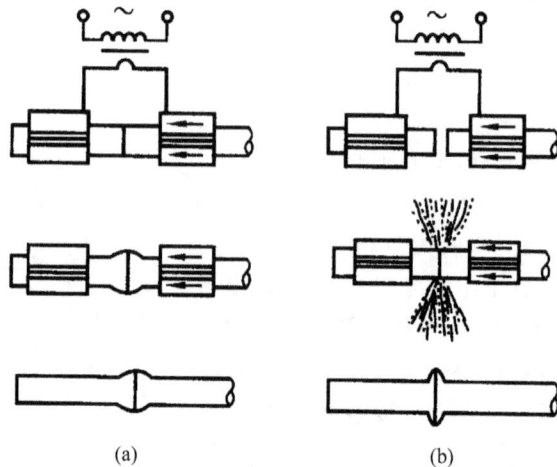

图 4 - 17 对焊示意图
(a)电阻对焊;(b)闪光对焊

1)电阻对焊。将工件装配成对接接头,使其端面紧密接触,利用电阻热加热至塑性状态,然后迅速施加顶锻力完成焊接的方法,称为电阻对焊,如图 4 - 17(a)所示。

电阻对焊操作简单,接头外形较圆滑。但焊前对焊件表面清理要求严格,否则会降低接头质量,适用于直径为 20 mm 以下的棒料和管材的焊接。截面形状规格相同的矩形及异形截面材料也可以应用电阻对焊工艺。

2)闪光对焊。工件装配成对接接头,接通电源,并使其端面逐渐移近达到局部接触,利用电阻热加热这些接触点(产生闪光),使端面金属熔化,直至端部在一定深度范围内达到预定温度时,迅速施加顶锻力完成焊接的方法,称为闪光对焊,如图 4 - 17(b)所示。

闪光对焊时,工件端面的氧化物和杂质,一部分被闪光火花带出,另一部分在最后加压时随液态金属挤出,故接头夹渣少,接头质量高,而且焊前对焊件端面的清理要求不严,但金属耗损较多,焊后要清理接头毛刺,常用于焊接受力较大的重要工件。可焊接同种金属,亦可焊接异种金属,如铜-钢、铝-钢、铝-铜等。被焊工件截面可以是 0.01 mm² 的金属丝,也可以是 20 000 mm² 的金属棒料或板料。

对焊时,被焊件的断面形状应尽量相同,常见的对焊接头形式如图 4 - 18 所示。对焊主要用于刀具、管子、钢筋、钢轨、链条的焊接。

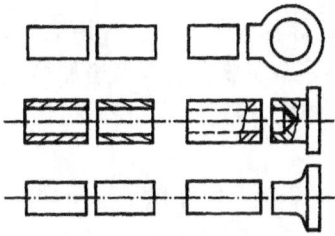

图 4 - 18　对焊接头形式

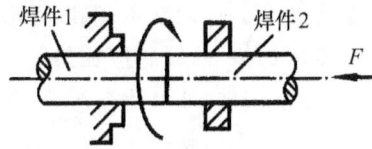

图 4 - 19　摩擦焊示意图

2. 摩擦焊

摩擦焊(friction welding)是利用焊件表面相互摩擦所产生的热,使端面达到热塑性状态,然后迅速顶锻,完成焊接的一种压焊方法,如图 4 - 19 所示。先将两焊件夹在焊机上,加一定压力使焊件紧密接触。然后焊件 1 做旋转运动,使焊件接触面相对摩擦产生热量,待工件端面被加热到塑性状态时,利用刹车装置使焊件 1 骤然停止旋转,并在焊件 2 的端面加大压力使两焊件产生塑性变形而焊接起来。

摩擦焊的特点是:焊接表面不易氧化,接头质量稳定,不易产生夹渣、气孔等缺陷,废品率低,无需焊条、焊剂及填充金属,操作简单,成本低,生产率高,易于实现机械化、自动化;且同种金属及异种金属均可施焊。摩擦焊适用于圆形截面的棒材或管材,亦可将管材焊在平板上。可焊实心焊件截面直径为 2～100 mm,空心焊件最大外径可达几百毫米。常见的摩擦焊的接头形式如图 4 - 20 所示。

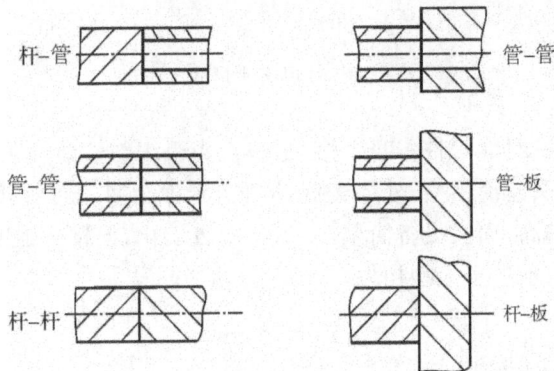

图 4 - 20　摩擦焊接头形式

由于摩擦焊耗电量仅为闪光对焊的 1/10～1/15,节省材料,焊接精度高,可作为机械加工以后的精密装配焊,在棒材或管材工件的对焊上有逐步取代闪光对焊的趋势。

4.2.3　钎焊

钎焊(soldering & brazing)是采用比母材熔点低的金属材料作钎料,将焊件和钎料加热到高于钎料熔点、低于母材熔点的温度,利用液态钎料润湿母材,填充接头间隙并与母材相互扩散实现连接焊件的方法。钎焊时,为消除焊件表面的氧化膜及其他杂质,改善液态钎料的润湿能力,保护钎料和接头不被氧化,一般都需要使用钎剂。

钎焊根据所用钎料熔点的不同,可分为硬钎焊(brazing)和软钎焊(soldering)。

(1)硬钎焊。使用硬钎料(熔点高于 450℃)进行的钎焊称为硬钎焊。常用的钎料有铜基、银基、镍基等合金。钎剂常用硼砂、硼酸、氯化物、氟化物等。加热方法有火焰加热、盐浴加热、炉内加热、电阻加热、高频感应加热等。硬钎焊接头强度较高,可达 490 MPa,适用于受力较大的钢铁和铜合金构件,如自行车车架、切削刀具、工具等。

(2)软钎焊。使用软钎料(熔点低于 450℃)进行的钎焊称为软钎焊。常用的钎料为锡铅合金钎料。焊剂为松香、松香酒精溶液、氯化锌溶液等。多用烙铁加热,接头强度较低,在40～140 MPa之间,用于受力不大或工作温度较低的工件,如电子器件、仪器、仪表等。

钎焊构件的接头形式都采用板料搭接和套件镶接。如图 4-21 所示是几种常见的形式。这些接头都具有较大的钎接面,以弥补钎料强度低的不足。

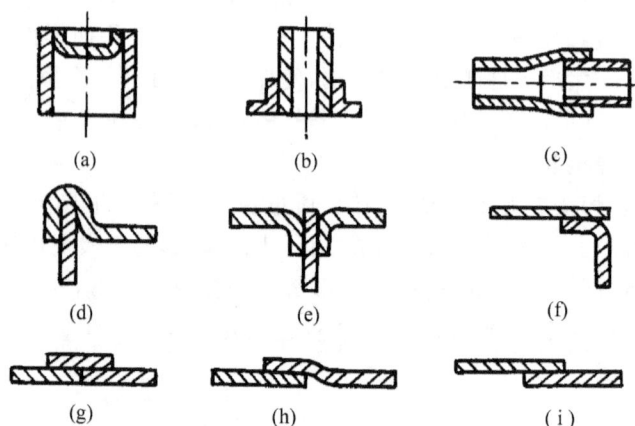

图 4-21　钎焊接头形式

钎焊的特点是:加热温度低,焊件本身不熔化,故接头组织与性能变化小,焊件的应力和变形也小;工件尺寸精确,接头光滑平整,外形美观;同种、异种金属均可焊接;整体加热时,可同时焊接多条接缝,生产效率高;而且设备简单,易于实现自动化;但接头强度低,耐热温度不高,焊前对焊件清理要求较严,不适于大型构件。

4.3　焊接工艺基础

4.3.1　金属材料的焊接性能

1. 焊接性的概念

金属材料的焊接性(weldability)是指焊件材料对焊接加工的适应性,即被焊金属在采用一定的焊接方法、焊接材料、工艺参数以及结构形式的条件下,获得优质焊接接头的难易程度。

金属材料的焊接性是一个相对的概念,不是一成不变的。同一种材料,采用不同的焊接方法、焊接材料、焊接工艺及焊后热处理,其焊接性有很大差异。

金属材料的焊接性能可通过试验或者估算的方法来确定。

(1)试验法(weldability test)。试验法是将被焊金属材料做成一定形状和尺寸的试样,在规定工艺条件下施焊,然后鉴定产生缺陷倾向的程度,或者鉴定接头是否满足使用性能(如力学性能)的要求。

(2)碳当量法(carbon equivalent)。熔焊时,焊接热影响区的淬硬和冷裂纹倾向直接影响焊接接头的性能,因此常以此评价材料的焊接性能。材料的化学成分是影响淬硬和冷裂纹倾向的重要因素之一,其中以 C 的影响最为显著,所以人们把各种元素对产生淬硬和冷裂纹的影响都折算成 C 的影响,将这些影响综合起来就称为材料的碳当量。碳当量的计算公式是由大量实践经验总结出的经验公式,

$$\omega_{C当量} = \omega_C + \frac{\omega_{Mn}}{6} + \frac{\omega_{Cr} + \omega_{Mo} + \omega_V}{5} + \frac{\omega_{Ni} + \omega_{Cu}}{15} \quad (\%)$$

式中,ω_C,ω_{Mn},ω_{Cr},ω_{Mo},ω_V,ω_{Ni},ω_{Cu}分别为钢中相应元素的质量分数。

当 $\omega_{C当量} < 0.4\%$ 时,钢的淬硬和冷裂纹倾向小,钢的焊接性良好。在一般的焊接工艺条件下,焊件不会产生裂纹。当 $\omega_{C当量}$ 为 $0.4\% \sim 0.6\%$ 时,钢的淬硬和冷裂纹倾向大,材料的焊接性相对就差。焊前需要预热、焊后需要缓冷,即需要一定的工艺措施才能防止裂纹。当 $\omega_{C当量} > 0.6\%$ 时,钢的焊接性能更差。如铸铁、有色金属及其合金、高合金钢等焊接时,须采用特殊的焊接方法和工艺措施。比如焊前工件需预热到较高的温度,焊接时要采取减少应力和防止开裂的工艺措施,焊后要进行适当的热处理,才能得到良好的质量。

2.常用金属材料的焊接

(1)低碳钢的焊接。低碳钢的 $\omega_{C当量} < 0.25\%$,焊接性良好,焊接时没有淬硬、冷裂倾向。焊接低碳钢通常不需要采取特别的措施。

(2)低合金结构钢的焊接。低合金结构钢主要用于制造压力容器、锅炉、车辆等金属结构。低合金结构钢可用焊条电弧焊、埋弧焊或气体保护焊焊接。如用气体保护焊,则强度级别低的低合金结构钢可采用二氧化碳气体保护焊,强度级别高于 500 MPa 的则可采用富氩混合气体($Ar80\% + CO_2 20\%$)保护焊。

强度级别低的低合金结构钢焊接性良好,如工件的板厚不大,则焊接时不需要预热。如焊接的工件厚度较大,例如 16 Mn 的板厚大于 32 mm,或焊接时的环境温度较低,则应考虑预热。强度级别高的低合金结构钢的焊接性较差,焊接时的主要问题是冷裂纹。可视情况在焊接前进行预热,焊接后进行去除应力热处理。

(3)中碳钢的焊接。中碳钢的含 C 质量分数高,淬硬倾向大,焊接性较差。中碳钢焊接时的主要问题是冷裂纹,应在焊前预热,焊后缓冷,并在焊接工艺上采取措施,如采用小电流、多层多道焊等。

(4)不锈钢的焊接。不锈钢焊接多采用氩弧焊或焊条电弧焊。不锈钢分为奥氏体不锈钢、铁素体不锈钢、马氏体不锈钢。

奥氏体不锈钢的焊接性良好,可采取焊条电弧焊或氩弧焊等。焊接时采用化学成分接近的焊条或焊丝。焊接时不需要采取特殊的措施。

铁素体不锈钢焊接的主要问题是晶粒的过热长大和裂纹,可进行焊前预热并采用小电流、大焊速进行焊接。

马氏体不锈钢的焊接性较差,容易产生冷裂纹,可进行焊前预热和焊后热处理。

(5)铸铁的焊接。铸铁含 C 质量分数高,塑性低,焊接性差。铸铁焊接的主要问题是容易产生裂纹。半熔化区容易产生白口组织。白口组织中的 C 以 Fe_3C 的形式存在,故硬度高、脆

性大,难于进行机械加工。

为了提高铸铁的焊接性,可以采用热焊法焊接。热焊时采用焊条电弧焊或气焊。热焊法适用于焊接形状复杂及焊后需机械加工的工件,如气缸缸体等。热焊时,将工件局部预热到600～700℃,焊后缓慢冷却。这样焊接应力小,不易产生裂纹。所用的焊条须采用铸铁焊条。

机床底座等工件的焊补,预热不方便,焊后也无需机械加工,此时可采用冷焊法。冷焊铸铁可采用镍基铸铁焊条手工电弧焊进行,焊接前不预热。焊接时采用小电流,分段焊等工艺措施。

(6)铝合金的焊接。铝合金的表面有一层致密的氧化膜,这层氧化膜的熔点高于铝合金本身,这就成为铝合金焊接时的一个问题。氩弧焊可以焊接铝合金。在 Ar 气电离后的电弧中,质量较大的 Ar 正离子在电场力的加速下撞击工件表面(工件接负极),使氧化膜表面破碎并清除,焊接过程得以顺利进行,此即所谓"阴极破碎"作用。其他熔焊方法焊接铝合金难以保证质量。氩弧焊焊铝合金时,应注意工件和焊丝的清理。8 mm 之下的铝合金板可采用钨极氩弧焊,8 mm 以上的铝合金板可采用熔化极氩弧焊。

4.3.2 焊接结构件材料的选择

使用焊接方法制造的金属结构称为焊接结构,设计焊接结构时,不仅要考虑产品使用性能的要求,而且还要考虑焊接结构的工艺性,如焊接工件材料的选择、焊接方法的选择、焊接接头的工艺设计等。

1. 尽量选用焊接性较好的材料

设计中应尽量选用低碳钢和 $\omega_{C当量} < 0.4\%$ 的低合金钢。因为这类钢淬硬倾向小,塑性高,焊接工艺简单,即焊接性能好。若必须选用 $\omega_{C当量} > 0.4\%$ 的碳钢或合金钢,应在设计和生产工艺中采取必要措施。

镇静钢与沸腾钢相比脱氧完全,含气量低,不易产生气孔和裂纹,且组织致密,质量较高,可选作重要的焊接结构。

2. 注意异种金属的焊接性及其差异

异种金属进行焊接时,一般要求接头强度不低于被焊钢材中的强度较低者,并应在设计中对焊接工艺提出要求,按焊接性较差的钢种采取措施,如预热或焊后热处理等。

3. 应多采用工字钢、槽钢、角钢和钢管等型材

焊接结构采用型材,可以降低结构重量,减少焊缝数量,简化焊接工艺,增加结构件的强度和刚性。对形状比较复杂的部分,还可以选用铸钢件、锻件或冲压件来焊接。如图 4-22 所示是合理选材、减少焊缝数量的几个示例。

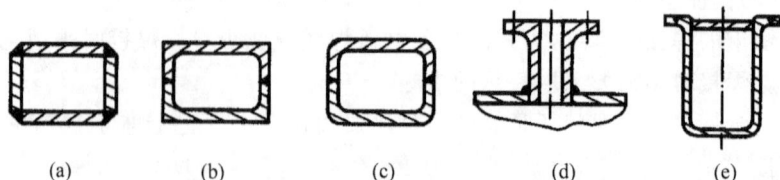

(a)　　　　(b)　　　　(c)　　　　(d)　　　　(e)

图 4-22　合理选材与减少焊缝数量

(a)用四块钢板焊成;(b)用两根槽钢焊成;(c)用两块钢板弯曲后焊成;
(d)容器上的铸钢件法兰;(e)冲压后焊接的小型容器

4.3.3　焊接接头的工艺设计

在保证使用要求的前提下,良好的焊接接头的工艺设计可以简化焊接过程,避免缺陷的产生,节省材料,提高生产率和降低成本。焊接接头的工艺设计主要包括焊缝布置和接头设计等方面的内容。

1. 焊缝的布置

焊缝布置的一般工艺设计原则如下:

(1)焊缝应尽量分散。如图 4-23 所示,焊缝密集或交叉,会造成金属过热,加大热影响区,使组织恶化,致使力学性能下降,并将增大焊接应力。

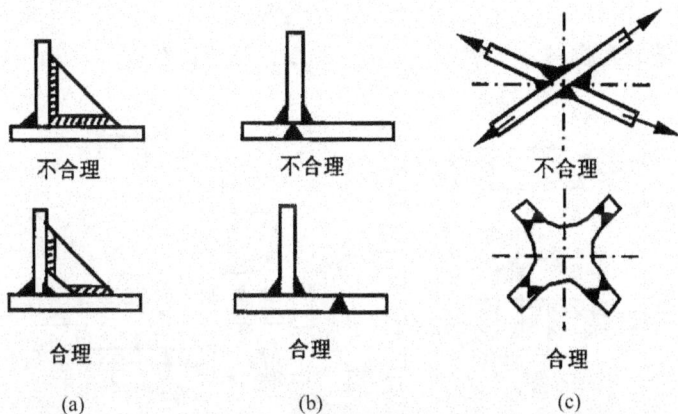

图 4-23　焊缝分散布置的设计

(2)焊缝的位置应尽量对称。如图 4-24 所示,焊缝对称布置,可以在一定程度上抵消焊接变形,这对于减少梁、柱类结构的弯曲变形有明显效果。

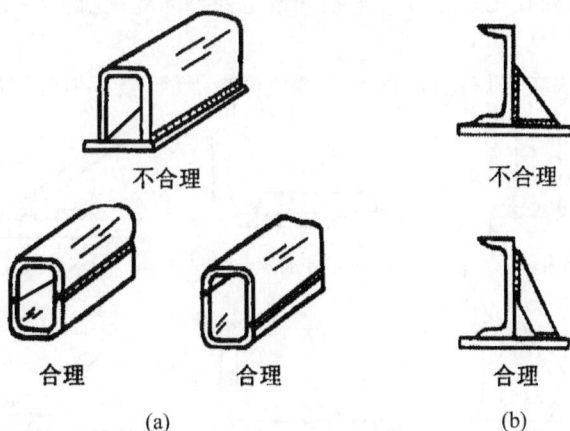

图 4-24　焊缝对称布置的设计

(3)焊缝应尽量避开最大应力断面和应力集中位置。如图 4-25 所示,对于受力较大、结构较复杂的焊接构件,在最大应力断面和应力集中位置不应该布置焊缝。

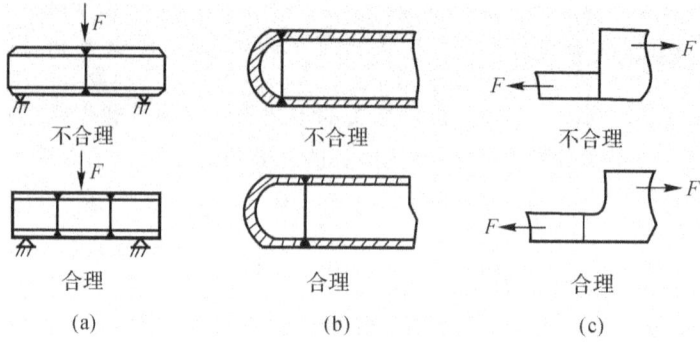

图 4-25　焊缝避开最大应力集中位置的设计

（4）焊缝应尽量避开机械加工表面。如图 4-26 所示，以免破坏已加工表面。

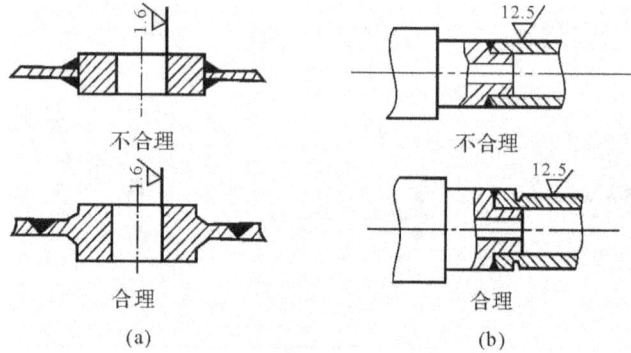

图 4-26　焊缝远离机械加工表面的设计

（5）焊缝位置应便于焊接操作。布置焊缝时，要考虑到有足够的操作空间（见图 4-27）。埋弧焊结构要考虑接头处在施焊中存放焊剂和熔池保持问题（见图 4-28）。点焊与缝焊应考虑电极伸入方便的问题（见图 4-29）。

此外，焊缝应尽量放在平焊位置，尽可能避免仰焊焊缝，减少横焊焊缝。

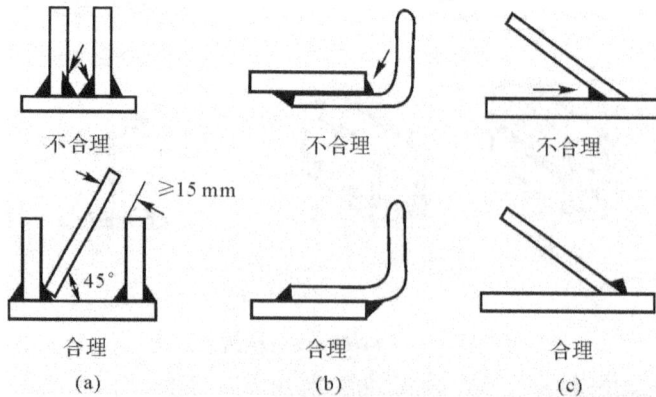

图 4-27　焊缝位置便于手弧焊的设计

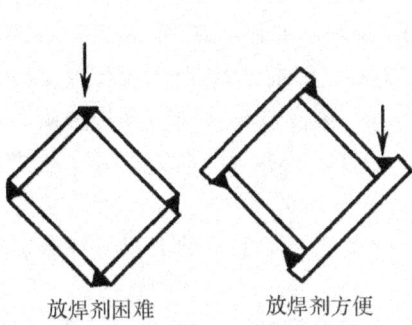

图 4－28　焊缝便于自动焊的设计

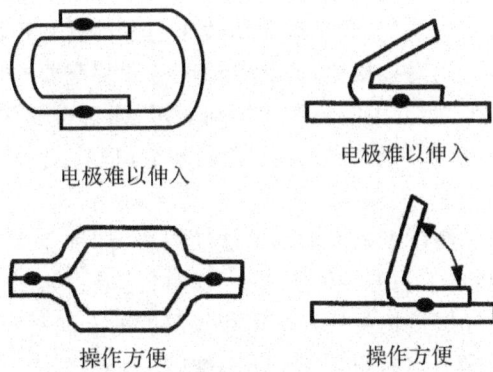

电极难以伸入　　　　电极难以伸入

操作方便　　　　操作方便

图 4－29　便于点焊及缝隙焊的设计

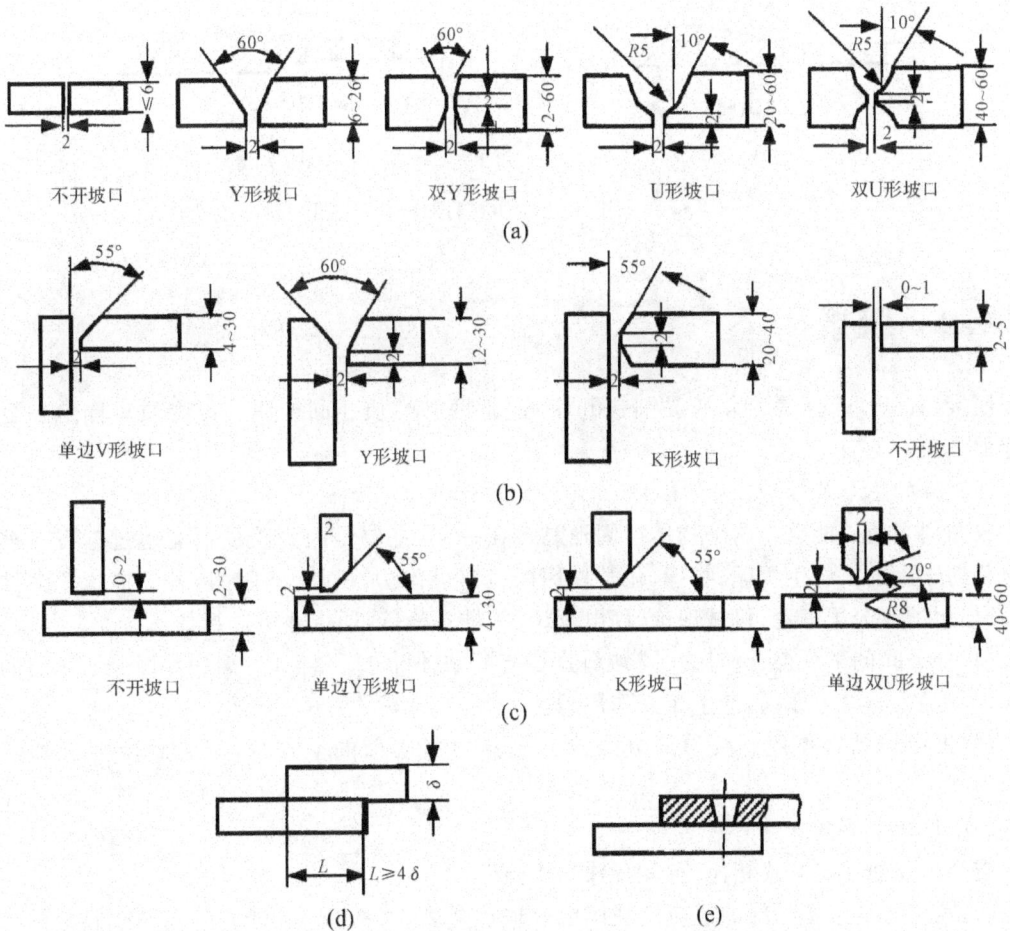

不开坡口　　　Y形坡口　　　双Y形坡口　　　U形坡口　　　双U形坡口

(a)

单边V形坡口　　　　Y形坡口　　　　　K形坡口　　　　不开坡口

(b)

不开坡口　　　单边Y形坡口　　　　K形坡口　　　单边双U形坡口

(c)

(d)

(e)

图 4－30　焊条电弧焊接头形式

(a)对接接头；(b)角接接头；(c)T 形接头；(d)搭接接头；(e)塞焊

2. 接头形式的选择与设计

焊接结构常用的接头形式有对接接头、角接接头、T 形接头和搭接接头等(见图 4－30)。

焊接接头主要根据焊接结构形式、焊件厚度、焊缝强度要求及施工条件等情况来选择。其中对接接头受力均匀,在静载和动载作用下都具有很高的强度,且外形平整美观,重要的受力焊缝应尽量选用对接接头,但对焊前准备和装配要求较高。搭接接头焊前准备简便,但因两工件不在同一平面,受力时将产生附加弯矩,而且金属消耗量也大,一般应避免采用。角接接头与T形接头受力情况都较对接接头复杂,但接头成直角或一定角度连接时,必须采用这种接头形式。

为了使厚度较大的焊件能够焊透,常将金属材料边缘加工成一定形状的坡口。根据国家标准规定,常用的手弧焊接头及坡口的形式如图4-30所示。

设计焊接构件最好采用相等厚度的金属材料,否则,接头处会造成应力集中。而且,接头两边受热不匀易产生焊不透等缺陷。若需要不同厚度金属材料对接时,应在较厚板料上加工出单面或双面斜边的过渡形式,如图4-31所示。

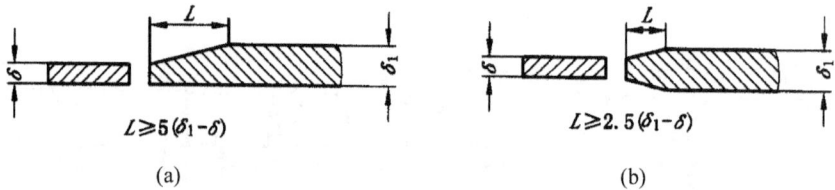

(a)　　　　　　　　(b)

图4-31　不同厚度金属材料对接的过渡形式

4.4　胶接

胶接(adherence)是利用胶黏剂(adhesive)把两种性质相同或不同的物质牢固地黏合在一起的方法。

1.胶接的基本原理

胶黏剂之所以能够将两个物体牢固地黏接在一起,主要是因为胶黏剂能通过本身在被黏接材料的连接面上产生机械、物理、化学作用而具有黏附力。对于黏附力,人们提出了多种理论,例如化学或分子理论、机械理论、静电理论、扩散理论等,通俗地可概括如下:

(1)分子间的微观黏合作用。胶黏剂分子与被黏材料分子接触时,因为界面分子之间的相互作用、扩散、静电等原因,产生相互作用力。

(2)机械的黏合作用。胶黏剂分子渗入被黏材料表面的空穴内,固化后产生机械咬合作用。

2.胶接的主要特点

胶接与其他连接方式相比,有其特殊的优点:

(1)胶接对被连接材料的适应性强。可以连接金属、木材、塑料、陶瓷等同种或异种材料。

(2)胶接减少了工件因焊接、铆接引起的变形和应力集中,胶接接头应力分布均匀,工件的疲劳寿命增加。

(3)胶接接头的密封性、绝缘性良好。

(4)胶接的工艺简单,操作容易且成本较低。

但胶结最大的缺点是机械强度低,而且接头一般不耐高温、易老化。

3.胶接工艺

胶接时,作为中间连接体的胶黏剂对连接质量起着重要的作用。胶黏剂的种类很多,工业用的胶黏剂主要是由黏性物质为基料,再加上各种添加剂构成的。常用的基料有环氧树脂、酚醛树脂、有机硅树脂、氯丁橡胶、丁腈橡胶等。常用的添加剂有固化剂、稀释剂等。胶黏剂的形态有液体、糊状、固态。

典型的胶接工艺如下:

表面处理→涂胶→晾置→装配→合拢→固化→检验

表面处理的一般方法是:先用水洗或擦干净待胶接的表面,再用丙酮等溶液去油。然后用打磨或锉削等方法粗化表面,以增大胶接的接触面积。表面处理的目的是使待胶接表面要有一定的粗糙度和清洁度,同时还应具有一定的化学或物理反应活性,以保证胶接质量。

涂胶的厚度以 0.05～0.20 mm 为好。厚度太大,产生缺陷的可能性也变大,反而会使胶接强度降低。

涂胶以后,由于有溶剂胶,须在一定的温度下将工件晾置一段时间,然后将所胶接的工件紧密地贴合在一起。

固化是指胶黏剂通过物理作用或化学反应转变为固体的过程。固化的参数是温度、压力和时间,不同的胶黏剂有不同的固化温度与时间。压力有利于工件的紧密接触,也有利于胶黏剂的扩散渗透。

胶接接头的检验包括:接头有无气孔、缺胶、裂纹,是否完全固化等。检验的办法包括超声波探伤、X 射线探伤等。总的说来,胶接接头的检验工作比较困难。

4.胶接的应用举例

胶接在汽车、航空、航天和船舶等工业领域中有着重要的应用,以下是胶接技术应用的实例。

(1)金属切削刀具的胶接。硬质合金刀具大多采用焊接方法将刀片固定在刀杆上。由于焊接高温的影响,刀片容易产生裂纹,从而缩短了使用寿命,若采用胶接则可避免上述影响。

(2)铸件的修补。生产中铸件经常会产生气孔或砂眼,对这些缺陷用胶黏剂修补,使可能报废的铸件得到利用,这对一些较大型的铸件是十分有意义的。如图 4-32 所示的汽缸体,修补时先在裂纹的末端钻止裂孔,然后用玻璃丝布涂胶覆盖在裂纹上面。

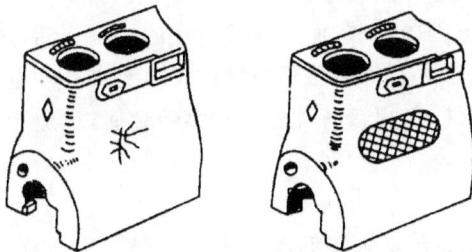

图 4-32　汽缸体裂纹的胶补

(3)零件尺寸的修复。有相对运动的轴、孔或平面的磨损,根据具体情况,采用胶黏剂加减磨材料涂敷或喷涂恢复尺寸。用这种方法比其他工艺要简单,修复后加工容易。机床导轨在工作中经常磨损,影响其精度。对于这样的磨损,可采用室温固化环氧树脂胶加入适量铸铁粉

与 MoS_2 粉,直接填补修复,待固化后用刮刀修平即可使用。

此外航空航天工业中广泛应用的蜂窝夹层结构,船舶尾轴与螺旋桨的安装,汽车挡风玻璃的安装都广泛应用了胶接技术。

4.5 焊接新技术简介

随着科学技术的发展,尤其是汽车、航空、航天、核工业等方面的发展,焊接技术也不断地向高质量、高生产率、低能耗的方向发展,主要体现在三个方面:一是出现了新的焊接工艺方法及装备,如激光焊、超声波焊、真空扩散焊等;二是改进常用的焊接方法及工艺,使焊接质量和生产率大大提高,如脉冲氩弧焊、三丝埋弧焊、固定式熔化极自动电弧焊等;三是焊接过程的智能控制和焊接机器人的应用。以下作简要介绍。

1. 电子束焊

利用加速和聚焦电子束轰击置于真空中的焊件所产生的热能进行焊接的方法,称为电子束焊,如图 4-33 所示。电子枪、工件及夹具全部装在真空室内。电子枪由加热灯丝、阴极、阳极及聚集装置等组成。当阴极被灯丝加热到 2 600 K 时,能发出大量电子。这些电子在阴极与阳极(焊件)间的高压作用下,经电磁透镜聚集成电子流束,以极大速度(可达到160 000 km/s)射向焊件表面,使电子的动能转变为热能,其能量密度($10^6 \sim 10^8$ W/cm^2)比普通电弧大 1 000 倍,故使焊件金属迅速熔化,甚至汽化。根据焊件的熔化程度,适当移动焊件,即能得到要求的焊接接头。

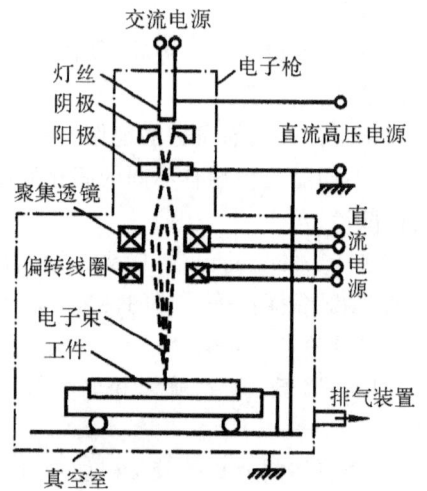

图 4-33 电子束焊接示意图

真空电子束焊接有以下特点:

(1)保护效果极佳,焊接质量好。

(2)能量密度大,熔深大,速度快,焊缝深而窄(焊缝宽深比可达 1∶20),能单道焊厚件。焊接热影响区很小,基本上不产生焊接变形。

(3)电子束参数可在较宽范围内调节,而且焊接过程的控制灵活,适应性强。

电子束焊的缺点是设备复杂,造价高,使用与维护技术要求高。电子束焊能焊接其他焊接工艺难以焊接的形状复杂的焊件,能焊接特种金属和难熔金属,也适于异种金属及金属与非金属的焊接。

2. 激光焊

激光焊(laser beam welding)是以聚焦的激光束作为热源轰击焊件所产生的热量进行焊接的方法,它的原理如图 4-34 所示。利用激光器受激产生的激光束,通过聚焦系统可聚焦到十分微小的焦点(光斑)上,其能量密度大于 10^5 W/cm^2。当调焦到焊件接缝时,光能转换为热能,使金属熔化形成焊接接头。

激光焊接的特点如下:

(1)生产率高,被焊材料不易氧化。因此可以在大气中进行焊接,不需要气体保护或真空环境。

（2）激光焊接的能量密度很高,热量集中,作用时间很短,所以焊接热影响区极小,焊后不变形,特别适用于热敏感材料的焊接。

（3）激光焊接可对绝缘材料直接焊接,焊接异种金属材料也比较容易,甚至能把金属与非金属焊接在一起。

但激光焊接设备的功率较小,穿透能力不及电子束焊,可焊接的厚度受到一定限制,而且操作与维护的技术要求较高。

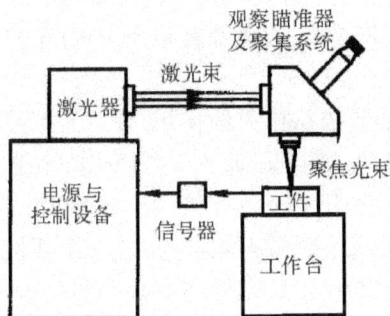

图 4 - 34　激光焊接示意图

3. 等离子弧焊接

前面所介绍的焊条电弧焊、埋弧焊以及气体保护焊的焊接电弧,都没有受到约束,是自由电弧。如果利用某些装置使自由电弧的弧柱受到压缩,这样就会使弧柱气体几乎完全电离成正离子和电子电荷相等的等离子体。这种等离子弧与一般的自由电弧相比,具有温度高、能量密度大、焰流可控等优点。因此,它能迅速熔化金属材料,可以用来堆焊、喷涂及切割。

借助水冷喷嘴对电弧的拘束作用,获得较高能量密度的等离子弧进行焊接的方法称为等离子弧焊(plasma arc welding)(见图 4 - 35)。等离子弧焊可分为微束等离子弧焊和大电流等离子弧焊。

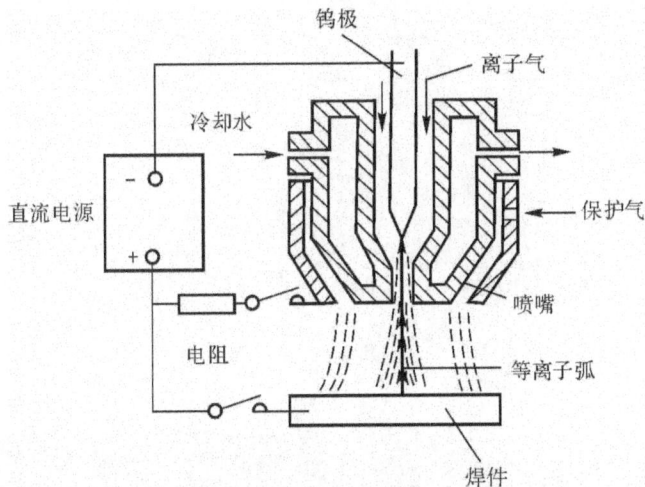

图 4 - 35　等离子弧焊示意图

等离子弧焊除具有氩弧焊的优点外,还具有以下优点:

(1)等离子弧能量密度大,弧柱温度高,穿透力强,所以 10～12 mm 厚的焊件开 I 形坡口,能一次焊透双面成形,焊接速度快,生产率高,应力变形小。

(2)当焊接电流小到 0.1 A 时,电弧仍能稳定燃烧,并保持良好的挺直度和方向性,所以可焊接很薄的箔材。

等离子弧焊接已日益广泛应用于生产中,特别是国防工业和尖端技术所用的铜合金、合金钢、钨、钼、钴、钛等金属的焊接。如钛合金的导弹壳体、波纹管及膜盒,微型继电器、电容器的外壳封接以及飞机上一些薄壁容器等均可用等离子弧焊。

但等离子弧焊接的设备比较复杂,气体消耗量大,只宜于室内焊接。

4. 扩散焊

扩散焊(diffusion welding)是依靠压力的作用,使焊件紧密贴合,在真空或保护气氛中及一定温度和压力下保持一段时间,使接触面之间的原子相互扩散完成焊接的一种压焊方法。扩散焊过程通常需要加热,在外加压力下焊接接头出现塑性流变,达到紧密接触。经一定的时间,原子的扩散和晶粒生长过程使界面逐渐消失,形成冶金连接。扩散焊的主要特点如下:

(1)可在不损害材料性能的情况下焊接金属和某些非金属,适合于特殊材料(如复合材料)的焊接。

(2)可连接异种金属或异类材料,如金属与陶瓷等。

(3)加热温度低、时间长,而且往往需要较高压力,对设备的要求较高。

(4)对结构复杂和尺寸相差较大的工件,配合其他工艺,可同时完成成形和连接,如超塑成形-扩散连接。

扩散焊方法主要应用于原子能、航空、航天及电子工业中,近些年也逐步向机械制造和家用电器等领域推广。

第5章

非金属材料的成形

非金属材料(nonmetal materials)是指除金属以外的其他材料。这类材料发展迅速,种类繁多,已在各工业领域得到广泛应用。在机械制造中使用的非金属材料有塑料、合成橡胶、合成纤维、陶瓷材料、胶黏剂、涂料等。其中塑料(plastic)、橡胶(rubber)、工程陶瓷(ceramic)应用最为广泛。本章主要对这三类材料的成形工艺作一个简要介绍。

5.1 塑料的成形加工

塑料工业主要是由塑料生产和塑料的成形加工两大部分构成的。塑料生产是指树脂及塑料原材料的生产,通常是由石化厂完成的。塑料的成形加工是将各种形态的塑料的原料(一般为粉末状、颗粒状或液体),加入适当的添加剂(如增塑剂、填料、防老化剂等),在一定的温度和压力下,制成所需形状的制品或坯件的过程。

塑料的成形方法很多,目前国内外应用较多的有注射成形(inject forming)、挤出成形(extruded forming)、压制成形(compress forming)、浇注成形(casting forming)、吹塑成形(blow-moulding forming)、真空成形(vacuum forming)等。塑料的成形方法的选择主要根据塑料的种类、零件的形状尺寸以及生产批量的大小来确定。

1. 注射成形

注射成形是将粉状或粒状的塑料原料经料斗装入料筒,并在其内加热至熔融状态,在注射机柱塞或螺杆作用下,以较高的速度和压力注入封闭的模具内腔,冷却固化后脱模即得所需形状的塑料制品(见图5-1)。注射成形的主要设备是塑料注射成形机和塑料注射成形模具。

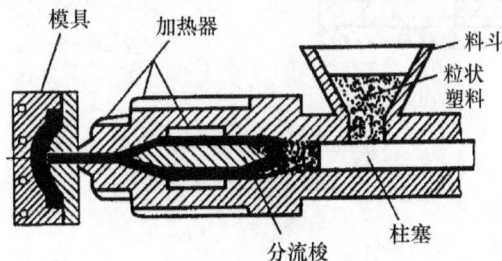

图5-1 注射成形示意图

注射成形是生产一般塑料制件最常用的方法,广泛应用于热塑性塑料和部分热固性塑料的成形。注射成形生产周期短、效率高,易于实现机械化、自动化,而且制品尺寸精确,适用于大批量制造形状复杂件、薄壁件及带有金属或非金属嵌件的塑料制品,如电视机、收录机的外壳等。

2.挤出成形

挤出成形是将粉状或粒状的塑料原料加入挤压机的料筒中,加热软化后,在旋转螺杆的作用下,将软化的塑料连续不断地由口模中挤出,冷却后制成等截面连续制品的方法(见图 5-2)。

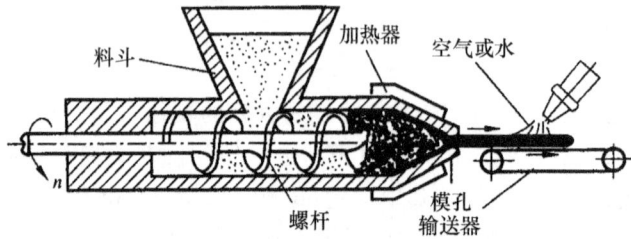

图 5-2 挤出成形示意图

挤出成形适合于热塑性塑料的生产,不能用于热固性塑料的生产。配合不同形状和结构的口模,可生产塑料管、棒、板、条、带、丝及各种异型断面的型材,还可进行塑料包覆电线、电缆的工作。挤出成形可以实现自动连续生产,效率高,但产品的精度较差。

3.压制成形

压制成形主要有模压法和层压法两种。模压法如图 5-3 所示,将粒状或预制片状塑料装入已加热至一定温度的开口模腔中,然后闭模加压,使受热软化的塑料流动充满型腔,继而在热和压力的作用下交联固化成形,不必冷却便可脱模取出塑料制品。层压法是把由玻璃纤维或其他纤维做成的"布"(薄片填料),用热固性液态树脂浸渍,并将其叠放成所需的厚度,然后在相当高的压力和高温下,使其固化而获得层压塑料。

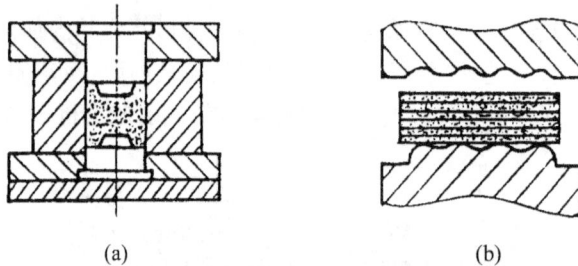

(a)   (b)

图 5-3 压制成形示意图

(a)模压法;(b)层压法

压制成形的设备由液压机、压制成形模具组成。

压制成形是热固性塑料常用的成形方法,也可用于流动性极差的热塑性塑料(如聚四氟乙烯)的成形,如常见的电器开关、插头、插座、轴瓦、汽车方向盘等就是利用压制成形的。层压塑料具有优良的强度,用途较广,可做成板、管和棒,也可采用厚的层压塑料板制作齿轮等零件。

4.浇注成形

浇注成形与金属的铸造十分相似,它是将液态的树脂与添加剂混合后浇铸入模具中,在室温或加热的条件下,通过化学变化于模内固化成形的方法,如图 5-4 所示。

浇注成形主要适用于流动性好、收缩小的热塑性塑料或热固性塑料,尤其适宜制造体积大、质量大、形状复杂的塑料件。浇注成形对模具的要求不高,所用设备较简单,但成形周期较长,制品的尺寸精度较低。

图 5-4　浇注成形示意图

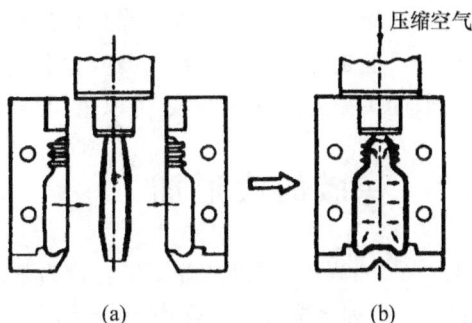

图 5-5　挤出吹塑成形示意图

(a)挤出型坯；(b)吹胀成形

5.吹塑成形

吹塑成形是利用压缩空气将片状、管状的熔融塑料坯吹胀并紧贴于模腔内壁,冷却硬化后即可得到中空制品的方法。吹塑成形通常是将型坯的制造与吹胀成形联合完成。根据型坯制造方法的不同,一般分为挤出吹塑和注射吹塑两种,如图 5-5 所示为常用的挤出吹塑的成形过程。

吹塑成形只限于热塑性塑料的成形,常用于成形中空、薄壁、小口径的塑料制品,如塑料瓶、塑料罐、塑料壶等,还可利用吹塑原理生产各种塑料薄膜。

6.真空成形

将热塑性塑料片放在模具中,周边压紧,加热器把塑料片加热至软化温度,然后将模具内腔抽成真空,软化的塑料片在大气的压力作用下与模具内表面贴合,冷却硬化后即得到所需的塑料制品。如图 5-6 所示为塑料真空成形原理、过程示意图,主要用于制作杯、盘、罩、壳体等敞口塑料制品。有机玻璃、ABS 塑料等都可以采用真空成形。

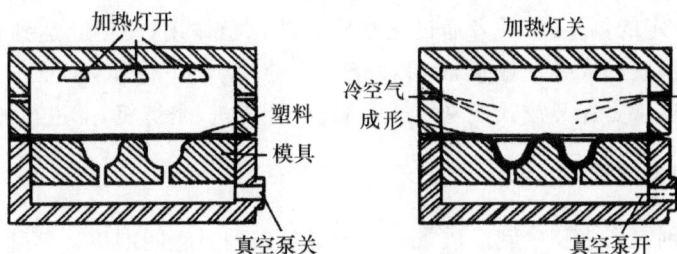

图 5-6　真空成形示意图

成形后的塑料制品多数可以直接使用,但也有一些需要进一步加工。这些加工包括机械加工、表面修饰、连接及装配等,也称为塑料的二次加工。

塑料零件的机械加工与金属的切削加工方法基本相同,如车、铣、刨、钻、扩、铰、镗、锯、锉、攻丝、滚花等。但在切削时,应充分考虑塑料与金属的性能差异,如塑料的散热性差、热膨胀系数大、弹性大,加工时容易变形、软化、分层、开裂和崩落等。因此,要采用前、后角较大的锋利刀具,较小的进给量和较高的切削速度,正确地装夹和支撑工件,减少切削力引起的工件变形,并采用水冷或风冷加快散热。

塑料的表面处理是指为美化塑料制件或为提高制品表面的耐腐蚀性、耐磨性及防老化等功能而进行的涂漆、印刷、镀膜等表面处理过程。

连接的目的是将简单的塑料件与其他塑料件、非塑料件连接固定,以构成复杂的组件。除了可用一般的机械连接方法外,还可以采用热熔连接、溶剂黏接和胶接等连接方法。

5.2 橡胶的成形加工

橡胶(rubber)是以有机高分子聚合物为基础的材料,根据原料来源的不同,可分为天然橡胶(caoutchouc)和合成橡胶(synthetic rubber);按照应用范围的大小,又可分为通用橡胶和特种橡胶。在机械工业中,橡胶主要用作密封件,减振、防振件,运输胶带和管道,电绝缘材料,轮胎,传动胶带等。

橡胶制品是以生胶为基础加入适量的配合剂(fitting agent)组成的。未加配合剂或未经硫化的天然或合成的橡胶统称为生胶(sheet rubber),它决定橡胶制品的主要性能。但是生胶高温发黏,低温性脆。为了改善橡胶制品的性能,或者使其具有某些特殊性能,往往需要在生胶中加入一些其他成分的添加物,称为配合剂。配合剂的种类很多,按照它们的作用性质大致可以分为硫化剂、促进剂、补强填充剂、增塑剂(软化剂)、防老(化)剂、着色剂和其他配合剂等。

橡胶的加工都要经过生胶的塑炼、塑炼胶与配合剂的混炼、制品的成形、制品的硫化四个阶段。

5.2.1 生胶的塑炼

由于生胶具有很高的弹性,可塑性极差,难以与配合剂混合及成形加工,所以使橡胶具有必要的塑性在工艺上极为重要。塑炼就是使弹性生胶转变为可塑状态的工艺加工过程。生胶塑炼的目的,就是降低它的弹性,增加其可塑性,并且获得适当的流动性,以满足混炼、压延、压出、成形、硫化等各种工艺加工过程的要求。

塑炼有两种方法,即机械塑炼法和化学塑炼法。前者通过塑炼机的机械破坏作用,降低生胶的弹性,获得一定的可塑性;后者通过化学药品的化学作用,使生胶达到塑化的目的。塑炼过程的实质就是橡胶的大分子断裂成相对分子质量较小的分子,从而使黏度下降,可塑性增大。生胶的塑炼通常是在开放式或密闭式炼胶机(开炼机、密炼机)上进行的。

5.2.2 胶料的混炼

将各种配合剂混入生胶中制成质量均匀的混炼胶的过程叫混炼。其基本任务就是制造出符合性能要求的混炼胶,以便使压延、压出、涂胶和硫化等后续工序得以正常进行。混炼加工仍然可使用开炼机、密炼机,也有的采用压出机(橡胶挤出机)。

5.2.3 制品的成形

橡胶制品的成形方法主要有压延成形、压出成形、模压成形、注射成形等。

1. 压延成形

压延是使物料受到延展的工艺过程。它是通过旋转着的两辊筒的压力来实现的。当胶料通过辊筒间隙时,在压力作用下延展成为一定断面形状的胶条,或在织物上实现挂胶的工艺过程。它一般用于胶料的压片、压型,纺织物和钢丝帘布等的贴胶、擦胶,胶片与胶片、胶片与挂胶织物的贴合等作业。压延成形的主要设备为压延机。该方法适用于形状比较简单的半成品成形。

2. 压出成形

压出成形是通过压出机机筒筒壁和螺杆尖的作用,使胶料达到挤压和初步造型的目的。压出工艺一般也称为挤出工艺,通过螺杆的旋转,使胶料不断向前推进,并借助于压型可压出各种复杂断面形状的半成品,如轮胎的胎面胶、内胎胎筒、纯胶管和电线电缆外皮等。压出工艺的主要设备为压出机。

3. 模压成形

在橡胶工业制品的生产中,模压成形是使用最广泛的生产方法。所谓模压成形,就是将准备好的橡胶半成品置于模具中,在加热加压的条件下,便胶料呈现塑性流动充满型腔,经一定的持续加热时间后完成硫化,再经脱模和修边后得到制品的成形方法。这种方法的主要设备是平板硫化机和橡胶压制模具。

模压成形的设备成本较低,制品的致密性好,适宜制作各种橡胶制品、橡胶与金属或与织物的复合制品,如密封圈、皮碗、减振件等;也可以将压延出的胶片、胶布等按照制品形状、大小裁剪后再在压机上用模具压制成半成品或成品,如胶鞋、橡胶球等。

模压成形时由于橡胶制品对金属的黏着力较大,往往不能自动脱模,模具的开启常需要手工操作,存在着劳动量大,生产效率低的缺点。

4. 注射成形

橡胶的注射成形是一种将浆料直接从机筒注入模型硫化的生产方法,与塑料注射成形相类似。橡胶制品较早是采用模压法、压铸法等,采用注射成形后,成形周期短,生产效率高,劳动强度小,产品质量高。

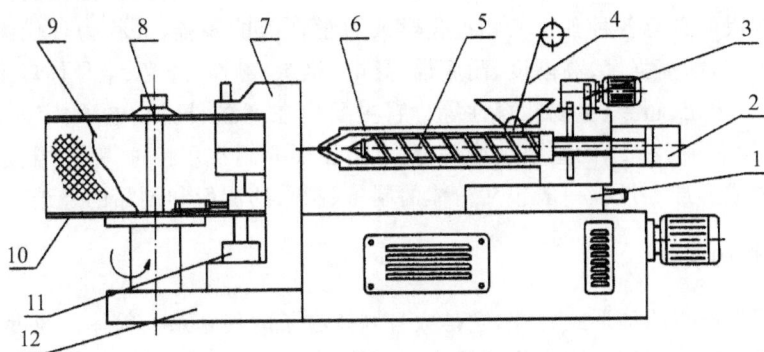

图 5-7　国产卧式六模胶鞋注射机示意图

1—注射座;2—注胶油缸;3—螺杆驱动装置;4—带状胶料;5—螺杆;6—机筒
7—合模机构;8—转轴;9—模具;10—转盘;11—液压锁模缸;12—机座

橡胶注射工艺包括喂料、塑化、注射、保压、硫化、出模几个过程。以六模胶鞋注射机工作过程为例,如图 5-7 所示。先将预先混炼好的胶料经料斗送入机筒,在螺杆的旋转作用下,胶料沿螺槽推向机筒前端。胶料在沿螺槽前进过程中,由于激烈搅拌和变形,加上机筒外部加热,温度很快升高,可塑性增加。胶料到达机筒前端后,注射缸前移使机筒前端的喷嘴与模型的浇道口接触,然后注射缸注胶,胶料经喷嘴注入模腔并保压一段时间。在保压过程中,胶料在高温下进行硫化直至出模,系统进入下一个注胶阶段,并循环往复进行下去。

5.2.4 硫化

硫化是指将塑性橡胶转化为弹性橡胶的工艺过程。其本质是塑性橡胶在硫磺、促进剂和活性剂的作用下发生化学反应,在橡胶分子链上形成化学交联键,使橡胶链状结构变成网状结构。交联键主要由硫形成,所以此过程称为硫化。随着橡胶工业技术的发展,已有很多不用硫磺硫化而可以使橡胶(尤其是合成橡胶)分子发生交联的方法。然而,凡是能使塑性橡胶转变为空间网状结构的弹性橡胶的工艺,不管用不用硫磺,均称为硫化。工业生产中,很多橡胶制品的硫化和成形是同时进行的,例如模压成形和注射成形。其他方法成形后的橡胶制品都需要再送入硫化罐内进行硫化。

硫化是橡胶制品生产工艺中最重要的工序之一,各种橡胶制品都必须通过硫化来获得满足使用要求的性能。硫化是在硫化机上进行的,温度、压力和硫化时间是必须严格控制的工艺参数。正确选择硫化温度和时间,是保证橡胶制品具有最佳性能的关键。合适的硫化温度和时间,取决于胶料的种类、硫化剂及硫化促进剂的性质和加入量、制品的厚度及形状等因素。硫化时间可以是几分钟,也可以是几小时。

5.3 陶瓷的成形加工

陶瓷(ceramic)属无机非金属材料,种类很多,按成分和用途的不同,大致可分为普通陶瓷(traditional ceramics)、特种陶瓷(special ceramics)两大类。普通陶瓷是以黏土、长石、石英等天然硅酸盐矿物为原料制成的陶瓷,又称为传统陶瓷,主要用于日用、建筑和卫生用品及电器、耐酸、过滤器皿等。特种陶瓷是采用高纯度的人工合成原料(如氧化物、氮化物、碳化物、硅化物、硼化物等)制成的具有各种独特的物理化学或力学性能的陶瓷,又称为现代陶瓷。它具有特殊的性质和功能,如高强度、高硬度、耐腐蚀、导电、绝缘、磁性、透光、半导体以及压电、铁电、光电、电光、声光、磁光、超导、生物相容性等。它主要用在高温、机械、电子、宇航、医学工程等方面,成为近代尖端科学技术的重要组成部分,本节主要介绍常用特种陶瓷材料成形工艺。

特种陶瓷的成形加工过程一般包括粉体的制备、制品的成形和制品的烧结三道工序。

5.3.1 粉体的制备

陶瓷体在成形前以粉体形式存在,它是大量固体粒子的集合系。粉体的粒度与粒度分布、表面特性等性能对随后所制成陶瓷烧结体的性能具有极大的影响。获得陶瓷粉体的方法有以下几种。

1. 粉碎法

它是将团块颗粒陶瓷用机械或气流粉碎而获得细粉。机械方法是将物料置于球磨机中不停地回转,靠球磨机中的磨球与物料相互撞击被粉碎成细颗粒状。气流法是将物料导入粉碎机内部并通过喷嘴通入压缩空气使物料粉碎,并且物料互相碰撞、摩擦而细化。

2. 合成法

合成法是由离子、原子、分子通过反应、成核和成长、收集、后处理而获得微细颗粒。该方法的特点是纯度、粒度可控,均匀性好,颗粒微细,并且可以实现颗粒在分子级水平上的复合、均化。合成法有固相法、液相法和气相法三种。

5.3.2　特种陶瓷的成形

特种陶瓷的成形工艺过程由配料、成形和烧结组成。

1. 配料

(1)混合。将各种组分的粉料混合均匀,可在球磨机中进行。

(2)塑化。普通陶瓷由于含有可塑性黏土成分,加入水就具有良好的成形性,特种陶瓷一般不含黏土原料,因此成形前须加入可塑性的化工原料。塑化就是利用塑化剂使原来无塑性的坯料具有可塑性的过程。常用的塑化剂有无机和有机两类。无机塑化剂(黏土)用于普通陶瓷;有机塑化剂用于特种陶瓷。有机塑化剂通常由三种物质组成,即黏结剂(如聚乙烯醇等)、增塑剂(如甘油)、溶剂(水、酒精等)。

(3)造粒。对特种陶瓷的粉料,一般希望越细越好,这样有利于高温烧结,可降低烧结温度。但在成形时,尤其对于干压成形来说,粉料的颗粒越细,流动性反而不好,不能充满模腔,易产生空洞。造粒就是在很细的粉料中加入一定的塑化剂,制成粒度较粗、流动性好的粒子(约 20～80 目)。造粒后有利于改善充模性,使充模密度提高。

(4)物料的悬浮。当用注浆法成形制坯时,为了使浆料悬浮,利于注浆成形,常加入悬浮剂,如烷基苯磺酸钠。

2. 成形

(1)注浆成形。注浆成形就是向粉料中加入一定量的水分制成流动性好的浆料,将制备好的浆料注入模具内,形成特定厚度的坯体后再倒出多余的浆料,待注件干燥收缩后修坯脱模获取制件。

该方法适用于制造大型的、形状复杂的、薄壁的陶瓷制品。近年来,在传统注浆成形的基础上,改良出压力注浆、真空注浆、离心注浆(见图 5-8)等新方法,对提高注件质量、减轻劳动强度、提高生产率起到了积极有效的作用。

(2)模压成形。模压成形又称干压成形,它是将含有极少水分的粉状坯料加入少量结合剂进行造粒,然后将造粒

图 5-8　离心浇注示意图

后的粉料加入钢模中,在压力机上压制成致密生坯的成形方法。压制成形的过程简单,制品形状尺寸准确,便于实现机械化,是现代陶瓷的主要成形方法,但不适于制造大型坯体。

(3)可塑成形。它是采用手工或机械的方法对具有可塑性的坯料施加压力,使其发生塑性变形而制成生坯的方法。常用的可塑成形方法有挤压、滚压、旋压、雕塑及印坯等。

挤压成形是将真空炼制的泥料,放入挤制机(见图 5-9)内,挤出各种形状坯体的成形方法。这种挤制机一头可以对泥料施加压力,另一头装有机嘴(即成形模具),通过更换机嘴,能挤出各种形状的坯体。挤出的坯体,待晾干后,可以切割成所需长度的制品。

挤压成形常用于挤制 $\phi 1 \sim 30$ mm 的管、棒等细管,壁厚可小至 0.2 mm 左右;也可用来挤制厚 0.2～3 mm 的片状坯膜。挤压法的污染小,操作易于自动化,可连续生产,效率高。

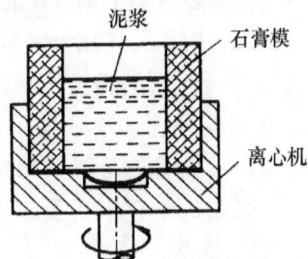

如图 5-10 所示为滚压成形的示意图。成形时，盛放坯料的模型和回转型的滚压头分别绕自身轴线以一定的速度同方向旋转，同时滚压头向模型靠近，对坯料进行滚压使其成形。滚压成形易于实现机械化操作，故生产率高。滚压后的坯件组织致密、强度大，不易变形，表面质量好。

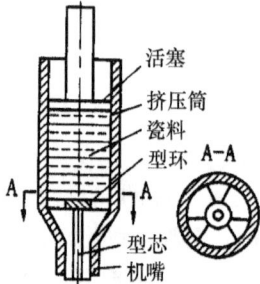

图 5-9　立式挤制机结构示意图

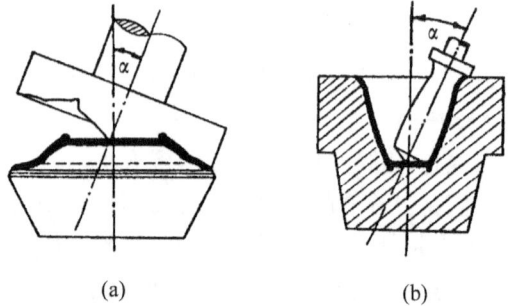

图 5-10　陶瓷的滚压成形
(a)阳模滚压；(b)阴模滚压

总之，可塑成形的操作简单，但制品精度不高，主要用于民用陶瓷器皿的生产，工业上用于陶瓷管、棒或型材的成形，如热电偶保护套管、高温炉管等。

(4)固体成形。它是先将粉料制成一定强度的块料或经过预烧制成有一定强度的坯料，然后再进行车、铣、刨、钻等加工成形的方法。

其他成形方法还有热压铸成形法、等静压成形法等。

5.3.3　特种陶瓷的烧结

陶瓷生坯在高温下的致密化过程和现象称为烧结。陶瓷成形后，必须通过烧结使材料获得预期的显微结构并最终赋予材料应有的性能。陶瓷生产中最常用的方法是在大气条件下（无特殊气氛，常压下）烧结，但为了获得高质量的不同种类的特种陶瓷，还常采用下列的烧结方法。

1. 低温烧结

低温烧结的目的是降低能耗，以降低产品成本。可以通过引入添加剂，或用压力烧结，或使用易于烧结的粉料来实现。

2. 热压烧结

在加热粉体的同时进行加压，可降低烧结温度，而且烧结体中气孔率低，晶粒小，制成品致密度高，强度高。热压烧结必须采用特种材料制成的模具，成本高，生产率低，只能生产形状不太复杂的制品，如制备强度很高的陶瓷车刀等。

3. 气氛烧结

某些陶瓷（如 Si_3N，SiC 等）为防止制品氧化，可在保护气氛下烧结。即在炉膛内通入一定的气体，形成所要求的气氛，在此气氛下进行烧结。

第6章

零件的毛坯选择

机械中的大多数零件都是通过毛坯(blank)成形,再经过切削加工及热处理等工艺过程制成的。毛坯的选择不仅对后续的切削加工有很大影响,而且对零件乃至机械产品的质量、生产周期和成本都有影响。因此,正确选择毛坯的类型和成形方法是机械设计与制造中的首要问题。

6.1 毛坯的种类

毛坯是指根据零件或产品所要求的形状、工艺尺寸等制成的供进一步加工用的生产对象。机械零件的常用毛坯包括铸件、锻件、型材件、冲压件、焊接件、粉末冶金件和非金属件等等。

1. 铸件

用铸造方法获得的零件毛坯称为铸件(casting)。几乎所有的金属材料都可进行铸造,其中铸铁应用最广,而且铸铁也只能用铸造的方法来生产毛坯,常用于铸造的碳钢为低、中碳钢。铸造可生产几克到200余吨的铸件,包括形状简单到复杂的各种铸件,特别是内腔复杂的毛坯常用铸造方法生产。使铸件形状和尺寸与零件较接近,可节省金属材料和切削加工的工时,一些特种铸造方法成为少屑和无屑加工的重要方法之一。同时铸造所用的设备简单,原材料来源广泛,价格低廉。因此,在一般情况下铸件的生产成本较低,是优先选用的毛坯。

但是铸件的组织较粗大,内部易产生气孔、缩松、偏析等缺陷,这些都影响铸件的力学性能,使铸件的力学性能比相同材料的锻件低,特别是冲击韧性差,所以一些重要零件和承受冲击载荷的零件不宜用铸件作零件的毛坯。但是随着科学技术的不断发展,一些传统的锻造毛坯(如曲轴、连杆、齿轮等)也逐渐被球墨铸铁等铸件所取代。

2. 锻件

锻件(forging)是固态金属材料在外力作用下通过塑性变形而获得的。由于塑性变形的结果,锻件内部的组织较细且致密,没有铸造组织中的缺陷,所以锻件比相同材料铸件的力学性能高。尤其塑性变形后使型材中纤维组织重新分布,符合零件受力的要求,更能发挥材料的潜力。锻件常用于要求强度高、耐冲击、抗疲劳等重要零件的毛坯。

与铸造相比,锻造方法难于获得形状较复杂(特别内腔)的毛坯,且锻件成本一般比铸件高,金属材料的利用率亦较低。

自由锻造适用于单件、小批生产形状简单和大型零件的毛坯,其缺点是精度不高、表面不光洁、加工余量大、消耗金属多。模锻件的形状可比自由锻件复杂,且尺寸较准确,表面较光洁,可减少切削加工成本,但模锻锤和锻模价格高,所以模锻适用于中小件的成批或大量生产。

3. 冲压件

冲压可制造形状复杂的薄壁零件。冲压件(punching parts)的表面质量好,形状和尺寸精度高(取决于冲模质量),一般可满足互换性的要求,通常不必再经切削加工便可直接使用。冲压生产易于实现机械化与自动化,所以生产率较高,产品的合格率和材料利用率高,制造成本低。但冲压件只适用大批量生产,因为模具制造的工艺复杂、成本高、周期较长,只有在大批量生产中才能显示其优越性。

4. 焊接件

焊接件(weldment)是借助于金属原子间的扩散和结合的作用,把分离的金属制成永久性的结构件。焊接件的尺寸、形状一般不受限制,可以小拼大,结构轻便,材料利用率高,生产周期短,主要用于制造各种金属结构件,也用于制造零件的毛坯和修复零件,特别适用于制造单件、大型、形状复杂的零件或毛坯,不需要重型与专用设备,产品改型方便。焊接件接头的力学性能与母材基本接近。焊接件可以采用钢板或型钢焊接,或采用铸-焊、锻-焊或冲-焊联合工艺制成。但是焊接过程是一个不均匀加热和冷却的过程,焊接件内容易产生内应力和变形,接头的热影响区力学性能有所下降。

5. 型材件

用各种炼钢炉冶炼成的钢在浇注成钢锭后,除少量用于制造大型锻件外,约 $85\% \sim 95\%$ 的钢锭是通过轧制等压力加工方法制成各种型材(bar section)。型材具有流线(或纤维)组织,使其力学性能具有方向性,即顺着流线方向的抗拉强度、塑性好而垂直于流线方向的抗拉强度、塑性差,但抗剪强度高。型材是大量生产的产品,可直接从市场上购得,价格便宜,可简化制造工艺和降低制造成本,尽管尺寸精度与表面质量稍差,在不影响零件性能的情况下,一般优先选用型材。

型材的断面形状和尺寸有多种,常见的型材有型钢、钢板、钢管、钢丝、钢带等。其中型钢在机械制造行业应用最为广泛。型钢采用热轧或冷轧方法生产,一般冷轧产品的尺寸精确、表面质量好、力学性能高,价格比热轧产品贵。用普通质量钢制成的型钢称为普通型钢,用优质钢或高级优质钢制成的型钢称为优质型钢。从截面形状来分,型钢的种类有圆钢、方钢、六角钢、等边角钢、不等边角钢、工字钢和槽钢等多种,如图 6-1 所示。圆钢可以制作形状简单的中、小型零件,如销、杆、小轴等;角钢、槽钢可以制造工程结构件,如桥梁、建筑业等。

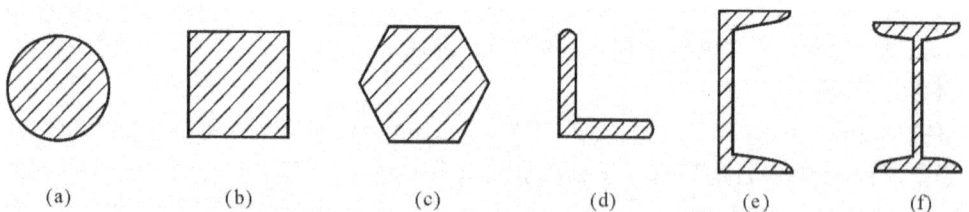

图 6-1 常用型钢截面

(a)圆钢;(b)方钢;(c)六角钢;(d)角钢;(e)槽钢;(f)工字钢

6. 粉末冶金件

粉末冶金是将按一定配比均匀混合的金属粉末或金属与非金属粉末,经过压制成形和烧结工艺,从而获得制件的加工方法。它既是制取金属材料的一种冶金方法,也是制造毛坯或零件和器件的一种成形方法。粉末冶金件(powder metallurgy)一般都具有某些特殊性能,如良好的减摩性、耐磨性、密封性、过滤性、多孔性、耐热性及某些特殊的电磁性能等。有些机械零件,如含油轴承、离合器片、摩擦片及高强度、高耐磨的齿轮、凸轮等,常采用粉末冶金件。硬质合金件也通过粉末冶金方法生产,是制造切削刀具的重要组件。粉末冶金件由于尺寸精度较高,很多情况下可以不再加工而直接使用,作为机械零件时,有时需要进行少量切削加工。

7. 非金属件

随着材料科学的迅速发展,非金属材料(nonmetals)在各类机械中的应用日益扩大,其中以工程塑料的发展最为迅速,其他还有合成橡胶、工业陶瓷、复合材料等。

与金属材料相比,工程塑料具有质量小,化学稳定性、绝缘性、耐磨性、减振性好,成形和切削加工性好,以及外形美观,材料来源丰富,价格便宜等一系列优点。但是,其力学性能一般比金属材料低得多,工作温度一般不能超过 100℃,导热性差。

在机械零件中,工程塑料主要适于制造在常温下工作的低载荷零件或其毛坯,如某些齿轮、蜗轮、凸轮、叶轮、轴承等,制造机械或仪表的外壳、表盘、防护罩等形状复杂但受力小,或有透明要求的零件,以及电器上的绝缘件和装饰性零件等。

6.2　毛坯选择的原则

毛坯种类选择时,应在满足使用要求的前提下,尽可能降低生产成本,使产品在市场上具有竞争力。

1. 适用性原则

适用性原则就是满足零件的使用要求。零件的使用要求体现在对其形状、尺寸、加工精度、表面粗糙度等外部质量,以及对其化学成分、金属组织、机械性能、物理性能和化学性能等内部质量的要求上。即使同一类零件,由于使用要求不同,从选择材料到选择毛坯类型和加工方法,可以完全不同。例如,机床的主轴和手柄,都是轴类零件,但主轴是机床的关键零件,尺寸、形状和加工精度要求很高,受力复杂,在长期使用过程中只允许发生很微小的变形。因此,要选用 45 钢或 40Cr 钢等具有良好综合机械性能的材料,经过锻造制坯及严格的切削加工和热处理制成。而机床手柄则采用低碳钢圆棒料或普通灰铸铁件为毛坯,经简单的切削加工即可完成,不需要热处理。再如,燃气轮机上的叶片和风扇叶片,虽然同是具有空间几何曲面形状的叶片,但前者要求采用优质合金钢,经过精密锻造和严格的切削加工及热处理,并且,需要经过严格的检验,其制造尺寸的微小偏差,将会影响工作效率,而某些内部缺陷则可能造成严重的后果,而一般的风扇叶片,采用低碳钢薄板冲压成形就基本完成了。

2. 经济性原则

一个零件的制造成本包括其本身的材料费以及所消耗的燃料、动力费用、工资和工资附加费、各项折旧费及其他辅助性费用等分摊到该零件上的份额。因此,在选择毛坯的类型及其具体的制造方法时,应在满足零件使用要求的前提下,把几个可供选择的方案从经济上进行分析比较,从中选择成本低廉的。这里,首先要把满足使用要求和降低制造成本统一起来。脱离使用要求,对零件材质和加工质量提出过高的要求,会造成无谓的浪费;相反,一台包含有不合格零件组装的机器,虽然制造成本有所降低,但其后果或者是达不到原设计的工作要求,或者是大大缩短使用寿命,甚至造成严重的生产事故,这是不能允许的。其次,考虑经济性,不能只从选材和选择毛坯成形方法的角度考虑,而应从降低整体的生产成本考虑。例如,手工造型的铸件和自由锻造的锻件,毛坯的制造费用一般较低,但原材料消耗和切削加工费用都比机器造型的铸件和模锻的锻件高,零件的整体生产成本不一定合算。此外,某些单件或小批量生产的零件,采用焊接件代替铸件或锻件,有时可能成本较低。

3.其他因素

(1)材料的工艺性对毛坯选择的影响。由于材料加工工艺性不同,毛坯的成形方法也各异。如铸铁、铸造铝合金、铸造铜合金等铸造性能好的材料,一般只适用于铸造方法生产毛坯(铸件);用塑性成形方法(锻造、冲压)生产毛坯,就要求材料具有良好的塑性;又如选用焊接生产毛坯时,一般要用低碳钢或低碳合金钢作为零件的材料,因其含 C 质量分数低,合金元素少,材料的可焊接性较好。

(2)零件的结构、形状与尺寸大小对毛坯生产方法选择的影响。毛坯的结构特征,如形状的复杂程度、体积和尺寸大小,壁和壁间的连接形式,壁的厚薄等都影响着毛坯生产方法的选择。铸造生产的毛坯形状可较复杂(特别是内腔形状复杂和壁厚较薄的箱体),焊接也可拼焊出形状复杂的坯件,其质量较铸件好、重量较轻,但批量较大时生产率低。锻压方法一般只能生产形状较简单的毛坯,否则形状复杂零件经锻件毛坯简化后,使机械加工的余量增多,这不仅增加机械加工的工作量,还浪费很多材料。

(3)零件性能的可靠性对毛坯选择的影响。铸件内易形成各种缺陷,如晶粒粗大(特别在大断面处)、缩孔、缩松、气孔、偏析和夹杂等,废品率也较高,所以铸件的力学性能,特别是冲击韧性不如同样材料的锻件,故一般承受动载荷的零件,不宜采用铸件作毛坯。对强度、冲击韧性、疲劳强度等要求高的重要零件,大多采用锻件作毛坯。由于焊接结构件主要采用轧制型材焊接而成,故焊接件的性能也较好。

(4)零件生产的批量对毛坯选择的影响。一般当零件的产量较大时,宜采用高精度和高生产率的毛坯制造方法,以减少切削加工,节省金属材料和降低生产成本,如冲压、模锻、压力铸造等。相反,当零件产量较小时,宜采用砂型铸造和自由锻造等方法生产毛坯。有时单件产品,特别是形状复杂、尺寸较大的零件(如箱体、支架等),用焊接方法生产坯料,其周期短、成本低。

6.3　典型零件毛坯选择分析

根据毛坯的选择原则,下面分别介绍轴杆类、盘套类和箱体类等典型零件的毛坯选择分析。

6.3.1　轴杆类零件

轴杆类零件是机械产品中支撑传动件、承受载荷、传递扭矩和动力的常见典型零件,包括各种传动轴、丝杠、曲轴、连杆、螺栓等(见图 6-2)。轴类零件工作时承受多种载荷,如交变扭转载荷、交变弯曲载荷及冲击载荷等,轴颈处承受摩擦与磨损。因此,轴类零件应具备优良的综合力学性能,高的疲劳强度,以防止在交变载荷或冲击载荷作用下发生疲劳断裂或过载断裂。局部(轴颈及花键处)应具有较高的硬度以增加耐磨性,防止发生磨损。

轴类零件最常用的毛坯是型材和锻件,对于某些大型的、结构复杂的轴也可以用铸件或焊接结构件。

对于小尺寸的轴,其截面变化不大时,可选用型材作为毛坯。中等尺寸的轴,且直径变化较多时(如机床主轴)常采用圆钢经锻造制成毛坯。异形截面或有弯曲轴线的轴(曲轴),可采用锻件或球墨铸铁件毛坯。对于大型、重型的轴,可采用"锻-焊"或"铸-焊"结构的毛坯。

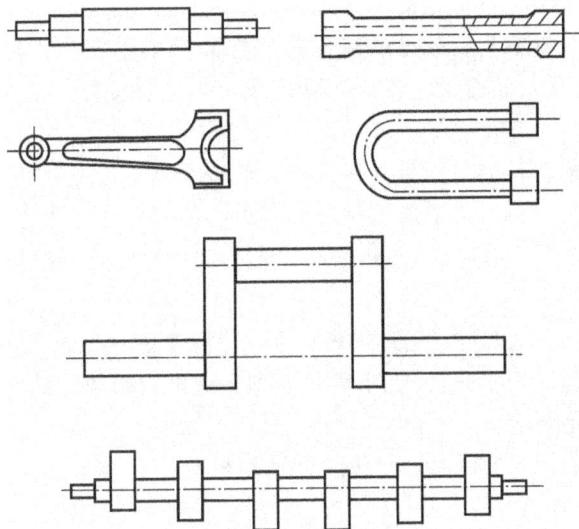

图 6-2　轴杆类零件

6.3.2　盘套类零件

盘套类零件是指直径尺寸较大而长度尺寸相对较小的回转体零件。属于这类零件的有各种齿轮、带轮、飞轮、轴承环、端盖以及螺母垫圈等(见图 6-3)。盘套类零件的用途和工作条件差异很大,故材料和成形方法也有很大差别。

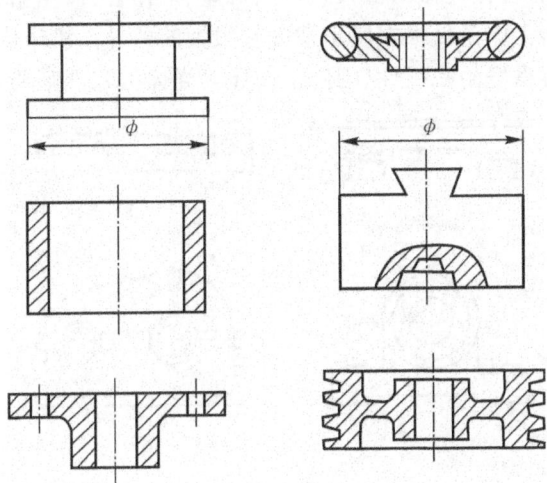

图 6-3　盘套类零件

1.齿轮类零件

齿轮工作时,通过齿面接触传递动力,在啮合齿表面承受既有滚动又有滑动的高的接触压应力与强烈的摩擦。作为齿轮材料应具有高的弯曲疲劳强度和高的接触疲劳强度,齿面有高的硬度和耐磨性,齿轮心部要有足够的强度和韧性。

（1）机床齿轮。机床齿轮有良好的润滑条件，在较稳定的受力状态下工作。但齿轮工作时受力情况比较复杂，要求材料具有较好的综合力学性能。因此，机床齿轮毛坯应选用中碳钢材料（如 45,50Mn2,40Cr 等）、锻造工艺方法、调质（或正火）热处理工艺、齿面高频淬火处理等，才能满足使用性能要求。

（2）汽车齿轮。汽车齿轮的工作条件比机床齿轮差得多。在恶劣的路面上行驶及紧急刹车时齿轮要受很大的冲击载荷，要求齿轮材料具有更高的强韧性。为此，汽车齿轮应选用低碳合金钢，如合金渗碳钢 20CrMnTi 等材料，锻造工艺方法，齿面渗碳整体淬火，以满足汽车齿轮工作条件的要求。

（3）低速机械齿轮。农业机械、建筑机械上的一些低速齿轮在开放多粉尘的环境中工作，受力不大，住住不需要选择钢制锻件，也不需热处理。通常选用灰铸铁（如 HT200）材料，铸造工艺方法成形，就能满足要求。

此外，受力小的仪表齿轮在大批生产时，可采用板料冲压和非铁合金（如 ZL202）压铸成形，也可用塑料（如尼龙）注射成形。

2. 带轮、飞轮、手轮等

这类零件受力不大或仅承受压力，通常可采用灰铸铁、球墨铸铁等材料铸造成形；单件生产时，也可采用 Q215、Q235 等低碳钢型材焊接成形。

3. 法兰、垫圈等

可根据其受力情况及零件形状，分别采用铸铁件、锻件或冲压件为毛坯。

6.3.3 箱体类零件

常见的箱体类零件有各种机械的机架、机身、机座、工作台、齿轮箱、轴承座、阀体、泵体等。这类零件结构比较复杂，工作条件根据使用情况有很大的差异。机床床身、底座等基础零件主要是承受压力，并要求有良好的减振性、刚度。阀体等壳体类零件则要求有良好的密封性。

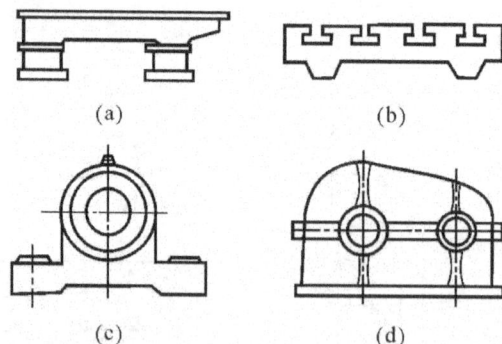

（a）   （b）

（c）   （d）

图 6-4　箱体类零件

一般箱体类零件多采用灰铸铁件，制造出形状复杂的毛坯，并有良好的减振性、耐磨性。对于受力较大、受力复杂的零件毛坯，可采用铸钢件。对于要求质轻、不以受力为主的零件，可采用铝合金铸件。当单件生产或工期较短时，可采用钢材焊接而成。

6.4　毛坯选择实例

6.4.1　螺旋起重器

如图 6-5 所示为检修车辆时经常使用的螺旋起重器(千斤顶)。单件小批生产,承载能力为 4 t。起重器的支座 5 上装有螺母 3,工作时转动手柄 2 带动螺杆 4 在螺母中转动,推动托杯1 顶起重物。主要零件的毛坯选择分析如下:

(1)支座。支座是起重器的基础零件,承受静载荷压应力。支座具有锥度及内腔,结构形状较复杂,宜选用 HT200 材料及铸件毛坯。

(2)螺杆。螺杆工作时沿轴线方向承受压应力,螺纹承受弯曲应力及摩擦力,受力情况比较复杂。但螺杆结构形状比较简单,主要采用切削加工的方法,宜选用 45 钢材料及锻件毛坯。

(3)螺母。螺母工作时的受力情况与螺杆类似,但为了保护比较贵重的螺杆,宜选用较软的材料,如青铜 ZCuSn10Pb 及铸件毛坯。螺母的孔直接铸出。

(4)托杯。托杯直接支撑重物,承受压应力,且具有凹槽和内腔,结构形状较复杂,宜选用 HT200 材料及铸件毛坯。

(5)手柄。手柄工作时承受弯曲应力,受力不大且结构形状简单,可直接在 Q235A 圆钢上截取,再进行机械加工。

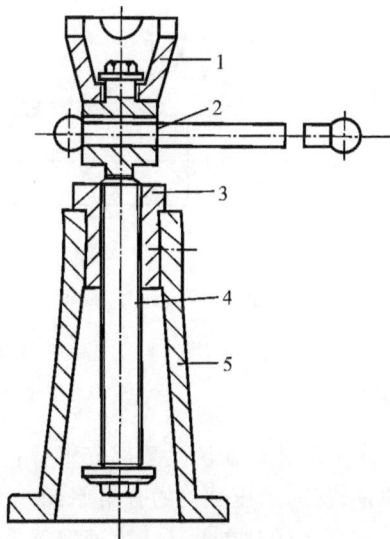

图 6-5　螺旋起重器
1—托杯;2—手柄;3—螺母;
4—螺杆;5—支座

6.4.2　承压液压缸

如图 6-6 所示为承压液压缸尺寸图。承压液压缸要求选用含 C 质量分数为 0.40% 的钢制造,需要 200 件。液压缸的工作压力为 1.5 MPa,要求水压试验压力为 3 MPa;两端法兰接合面及内孔要求切削加工,加工表面不允许有缺陷;其余外圆面部分不加工。现就承压液压缸毛坯的选择作如下分析。

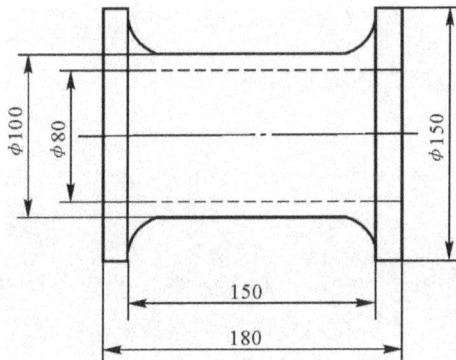

图 6-6　承压液压缸

(1)圆钢。直接选用 φ50 mm 圆钢(40 钢),经切削加工成形,能全部通过水压试验。但材料利用率低,切削加工工作量大,生产成本高。

(2)砂型铸造毛坯。选用 ZG270-500 铸钢砂型铸造成形,可以水平浇注或垂直浇注,如图 6-7 所示。

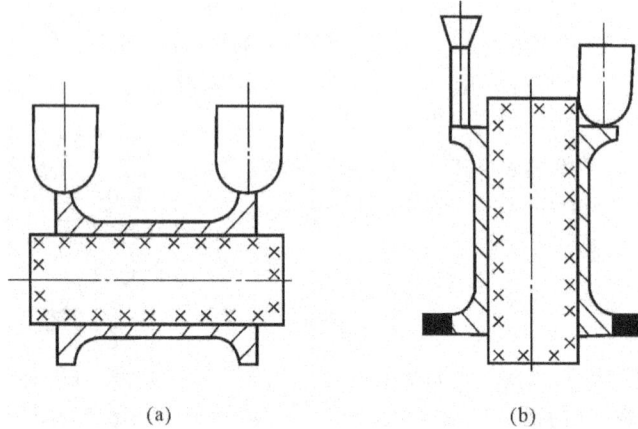

(a)   (b)

图 6-7 承压液压缸的浇注
(a)水平浇注;(b)垂直浇注

水平浇注时在法兰顶部安置冒口。该方案工艺简单、节省材料、切削加工工作量小,但内孔质量较差,水压试验的合格率低。

垂直浇注时在上部法兰处安置冒口,下部法兰处安置冷铁,使之定向凝固。该方案提高了内孔的质量,但工艺比较复杂,也不能全部通过水压试验。

(3)模锻毛坯。选用 40 钢模锻成形,锻件在模膛内有立放、卧放之分,如图 6-8 所示。锻件立放时能锻出孔(有连皮),但不能锻出法兰,外圆的切削加工工作量大;锻件卧放时,能锻出法兰,但不能锻出孔。加工内孔的切削工作量大。

模锻件的质量好,能全部通过水压试验。但模具投资大,单件小批量生产成本高。

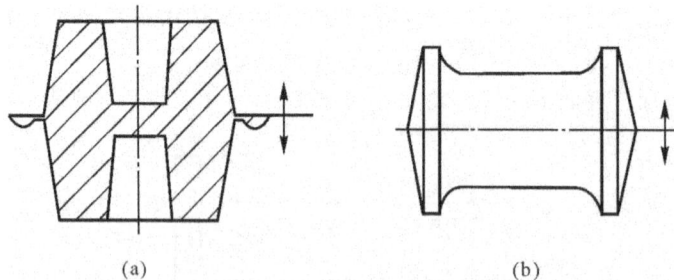

(a)   (b)

图 6-8 承压液压缸的模锻
(a)立放;(b)卧放

(4)胎模锻。胎模锻件如图 6-9 所示,胎模锻件可选用 40 钢坯料经墩粗、冲孔、带芯棒拔长等自由锻工序完成初步成形,然后在胎模内带芯棒锻出法兰最终成形。其与模锻相比较,具有既能锻出孔又能锻出法兰的优点;但生产率较低,劳动强度大。

胎模锻件的质量好,能全部通过水压试验。

(5)焊接。选用 40 钢无缝钢管,按承压液压缸尺寸在其两端焊上 40 钢法兰得到焊接结构毛坯,如图 6-10 所示。采用焊接工艺既省材料又工艺简便,但难找到合适的无缝钢管。

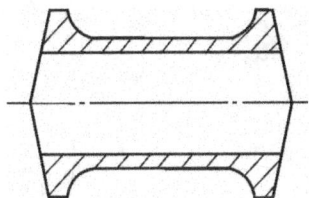

图 6-9　承压液压缸的胎模锻件毛坯　　　　图 6-10　承压液压缸的焊接结构毛坯

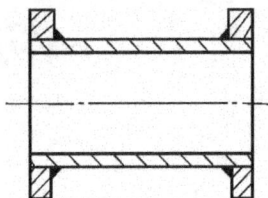

综上所述,采用胎模锻件毛坯比较好,但若有合适的无缝钢管,采用焊接结构毛坯更好。

第7章

切削加工基础

7.1 切削加工概述

7.1.1 切削加工的分类、特点、应用及发展方向

1. 切削加工的分类

切削加工(cutting machining)是利用切削刀具从工件毛坯上切除多余的材料,以获得具有一定形状、尺寸、精度和表面粗糙度的零件的加工方法。目前,机械零件除了少数是利用精密铸造、精密锻造、粉末冶金等无屑加工方法获得的,大多数零件还是靠切削加工的方法来完成的。因此,切削加工在机械制造中占有重要的地位。

切削加工可分为机械加工和钳工两部分。机械加工又称机加工,一般是通过人工操纵机床设备来实现的。其主要方法有车削、钻削、镗削、铣削、刨削、磨削及齿轮加工等,所用的机床分别为车床、钻床、镗床、铣床、刨床、磨床及齿轮加工机床等。钳工一般是在平台上手持工具来进行切削加工,其主要加工方法有划线、錾切、锯割、锉削、刮削、钻孔、扩孔、铰孔、攻螺纹、套丝、机械装配和设备修理等。对于有些加工工艺过程,例如钻孔和绞孔,机械加工和钳工并没有明显的界限,两者均可进行。目前,随着加工技术的发展和自动化程度的提高,钳工中的某些工种已逐渐实现机械化和自动化,而且这种替代将会愈来愈多。但在机器装配和修理等工艺过程中,钳工比机械加工更为灵活、方便和经济,并容易保证产品的质量,所以钳工加工具有独特的价值,是切削加工中永远不可缺少的一部分。

2. 切削加工的特点和作用

切削加工主要具有如下特点:

(1)切削加工的精度和表面粗糙度的范围广泛,且可获得很高的加工精度和很低的表面粗糙度。目前,切削加工的尺寸公差等级为 IT12～IT3,甚至更高;表面粗糙度 Ra 值为 25～0.008 μm,其范围之广,精密程度之高,是目前其他加工方法难以达到的。

(2)切削加工零件的材料、形状、尺寸和质量的范围较大。切削加工多用于金属材料的加工,如各种碳钢、合金钢、铸铁、有色金属及其合金等,也可用于某些非金属材料的加工,如石材、木材、塑料和橡胶等。对于零件的形状和尺寸一般不受限制,只要能在机床上实现装夹,大都可进行切削加工,且可加工常见的各种型面,如外圆、内圆、锥面、平面、螺纹、齿形及空间曲面等。切削加工零件质量的范围很大,重的可达数百吨,如葛洲坝一号船闸的闸门,高 30 余米,重 600 吨;轻的只有几克,如微型仪表零件。

(3)切削加工的生产率较高。在常规条件下,切削加工的生产率一般高于其他加工方法。只是在少数特殊场合,其生产率低于精密铸造、精密锻造和粉末冶金等方法。

(4)切削过程中存在切削力。刀具和工件均须具有一定的强度和刚度,且刀具材料的硬度必须大于工件材料的硬度。

正是因为前三个特点和生产批量等因素的制约,在现代机械制造中,目前除少数采用精密铸造、精密锻造以及粉末冶金和工程塑料压制成形等方法直接获得零件外,绝大多数机械零件要靠切削加工成形。因此,切削加工在机械制造业中占有十分重要的地位,目前占机械制造总工作量的 40%～60%。它与国家整个工业的发展紧密相连,起着举足轻重的作用。

正是因为上述第四个特点,限制了切削加工在细微结构和高硬、高强等特殊材料加工方面的应用,从而给特种加工留下了生存和发展的空间。

3. 切削加工的发展方向

随着科学技术和现代工业日新月异的飞速发展,切削加工正朝着高精度、高效率、自动化、柔性化和智能化方向发展,主要体现在以下三方面:

(1)加工设备朝着数控技术、精密和超精密、高速和超高速方向发展。21 世纪初,数控技术、精密和超精密加工技术得到进一步普及和应用。普通加工、精密加工和超精密加工的精度可分别达到 $1\ \mu m$,$0.01\ \mu m$ 和 $0.001\ \mu m$(即 $1\ nm$),向原子级加工靠近。

(2)刀具材料朝着超硬刀具材料方向发展。目前我国常用刀具材料是高速钢和硬质合金,而 21 世纪是超硬刀具材料的应用时代,陶瓷、聚晶金刚石(PCD)和聚晶立方氮化硼(PCBN)等超硬材料将被普遍应用于切削刀具,使切削速度可高达每分钟数千米。

(3)生产规模由目前的小批量、单品种、大批量,向多品种、变批量的方向发展;生产方式由目前的手工操作、机械化、单机自动化、刚性流水线自动化向柔性自动化和智能自动化方向发展。

切削加工技术必将面临未来自动化制造环境的一系列新的挑战,它必然要与计算机、自动化、系统论、控制论及人工智能、计算机辅助设计与制造(CAD/CAM)、计算机集成制造系统(CIMS)等高新技术及理论相融合,向着精密化、柔性化、智能化方向发展,并由此推动其他各新兴学科在切削理论和技术中的应用。

7.1.2 零件的种类与组成

1. 零件的种类

机械加工的具体对象是组成机械产品的各种零件,机械零件随着其功能、结构、形状、尺寸和精度等具体因素的不同而千变万化。但是,机械零件从结构上大体可以分成六类:轴类(见图 7-1)、套筒类(见图 7-2)、支架箱体类(见图 7-3)、六面体类(见图 7-4)、床身基座类(见图 7-5)和特殊类零件(见图 7-6)。其中轴类、套筒类和支架箱体类是常见的三类零件。

轴类零件是机器的主要零件之一,其主要功能是支承传动零件(齿轮、带轮、离合器等)和传递扭矩。套筒类零件的应用也很广泛,可以作为旋转轴径的支承、运转零件的导向或者与其他零件组合成工作内腔。支架箱体类零件是各类零件的基础零件,它将机器结构中的有关零件连接成一个整体,并使之保持正确的位置,以完成规定的运动。每一类零件不仅结构类似,其加工工艺也有很多共同之处,将零件分类有利于掌握和简化其加工工艺。

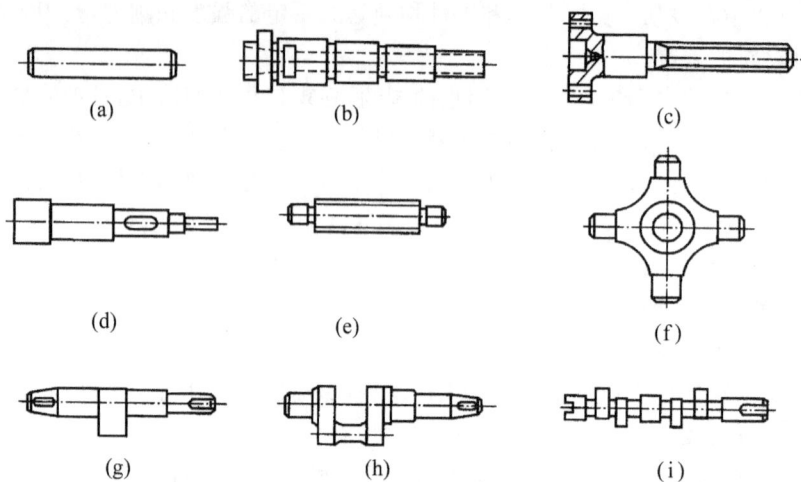

图 7-1 轴类零件示例

(a)光轴;(b)空心轴;(c)半轴;(d)阶梯轴;(e)花键轴;(f)十字轴;(g)偏心轴;(h)曲轴;(i)凸轮轴

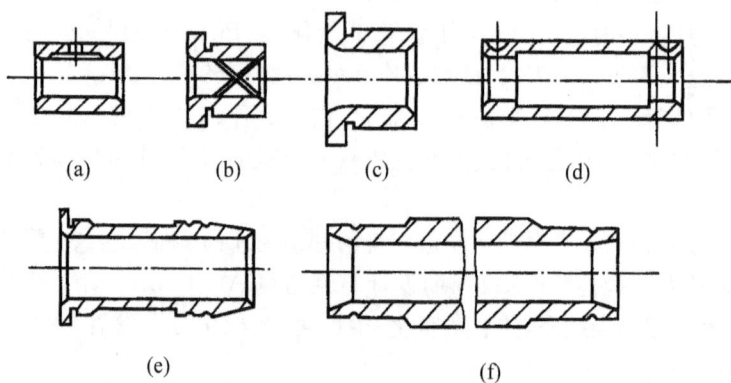

图 7-2 套筒类零件示例

(a)滑动轴承;(b)滑动轴承;(c)钻套;(d)轴承衬套;(e)气缸套;(f)液压缸

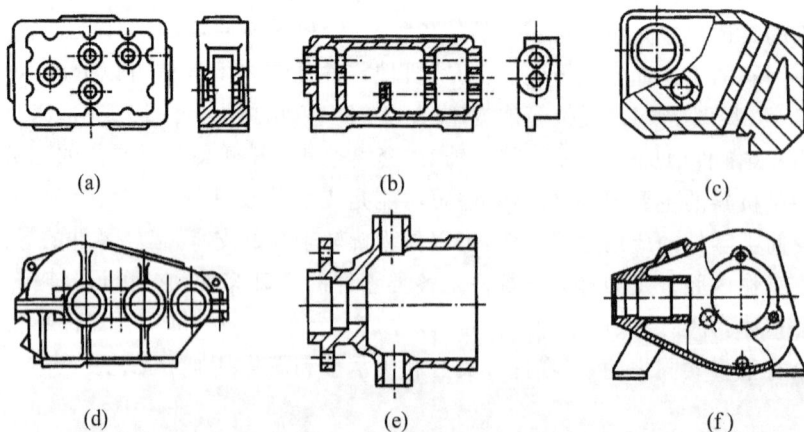

图 7-3 支架箱体类零件示例

(a)组合机床主轴箱;(b)车床进给箱;(c)磨床尾座壳体;(d)分离式减速箱;(e)泵壳;(f)曲轴箱

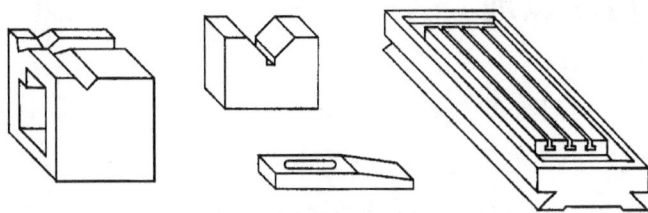

图 7-4　六面体类零件示例

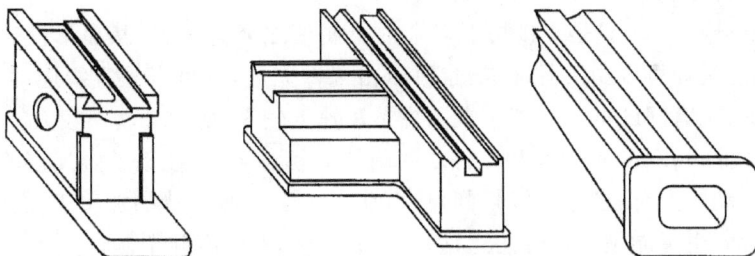

图 7-5　床身基座类零件示例

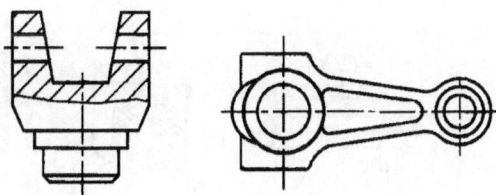

图 7-6　特殊类零件示例

2. 组成零件的表面

切削加工的对象是各种各样的机械零件,而零件又是由一个个表面所组成的,因此,具体切削的是形状、位置、尺寸和精度等多样化的表面。从形状上,组成零件常见的表面有平面、外圆面、内圆面、圆锥面、螺纹、齿形、成形面和各种沟槽等。如图 7-7 所示的零件就是由外圆面、内圆面、外圆锥面、内圆锥面、外螺纹、内螺纹、直角槽、回转槽、轴肩平面和端平面等所组成的。切削加工就是通过各种各样的加工工艺加工出这些表面,从而形成一定要求的零件。

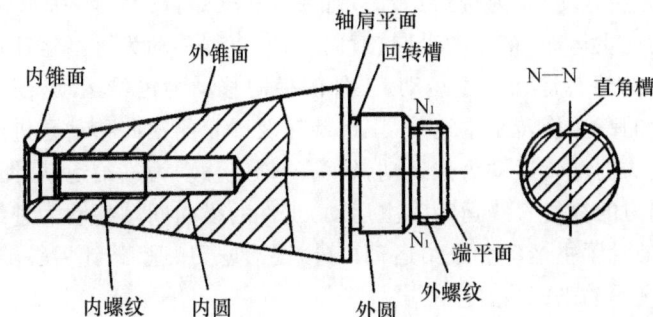

图 7-7　轴体零件

7.2 金属切削原理

7.2.1 切削运动与切削要素

1. 机床的切削运动

利用机床、刀具来加工组成机械产品的各种零件上的不同表面时,刀具与工件之间必须有一定的运动,以获得所需表面的形状,这种相对运动称为切削运动(cutting motions)。

切削运动是由主运动和进给运动合成的。

主运动(primary motion)是直接切下多余的金属使之成为切屑,从而形成工件新表面的最基本的运动。主运动可以由刀具完成,也可以由工件完成,它可以是直线运动,也可以是旋转运动;有连续的,也有间断的。一般情况下主运动速度较高,所消耗功率较大。

进给运动(feed motion)是刀具和工件之间附加的相对运动,使新的金属层不断地投入切削过程,并与主运动相配合,产生连续切削,从而获得一定几何形状的加工表面。进给运动可能是连续性的运动,也可能是间歇性的运动,有时有一个,有时有几个。

普通机床的主运动一般只有一个,而进给运动可以是一个或多个。常见机床的切削运动如图 7-8 所示。

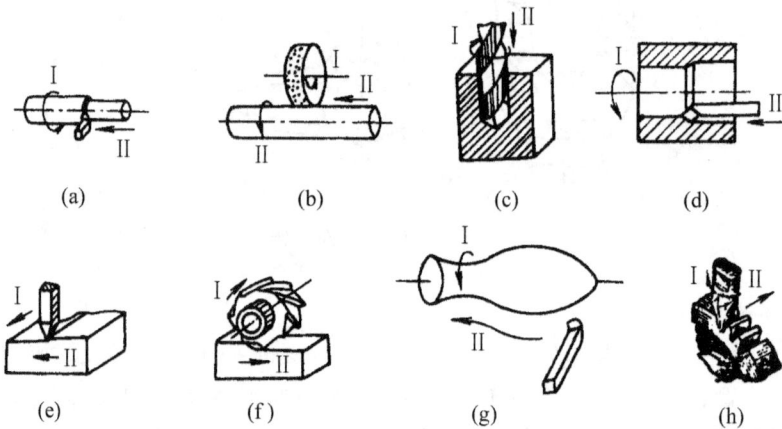

图 7-8 零件不同表面加工时的切削运动

(a)车外圆面;(b)磨外圆面;(c)钻孔;(d)在车床上镗孔;(e)刨平面;(f)铣平面;(g)车成形面;(h)铣成形面

图 7-8 中,Ⅰ 为主运动,Ⅱ 为进给运动。如图 7-8(a),(d),(g)所示为卧式车床车削加工,工件的旋转运动为主运动,车刀的纵向、横向、斜向直线移动为进给运动;图 7-8(f),(h)所示是铣削加工,铣刀的旋转运动为主运动,工件的横向移动为进给运动;图 7-8(b)所示为外圆磨床磨外圆,砂轮的高速旋转是主运动,工件旋转及砂轮的横向移动是进给运动;图 7-8(c)所示钻床上钻孔,钻头的旋转运动为主运动,钻头的轴向移动为进给运动;图 7-8(e)所示牛头刨床上刨削加工,刨刀的往复直线运动为主运动,工件的横向间歇移动为进给运动。

机床的切削运动除了主运动和进给运动以外,还有吃刀、退刀、让刀等辅助运动,普通机床的辅助运动大多通过手动来完成。

2.切削层参数

切削层是指在切削过程中,由刀具切削部分的一个单一运动(如车削外圆时,工件转动一圈,车刀主切削刃移动一段距离)所切下的工件材料。它决定了切屑的尺寸以及刀具切削部分载荷。切削层的尺寸和形状通常是在切削层尺寸平面中测量的(见图7-9)。

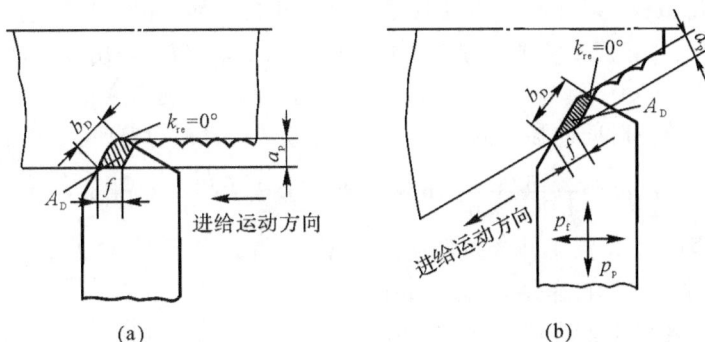

图 7-9 车削时切削层尺寸

(a)车外圆;(b)车锥体

(1)切削层公称横截面积 A_D。在给定瞬间,切削层在切削尺寸面里的实际横截面积,单位为 mm^2。

(2)切削层公称宽度 b_D。在给定瞬间,作用在主切削刃截形上两个极限点间的距离,在切削层尺寸平面中测量,单位为 mm。

(3)切削层公称厚度 h_D。在同一瞬间的切削层公称横截面积与其公称宽度之比,单位为 mm。

由定义可知

$$A_D = b_D h_D \quad mm^2$$

因 A_D 不包括残留面积,而且在各种加工方法中 A_D 与进给量和背吃刀量的关系不同,所以 A_D 不等于 f 和 a_p 的积。只有在车削加工中当残留面积很小时才能近似地认为它们相等,即

$$A_D = f a_p \quad mm^2$$

这时也可近似地认为:

$$b_D \approx a_p / \sin \kappa_r \quad mm$$

$$h_D \approx f \sin \kappa_r \quad mm$$

在切削加工过程中,工件上形成三种表面,如图7-10所示。

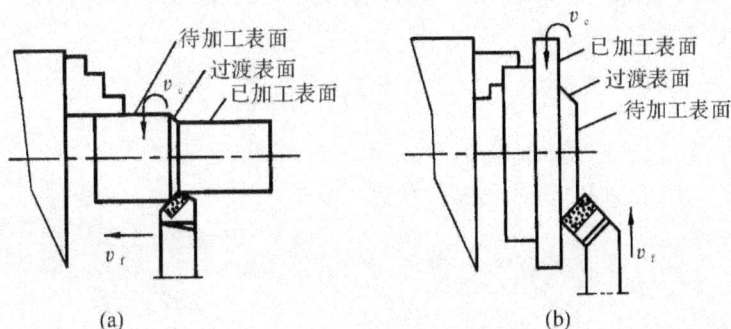

图 7-10 工件上表面的形成

(a)车外圆;(b)车端面

(1)待加工表面。这是工件上等待切除的表面。

(2)已加工表面。这是工件上经刀具切削后形成的表面。

(3)过渡表面。这是工件上正在被切除的表面。

3. 切削用量

切削用量(cutting condition)是衡量切削运动大小的参数,包括切削速度、进给量和背吃刀量(又称切削深度),它们是切削过程中不可缺少的因素,称为切削用量三要素。

(1) 切削速度 v_c(cutting speed)。主运动的线速度称为切削速度,即切削刃上选定点相对工件沿主运动方向单位时间内移动的距离。当主运动为转动时,切削运动用下式计算。

$$v_c = \frac{\pi dn}{1\,000 \times 60} \text{ m/s} \quad \text{或} \quad v_c = \frac{\pi dn}{1\,000} \text{ m/min}$$

式中　　d——切削刃选定点工件或刀具直径,单位为 mm;

　　　　n——工件或刀具转速,单位为 r/min。

当主运动为往复直线运动时(如刨削运动),以其平均速度为切削运动的速度,可以用下列公式计算。

$$v_c = \frac{2Ln_r}{1\,000 \times 60} \text{ m/s} \quad \text{或} \quad v_c = \frac{2Ln_r}{1\,000} \text{ m/min}$$

式中　　L——往复运动的行程长度,单位为 mm;

　　　　n_r——主运动每分钟的往复次数,单位为次 /min。

(2) 进给量(feed rate)。在单位时间内,刀具在进给方向上相对工件的位移量称为进给量。不同的加工方法,由于所用刀具和切削运动形式不同,进给量的表述和度量方式也不同。

对于单齿刀具(如车刀、刨刀),进给量常用刀具每转或每行程在进给运动方向上相对工件移动的距离来表达,单位为 mm/r 或 mm/ 次。

对于多齿刀具(如铣刀、钻头),进给运动的瞬时速度称为进给速度,以 v_f 表示,单位为 mm/s 或 mm/min。刀具每转或每行程中相对工件在进给运动方向上的位移量,称每齿进给量 f_z,单位是 mm/z。

v_f,f_z,f 之间有如下关系

$$v_f = fn = f_z zn \text{ mm/min}$$

式中　　z——刀具的齿数;

　　　　n——刀具或工件的转速,单位为 r/s 或 r/min。

(3)背吃刀量 a_p(back engagment)。通过切削刃上的选定点,垂直于进给运动方向上测量的主切削刃切入工件的深度尺寸,称为背吃刀量。车外圆时,可以用已加工表面和待加工表面之间的垂直距离计算,公式为

$$a_p = \frac{d_w - d_m}{2} \text{ mm}$$

式中　　d_w——工件待加工表面直径,单位为 mm;

　　　　d_m——工件已加工表面直径,单位为 mm。

7.2.2 刀具材料及刀具构造

1. *刀具材料*(cutting tool material)

刀具一般由切削部分和夹持部分组成。在机加工中,夹持部分的作用是用来将刀具夹持在机床上,保证刀具的正确定位并传递动力和运动。刀具的切削性能取决于刀具切削部分材料的性能和刀具的几何形状,切削技术发展的基础是刀具材料的进步。刀具在工作中,要承受较大的压力、摩擦力、冲击力、振动和高温等,其材料应具备以下基本性能:

(1)硬度。刀具材料的硬度必须高于工件材料的硬度,在常温下,一般要求在 HRC60 以上。

(2)耐磨性。刀具材料应具有较强的抵抗磨损能力,以承受剧烈磨损,维持刀具的耐用度。

(3)强度和韧性。刀具的抗弯强度必须足以抵抗切削分力,而且在切削时会有较大的冲击力和振动,因此必须有较大的韧性。

(4)耐热性。加工过程中,切削区的温度很高,刀具材料在高温时保持高硬度的性能,称为红硬性或热硬性。

(5)工艺性和经济性。为了便于刀具的制造和刃磨,刀具材料要有良好的可加工性,如可锻性、可焊性、可磨性、可切削加工性和热处理性能等,以便制造各种刀具,达到更高的性价比。

以上性能很难在一种刀具材料上同时满足,必须根据工件材料的性能和切削加工的具体要求,选择合适的材料。

目前常用的刀具材料有碳素工具钢、合金工具钢、硬质合金、陶瓷等。表 7-1 所列为常见刀具材料的种类、牌号和用途。

碳素工具钢(carbon tool steel)是含 C 质量分数较高的优质钢,淬火后硬度较高,价廉,但耐热性较差。在碳素工具钢中加入少量的 Cr、W、Mn、Si 等元素,就形成了合金工具钢(alloy tool steel),可以适当减少热处理变形,提高耐热性。目前生产中应用较广的刀具材料是高速钢和硬质合金,而陶瓷刀具主要用于精加工。

高速钢(high speed steel)是指含 W,Mo,Cr,V 等元素较多的合金工具钢。它的耐热性、硬度和耐磨性虽低于硬质合金,但强度、韧性和工艺性能均高于硬质合金,刃磨后切削刃锋利,切削性能比碳素合金钢、合金工具钢好得多,而且价格较低。目前,主要用于制造复杂的刀具和精加工刀具,如钻头、铰刀、铣刀、拉刀、丝锥和齿轮刀具等。

硬质合金(cemented carbide)是以高熔点、高硬度的金属碳化物(WC,TiC 等)为基体,以金属 Co 为黏结剂,用粉末冶金的方法制成的一种合金。硬质合金的性能主要决定于金属碳化物的种类、性能、数量、粒度和黏结剂的含量等,它的特点是硬度高,耐磨性好,耐热性高,因此刀具允许的切削速度比高速钢大得多。但是,其强度、韧性和工艺性能皆不如高速钢。所以,硬质合金因其切削性能好而得到广泛的应用,多数的车刀、面铣刀、深孔钻均采用硬质合金,但是在复杂刀具上的应用仍不多。

根据 GB2075—87《切削加工用硬质合金分类、分组代号》的规定,硬质合金按照切削时排出切屑的形状可分为 P,M,K 三类。

P 类硬质合金主要用于加工较长切屑的黑色金属,采用蓝色标志,相当于原国标代号 YT 类硬质合金。如 YT5,YT15,YT30 等,其中数字表示 TiC 的质量百分数。

M 类主要用于黑色和有色金属的切削,采用黄色标志。相当于原国标的 YW 类,如

YW1，YW2 等，含有 TaC，NbC 等。

K 类主要用于短切屑的黑色、有色金属和非金属材料的切削，采用红色标志。相当于原国标的 YG 类，如 YG3，YG6，YG8 等，其中数字表示 Co 的质量百分数。

表 7-1　常用刀具材料的种类、性能和用途

种类	常用牌号	硬度 HRC（HRA）	抗弯强度 σ_b/GPa	红硬性/℃	工艺性能	用途
优质碳素工具钢	T8A～T10A T12A T13A	60～65（81～84）	2.16	200	可冷热加工成形，刃磨性能好	手动工具如锉刀、锯条等
合金工具钢	9SiCrCrWMn	60～65（81～84）	2.35	250～300	可冷热加工成形，刃磨性能好，热处理变形小	用于低速成形刀具，如丝锥、板牙、铰刀
高速钢	W18Cr4V W6Mo5Cr4V2	63～70（83～86）	1.96～4.41	550～600	可冷热加工成形，刃磨性能好，热处理变形小	中速及形状复杂的刀具，如钻头、铣刀等
硬质合金	YG8，YG6，YT15 YT30，YW1，YW2	（89～93）	1.08～2.16	800～1 000	粉末冶金成形，多镶片使用，性较脆	用于高速切削刀具，如车刀，刨刀，铣刀
涂层刀具	TiC，TiN TiN-TiC	3 200HV	1.08～2.16	1 100	在硬质合金基体上涂覆一层 5～12 μm 厚的 TiC，TiN	同上，但切削速度可提高 30％左右。同等速度下寿命提高 2～5 倍多
陶瓷	AM，AMT SG4，AT6	（93～94）	0.4～0.785	1 200	硬度高于硬质合金，脆性大于硬质合金	精加工优于硬质合金，可加工淬火钢
立方氮化硼（CBN）	FN，LBN-Y	7 300～9 000HV		1 300～1 500	硬度高于陶瓷，性脆	切削加工优于陶瓷，可加工淬火钢
人造金刚石		10 000 HV 左右		600	硬度高于 CBN，性脆	用于非铁金属精密加工，不宜切削铁类金属

涂层（coated）刀具材料是指通过气相沉积或其他技术方法，在硬质合金或者高速钢的基体上涂覆一层高硬度、高耐磨性的难熔金属或非金属化合物而构成的刀具材料。这是提高刀具材料耐磨性而又不降低其韧性的有效方法之一。主要涂层材料有 TiC，TiN，TiC-TiN，TiC-Al_2O_3，TiC-TiN-Al_2O_3 或金刚石等多种。采用多涂层可使涂层具有更高的结合强度，使刀具具有更好的切削性能。

陶瓷刀具的主要成分是 Al_2O_3，它硬度高，耐磨、耐热性优于硬质合金，但抗弯强度、冲击韧性较差。近年来已研制成功的"金属陶瓷"已明显提高了这一性能。陶瓷材料可以做成各种刀具，主要用于冷硬铸铁、高硬钢和高强钢的半精加工和精加工。

立方氮化硼也是在高温高压下压制而成的一种超硬刀具材料，其硬度仅低于金刚石，耐磨性和热稳定性好，可承受很高的切削温度，在高温下也不与铁类金属起化学反应，可用于加工钢铁,可以做成整体式刀片,也可以与硬质合金做成复合刀片。刀具的耐用度高,但抗弯强度低,适于难加工材料如淬硬钢、耐磨铸铁、高温合金等的半精加工和精加工。

金刚石是碳的同素异形体,是自然界中最硬的材料,硬度极高,切削刃锋利,具有良好的导热性和较低的热膨胀系数,刀具刃部表面粗糙度小,摩擦因数极小,可以加工硬质合金、陶瓷、玻璃等高强度、硬度的材料,还可用于有色金属及其合金的加工。但不能用于加工铁类金属,因为 Fe 和 C 原子间的亲和力较强,易产生黏结而加快刀具的磨损。

2. 刀具的几何角度

刀具的种类繁多,形状多样,但其切削部分的几何角度有着许多共同之处,如图 7 - 11 所示,可以看做是车刀的演变。车刀是最基本刀具,下面以车刀为例,介绍刀具的组成和几何角度等问题。

(1)车刀(turning tool)的组成。车刀由夹持部分和切削部分组成,而切削部分由前刀面、主后刀面、副后刀面、主切削刃、副切削刃和刀尖组成,如图 7 - 12 所示。

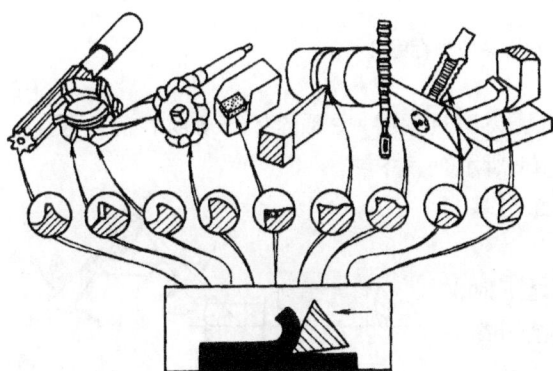

图 7 - 11　刀具的切削部分

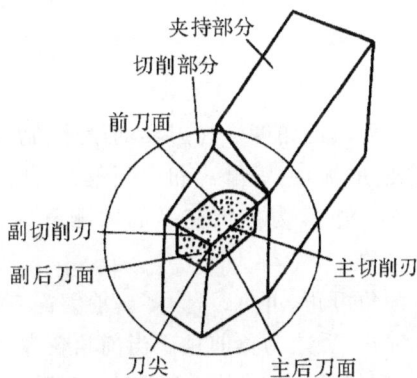

图 7 - 12　外圆车刀

前刀面是刀具上切屑流过的表面。主后刀面是加工过程中,刀具上与工件的加工表面相切的表面。副后刀面是在加工过程中,刀具上与工件的已加工表面相对的表面。

主切削刃是前刀面与主后刀面的交线,切削过程中,负责主要的切削工作。副切削刃是前刀面和副后刀面的交线,在切削过程中承担修光任务。

刀尖是主切削刃和副切削刃相交的区域。刀尖一般并非尖锐,而常常是一段过渡圆弧或直线,以增加刀尖处的强度,改进散热条件。

(2)车刀的几何角度。

1)辅助平面:为了定义、规定刀具的各个角度,首先建立三维坐标参考系。如图 7 - 13 所示,三个相互垂直的辅助平面分别称为基面、切削平面、正交平面、工作平面等。

其中:

i)基面 p_r 为过主切削刃上选定点,并与该点的主运动方向垂直的平面。

ii)主切削平面 p_s 为过主切削刃上选定点,与切削刃相切,并垂直于基面的平面。选定点的切削速度处于该平面上。

iii)正交平面(主剖面)p_o 为过主切削刃上选定点,与主切削刃在基面上的投影垂直的平面。

iv)假定工作平面 p_f 为过主切削刃选定点，垂直于基面并平行于假定进给运动方向的平面。

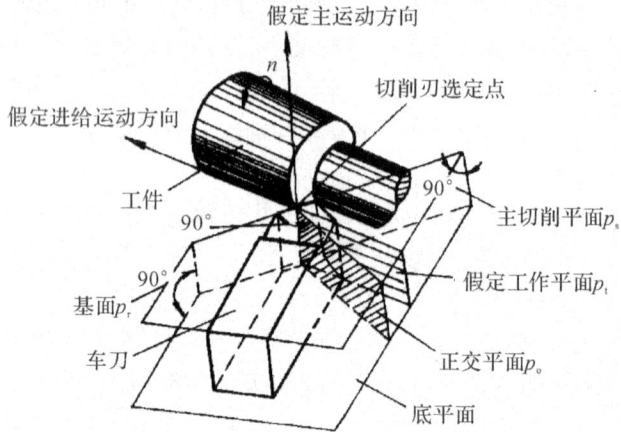

图 7 - 13　刀具参考坐标系

2)刀具的角度。在刀具的设计、制造、测量、刃磨过程中，主要的标记角度有前角 γ_o，后角 α_o，主偏角 κ_r，副偏角 κ_r' 和刃倾角 λ_s，如图 7 - 14 所示。其中：

i)前角 γ_o 为在正交平面内测量的前刀面与基面的夹角。

前角可正、可负、可为零。前刀面在基面之下时称正前角，反之为负前角。当前角较大时，切削刃锋利，切削轻快，切屑层的变形小，切削力也小。但是前角过大时，切削刃和刀头强度减弱，散热条件差。当取负前角时，刃口强度高，抗冲击性能好，但刃口变钝，切削力增大，不利于切削的进行。车刀的前角一般取 $-5°\sim25°$ 之间。

ii)后角 α_o 为在正交平面内测量的主后刀面与主切削平面的夹角。

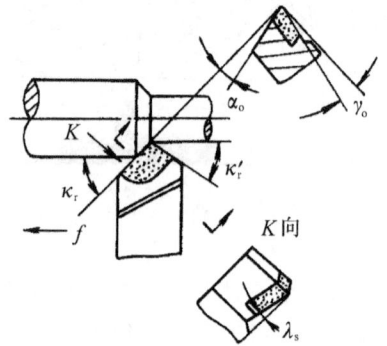

图 7 - 14　车刀的主要角度

后角的主要作用是减少刀具后刀面与工件的加工面之间的摩擦。后角大时，摩擦小，切削锋利；但后角过大，会使切削刃变弱，散热条件差，刀具磨损快。后角如果过小，刀具的强度虽然增加，会使摩擦加剧。车刀后角一般取 $6°\sim15°$。

iii)主偏角 κ_r 为在基面中测量的主切削平面与假定工作平面的夹角。

主偏角主要影响切削层的截面形状和参数，影响各切削分力的大小分配。车刀的主偏角有 $45°,60°,75°,90°$ 等几种。

iv)副偏角 κ_r' 为在基面中测量的副切削平面与假定工作平面的夹角。

副偏角的作用是减少副切削刃与已加工表面之间的摩擦。车刀副偏角一般取 $5°\sim15°$。

主偏角和副偏角的大小会影响工件已加工表面的粗糙度和刀具的耐用度。当主、副偏角较小时，刀具的强度高、散热性好，有利于提高刀具耐用度，而且所加工工件的表面粗糙度小；但是，副偏角减小会引起背向力(径向分力)增大，在加工刚性差的工件时容易产生工件的变形,并可能产生振动。所以,在粗加工时可取较大值。

v)刃倾角 λ_s 为在主切削平面内测量的主切削刃与基面之间的夹角。

刃倾角主要影响刀头的强度、切削力的分配和切屑的流向,与前角类似,刃倾角也可正、可负、可为零。当取负时,刀头的强度增大,会使背向力增大,有可能引起振动,而且切屑流向工件的已加工表面,可能划伤和拉毛已加工表面。所以,粗加工时,常取负的刃倾角。在精加工时,为了不擦伤已加工表面,保证表面加工精度,刃倾角常取正值。车刀的刃倾角一般在 $-5°\sim +5°$ 之间。

上述刀具的标注角度,是在理想条件下确定的。实际切削时,上述条件可能被改变,辅助平面的位置随之发生变化,致使刀具的实际工作角度不同于标注角度。我们把刀具在切削过程的实际切削角度,称为工作角度。如图 7-15 所示,车外圆时,若刀尖高于工件的回转轴线,则工作前角 $\gamma_{oe} > \gamma_o$,而工作后角 $\alpha_{oe} < \alpha_o$;若刀尖低于工件的回转轴线,则工作前角 $\gamma_{oe} < \gamma_o$, $\alpha_{oe} > \alpha_o$ 。工作角度可以根据具体的加工需要加以调整。

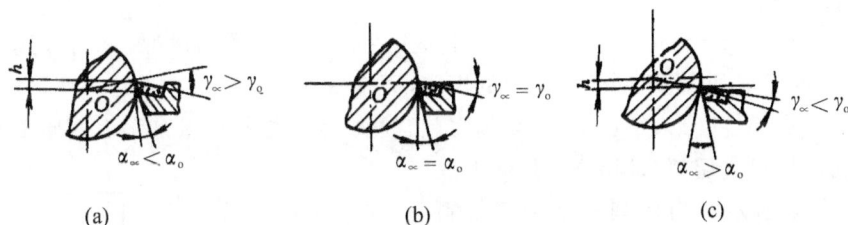

图 7-15　车刀安装高度对前角和后角的影响
(a)偏高；(b)等高；(c)偏低

3. 非金属材料加工的刀具

非金属材料,例如橡胶、木材、玻璃、陶瓷、纺织品及复合材料等在工业生产中的应用比较广泛,且切削加工性能因其材料种类的不同而有很大的差异。非金属材料的加工特点及其工艺要求见表 7-2。

表 7-2　非金属材料的加工特点及刀具角度

材料	加　工　特　点
塑料	刀具切削力小,可承受较大的切削用量。由于塑料的导热性差,切削时的散热情况差。塑料容易产生崩落现象,切削刃应锋利。加工时,难以使用切削液,需要用压缩空气冷却。热塑性材料常用高速钢刀具,热固性材料常用硬质合金刀具。前角 $\gamma_o = 10°\sim 15°$,后角 $\alpha_o = 8°\sim 20°$
橡胶	工程橡胶强度低、导热性差、弹性大,加工时回弹性强。加工橡胶的主要工序是车外圆、切断和钻孔,常用的刀具材料是高速钢和硬质合金。切削刃应很锋利,前角 $\gamma_o = 45°\sim 55°$,后角 $\alpha_o = 12°\sim 15°$
木材	木材各向异性严重,切削时速度高,切屑量大。刀具主要有木工锯、铣刀、钻头、刨刀、车刀等。刀具前角大,如铣刀 $\gamma_o = 20°\sim 35°$, $\alpha_o = 10°\sim 25°$ 。刀齿少,有时只有一个刀齿,使容屑空间尽可能大
玻璃	切削过程中产生崩碎的切屑,可以用硬质合金刀具,车刀前角 $\gamma_o = 20°$,后角 $\alpha_o = 10°$,主偏角尽量小

续表

材料	加 工 特 点
复合材料	复合材料由金属、高分子聚合物和陶瓷三者中任选两种复合而成,综合性能好,如果加入纤维,成为纤维增强复合材料。所需切削力大,消耗功率较多,导热性差,切削温度高,加工后有残余应力。车刀前角一般为 $\gamma_o=0°\sim5°$,后角 $\alpha_o=16°\sim18°$

7.2.3 金属切削过程及其物理现象

金属切削过程中的许多物理现象,例如切削力、切削热、刀具磨损、加工表面质量等,都是以切屑的形成过程为依据的,而实践中的许多问题,如振动、断屑等,都同切削过程紧密相关。因此,研究金属切削过程,对于发展切削加工技术,保证加工质量,降低加工成本,提高生产率,具有重要的意义。

1. 切削过程的基本知识

切削过程(cutting process)就是利用刀具从工件上切下切屑的过程。金属切削过程不同于生活中切菜时的剪切,也不同于劈柴时的楔胀,而是一种挤压变形。在这一变形过程中会产生许多的现象,有弹性变形、塑性变形、切削力、切削热、刀具磨损以及加工表面质量的变化等。

(1)切屑的形成。切屑(chips)的具体形成过程如图 7-16 所示。当切削塑性金属材料时,金属受到刀具的挤压力的作用,切削层金属在 OA 面(始滑移面)以左发生弹性变形,在 AOM 区域内产生塑性变形,在 OM 面(终滑移面)上的应力和塑性变形最大,金属层被挤裂而产生破坏。沿 OM 面,切削层金属被切离母体,沿刀具的前刀面流出形成切屑。这一过程经历了弹性变形、塑性变形、挤裂和切离四个阶段。

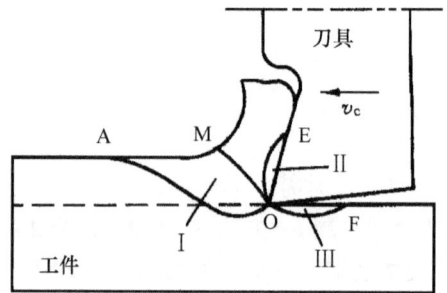

图 7-16 切屑形成过程及切削变形区

(2)切屑的种类。在金属切削的过程中,由于工件材料塑性不同、刀具的前角不同以及所采用切削用量的不同,会对切削过程产生不同的影响,形成不同的切屑种类。从切屑形成机理出发,根据切屑产生基本变形过程中的特征以及变形程度的不同,一般把切屑可以分为如图7-17所示几种类型。

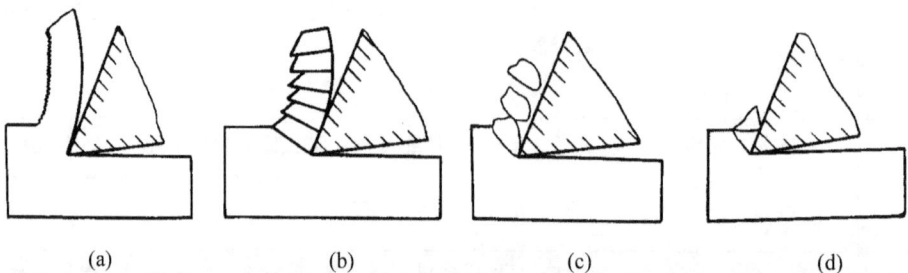

图 7-17 切屑类型

(a)带状切屑;(b)挤裂切屑;(c)单元切屑;(d)崩碎切屑

1)带状切屑(见图 7-17(a))。这是最常见的一种切屑,外观呈绵延的长带状,底层光滑,外表面成毛茸状,无明显裂纹。在切削的过程中,材料内部的切应力未达到强度极限。一般在加工塑性金属材料,使用较大的切削速度、较小的进给量和较大的刀具前角时,形成带状切屑。这一加工中切屑变形小,切削力较平稳,加工表面粗糙度低,但是切屑连续容易产生缠绕,划伤已加工表面、损坏刀具甚至造成人身伤害等不良后果,因此,必须采取有效的断屑、排屑措施。

2)挤裂切屑(见图 7-17(b))。在加工塑性金属材料的过程中,当切削速度较低、进给量大、刀具前角较小时,容易出现挤裂切屑。这是因为在切屑形成的过程中产生的塑性变形较大,剪切面上产生的剪切应力达到了材料的剪切强度,或因变形引起的加工硬化使剪切应力增大,在局部区域达到了材料的断裂强度所致。由于切屑底面与前刀面之间的挤压、摩擦,产生较高的面切削温度,切屑底面熔结、磨光,因此形成连续的切屑,但是在切屑的内表面出现裂纹,外表面呈明显的锯齿形。出现挤裂切屑时,切削力波动较大,切削过程不太平稳,工件表面较为粗糙。

3)单元切屑(见图 7-17(c))。切削塑性材料时,当切削厚度明显增大,切削速度很低,刀具前角很小时,剪切面上的应力超过材料的剪切强度,并且裂纹扩展,在整个剪切面上产生破裂,以至形成颗粒状的分离切屑单元,称为单元切屑。这种切屑很少见。形成单元切屑时,产生的切削振动较大,工件表面粗糙,因此,应当对切屑种类进行控制,使之转变为带状切屑,提高加工质量。可以采取高速切削和采用较大前角、小的进给量,也可以采用润滑液以减小切屑变形等措施,来改变切屑的类型。

4)崩碎切屑(见图 7-17(d))。当加工铸铁、黄铜等脆性材时,切削层金属发生弹性变形后,一般不经过塑性变形就被挤裂或脆断,突然崩落,形成不规则的细粒状碎片,称为崩碎切屑。当切削厚度越大,刀具前角越小时,就越容易形成这种切屑。形成崩碎切屑的切削过程中切削力变化更大,容易产生振动、冲击力,而切削力的作用点靠近刃口,切削热和切削力集中在主切削刃和刀尖附近,使刀具的寿命降低。当切屑崩落时,与工件分离的表面很不规则,使加工表面很粗糙,加工质量变差。因此,在生产中应当采取减小切削厚度、适当提高切削速度等措施,使切屑转化为针状或片状,力求避免产生崩碎切屑。

上述情况说明切屑类型随切削过程的具体条件的不同而改变。在生产中,可以根据具体条件采取不同措施,如增大前角、提高切削速度等,得到所需的切屑类型,保证切削加工的顺利进行。

(3)积屑瘤。当切削铝合金、钢等塑性材料时,在切削速度不高而且形成带状切屑的情况下,常有一些来自工件或切屑的金属黏结在刀具前刀面靠近切削刃的附近,形成硬度很高(约为工件硬度的 2~3 倍)的楔块,称作积屑瘤(the built-up edge)。

1)积屑瘤的形成。在切削过程中,切屑沿前刀面流出,在一定的温度和压力的作用下,与前刀面接触的切屑底层受到很大的摩擦阻力,致使这一层金属的流速减慢,形成一层很薄的"滞流层"。当刀具前刀面对滞流层的摩擦阻力大于切屑或工件材料的结合力时,就会有一部分金属黏附在刀具上,形成积屑瘤,如图 7-18 所示。积屑瘤形成以后会不断长大,长到一定高度后因不能承受切削力而破裂脱落,因此,积屑瘤是一个反复形成、长大、脱落的动态过程。

2)积屑瘤对切削加工过程的影响。积屑瘤的存在有利也有弊。一方面,积屑瘤的不稳定使切削深度和厚度不断发生变化,影响加工精度,并引起切削力的变化,产生振动、冲击,而且脱落的积屑瘤碎片黏附在已加工表面上,使加工表面粗糙。所以,在精加工过程中,可以通过改变速度、选用适当的切削液等措施避免积屑瘤的产生。但是,在粗加工时,可以利用积屑瘤。在形成积屑瘤的过程中,金属材料因为塑性变形而被强化,因此,积屑瘤的硬度比工件材料的硬度高,可以代替切削刃进行切削,起到保护刀具的作用。同时积屑瘤的存在,增大了刀具的实际工作前角,使切削过程轻快。所以,粗加工时可以存在一定的积屑瘤。

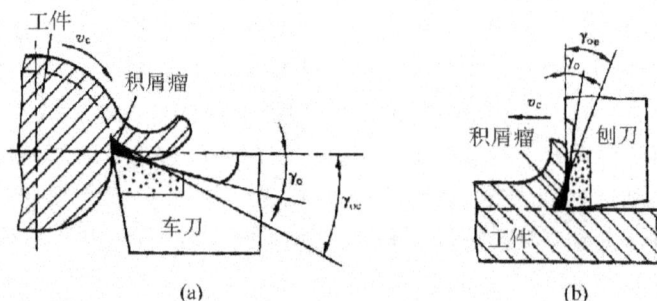

图 7 - 18　积屑瘤
(a)车刀上的积屑瘤;(b)刨刀上的积屑瘤

3)积屑瘤的控制:影响积屑瘤形成的主要因素有工件材料的力学性能、切削速度和冷却润滑条件等。

在工件材料的力学性能中,影响切削瘤形成的主要是塑性。塑性越大,越容易形成切削瘤。例如,加工低碳钢、中碳钢、铝合金等材料时容易产生积屑瘤。要避免积屑瘤,可将工件材料进行正火或调质处理,以提高其强度和硬度,降低塑性。

当对某些工件材料进行切削时,切削速度是影响积屑瘤的主要因素。切削速度是通过切削温度和摩擦来影响的。例如在加工中碳钢的切削过程中,当切削速度很低(<5 m/min)时,切削温度较低,切屑内部的结合力较大,刀具前刀面与切屑之间的摩擦力小,积屑瘤不易形成;当切削速度增大(5~50 m/min)时,切削温度升高,刀具前刀面与切屑之间的摩擦力增大,则易形成积屑瘤;当切削速度很高(>100 m/min)时,切削温度较高,摩擦较小,则无积屑瘤形成。

在生产中,一般精车、精铣采用高速切削,而拉削、绞削、宽刀精刨等则采用低速切削,避免积屑瘤的形成。采用适当的切削液以及增加刀具前角等措施,也可以有效地降低切削温度,减少摩擦,也是减少和避免积屑瘤的有效措施。

(4)表面变形强化和残余应力。切削金属材料时,工件已加工表面表层的强度、硬度明显提高而塑性下降的现象称为表面变形强化。在切削过程中,切削层金属产生变形、分离的同时,切削力会扩展到切削层以下,使即将成为已加工表面的表层金属产生一定的塑性变形。塑性变形愈大,表面强化现象愈严重。表面变形强化可以提高工件表面的耐磨性和抗疲劳强度,但也会加剧刀具的磨损,并给后续工序带来不便。在切削加工中,可以通过控制零件表层金属塑性变形的大小,适当控制表面变形强化的程度。

残余应力是指在外力消失后,残留在工件材料内部而总体又保持平衡的内应力。在切削过程中,在金属的塑性变形以及切削力、切削热等因素的综合作用下,在已加工表面的表层金属内产生一定的残余应力。表面残余应力一般与变形强化同时出现,而残余应力的存在容易引起工件的变形,影响加工精度的稳定性。因此,在切削加工过程中,应采用减小金属塑性变形、降低切削力和切削温度等方法,尽量减小残余应力,以保证加工表面的质量。

2. 切削力和切削功率

切削过程中,克服刀具与工件、切屑与工件之间的摩擦力以及克服材料变形的变形抗力,共同构成了刀具上的合力,称为切削力(cutting force)。

以车外圆为例,如图 7-19 所示,总切削力 F_r 可分解为三个相互垂直的分力。

(1)主切削力 F_z,又称切向分力,是总切削力 F_r 在切削速度方向上的分力,大约占总切削力的 80% ～ 90%,是计算机床传动、主运动系统零件和刀具强度、硬度的主要依据。主切削力过大,会使刀具崩刃或使机床发生闷车现象。

(2)轴向分力 F_x,又称进给抗力,是总切削力 F_r 在进给方向上的分力,一般只占总功率的 1% ～ 5%,是设计走刀机构和确定进给功率的主要依据。

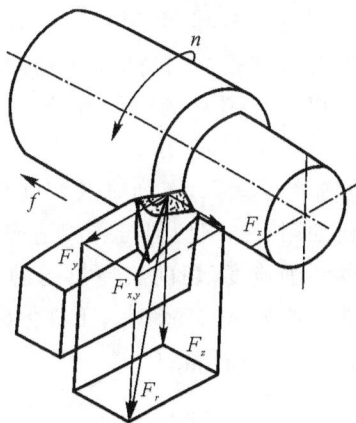

图 7-19 切削力的分解

(3)背向分力 F_y,又称切深抗力或径向分力,是总切削力在背吃刀量上的分力。由于切削时,在这一方向上的速度为零,因此不做功。但是 F_y 作用于工件刚性最弱的方向,容易使工件产生弯曲变形,影响加工精度。

三个切削分力与总切削力存在以下关系:

$$F_r^2 = F_x^2 + F_y^2 + F_z^2$$

切削力的大小与工件材料、刀具角度、刀具材料、切削用量及切削液等各种因素有关,一般情况下,对切削力影响最大的因素是切削用量和工件材料。

切削功率是三个切削分力消耗功率的总和,由于背向力 F_y 方向的运动速度为零,不消耗功率。进给抗力 F_x 消耗的功率也很小(约占 P_m 的 1% ～ 2%),一般忽略不记。故切削功率 P_m 可以简化为

$$P_m = 10^{-3} F_z v_c \quad kW$$

式中　　F_z —— 主切削力,单位为 N;

　　　　v_c —— 切削速度,单位为 m/s。

由上式可知,切削功率直接与主切削力和切削速度有关,但是主切削力的大小与背吃刀量和进给量有关,所以,影响切削功率大小的是切削用量三要素。

3. 切削热和切削温度

(1)切削热的产生、传出及影响。在金属切削的过程中,由于变形和摩擦有大量的热量产生,这些热称为切削热(cutting heat),如图 7-20 所示,其来源主要有以下三方面:

1)切屑变形产生的热量,是切削热的主要来源;

2)切屑与刀具前刀面之间的摩擦所产生的热量;

3)切屑与刀具后刀面之间的摩擦所产生的热量。

由于刀具材料、工件材料和切削条件的不同,三个热源产生热量会发生变化。

切削热产生以后,通过切屑、刀具、工件和周围的介质四种途径散热。不加切削液时,一般

切屑传散的热量最多,刀具其次,工件再次,周围介质最少。传入切屑和介质的热量越多,对加工过程越有利;传入工件的热量会使工件产生热变形,导致形状和尺寸误差,影响加工精度;传入刀具的热量虽然不是最多,但由于刀具切削部分体积很小,温度容易达到很高(高速切削时可达到 1 000℃ 以上),所以会使刀具的磨损加剧,缩短刀具的使用寿命。

实验结果表明,车削时的切削热主要由切屑传出。比如用高速钢切削与之相适应的钢料时,采用合适的切削速度,切削热传出的的比例是:切屑传出的热大约为 50%～80%;工件传出的热为 10%～40%;刀具传出的热为 3%～9%;周围介质传出的热大约为 1%。

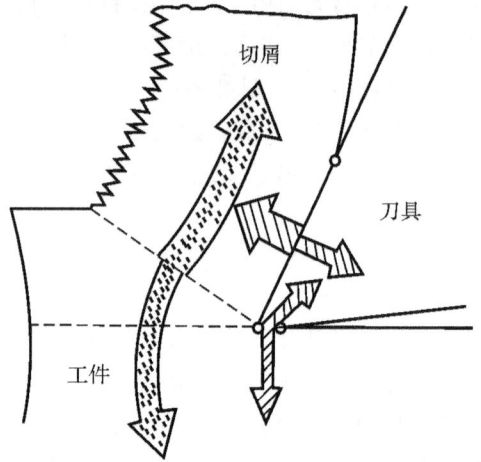

图 7-20　切削热的产生与传导

(2)切削温度及影响因素。切削温度(cutting temperatures)一般指切削区的平均温度,温度高低一般可以通过仪器测量,也可以根据切屑的颜色大致估计。例如当切削碳钢时,随着切削温度的升高,切屑的颜色会发生相应的变化:当达到 200℃ 左右时为淡黄色,当达到 320℃ 左右时为蓝色。

切削温度的高低取决于切削热的产生和传散情况,它的影响因素有切削用量、工件材料、刀具材料及几何形状等。切削用量中,切削速度的影响更为明显,切削速度增加时,单位时间内产生的切削热随之增加,对温度的影响最大。当背吃刀量和进给量增加时,切削力增大,摩擦增大,切削热也会增加。但是在切削面积相同的条件下,增加进给量与增加背吃刀量相比,后者可使切削温度降低一些,原因是当背吃刀量增加时,切削刃参与切削的长度随之增加,有利于切削热的传出。在加工中,可以适当选用大的背吃刀量和进给量,以降低切削速度,有效控制切削温度,从而提高刀具的耐用度。

工件材料的强度及硬度越高,切削中需要消耗的功率则越大,产生的切削热就越多。切削钢时的发热比切削铸铁时的发热多,是因为钢在切削过程中产生塑性变形所需要消耗的功比较大。

采用导热性好的工件材料和刀具材料,可以降低切削温度。也可以采用较小的主偏角,使参与切削的切削刃长度增加,传热条件更好,以降低切削温度。前角的大小直接影响切屑的变形程度和摩擦力大小。前角大时,产生的切削热少,切削温度低。但是当前角过小时,会使刀具的传热条件变差,反而不利于切削温度的降低。为了降低切削温度,改善散热条件,最简单有效的方法是使用切削液。

4. 刀具的磨损和耐用度

刀具在切削过程中,一直处于切削热和摩擦力的作用下,会逐渐产生磨损、变钝。刀具磨损(tool wear)可以分为三个阶段:初期磨损、正常磨损和急剧磨损(见图 7-21)。一般在正常磨损的后期、急剧磨损之前,应换刀重磨,否则会增加切削力和

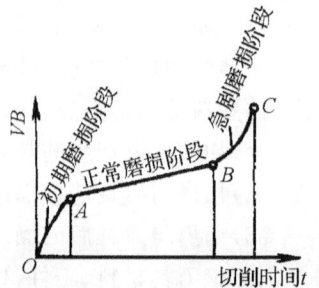

图 7-21　刀具磨损过程

切削热,降低加工精度。对于可重磨的刀具,经过刃磨之后恢复锋利,可以继续使用。在经过使用→磨钝→刃磨若干个循环之后,刀具会因无法使用而报废。这样,从最开始使用到完全报废,刀具实际切削时间的总和称为刀具的寿命。

刀具的磨损速度与刀具材料、刀具的几何形状、工件的材料、是否使用切削液等因素有关,可以选用耐热性好的材料或加大刀具前角,减少刀具的磨损。判断刀具的磨损极限,是以后刀面的磨损高度来衡量的,但在实际生产中不可能经常测量,一般是根据刀具进行切削的时间来确定刀具是否磨钝。刀具两次刃磨之间实际进行切削的总时间,称为刀具的耐用度。刀具的耐用度与刀具经历的刃磨次数的乘积,就是刀具的寿命。

7.2.4　切削条件的合理选择

合理选择切削用量,对于保证加工质量、提高生产效率和降低成本有重要的影响。在机床、刀具和工件等条件一定的情况下,切削用量的选择具有较大的灵活性。为了取得最大的经济效益,应当根据具体加工条件确定切削用量。

1. 选择切削用量的一般原则

为了合理选择切削用量,首先要了解它们对切削加工的影响。

(1)对加工质量的影响。切削用量三要素中,背吃刀量和进给量增大,都会使切削力和工件变形增大,并可能引起振动,降低加工精度和增大表面粗糙度 Ra 值。进给量增大还会使残留面积的高度显著增大(见图 7-22),表面更加粗糙。切削速度增大时,切削力减小,并可减小或避免积屑瘤,有利于加工质量的提高。

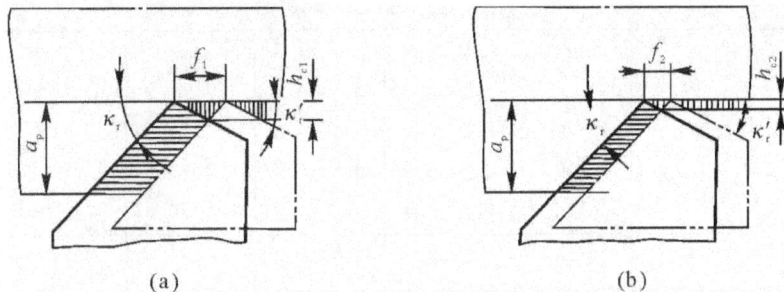

图 7-22　进给量对残留面积的影响

(2)对生产率的影响。切削用量三要素 v_c,f 和 a_p 对金属切削加工基本工艺时间的影响是相同的,但它们对辅助时间的影响却大不相同。用实验的方法可以求出刀具耐用度与切削用量之间关系的经验公式。例如,用硬质合金车刀车削中碳钢时

$$T=\frac{C_T}{v_c^5 f^{2.25} a_p^{0.75}}(当\ f>0.75\ \text{mm/r 时})$$

式中 C_T 为系数。由上式可知,在切削用量中,切削速度对刀具耐用度的影响最大,进给量次之,背吃刀量的影响最小。也就是说,当提高切削速度时,刀具耐用度降低的程度比增大同样倍数的进给量或背吃刀量时大得多。由于刀具耐用度降低,势必增加换刀或磨刀的次数,增加辅助时间,从而降低生产率。

综上所述,粗加工时,从提高生产率的角度出发,一般取较大的背吃刀量和进给量,切削速度并不太高。精加工时,主要考虑加工质量,常选用较小的背吃刀量和进给量、较高的切削速

度,只有在受到刀具等工艺条件限制不宜采用高速切削时才选用较低的切削速度。例如用高速钢铰刀铰孔,切削速度受刀具材料耐热性的限制,并为了避免积屑瘤的影响,采用较低的切削速度。

2. 切削用量的选择

综合切削用量三要素对刀具耐用度、生产率和加工质量的影响,选择切削用量的顺序应为:首先选尽可能大的背吃刀量 a_p,其次选尽可能大的进给量 f,最后选尽可能大的切削速度 v_c。

(1)背吃刀量的选择。背吃刀量要尽可能选得大些,不论是粗加工还是精加工,最好一次走刀能把该工序的加工余量切完,例如车削外圆时 $a_p = h$。若因加工余量太大,一次走刀切除会使切削力太大,机床功率不足,刀具强度不够或产生振动,可将加工余量分为两次或多次切完。这时也应将第一次走刀的背吃刀量取得尽量大些,其后的背吃刀量取得相对小些。

(2)进给量的选择。粗加工时,一般对工件已加工表面质量的要求不太高,进给量主要受机床、刀具和工件所能承受的切削力的限制。这是因为,选定背吃刀量后,进给量的数值将直接影响切削力的大小。而精加工时,一般背吃刀量较小,切削力不大,限制进给量的因素主要是工件表面的粗糙度。

实际生产中,可利用"切削用量手册"等资料查出进给量的数值,其部分内容摘列于表7-3和表7-4。

表 7-3　硬质合金车刀粗车外圆和端面时进给量的参考值

工件材料	车刀刀柄尺寸 $(B/mm) \times (H/mm)$	工件直径 d_w/mm	背吃刀量 a_p/mm				
			≤3	>3~5	>5~8	>8~12	>12
			进给量 f/(mm·r^{-1})				
碳素结构钢、合金结构钢及耐热刚	16×25	20	0.3~0.4	—	—	—	—
		40	0.4~0.5	0.3~0.4	—	—	—
		60	0.5~0.7	0.4~0.6	0.3~0.5	—	—
		100	0.6~0.9	0.5~0.7	0.5~0.6	0.4~0.5	—
		400	0.8~1.2	0.7~1.0	0.6~0.8	0.5~0.6	—
	20×30 25×25	20	0.3~0.4	—	—	—	—
		40	0.4~0.5	0.3~0.4	—	—	—
		60	0.6~0.7	0.5~0.7	0.4~0.6	—	—
		100	0.8~1.0	0.7~0.9	0.5~0.7	0.4~0.7	—
		600	1.2~1.4	1.0~1.2	0.8~1.0	0.6~0.9	0.4~0.6
灰铸铁及铜合金	16×25	40	0.4~0.5	—	—	—	—
		60	0.6~0.8	0.5~0.8	0.4~0.6	—	—
		100	0.8~1.2	0.7~1.0	0.6~0.8	0.5~0.7	—
		400	1.0~1.4	1.0~1.2	0.8~1.0	0.6~0.8	—
	20×30 25×25	40	0.4~0.5	—	—	—	—
		60	0.6~0.9	0.5~0.8	0.4~0.7	—	—
		100	0.9~1.3	0.8~1.2	0.7~1.0	0.5~0.8	—
		600	1.2~1.8	1.2~1.6	1.0~1.3	0.9~1.1	0.7~0.9

表 7 - 4　按表面粗糙度选择进给量的参考值

工件材料	表面粗糙度 $Ra/\mu m$	切削速度范围 $v_c/(m \cdot min^{-1})$	刀尖圆弧半径 r_ε/mm		
			0.5	1.0	2.0
			进给量 $f/(mm \cdot r^{-1})$		
灰铸铁、青铜、铝合金	6.3	不限	0.25～0.40	0.40～0.50	0.50～0.60
	3.2		0.15～0.25	0.25～0.40	0.40～0.60
	1.6		0.10～0.15	0.15～0.20	0.20～0.35
碳钢及合金钢	6.3	<50	0.30～0.50	0.45～0.60	0.55～0.70
		>50	0.40～0.55	0.55～0.65	0.65～0.70
	3.2	<50	0.18～0.25	0.25～0.30	0.30～0.40
		>50	0.25～0.30	0.30～0.35	0.35～0.50
	1.6	<50	0.10	0.11～0.15	0.15～0.22
		50～100	0.11～0.16	0.16～0.25	0.25～0.35
		>100	0.16～0.20	0.20～0.25	0.25～0.35

（3）切削速度的选择。在背吃刀量和进给量选定后，可根据合理的刀具耐用度，用计算法或查表法选择切削速度。粗加工时，由于切削力一般比较大，切削速度主要受机床功率的限制。当依据刀具耐用度选定的切削速度使切削功率超过机床许用值时，应当降低切削速度。精加工时，切削力较小，切削速度主要受到刀具耐用度的限制。

切削速度的具体数值，可以参考"切削用量手册"等资料，表 7 - 5 摘列了一部分内容，以供参考。

表 7 - 5　硬质合金外圆车刀切削速度的参考值

工件材料	热处理状态或硬度	$a_p=0.3～2$ mm $f=0.08～0.3$ mm/r	$a_p=2～6$ mm $f=0.3～0.6$ mm/r	$a_p=6～10$ mm $f=0.6～1$ mm/r
		$v_c/(m \cdot min^{-1})$		
中碳钢	热轧	130～160	90～110	60～80
	调质	100～130	70～90	50～70
合金结构钢	热轧	100～130	70～90	50～70
	调质	80～110	50～70	40～60
灰铸铁	HBS 190 以下	90～120	60～80	50～70
	HBS 190～225	80～110	50～70	40～60
铜及铜合金		200～250	120～180	90～120
铝及铝合金		300～600	200～400	150～300

注：切削钢或铸铁时，刀具耐用度 $T \approx 60～90$ min。

3．切削液的选用

为了降低刀具与工件的切削温度，改善散热条件，最简单有效的方法是使用切削液（cutting fluid）。切削液除了可以吸收、带走大量的热量，还具有润滑、清洗和防锈的作用。

(1)切削液的种类。常用的切削液分为水基切削液和油基切削液两大类。

水基切削液溶液的主要成分是水,加入一定量的防锈剂等。这类切削液流动性好,具有良好的冷却作用,可以降低切削温度,具有一定的润滑性能,可以防止机床和工件生锈。

油基切削液,又称为切削油,主要用矿物油,少数采用动植物油或混合油,其润滑性能优良,而流动性差,冷却作用小,主要起到润滑作用,也起到一定的冷却作用。

(2)切削液的合理选择。切削液的种类很多,性能各异,要根据加工性质、工件材料、刀具材料等因素合理选择合适的切削液。

粗加工的过程中,主要要求冷却性能,同时希望降低切削力和切削功率,一般采用冷却性能较好的切削液,如低浓度的乳化液等。精加工时,主要希望提高加工表面质量,减少刀具磨损,应选用润滑作用比较好的切削液,如高浓度的乳化液、切削油等。

加工一般的钢材时,通常选用乳化液或硫化切削油。加工铜、铝等有色金属及合金时,不宜采用硫化切削油,以免腐蚀工件。加工铸铁、青铜等脆性材料时,为了避免崩碎的切屑进入机床运动部件,一般不用切削液。但在低速精加工,如宽刀精刨、精铰等加工中,为了提高加工表面的质量,可用煤油作为切削液。

7.3　金属切削机床

7.3.1　切削机床的类型和基本构造

金属切削机床,简称机床(machine),是以切削方式将金属毛坯上的多余金属变成切屑,将毛坯变成所需机械零件,是用来加工机械零件的机器。

现代制造业所加工的机械零件特别是精密机械零件的主要加工方法是切削加工,切削加工占机器总制造量的50%左右。机床是机械制造业的基本加工装备,它的品种、性能、质量和技术水平直接影响着其他机电产品的性能、质量、生产技术和企业的经济效益。机床属于基础机械装备,机械工业为国民经济各部门提供技术装备的能力和水平,在很大程度上取决于机床的水平。

实际生产中需要加工的工件种类繁多,其形状、结构、尺寸、精度、表面质量和生产批量各不相同。为了满足生产需要,机床的品种和规格也很繁多,为了便于设计、制造、使用和管理,适应不同类型的工件和不同加工的需要,必须对机床进行分类编号。

1. 机床的类型

机床主要根据加工性质和所用刀具进行分类。根据国家制定的机床型号编制方法,按机床的工作原理、结构性能和使用范围可划分为12大类,如表7-6所列。每一大类又根据工艺特点、布局形式、结构性能等不同可分为若干分类。其中最基本的机床是车床、铣床、刨床、磨床、钻床五种,其他各种机床都是由这五种机床演变而来的。机床的各类代号用大写的汉语拼音字母表示。必要时,每类可分为若干分类,分类代号用阿拉伯数字表示,作为型号的首位。例如磨床分为 M,2M,3M 三类。

(1)按加工精度不同,同一种机床可分为普通精度级、精密级和高精度级三种精度等级。

精密机床是在普通精度机床的基础上,提高了主轴、导轨或丝杠等主要零件的制造精度。高精度机床不仅提高了主要零件的制造精度,而且采用了保证高精度的机床结构。以上三种精度等级的机床均有相应的精度标准,其允差若以普通精度级为1,则大致比例为1:0.4:0.25。

表 7-6　普通机床类别代号

类别	车床	钻床	镗床	磨　床			刨、插床	铣床	齿轮加工机床	螺纹加工机床	特种加工机床	拉床	锯床	其他机床
代号	C	Z	T	M	2M	3M	B	X	Y	S	D	L	G	Q
读音	车	钻	镗	磨	二磨	三磨	刨	铣	牙	丝	特	拉	割	其

（2）按万能性程度不同,机床可分为通用机床、专门化机床和专用机床。

通用机床用于加工多种零件的不同工序,加工范围较广,但结构比较复杂,主要适用于单件、小批生产。例如,卧式车床、万能升降台铣床、牛头刨床等。专门化机床用于加工形状类似而尺寸不同的工件的某一工序,工艺范围较窄,适用于成批生产。例如,精密丝杠车床、凸轮轴车床等。专用机床用于加工特定零件的特定工序,生产率较高,工艺范围最窄,适用于大批量生产。例如,用于加工某机床主轴箱的专用镗床,汽车、拖拉机制造中使用的各种组合机床等。

（3）按自动化程度不同,机床可分为手动、机动、半自动和自动机床。

（4）机床的质量和外形尺寸与被加工零件的质量和尺寸密切相关,被加工产品小至仪器、仪表,大到大型工程机械等,都需要与之相适应的制造设备。因此,按加工工件的大小和机床质量,机床又可分为仪表机床;中型机床(称为一般机床,最为常用);大型机床(质量 10 t 以上的机床或工件回转 $D_{max} \geqslant 1\,000$ mm 的普通车床等);重型机床(质量 30 t 以上的机床,或加工直径 $D_{max} \geqslant 3\,000$ mm 以上的立式车床,或回转直径 $D_{max} \geqslant 1\,600$ mm 的普通车床等);超重型机床(质量 100 t 以上的机床)。

随着现代机床向着更高层次发展,如数控化和复合化,使得传统的分类方法难以恰当地进行表述。因此,分类方法也需要不断地发展和变化。

当某类机床除了普通型,还有某种通用特性时,可在机床类型代号之后加特性代号予以区别,通用特性代号排在类别代号之后,用汉语拼音字母表示,如表 7-7 所列。若有两个通用代号,则连加,例如,MK 表示数控磨床,MBG 表示半自动高精度磨床,THK 表示自动换刀数控镗床。

表 7-7　机床通用特性代号

通用特性	高精度	精密	自动	半自动	数控	加工中心（自动换刀）	仿形	轻型	加重型	简式或经济型	柔性加工单元	数显	高速
代号	G	M	Z	B	K	H	F	Q	C	J	R	X	S
读音	高	密	自	半	控	换	仿	轻	重	简	柔	显	速

通用机床型号用下列方式表示:

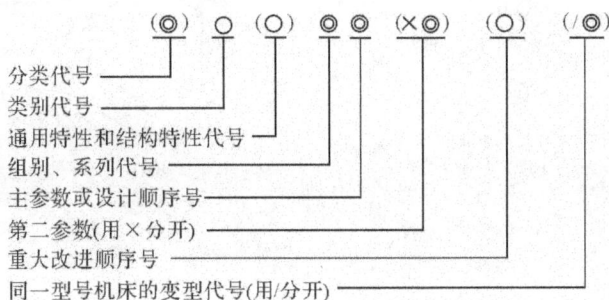

分类代号
类别代号
通用特性和结构特性代号
组别、系列代号
主参数或设计顺序号
第二参数(用×分开)
重大改进顺序号
同一型号机床的变型代号(用/分开)

其中：有"○"符号者，为大写的汉语拼音字母；有"◎"符号者，为阿拉伯数字；有"（）"的可用代号或数字，当无内容时，则不表示，若有内容，则不带括号。

例如，CA6140×1500 型卧式车床其含义如下：

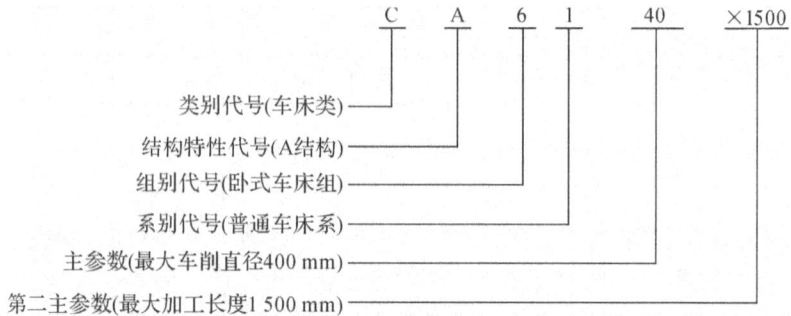

```
        C   A   6   1   40    ×1500
```

类别代号(车床类)
结构特性代号(A结构)
组别代号(卧式车床组)
系别代号(普通车床系)
主参数(最大车削直径400 mm)
第二主参数(最大加工长度1 500 mm)

2. 机床的结构

在各类机床中，车床、钻床、刨床、铣床和磨床是五种最基本的机床，图 7-23 至图 7-27 所示分别是这五种机床的基本构造示意图。

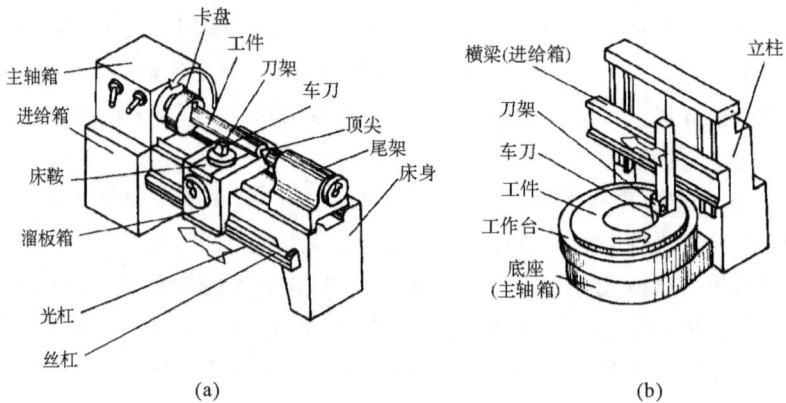

图 7-23 车床

(a)卧式车床；(b)立式车床

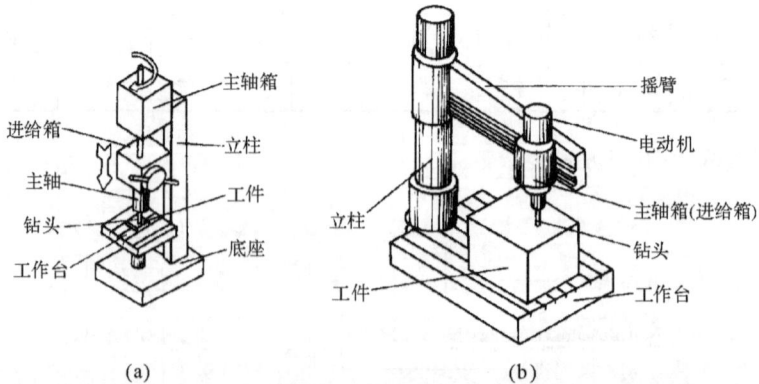

图 7-24 钻床

(a)立式钻床；(b)摇臂钻床

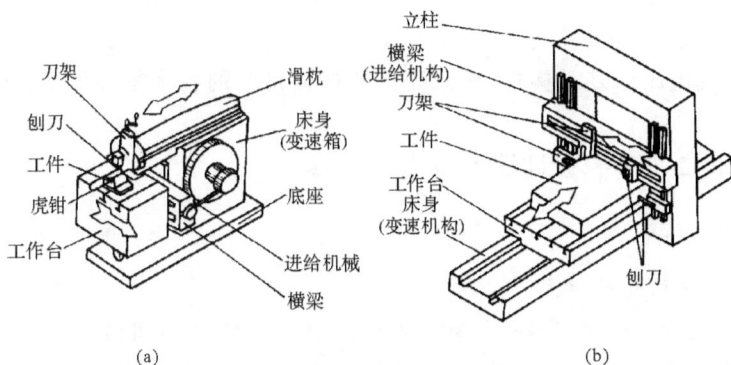

图 7-25 刨床
(a)牛头刨床；(b)龙门刨床

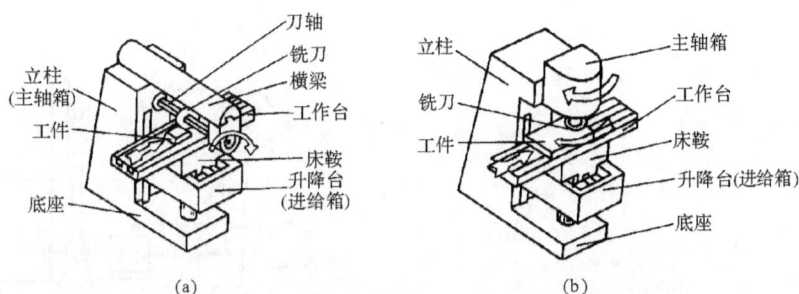

图 7-26 铣床
(a)卧式升降台式铣床；(b)立式升降台式铣床

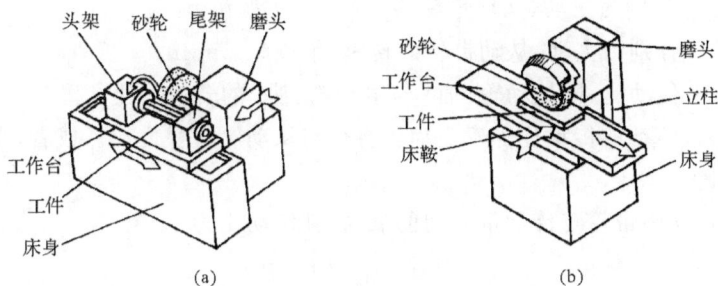

图 7-27 磨床
(a)外圆磨床；(b)平面磨床

如图所示，各种机床的外形、布局和构造不尽相同，但都是由以下几个部分组成。

(1)主传动部件：传动主运动，如车床、钻床、铣床的主轴箱，刨床的变速箱，磨床的磨头等。

(2)进给传动部件：实现进给运动，如车床的进给箱、溜板箱，钻床、铣床的进给箱，磨床的液压传动装置等。

(3)工件安装部件：用来安装工件的装置，如车床上的三爪卡盘和尾架，钻床、刨床、铣床、平面磨床的工作台。

（4）刀具安装部件：用来安装刀具的装置，如车床和刨床的刀架，钻床、立式铣床的主轴，卧式铣床的刀轴，磨床的砂轮轴等。

（5）支承部件：机床的基础构件，用来支撑和连接机床的各个零部件，包括各类机床的床身、立柱、底座等。

（6）动力源：指电动机等为机床提供动力的设施。

7.3.2　机床的传动

1. 机床常见的机械传动方式

机床的传动有机械、电气、液压、气动等多种传动形式，其中以机械传动最为常见。机械传动又有带传动、齿轮传动、齿轮齿条传动、蜗轮蜗杆传动和螺杆传动等多种方式。

（1）带传动。带传动（belt drive）（同步齿形带除外）是利用皮带轮与传动带之间的摩擦力，主动轮带动从动轮运转。带传动有平带传动、V 型带传动、多揳带传动、同步齿型带传动等。在机床传动中，一般都用 V 型带传动。

从图 7 - 28 可知，如果不考虑传动带与带轮之间的相对滑动，由于主动轮与从动轮的圆周线速度的大小相同，即

$$v_1 = v_2$$

又因为

$$v_1 = \pi d_1 n_1$$
$$v_2 = \pi d_2 n_2$$

所以，其传动比

$$i = \frac{n_2}{n_1} = \frac{d_1}{d_2}$$

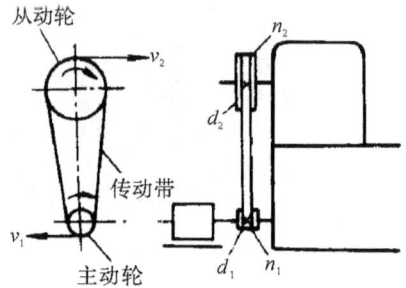

图 7 - 28　皮带传动

式中　　d_1，d_2——分别为主动、从动带轮的直径，单位为 mm；

n_1，n_2——分别为主动、从动带轮的转速，单位为 r/min；

i——传动比，即从动轮（轴）与主动轮（轴）的转速之比。

从以上可知，带传动的传动比等于主动轮直径与从动轮直径之比。或者，带传动中带轮速度与其直径成反比。

如果考虑带传动中带轮与传动带之间的滑动，其传动比为

$$i = n_2/n_1 = d_1 \varepsilon / d_2$$

式中　ε——滑动系数，大约为 0.98。

皮带传动的特点是结构简单，制造方便，传动平稳，有过载保护；但其传动比不准确，传动效率较低，占据空间大。

（2）齿轮传动。齿轮（gear）是应用最为广泛的机械零件之一，其齿形多样，型号繁多，常见的有直齿、斜齿、圆弧齿等。图 7 - 29 所示为直齿圆柱齿轮传动。由于主动轮和从动轮的线速度相同，而且一对相啮合齿轮其模数相同，因此传动比计算如下：

$$v_1 = v_2; \quad m_1 = m_2$$

$$v_1 = \pi m_1 z_1 n_1$$

$$v_2 = \pi m_2 z_2 n_2$$

故传动比为

$$i = n_2/n_1 = z_1 / z_2$$

式中　　z_1 , z_2—— 分别为主动轮、从动轮的齿数；

　　　　n_1 , n_2—— 分别为主动轮、从动轮的转速，

　　　　　　　　单位为 r/min。

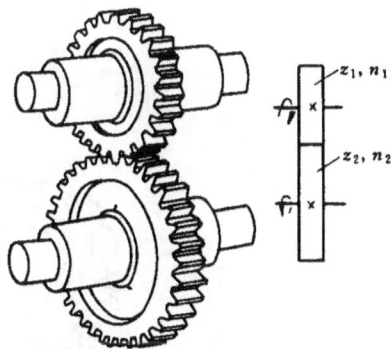

图 7-29　齿轮传动

从以上可知，齿轮传动的传动比等于主动轮与从动轮的齿数之比，或者，在齿轮传动中，齿轮转速与其齿数成反比。

齿轮传动的优点是结构紧凑，传动比准确，传动效率高，传递扭矩大；缺点是制造较为复杂，制造精度低时噪声大，传动不平稳，线速度不能过高，一般小于 12~15 m/s。

(3)齿轮齿条传动。齿轮齿条(rack and pinion)传动与齿轮传动的啮合情况相似，所不同的是可以将回转运动变成直线运动或将直线运动变成回转运动。如图 7-30 所示，当齿轮顺时针旋转时，齿条向左作直线移动，其速度是

$$\upsilon = \frac{pzn}{60} = \frac{\pi mzn}{60} \text{ mm/s}$$

式中　　z—— 齿轮齿数；

　　　　n—— 齿轮转速，单位为 r/min；

　　　　p—— 齿条齿距，$p = \pi m$，单位为 mm；

　　　　m—— 齿轮、齿条模数，单位为 mm。

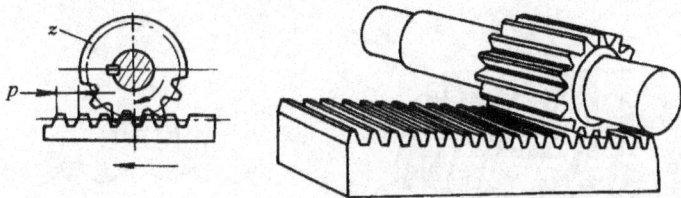

图 7-30　齿轮齿条传动

齿轮齿条传动，当齿轮为主动时，可以将旋转运动变为直线运动；当齿条为主动时，也可以将直线运动变为旋转运动。

齿轮齿条传动的效率比较高，但是当制造精度不高时，传动的平稳性和准确性较差。

(4)蜗轮蜗杆传动。如图 7-31 所示，蜗轮蜗杆传动中，蜗杆(worm)为主动件，带动蜗轮(worm gear)旋转，反之则自锁。若蜗杆的螺纹头数为 k，转速为 n_1；蜗轮的齿数为 z，转速为 n_2，则传动比为

$$i = \frac{n_2}{n_1} = \frac{k}{z}$$

蜗轮蜗杆传动的优点是可以获得较大的降速比(k 比 z 要小很多)，而且传动平稳，无噪声，结构紧凑；缺点是传动效率低，制造过程复杂，需要良好的润滑条件。

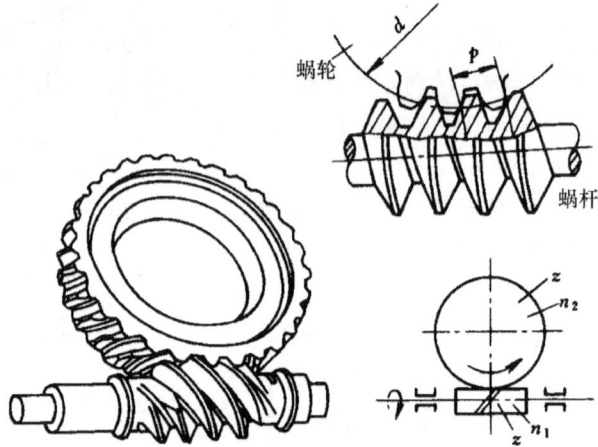

图 7 - 31　蜗轮蜗杆传动

(5)螺杆传动。螺杆(screw)传动又称为丝杠螺母传动,如图 7 - 32 所示,若螺杆(又称丝杠)旋转,螺母不转,则螺母相对于螺杆轴线方向的移动速度为

$$v = \frac{knP}{60} \ \text{mm/s}$$

式中　　k —— 螺杆螺纹头数;

　　　　n —— 螺杆转速,单位为 r/min;

　　　　P —— 螺杆螺距,单位为 mm。

螺杆传动一般是将旋转运动变为直线运动。其优点是传动平稳,无噪声,可以达到较高的传动精度;缺点是传动效率较低。

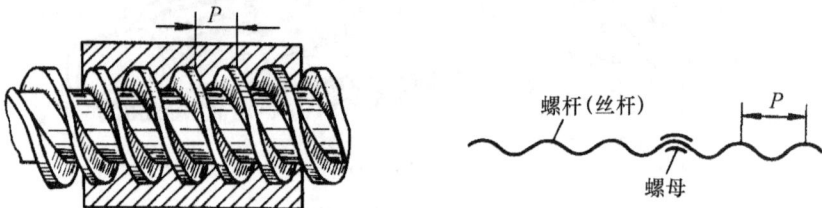

图 7 - 32　螺杆传动

以上是常见的五种传动副。将若干个传动副按一定方式依次组合起来,就成为一条传动链,传动链的总传动比等于各个传动副传动比的乘积。

2.机床的机械传动系统

(1)机床常见的变速机构。在切削加工过程中,必须保证能够获得最有利的切削速度。利用无级变速可以在一定的范围内得到需要的任何速度,但其成本较高。在一般机床上,大多采用齿轮变速机构进行有级变速,以获得一定的速度等级。机床的变速机构是由一些基本变速机构组成的。基本变速机构有很多种,其中以滑移齿轮变速机构和离合器变速机构最为常见。

在滑移齿轮变速机构(见图 7 - 33)中,通过手柄控制,三联滑移齿轮(z_2,z_4,z_6)利用长键可以在从动轴Ⅱ上滑动,分别实现与固定在主动轴上的齿轮 z_1,z_3,z_5 的啮合,从而使轴Ⅱ得到三种转速。其传动比分别为

$$i_1 = \frac{z_1}{z_2}, \quad i_2 = \frac{z_3}{z_4}, \quad i_3 = \frac{z_5}{z_6}$$

用传动链的形式可以表示为

$$\mathrm{I} - \begin{cases} \dfrac{z_1}{z_2} \\[2mm] \dfrac{z_3}{z_4} \\[2mm] \dfrac{z_5}{z_6} \end{cases} - \mathrm{II}$$

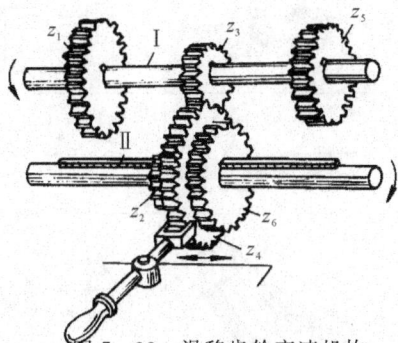

图 7-33　滑移齿轮变速机构

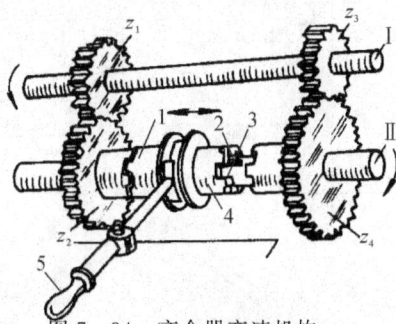

图 7-34　离合器变速机构

1,2—爪；3—键；4—牙嵌式离合器；5—手柄

在离合器变速机构(见图 7-34)中,从动轴Ⅱ两端套有齿轮 z_2 和 z_4,分别通过与固定在主动轴Ⅰ上的齿轮 z_1 和 z_3 相啮合。轴Ⅱ的中部带有键 3,并装有牙嵌式离合器 4。当通过手柄 5 左右移动离合器时,可使离合器的爪 1 与齿轮 z_2 啮合或者爪 2 与齿轮 z_4 啮合,从而实现两种不同的转速,其传动比分别为

$$i_1 = \frac{z_1}{z_2}, \quad i_2 = \frac{z_3}{z_4}$$

用传动链的形式可以表示为

$$\mathrm{I} - \begin{cases} \dfrac{z_1}{z_2} \\[2mm] \dfrac{z_3}{z_4} \end{cases} - \mathrm{II}$$

(2)传动链及其传动比。传动链(transmission chain)是指实现从首端件向末端件传递运动的一系列传动件的总和,它是由若干传动副按一定方法依次组合起来的。

为了便于分析传动链中的传动关系,可以把各传动件进行简化,用规定的一些简图符号(见表 7-8)表示组成传动图,如图 7-35 所示。传动链也可以用传动结构式来表示。传动结构式的基本形式为

$$- \mathrm{I} - \begin{cases} i_1 \\ i_2 \\ \cdots \\ i_m \end{cases} \mathrm{II} - \begin{cases} i_{m+1} \\ i_{m+2} \\ \cdots \\ i_m \end{cases} - \mathrm{III} - \cdots$$

其中的罗马数字Ⅰ,Ⅱ,Ⅲ,…表示传动轴,通常从首端件开始按运动传递顺序依次编写;i_1, i_2, …,$i_m, i_{m+1}, i_{m+2}, \cdots, i_n$ 表示传动链中可能出现的传动比。

表 7－8　常用传动体的简图符号

名称	图形	符号	名称	图形	符号
轴			滑动轴承		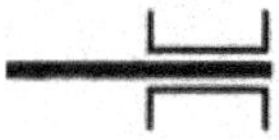
滚动轴承		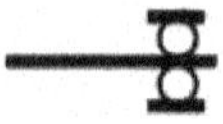	止振轴承		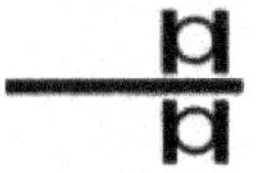
双向摩擦离合器		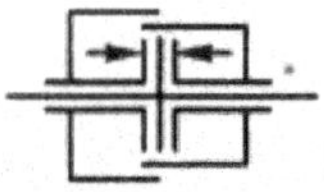	双向滑动齿轮		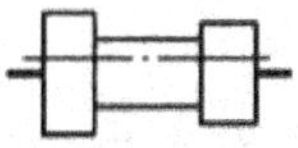
螺杆传动（整体螺母）	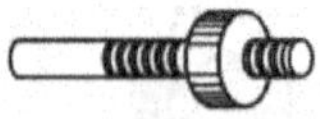		螺杆传动（开合螺母）	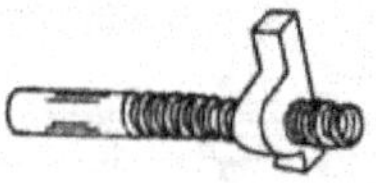	
平带传动		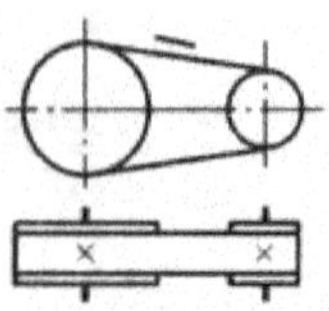	V带传动		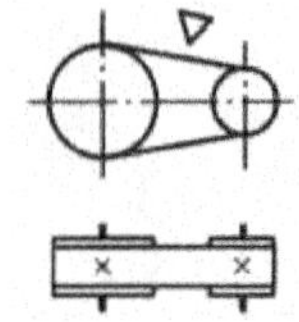
齿轮传动	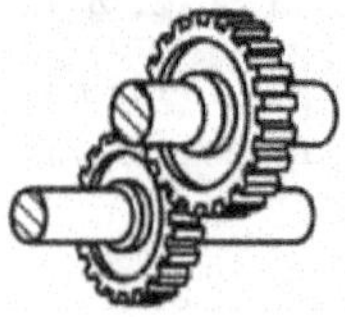	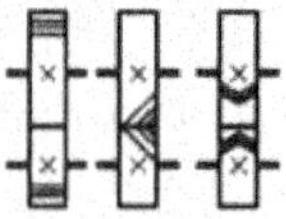	蜗杆传动	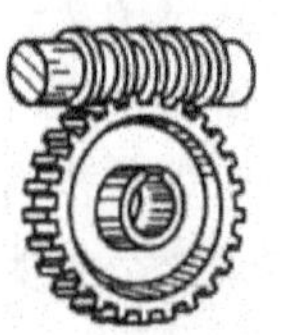	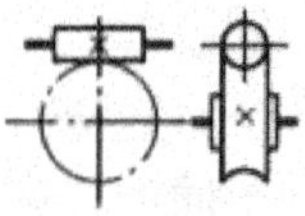
齿轮齿条传动		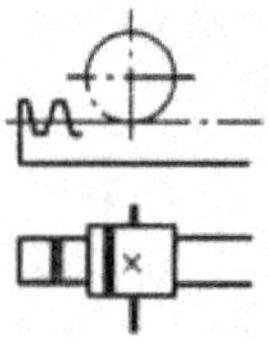	镗齿轮传动		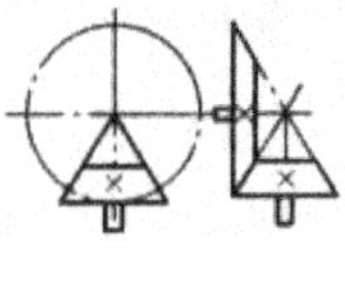

如图 7－35 所示，运动自轴 Ⅰ 输入，转速为 n_1，经带轮 d_1、传动带和带轮 d_2 传至轴 Ⅱ。再经圆柱齿轮 1、2 传到轴 Ⅲ，经锥齿轮 3、4 传到轴 Ⅳ，经圆柱齿轮 5、6 传到轴 Ⅴ，最后经蜗杆 k 及蜗轮 7 传至轴 Ⅵ，并把运动输出。

若已知 $n_1, d_1, d_2, z_1, z_2, z_3, z_4, z_5, z_6, k$ 及 z_7 的具体数值，则可确定传动链中任何一轴的转速。例如求轴 Ⅵ 的转速 $n_{Ⅵ}$，可按下式计算：

$$n_{Ⅵ} = n_1 i_总 = n_1\, i_1\, i_2\, i_3\, i_4\, i_5 = n_1 \cdot \frac{d_1}{d_2} \cdot \varepsilon \cdot \frac{z_1}{z_2} \cdot \frac{z_3}{z_4} \cdot \frac{z_5}{z_6} \cdot \frac{z_1}{z_7}$$

式中　$i_1 \sim i_5$——传动链中相应传动副的传动比；

$i_总$——传动链的总传动比，$i_总 = i_1\, i_2\, i_3\, i_4\, i_5$，即传动链的总传动比等于各传动副传动比的乘积。

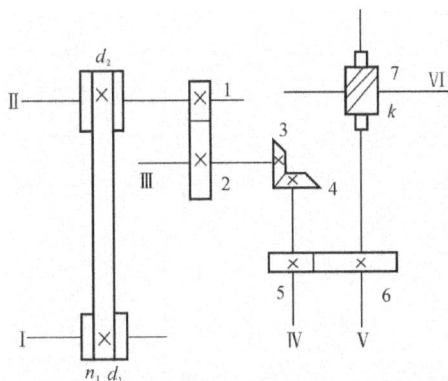

图 7-35 传动链图例

(3)卧式车床的传动。如图 7-36 所示是 C6132 型卧式车床的传动简图,图中各传动件按照运动传递的顺序,以规定的简单符号表示出来,此类图只能表示传动关系,而不能代表各传动件的实际尺寸和空间位置。

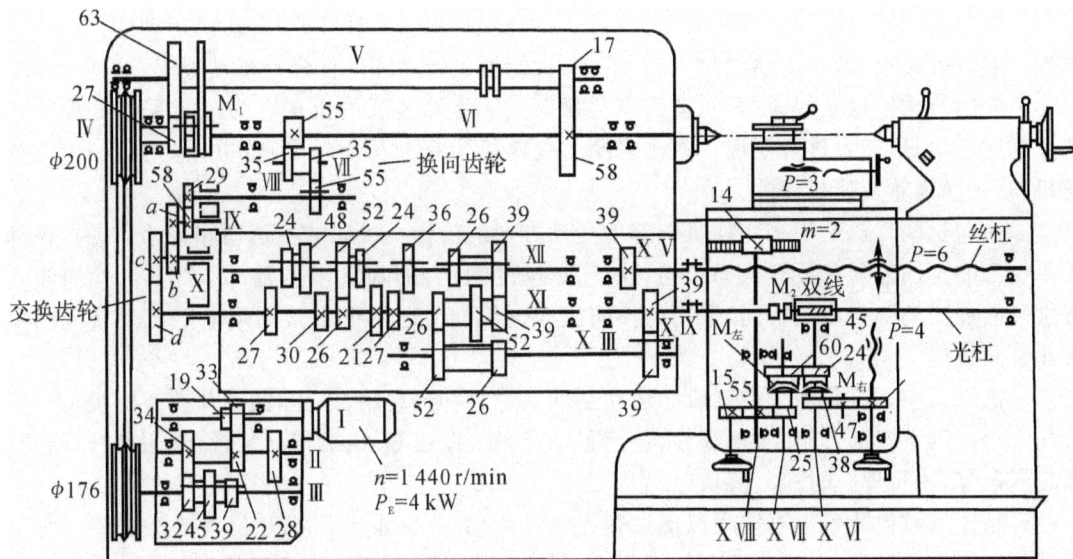

图 7-36 C6132 车床传动系统

C6132 型车床具有四种切削成形运动,通过主运动传动链和进给运动传动链来实现。

1)主运动传动链。

$$电动机—I\left\{\begin{matrix}\frac{33}{22}\\\frac{19}{34}\end{matrix}\right\}—II\left\{\begin{matrix}\frac{34}{32}\\\frac{28}{39}\\\frac{22}{45}\end{matrix}\right\}—III—\frac{\phi176}{\phi200}—IV\left\{\begin{matrix}M_1\\\frac{27}{36}—V—\frac{17}{58}\end{matrix}\right\}—主轴VI$$

主轴可以获得 12 级转速,并通过电机反转来实现反转。

2)进给运动传动链。

$$主轴\ \text{VI}-\begin{cases}\dfrac{55}{55}\\[2mm]\dfrac{55}{35}\times\dfrac{35}{55}\end{cases}-\text{VIII}-\dfrac{29}{58}-\text{IX}-\dfrac{a}{b}\times\dfrac{c}{d}-\text{XI}-\begin{cases}\dfrac{27}{34}\\[1mm]\dfrac{21}{24}\\[1mm]\dfrac{27}{36}\\[1mm]\dfrac{30}{48}\\[1mm]\dfrac{26}{52}\end{cases}-\text{XII}-\begin{cases}\dfrac{39}{39}\times\dfrac{52}{26}\\[1mm]\dfrac{26}{52}\times\dfrac{52}{26}\\[1mm]\dfrac{39}{39}\times\dfrac{26}{52}\\[1mm]\dfrac{26}{52}\times\dfrac{26}{52}\end{cases}-\text{XIII}-\dfrac{39}{39}-$$

$$\text{XIV}-光杠-\dfrac{2}{45}-\text{XVI}-\begin{cases}\dfrac{24}{60}-\text{XVII}——\text{M}_左-\dfrac{25}{55}-\text{XVIII}-齿轮、齿条(z=14,m=2)—纵向进给\\[2mm]\text{M}_右-\dfrac{38}{47}\times\dfrac{47}{13}—横向进给丝杠(P=4)—横向进给\end{cases}$$

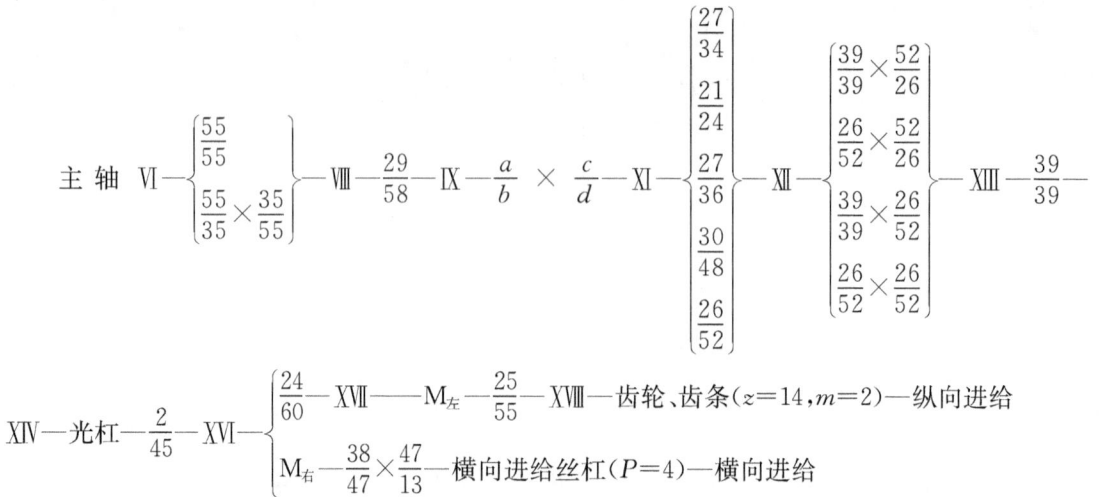

(4)机床机械转动的组成。从 C6132 型普通车床传动系统分析可看出,实现机床的主运动和进给运动,主要采用了以下传动机构和装置。

1)定比传动机构。这是具有固定传动比的传动副,用来实现降速、升速或运动连接。常用的传动副有带传动、齿轮传动、蜗杆蜗轮传动、齿轮齿条传动和丝杠螺母传动等。

2)变速机构。这是传递运动、动力以及变换机床运动速度的机构。为了能采用合理的切削速度和进给量,需要进行变速。本例采用的变速机构有滑移齿轮变速机构、离合器-齿轮变速机构、交换齿轮变速机构等。

3)换向机构。这是用来变换机床部件运动方向的机构。机床的主运动和进给运动传动部件依加工的不同需要都设有换向机构。机床运动的换向,随着机床类型、传动部件、换向频繁程度和电动机功率大小等不同,采用的换向机构也不同。通常可直接利用电动机反转或利用齿轮换向机构等。

4)操纵机构。这是用来控制机床运动部件变速、换向、起动、停止、制动及调整的机构。该机构一般由以下三部分组成:操纵件,包括手柄、手轮、按钮等;机械传动装置,常用杠杆、凸轮、齿轮齿条等;执行件,如拨叉、滑块等。

5)箱体及其他装置。箱体用以支撑和连接各机构,并保证它们相互位置的准确性。为了保证传动机构的正常工作,还设有开停装置、制动装置、润滑和密封装置等。

(5)机械传动的优缺点。C6132 卧式车床采用了各种机械传动形式,机械传动与液压传动、电气传动相比较有其突出的特点。主要体现在以下方面:

1)传动准确,工作可靠;

2)实现回转运动的结构简单,能传递较大的扭矩,变速范围广;

3)故障容易发现,便于维修。

但是,机械传动有速度损失,传动不够平稳;传动元件制造精度不高时,振动和噪声较大;实现无级变速的机构较复杂,变速范围小,成本较高。所以机械传动主要用于速度不太高的有级变速传动中。

3.机床的液压传动

(1)外圆磨床的液压传动。这里只分析控制磨床工作台往复运动的液压传动系统(见图 7-37),它主要由油箱 20、齿轮油泵 13、换向阀 6、节流阀 11、安全阀 12、油缸 19 等组成。工作时,压力油从油泵 13 经管路输送到换向阀 6,由此流到油缸 19 的右端或左端,使工作台 2 向左或向右作进给运动。此时,油缸 19 另一端的油,经换向阀 6、滑阀 10 及节流阀 11 流回油箱。节流阀 11 是用来调节工作台运动速度的。

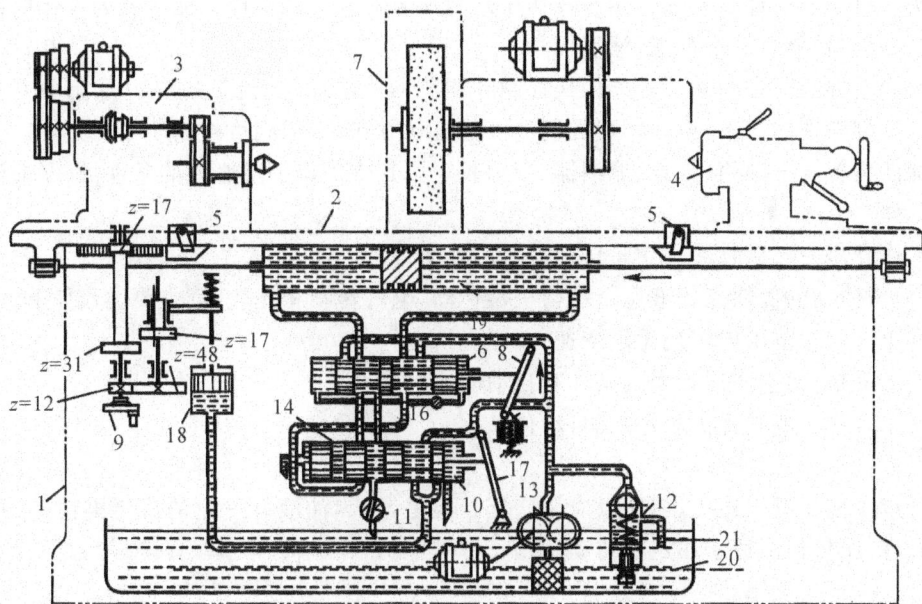

图 7-37　外圆磨床液压传动示意图

1—床身;2—工作台;3—头架;4—尾架;5—挡块;6—换向阀;7—砂轮罩;8—杠杆;9—手轮;10—滑阀;
11—节流阀;12—安全阀;13—油泵;14—油腔;15—弹簧帽;16—油阀;17—杠杆;18—油筒;
19—油缸;20—油箱;21—回油管

用手向右搬动操纵杠杆 17,滑阀的油腔 14 使油缸 19 的右导管和左导管接通,便停止了工作台的移动。此时,油筒 18 中的活塞在弹簧压力作用下向下移动,使油筒 18 中的油液经油管流回油箱(见图 7-38),$z=17$ 的齿轮与 $z=31$ 的齿轮啮合,便可利用手轮 9 移动工作台。

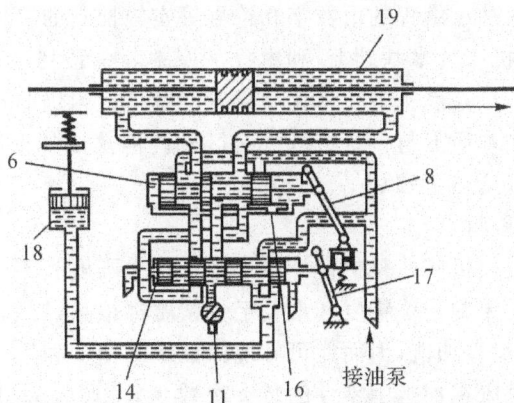

图 7-38　工作台右移时换向阀 6 的活塞位置

(2)机床液压传动的组成。机床液压传动主要由以下几部分组成：

1)动力元件——油泵。其作用是将电动机输入的机械能转换为液体的压力能，是能量转换装置(能源)。

2)执行机构——油缸或油马达。其作用是把油泵输入的液体压力能转变为工作部件的机械能，它也是一种能量转换装置(液动机)。

3)控制元件——各种阀。其作用是控制和调节油液的压力、流量(速度)及流动方向。如节流阀可控制油液的流量；换向阀可控制油液的流动方向；溢流阀可控制油液压力等。

4)辅助装置——油箱、油管、滤油器、压力表等。其作用是创造必要的条件，以保证液压系统正常工作。

5)工作介质——矿物油。它是传递能量的介质。

(3)液压传动的优缺点。液压传动与机械传动、电气传动相比较，其主要优点如下：

1)易于在较大范围内实现无级变速；

2)传动平稳，便于实现频繁的换向和自动防止过载；

3)便于采用电液联合控制，实现自动化；

4)机件在油中工作，润滑好，寿命长。

由于液压传动有上述优点，所以应用广泛。但是，因为油液有一定的可压缩性，并有泄漏现象，所以液压传动不适于作定比传动。

7.3.3 数控机床

1. 数控机床概述

1952 年美国麻省理工学院(MIT)首次把机床技术与电子技术巧妙地结合在一起，研制成功了世界上第一台具有信息储存和处理功能的新型机床，这就是数控机床。数控机床能够按照根据加工要求预先编制的程序，由控制系统发出数字信息指令进行工作。

数控机床的控制系统称为数控系统。它是一种运算控制系统，能够运用逻辑方式对数字、字母、符号等具有数字代码形式的信息进行处理，用数字化的程序指令通过伺服机构对机床的运动过程进行控制，从而自动完成零件的加工过程。

数控加工，指的就是一种可编程的由数字和符号等实施控制的自动加工过程。

数控机床是在传统的机床技术基础上，利用数字控制等一系列自动控制技术和微电子技术发展起来的高技术产品，是高度机电一体化的机床。数控机床仍旧是利用刀具、磨具等对工件进行切削加工，这一点在本质上与传统机床没有区别。但是在如何控制切削运动等方面与传统机床存在本质的区别(见图 7-39)。

数控机床具有如下主要特点：

(1)加工的精度高。数控机床在整机设计中考虑了整机刚度和零件的制造精度，又采用高精度的滚珠丝杠副传动，机床的定位精度和重复定位精度都很高，特别是有的数控机床具有加工过程自动检测和误差补偿等功能，因而能可靠地保证加工精度和尺寸的稳定性。

(2)生产率高。数控机床在加工中零件的装夹次数少，一次装夹可加工出很多表面，可省去划线找正和检测等许多中间工序。据统计，普通机床的净切削时间一般为 15%～20%，而数控机床可达 65%～70%，带有刀库可实现自动换刀的数控机床甚至可达 75%～80%。加工复杂零件时，效率可提高 5～10 倍。

| 零件图 | → | 编制工艺图 | → | 工人操作机床 | → | 加工运动 |

(a)

| 零件图 | → | 编制程序 | 键盘输入 / 制穿孔带 | → | 数控装置 | → | 伺服装置 | → | 加工运动 |

检测

信息反馈

(b)

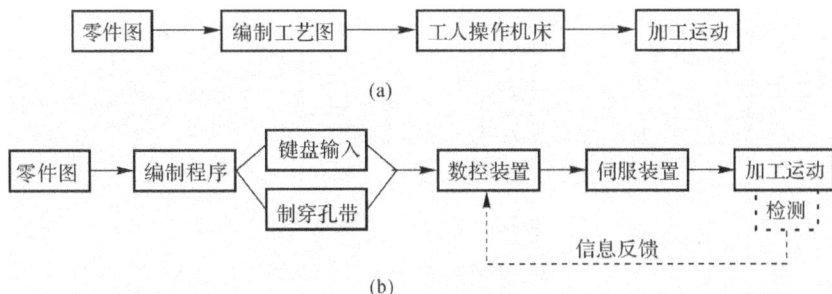

图 7 - 39　普通机床与数控机床工作过程

（3）特别适合加工形状复杂的轮廓表面。如利用数控车床加工复杂形状的回转表面和利用数控铣床加工复杂的空间曲面。

（4）有利于实现计算机辅助制造。目前在机械制造业中，CAD/CAM 的应用日趋广泛，而数控机床及其加工技术正是计算机辅助制造系统的基础，是构成柔性制造系统（FMS）和计算机集成制造系统（CIMS）的基本设备。利用数控机床加工零件，可以方便地准确估计加工时间、生产周期及加工费用，并可以实现对刀具、夹具的规范化、现代化管理。

应用数控机床加工，可以减少产品的生产数量、缩短生产周期、节省流动资金，同时在生产系统中实现计算机集成管理，使综合经济效益大大提高。

对于产量小、品种多、产品更换频繁、要求生产周期短的航空、航天领域以及新产品研发的零件制造，数控加工有必然的优越性。尤其对于一些具有复杂型面的零件，例如飞机发动机叶轮叶片、船用螺旋桨模具加工等，数控加工能够很方便地完成，而传统加工很难完成。

数控机床的价格一般是同规格的普通机床的若干倍，机床备件的价格也很高，加上首件加工进行编程、调整和试加工等的准备时间较长，因而初始投资大。此外，数控机床是技术密集型的机电一体化产品，数控机床的复杂性和综合性加大了维修工作的难度，需要配备素质较高的维修人员和维修装备。

综合数控加工的以上特点，充分考虑实际使用的经济效益，目前数控加工比较适合于加工单件、小批量生产中精度高、尺寸变化大、形状又复杂的零件，或者在产品的试制过程中要求多次修改的零件。这样可以减少或节省制作大量模板、模具等工艺装备的时间，从而降低加工成本，缩短生产准备时间，减轻劳动强度。

随着数控技术和数控加工设备的发展，数控加工的应用越来越广泛，为多品种、中小批量产品的加工提供了更好的途径，极大地促进了现代工业的发展。

2. 数控机床的基本组成及工作原理

（1）数控机床加工的工作原理。任何切削机床都是控制切削工具与工件之间的相对运动，用切削工具切除工件上多余的部分，最终得到所需的合格零件。这种工作过程的控制在非数控机床上，主要由操作者根据加工图纸和工艺要求手动操作或控制机床实现，而在数据机床上则是由数控系统用数字化信号控制机床实现。

如图 7 - 40 所示是数控机床加工工作原理的结构框图。其工作过程是：根据零件图纸数据和工艺内容，用标准的数控代码，按规定的方法和格式，编制零件加工的数控程序。它是数控机床自动加工工件的工作指令，可以由人工进行，也可以由计算机或数控装置完成。编制好的数控程序通过输入输出设备存放或记录在相应的控制介质上。

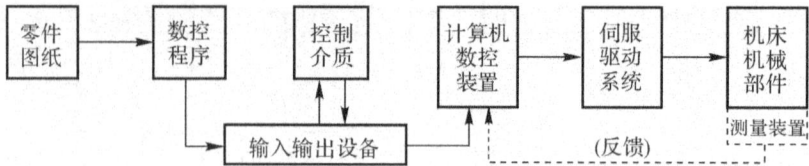

图 7-40 数控机床加工工作原理的结构框图

(2)数控机床的基本组成。

1)控制介质和输入输出设备。控制介质是记录零件加工数控程序的媒介,输入输出设备是数控系统与外部设备交互信息的装置,零件加工的数控程序是交互的主要信息。输入输出设备除了将零件加工的数控程序存放或记录在控制介质上之外,还能将数控程序输入到数控系统。早期的数控机床所使用的控制介质是穿孔纸带或磁带,相应的输入输出设备为纸带穿孔机和纸带阅读机或录音机,现在已基本不使用。现代的数控机床则使用磁盘和磁盘驱动器。

2)计算机数控装置。数控装置是数控机床实现自动加工的核心。它接收输入设备送来的控制介质上的信息,经数控系统进行编译、运算和逻辑处理后,输出各种信息和指令给主运动控制部分和伺服驱动系统,以控制机床各部分进行有序的动作。

3)伺服驱动系统。伺服驱动系统是数控系统与机床本体之间电气传动的联系环节。它能将数控系统送来的信号和指令放大,以驱动机床的执行部件,使每个执行部件按规定的速度和轨迹运动或精确定位,以便加工出合格的零件。因此,伺服驱动系统的性能和质量是决定数控机床加工精度和生产率的主要因素之一。伺服系统中常用的驱动装置有步进电动机、调速直流电动机和交流电动机等。

4)机床机械部件。机床机械部件是数控机床的主体,是数控系统控制的对象,是实现零件加工的执行部件。它与非数控机床相似,也是由主传动部件、进给传动部件、工件安装装置、刀具安装装置、支承件及动力源等部分组成。传动机构和变速系统较为简单,但在精度、刚度和抗振性等方面则有较高要求,且传动和变速系统要便于实现自动化控制。对于加工中心类机床,还要有存放刀具的刀库、自动交换刀具的机械手。自动交换工件装置等部件。对于闭环或半闭环数控机床,还包括位置测量装置及信号反馈系统,如图 7-40 中虚线所示。

3.数控机床的分类

数控机床的种类很多,常见的分类方法也有很多种。

(1)按照机床运动轨迹的不同,可以分为点位控制、直线控制和轮廓控制。

1)点位控制。其特点是只要求控制刀具或机床工作台从一点移动到另一点的准确定位,至于点与点之间移动的轨迹原则上不加控制,且在移动过程中刀具不进行切削,如图 7-41 所示。采用点位控制的机床有钻床、镗床和冲床等。

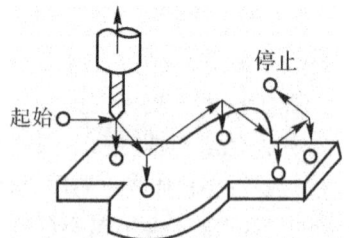

图 7-41 点位控制

2)直线控制。其特点是除了控制点与点之间的准确定位外,还要保证被控制的两个坐标点间移动的轨迹是一条直线,且在移动的过程中刀具能按指定的进给速度进行切削,如图 7-42所示。采用直线控制的机床有车床、铣床和磨床等。

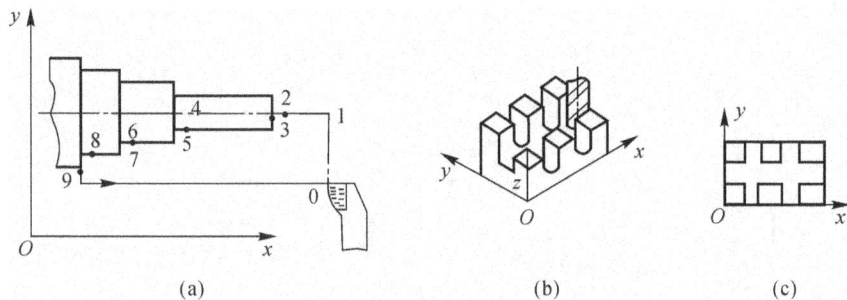

图 7-42　直线控制

3)轮廓控制。其特点是能够对两个以上坐标方向的同时运动进行严格、不间断的控制,并且在运动过程中,刀具对工件表面连续进行切削,如图 7-43 所示。采用轮廓控制的机床有铣床、车床、磨床和齿轮加工机床等。

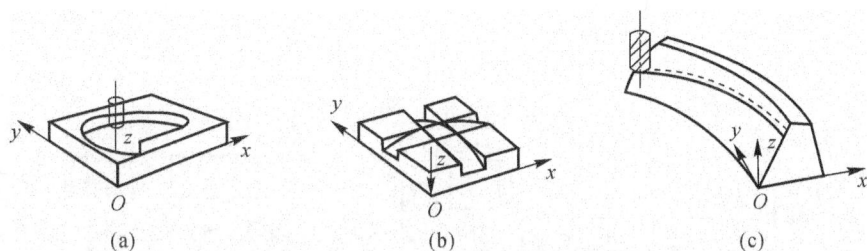

图 7-43　轮廓控制

(2)按伺服系统的类型不同,可以分为开环控制、闭环控制和半闭环控制。

1)开环控制。开环控制采用开环伺服系统,一般由步进电动机、配速齿轮和丝杠螺母副等组成,如图 7-44(a)所示。伺服系统没有检测反馈装置,不能进行误差校正,故机床加工精度不高。但系统结构简单、维修方便、价格低,适用于经济型数控机床。

2)闭环控制。闭环控制采用闭环伺服系统,通常由直流(或交流)伺服电机、配速齿轮、丝杠螺母副和位移检测装置等组成,如图 7-44(b)所示。安装在工作台上的位移检测装置将工作台的实际位移值反馈到数控装置中,与指令要求的位置进行比较,用差值进行控制,可保证达到很高的位移精度。但其系统复杂,调整维修困难,一般用于高精度的数控机床。

3)半闭环控制。半闭环控制类似闭环控制,但位移检测装置安装在传动丝杠上,如图 7-44(c)所示。丝杠螺母传动机构及工作台不在控制环内,其误差无法校正,故精度不如闭环控制。但系统结构简单,稳定性好,测试容易,因此应用比较广泛。

4.数控机床的发展

由于数控机床具有明显的优越性,它已为世界各国所重视,而且发展迅速。

数控机床的工艺功能已由加工循环控制、加工中心,发展到适应控制。

(1)加工循环控制虽然可实现每个加工工序的自动化,但对于不同工序,刀具的更换及工件的重新装夹仍需人工来完成。

(2)加工中心是指备有刀库并能自动更换刀具,可对一次装夹的工件进行多工序集中加工的数控机床(见图 7-45)。工件经一次装夹后,数控系统便能控制机床按不同工序(或工步)

自动选择和更换刀具,自动改变机床主轴转速、进给量和刀具相对工件的运动轨迹及实现其他辅助功能,依次完成工件多工序的加工。因此,它可以显著缩短辅助时间,提高生产效率,改善劳动条件。

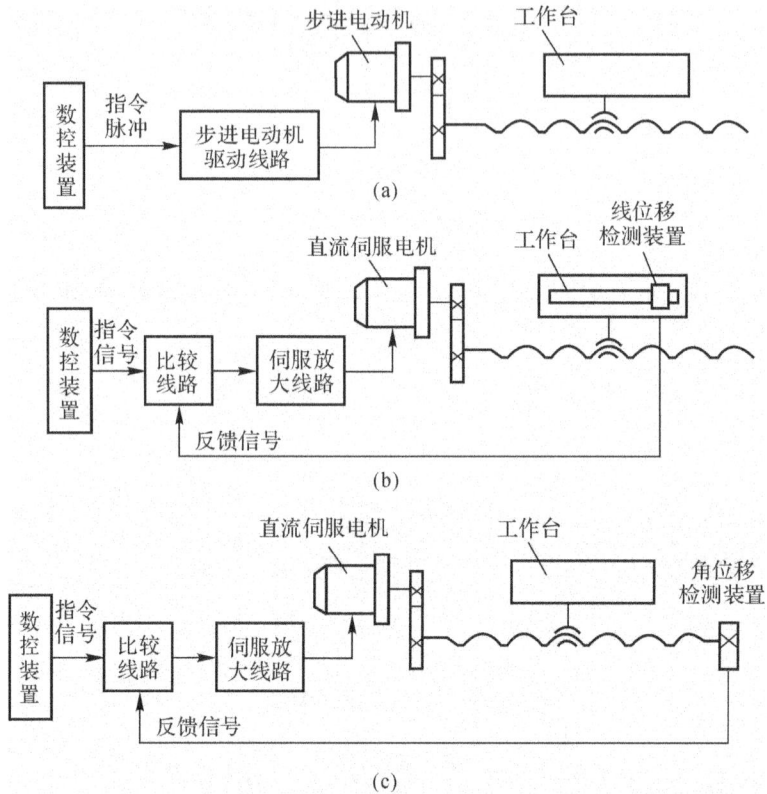

图 7-44　开环、闭环和半闭环伺服系统

(a)开环控制;(b)闭环控制;(c)半闭环控制

(3)适应控制数控机床是一种具有"随机应变"功能的机床。它能适应加工条件的变化,自动调整加工用量,按规定条件实现加工过程的最佳化。

数控机床的控制装置,已经历了电子管元件→晶体管和印刷电路板元件→集成电路→小型计算机→微处理器的发展过程。

前面三种控制装置为普通数控(Numerical Control,简称 NC),是用固定接线的电子线路,来完成所需要的各种逻辑和运算。一般是针对某种机床的控制要求,专门设计和制造的,适应性较差,通用性也差。一旦制成,较难更改,故又称为"硬连接数控"。这样的控制装置工艺性差,生产周期长,成本高。

计算机数控(Computer Numerical Control,简称 CNC),可以克服 NC 的缺点。它采用一台小

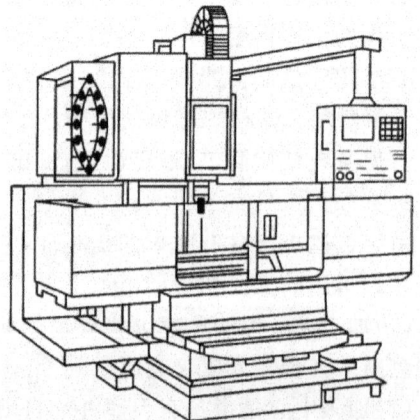

图 7-45　立式加工中心

型通用计算机,按照存储在计算机内的控制程序,来实现部分或全部数控功能。在存储器内的可编逻辑,代替了 NC 中的固定逻辑电路,变更控制程序,即可改变控制功能,所以这种数控装置比 NC 具有更大的通用性和灵活性,也称为"软连接数控"。

计算机群控(Direct Numerical Control,简称 DNC),即用一台或几台计算机直接控制多台数控机床。加工时,由公共存储器按照需要,为各机床分析数据,协调和控制各机床的运动,从而提高数控机床的开动率。

由于计算机价格昂贵,设备投资较大,技术较复杂,因此,计算机数控系统在使用和推广中还存在较多问题。近年来发展起来的以微处理器为核心组成的计算机数控装置,体积小、质量轻、使成本大为降低。此外,它还具有可靠性高、通用性好、耗能低、维修方便等优点,使它在机床的数控系统中得到广泛应用。

在进一步发展控制功能更为完善、高效、高精度、高自动化的数控机床的同时,国内外都在注意发展简易数控系统。由于它具有结构简单、工作可靠、技术上容易掌握、制造周期短及成本低等优点,对于普及数控技术、实现通用机床数控化具有重大意义。

7.4　常用切削加工方法及应用

在机械加工中,所需要的加工零件在形状、尺寸、精度、表面质量、生产批量等方面的要求各不相同,所需要的加工方法和加工工艺也是多种多样的。切削加工方法为去除材料的加工方法,因其加工精度高、表面质量好等得到广泛的应用。常见的切削加工方法有车削、钻削、铣削、刨削、拉削、镗削、磨削等,这些加工方法所应用的设备和刀具不同,切削运动形式也存在差异,各自具有不同的加工工艺特点和应用。

7.4.1　车削加工

车削加工(turning processing)是指在车床上利用车刀进行的机械加工。车削的主运动为工件的回转,特别适合于加工外圆面、内圆面、外圆锥面、螺纹和滚花面等回转表面,同时也可以加工端面,如图 7-46 所示。在机械零件的组成表面中,回转面应用的最多,所以车削加工比其他切削加工方法的应用更为广泛。

为了满足加工需要,车床的种类也很多,常见的车床有卧式车床、立式车床、转塔车床、仿形车床、自动车床、数控车床等。

不同的加工表面,需要用不同车刀进行加工。常见的车刀有切断刀、左偏刀、右偏刀、外圆车刀、内孔车刀、端面车刀、宽刃光刀等。

1.车削加工的工艺特点

(1)易于保证各加工表面之间的位置精度。车削加工时,工件以主轴的回转中心或两顶尖的中心连线为轴线作回转运动,各个表面具有同一回转轴线,其相对位置精度易于保证。如图 7-47 所示,在卧式车床上利用卡盘或者花盘安装工件,工件在加工过程中的回转中心是车床主轴的回转轴线,工件各回转表面的同轴度则容易保证;工件端面和轴线的垂直度可以通过车床本身的精度来保证,它取决于车床溜板导轨与工件回转轴线之间的垂直度。

(2)切削过程平稳。与刨削和铣削相比,车削过程一般是连续的,没有大的冲击和振动。如果切削用量一定,则其切削面积和切削力基本上不发生变化。因为车削运动的主运动是工件的回转运动,避免了惯性力和冲击的影响,所以车削加工可以采用较大的切削用量进行高速切削或强力切削,有利于提高生产效率。

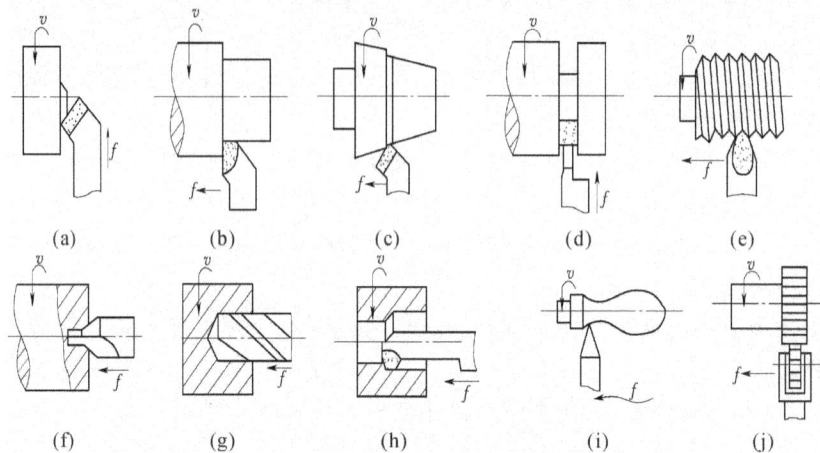

图 7-46　车削加工的各种表面
(a)车端面;(b)车外圆;(c)车圆锥;(d)切槽或切断;(e)车螺纹;(f)钻中心孔;
(g)钻孔;(h)镗孔;(i)车成形面;(j)滚花

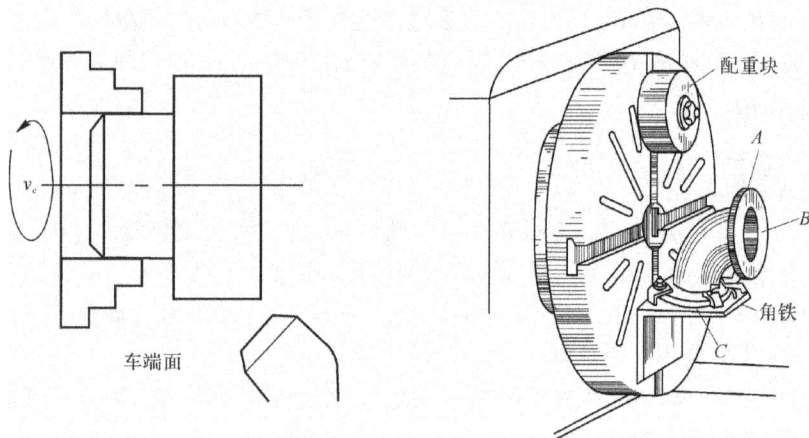

图 7-47　利用卡盘或花盘安装工件

(3)适用于有色金属零件的精加工。由于有色金属材料本身的硬度低,塑性、韧性较高,如果采用砂轮磨削,从工件上脱离的磨屑容易堵塞砂轮,影响加工过程,难以得到很光洁的加工表面。所以,有色金属零件的表面粗糙度 Ra 要求较小时,不宜采用磨削,可以利用车削或铣削来进行加工。

(4)刀具简单。车刀是最简单的一种刀具,其制造、刃磨、安装都极为方便,这便于根据具体加工的需要,选择合理的刀具加工角度,使工艺过程简单。

2.车削的应用

在车床上可以使用车刀,也可以用其他刀具进行加工,从而得到不同要求的回转体表面。

刀具沿着平行于工件轴线的直线方向移动,可以加工出内外圆柱面;刀具沿着与工件回转轴线相交的斜线移动,可以加工出圆锥面;刀具沿着某条曲线运动则可以加工出相应的回转体曲面。车床还可以完成端面、螺纹、沟槽、成型面、滚花、钻孔、铰孔等的加工。

车削加工的精度为 IT10～IT7,表面粗糙度 Ra 值为 $6.3～0.8~\mu m$。

车削加工大多用于具有单一轴线的零件,例如直轴、盘套类等。如果改变零件的安装位置或者将车床适当改装,还可以加工曲轴、偏心轴类或者凸轮类零件。如图 7-48 所示为车削曲轴和偏心轮工件时的安装示意图。

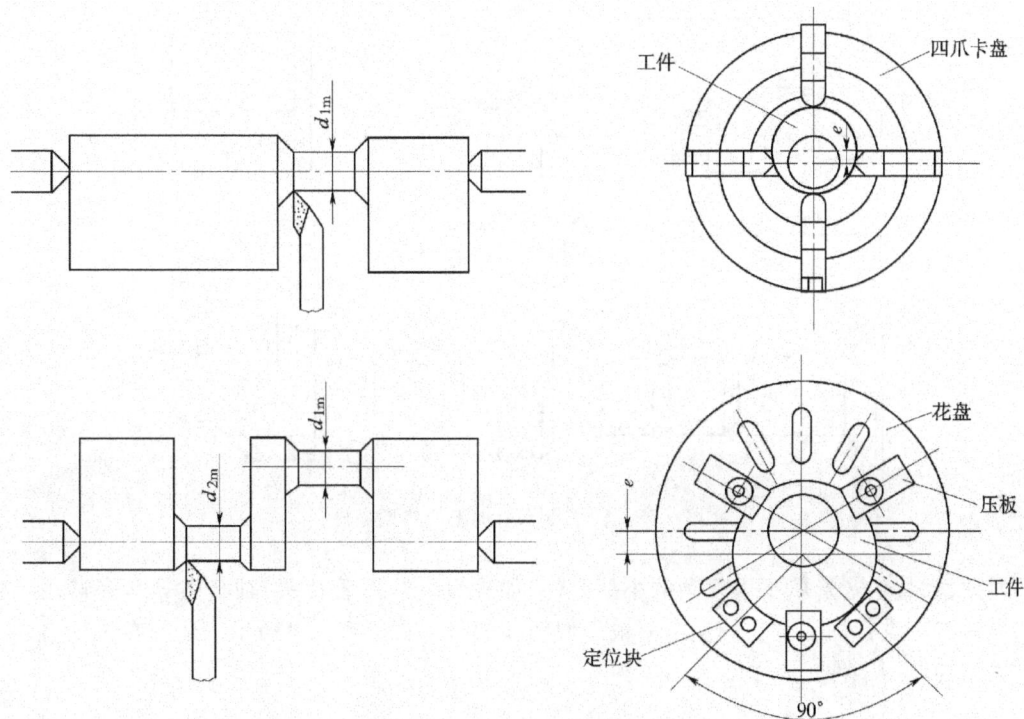

图 7-48 车削曲轴、偏心轮工件安装示意图

当车削细长轴时,应根据零件要求采用中心架(见图 7-49)或跟刀架(见图 7-50),提高工件刚度;同时车刀采用 90°主偏角,以减少背向力 F_p,提高零件的加工精度。

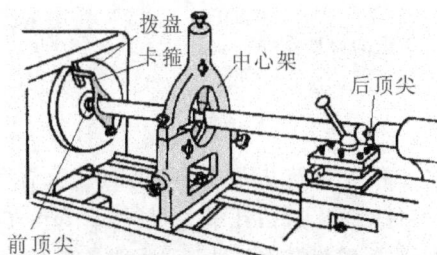

图 7-49 中心架

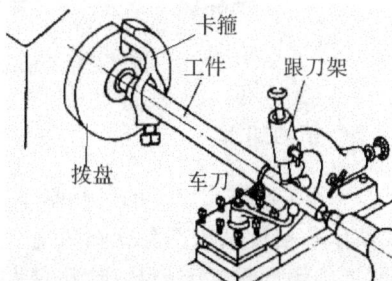

图 7-50 跟刀架

车削塑性材料时,往往需要加冷却液;而加工脆性材料时,由于断屑容易,一般不采用冷却液。

单件小批生产中,各种轴、盘、套等零件,多选用适应性广的卧式车床或数控车床进行加工。对于直径大而长度短(长径比 $L/D \approx 0.3 \sim 0.8$)的重型零件,多用立式车床加工。

成批生产外形较复杂,且具有内孔及螺纹的中小型轴、套类零配件,应选用转塔车床进行加工。如图 7-51 所示为适于在转塔车床上加工的典型零件。

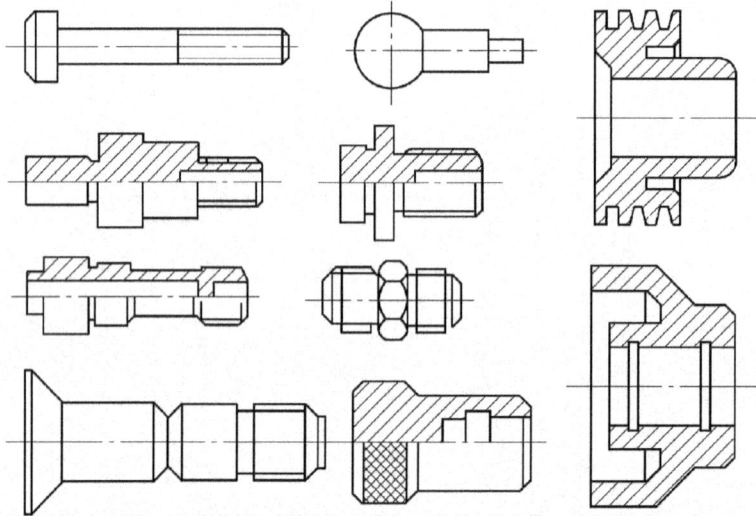

图 7-51 转塔车床上加工的典型零件

大批、大量生产形状不太复杂的小型零件(如螺钉、螺母、管接头、轴套类等),多选用半自动和自动车床进行加工。它的生产率很高但精度较低。如图 7-52 所示为适于在单轴自动车床上加工的典型零件。

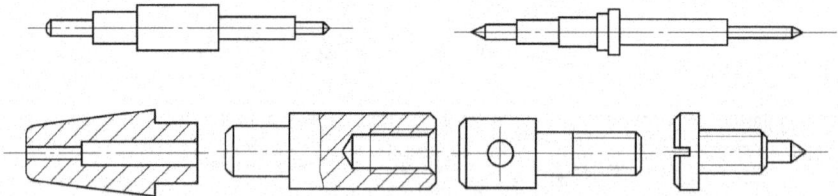

图 7-52 单轴自动车床上加工的典型零件

7.4.2 钻削加工

钻削(drilling)是孔加工的一种基本方法。钻孔一般在钻床上进行,常用的钻床有台式钻床、立式钻床和摇臂钻床。台式钻床适宜加工小型零件上的孔,钻孔最大直径 13 mm;立式钻床适应加工中小型零件上的孔,钻孔最大直径 50 mm;摇臂钻床适应加工大型零件上的孔,钻孔最大直径 80 mm。在钻床上能进行的工作有钻孔、扩孔、铰孔、攻丝、锪孔和锪凸台等。此外,钻孔也可以在车床和铣床、镗床上进行。

1. 钻削的工艺特点

钻孔与车削相比,加工条件要困难得多。钻削时,刀具包围在工件的已加工表面内部,会引起加工精度、刀具强度及刚度、容屑排屑、冷却润滑等一系列的问题。钻削加工的特点主要有以下几点:

(1)容易引偏。"引偏"是指加工时由于钻头弯曲而引起的孔径扩大、孔不圆(见图 7-53(a))或孔的轴线歪斜(见图 7-53(b))等。

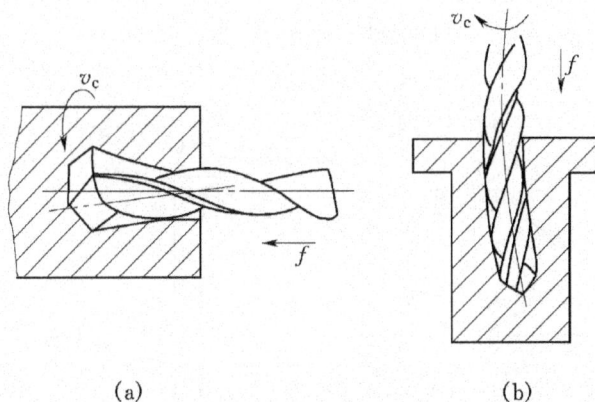

图 7-53　钻孔引偏

钻孔时产生"引偏",首先因为加工过程所用刀具是麻花钻。麻花钻是钻孔最常用的刀具,其直径规格为 0.1～100 mm,其中常用的是 3～50 mm。麻花钻切削部分的结构,如图 7-54 所示,它有两条对称的主切削刃、副切削刃和一条横刃。麻花钻钻孔时,相当于两把反向的车刀同时车孔。

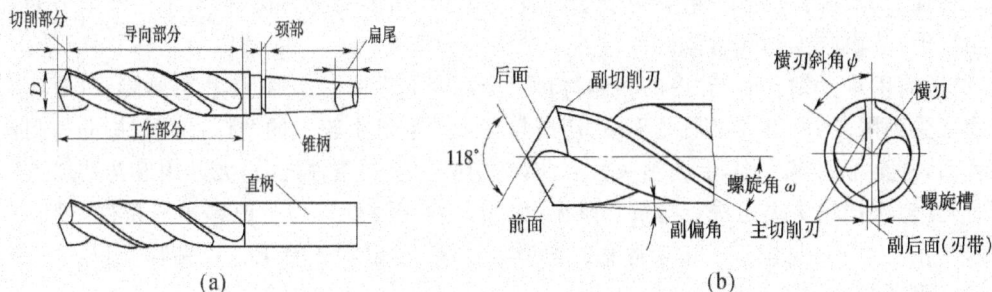

图 7-54　麻花钻

麻花钻直径和长度受所加工孔的限制,一般呈细长状,刚性较差。为形成切削刃和容纳切屑,必须作出两条又宽又深的螺旋槽,又使钻芯变细,进一步削弱了钻头的刚性。为了减少导向部分与已加工孔壁的摩擦,钻头和孔壁只有两条很窄的棱边相接触来进行导向,使加工过程中的导向性变差。

钻头横刃处的切削条件很差,实际上不完全是切削,而类似于挤刮金属。钻孔时有一半以上的轴向力是由横刃产生的,稍有偏差,将产生较大的附加力矩,使钻头弯曲。钻头的两条主切削刃很难使之完全刃磨对称,加上所加工工件材料的不均匀性,两个切削刃的受力不可能完全抵消。

综上所述,在钻削力的作用下,刚性差而且导向性不好的钻头很容易产生弯曲,从而致使加工出的孔易"引偏"。降低了孔的加工精度,甚至使工件报废。在实际生产中,可以采用有效的措施防止"引偏"。

1)预钻锥形定心坑。如图7-55(a)所示,在钻孔之前,先用中心钻或者大直径麻花钻预先钻出一个锥形坑,然后再选用所需尺寸的钻头加工。由于预钻时钻头刚性好,锥形坑不宜引偏,在后续的钻孔加工中,锥形坑可以起到定心作用。

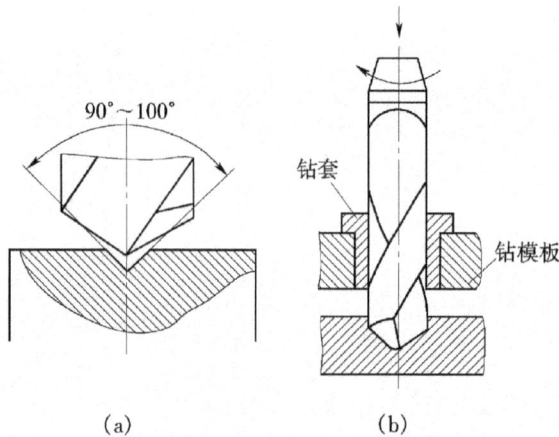

图7-55 减少引偏的措施
(a)定心坑;(b)钻套

2)利用钻套导向可以减少钻孔初期的引偏,特别是在曲面或者斜面上钻孔时更为必要。

3)在加工刀具的过程中,精磨两个主切削刃使之尽可能对称,可以使两个主切削刃的背向力互相抵消,从而减少钻孔引偏。

(2)排屑困难。钻孔时,孔内的实体材料要全部变成卷曲的切屑,体积急剧膨胀,而容屑槽的尺寸又受到限制,所以在排屑过程中,切屑与孔壁常常发生较大的摩擦,挤压、拉毛和刮伤已加工表面,甚至堵塞容屑槽,卡死钻头。因此,钻削时的切削条件极差,尤其用麻花钻加工较深的孔时,要多次把钻头退出进行排屑和降温,使工作效率降低。为了改善排屑条件,可以在钻头上修磨出分屑槽(见图7-56),将宽的切屑分成窄条,以利于排屑。当钻深孔($L/D<5 \sim 10$)时,应采用合适的深孔钻进行加工。

(3)切削热不易传散。由于钻削是一种半封闭式的切削,钻削时所产生的热量,虽然也由切屑、工件、刀具和周围介质传出,但它们之间的比例却和车削大不相同。如用标准麻花钻,不加切削液钻钢料时,工件吸收的热量约占52.5%,钻头约占14.5%,切屑约占28%,而介质仅占5%左右。

钻削时,大量高温切屑不能及时排出,切削液难以注入到切削区,切屑、刀具与工件之间的摩擦很大。因此,切削温度较高,致使刀具磨损加剧,这就限制了钻削用量和生产率的提高。

图7-56 分屑槽

2.钻削的应用

钻孔的应用非常广泛,其加工精度一般为 IT12~IT11,表面粗糙度 Ra 值为 25~12.5 μm,主要用于粗加工。精度高、表面粗糙度小的中小直径孔,在钻削之后,经常采用扩孔和绞孔来进行半精加工和精加工。

钻孔主要用于以下几类孔的加工:

(1)精度和表面质量要求不高的孔,如螺栓联接孔、油孔等。

(2)精度和表面质量要求较高的孔,或内表面形状特殊(如锥形、有沟槽等)的孔,需用钻孔作为预加工工序。

(3)内螺纹攻螺纹前所需底孔。

单件、小批生产中,中小型工件上的小孔(一般 $D<13$ mm),常用台式钻床加工;中小型工件上直径较大的孔(一般 $D<50$ mm),常用立式钻床加工。大中型工件上的孔,则应采用摇臂钻床加工。回转体工件上的孔,多在车床上加工。

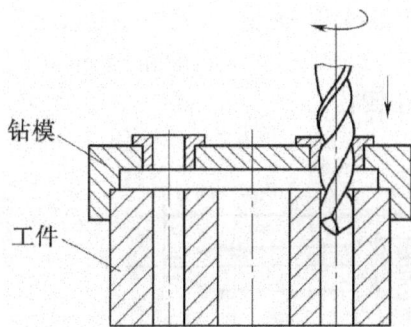

图 7-57 钻模

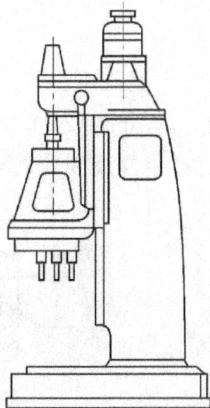

图 7-58 多轴钻

在成批和大量生产中,为了保证加工精度、提高生产效率和降低加工成本,广泛使用钻模(见图 7-57)、多轴钻(见图 7-58)或组合机床(见图 7-59)进行孔的加工。

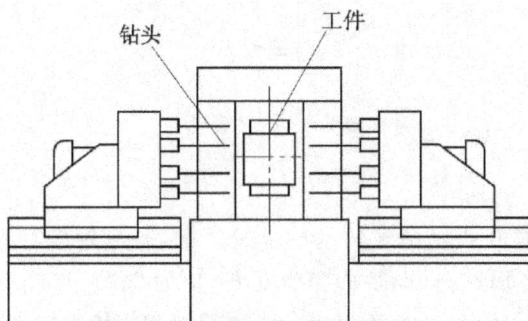

图 7-59 组合钻床

精度高,表面粗糙度小的中小直径孔($D<50$ mm),在钻削之后,常常需要采用扩孔和铰孔来进行半精加工和精加工。

3. 扩孔

扩孔(core drilling)是利用扩孔钻对已经钻出、铸造出或锻造出的孔进行进一步扩大加工。单件小批生产可使用直径较大的麻花钻扩孔。但由于麻花钻刚度和强度较低,扩孔特别是扩铸孔或锻孔时,背吃刀量不均匀,切削刃负荷变化大,刀具磨损快,易卡死或折断钻头,因此批量生产常采用扩孔钻扩孔。

如图 7－60 所示为扩孔钻的结构。与麻花钻相比,扩孔钻有以下特点:

(1)刚性较好。由于扩孔的吃刀量小,切屑少,容屑槽可做得浅而窄,使钻芯比较粗大,增加了刀具的刚性。

(2)导向性较好。由于容屑槽浅而窄,可在刀体上做出 3～4 个刀齿,这样一方面可提高生产率,同时也由于增加了刀齿的棱边数,从而增强了扩孔时刀具的导向及修光作用,切削比较平稳。

(3)切削条件较好。扩孔钻的切削刃不必自外缘延续到中心,避免了横刃和由横刃引起的不良影响。轴向力较小,可采用较大的进给量,生产率较高。此外,切屑少,排屑顺利,不易刮伤已加工表面。

由于上述原因,扩孔比钻孔的精度高,表面粗糙度 Ra 值小,且在一定程度上可校正原孔轴线的偏斜。扩孔常作为铰孔前的预加工,对于质量要求不太高的孔,扩孔也可作为终加工。当孔的精度和表面粗糙度要求再高时,则要采用铰孔。

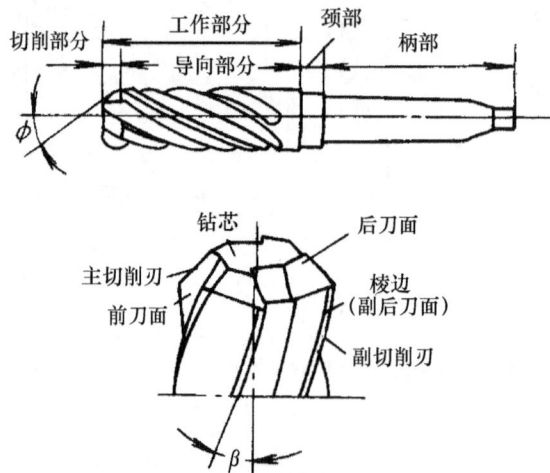

图 7－60　扩孔钻

4. 铰孔

铰孔(reaming)是在扩孔或半精镗的基础上进行的,是应用较普遍的孔的精加工方法之一。铰孔的加工精度可达 IT8～IT6,表面粗糙度 Ra 值为 $0.4～1.6~\mu m$。

铰孔所用的刀具是铰刀(reamer),铰刀可分为手铰刀和机铰刀。手铰刀(见图 7－61(a))用于手工铰孔,柄部为直柄;机铰刀(见图 7－61(b))多为锥柄,将在钻床上或车床上进行铰孔。

铰刀由工作部分、颈部、柄部组成。工作部分包括切削部分和修光部分。切削部分为锥形,担负主要切削工作。修光部分有窄的棱边和倒锥,以减小与孔壁的摩擦和减小孔径扩张,同时校正孔径、修光孔壁和导向。手用铰刀修光部分较长,以增强导向作用。

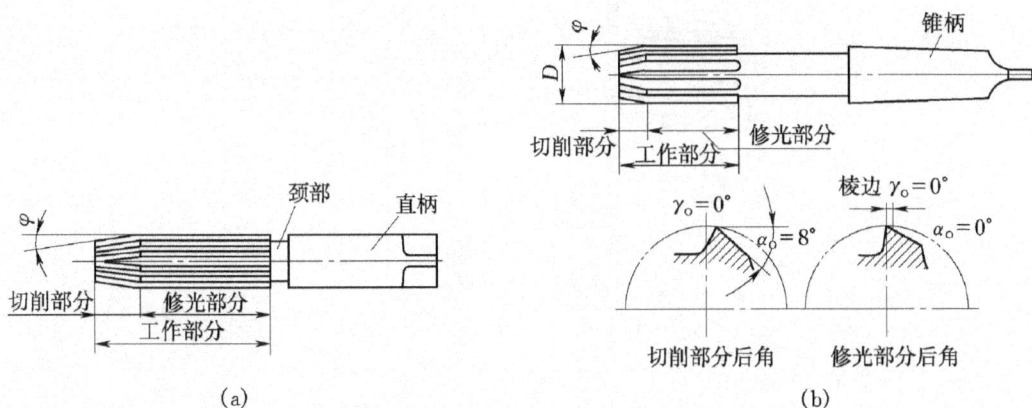

图 7-61 铰刀的结构
(a)手铰刀;(b)机铰刀

铰孔的工艺特点如下:

(1)铰孔余量小。粗铰为 0.15~0.35 mm;精铰为 0.05~0.15 mm。

(2)切削速度低。比钻孔和扩孔的切削速度低得多,以避免积屑瘤的产生和减少切削热。一般粗铰 v_c 为 4~10 m/min;精铰 v_c 为 1.5~5 m/min。

(3)适应性差。铰刀属定尺寸刀具,一把铰刀只能加工一定尺寸和公差等级的孔,不宜铰削梯形、短孔、不通孔和断续表面的孔(如花键孔)。

(4)需施加切削液。为减少摩擦,利于排屑、散热,以保证加工质量,须加注切削液。一般铰钢件用乳化液;铰铸铁件用煤油。

麻花钻、扩孔钻和铰刀都是标准刀具,市场上比较容易买到。对于中等尺寸以下较精密的孔,在单件小批乃至大批大量生产中,钻、扩、铰都是经常采用的典型工艺。

钻、扩、铰只能保证孔本身的精度,而不易保证孔与孔之间的尺寸精度及位置精度。为了解决这一问题,可以利用夹具(如钻模)进行加工,或者采用镗孔。

7.4.3 铣削

铣削加工(milling)是利用铣刀对工件进行切削加工的方法。铣削时,主运动是铣刀的回转运动,进给运动是工件的直线运动或曲线运动。铣削可以用来加工平面、成形面、齿轮、沟槽(包括键槽、V 形槽、燕尾槽、T 形槽、圆弧槽、螺旋槽等),还可进行孔加工,如钻孔、扩孔、铣孔等。常用的铣床有卧式铣床、立式铣床、万能铣床等。

铣刀属于多刃刀具,它由刀齿和刀体两部分组成。铣刀的种类较多:加工平面的铣刀有圆柱铣刀和端铣刀两种。刀齿分布在圆周上的铣刀为圆柱铣刀,又分为直齿和螺旋齿两种(见图7-62),生产中广泛使用螺旋齿圆柱铣刀。刀齿分布在端面上的铣刀为端铣刀,又分为整体式和镶齿式两种(见图 7-63)。镶齿式端铣刀刀盘上镶有硬质合金刀片,应用较为广泛。

除平面铣刀外,还有加工各种沟槽的铣刀,如立铣刀、圆盘铣刀、T 形槽铣刀等,另外还有加工成形面的铣刀。

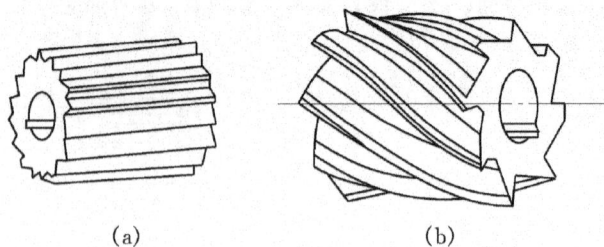

图 7-62 圆柱铣刀
(a)直齿;(b)螺旋齿

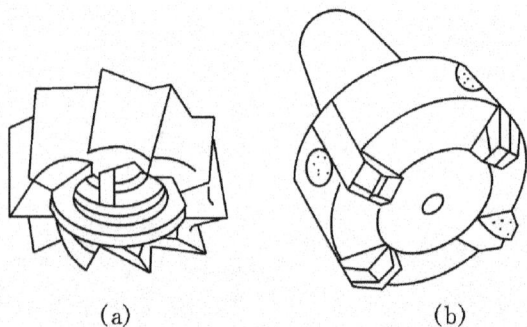

图 7-63 端铣刀
(a)整体式;(b)镶硬质合金刀片式

1.铣削的工艺特点

(1)生产率高。铣刀的刀齿多,而且在铣削过程中多个刀齿同时参加切削,参与切削的切削刃比较长;主运动是回转运动,可以进行高速切削。因此,加工效率较高。

(2)切削过程不平稳。对铣刀的每一个刀齿来说,都属于断续切削,由于刀齿切入、切出时会产生冲击,每个刀齿的切削厚度随刀齿的运动而发生变化,切削力也随之变化,使切削过程不平稳,造成机床和刀具的振动,这就限制了加工质量和生产率的进一步提高。

(3)刀齿冷却条件较好。铣刀刀齿在切离工件的一段时间中,可以得到充分冷却,散热条件好,而热和冷的冲击将引起刀具的加速磨损,甚至使硬质合金刀具碎裂。

2.铣削方式

平面是铣削加工的主要表面之一。铣削平面的方式有周铣和端铣两种。

(1)周铣法。用圆柱铣刀铣削平面称为周铣。周铣有两种方式,如图 7-64 所示。

1)逆铣。铣刀旋转方向与工件进给方向相反。铣削时每齿切削厚度从零逐渐到最大而后切出。

2)顺铣。铣刀旋转方向与工件进给方向相同。铣削时每齿切削厚度从最大逐渐减小到零。

逆铣时,每个刀齿的切削厚度是从零增大到最大值。由于铣刀刃口处总有圆弧存在,而不是绝对尖锐的,所以在刀齿接触工件的初期,不能切入工件,而是在工件表面上挤压、滑行,使刀齿与工件之间的摩擦加大,加速刀具磨损,同时也使表面质量下降。顺铣时,每个刀齿的切削厚度是由最大减小到零,从而避免了上述缺点。

逆铣时,铣削力上抬工件,而顺铣时,铣削力将工件压向工作台,减少了工件振动的可能性,尤其铣削薄而长的工件时,更为有利。

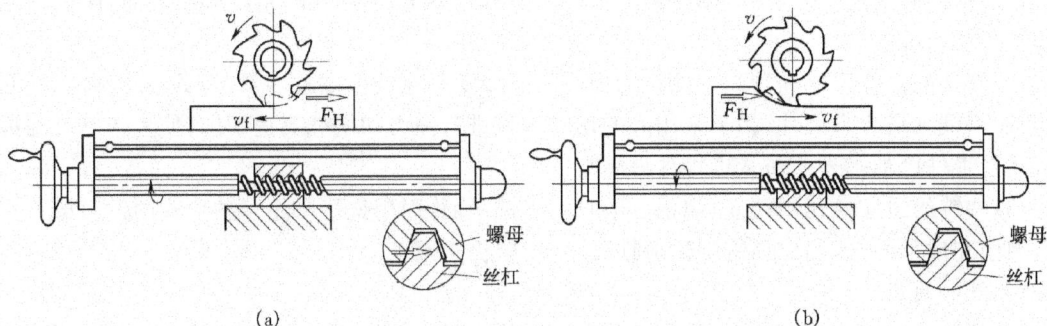

图 7-64　周铣中的逆铣和顺铣
(a)逆铣;(b)顺铣

由上述分析可知,从提高刀具耐用度和工件表面质量,以及增加工件夹持的稳定性等观点出发,一般以采用顺铣法为宜。但是,顺铣时忽大忽小的水平分力 F_H 与工件的进给方向是相同的,工作台进给丝杠与固定螺母之间一般都存在间隙,间隙在进给方向的前方。由于 F_H 的作用,就会使工件连同工作台和丝杠一起,向前窜动,造成进给量突然增大,甚至引起打刀。而逆铣时,水平分力 F_H 与进给方向相反,铣削过程中工作台丝杠始终压向螺母,不致因为间隙的存在而引起工件窜动。目前,一般铣床尚没有消除工件台丝杠与螺母之间间隙的机构,所以,在生产中仍多采用逆铣法。

另外,当铣削带有黑皮的表面时,例如铸件或锻件表面的粗加工,若用顺铣法,因刀齿首先接触黑皮,将加剧刀齿的磨损,所以也应采用逆铣法。

(2)端铣法。用端铣刀的端面刀齿加工平面,称为端铣法。根据铣刀法工件相对位置的不同,端铣法可以分为对称铣削法和不对称铣削法,如图 7-65 所示。

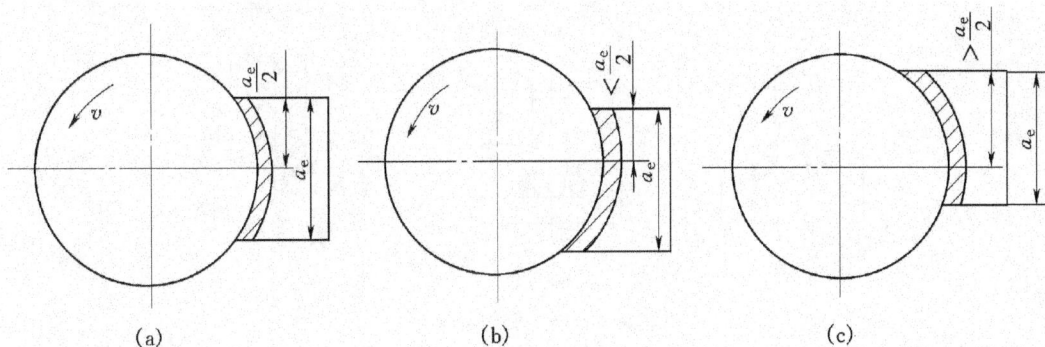

图 7-65　端铣法
(a)对称铣削;(b)不对称逆铣;(c)不对称顺铣

端铣法可以通过调整铣刀和工件的相对位置,调节刀齿切入和切出时的切削厚度,从而达到改善铣削过程的目的。

（3）周铣法和端铣法的比较。

1）端铣的加工质量比周铣高。端铣与周铣相比，同时工作的刀齿数多，铣削过程平稳；端铣的切削厚度虽小，但不像周铣时切削厚度最小时为零，改善了刀具后刀面与工件的摩擦状况，提高了刀具耐用度，减小表面粗糙度 Ra 值，端铣刀的修光刃可修光已加工表面，使表面粗糙度 Ra 值减小。

2）端铣的生产率比周铣高。端铣的面铣刀直接安装在铣床主轴端部，刀具系统刚性好，同时刀齿可镶硬质合金刀片，易于采用大的切削用量进行强力切削和高速切削，使生产率得到提高，而且工件已加工表面质量也得到提高。

3）端铣的适应性比周铣差，端铣一般只用于铣平面，而周铣可采用多种形式的铣刀加工平面、沟槽和成形面等，因此周铣的适应性强，生产中仍常用。

3.铣削的应用

铣削的形式很多，铣刀的类型和形状更是多种多样，再配上附件"分度头""圆形工作台"等的应用，因而铣削加工范围较广。它主要用来加工平面（包括水平面、垂直面和斜面）、沟槽、成形面和切断等。铣削可分为粗铣、半精铣、精铣，精铣的加工精度一般为 IT8～IT7，表面粗糙度 Ra 值为 $3.2～1.6~\mu m$。

单件、小批生产中，加工小、中型工件多用升降台式铣床（卧式和立式两种）；加工中、大型工件时，可以用工作台不升降式铣床。这类铣床与升降式铣床相近，只不过垂直方向的进给运动不是由工作台升降来实现，而是由装在立柱上的铣削头来完成的。

龙门铣床的结构与龙门刨床相似，在立柱和横梁上装有 3～4 个铣头，适于加工大型工件或同时加工多个中小型工件。由于它的生产率较高，广泛应用于成批和大量生产中。

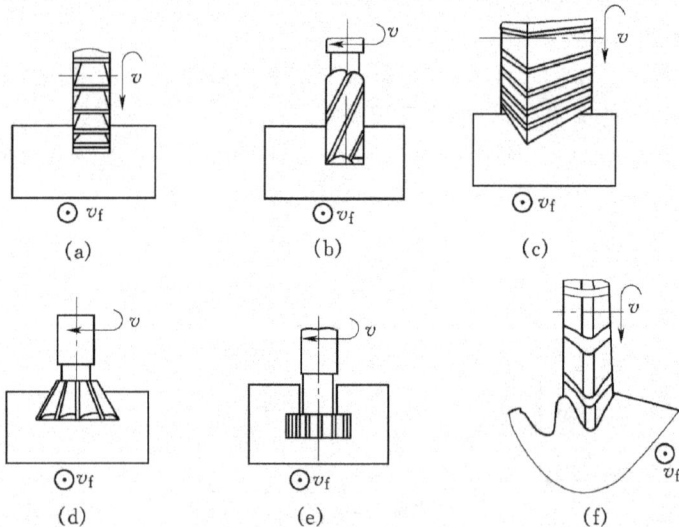

图 7-66　铣削沟槽

(a)三面刃铣刀铣直槽；(b)立铣刀铣直槽；(c)铣角度槽；(d)铣燕尾槽；(e)铣 T 形槽；(f)盘状铣刀铣成形面

如图 7-66 所示为铣削各种沟槽的示意图，直角沟槽可以在卧式铣床用三面刃盘形铣刀加工，也可以在立式铣床上用立铣刀铣削。角度沟槽用相应的角度铣刀在卧式铣床上加工。T 型槽和燕尾槽常用带柄的专用槽铣刀在立式铣床上铣削。在卧式铣床上，还可以用成形铣刀加工成形面和用锯片铣刀切断。

铣削可分为粗铣、半精铣、精铣。精铣的加工精度一般为 IT8～IT7,表面粗糙度 Ra 值为 $2.3～1.6~\mu m$。

7.4.4　刨削和拉削加工

刨削(planing)指在刨床(planer)上用刨刀加工工件的方法。刨刀结构与普通车刀相似。刨削的主运动是往复直线运动,进给运动是间歇的,因此切削过程不连续。

1. 刨削的工艺特点

(1)生产率较低。刨削加工为单刃切削,切削时受惯性力的影响,且刃具切入切出时会产生冲击,故切削速度较低。另外刨刀返程不切削,从而增加了辅助时间。因此刨削加工生产率较低。对某些工件的狭长表面的加工,为提高生产率,可采用多件同时刨削的方法,使生产率不低于铣削,且能保证较高的平面度。

(2)加工质量中等。刨削过程中由于惯性及冲击振动的影响使刨削加工质量不如车削。一般刨削的精度为 IT9～IT7,表面粗糙度 Ra 值为 $6.3～1.6~\mu m$,可满足一般平面加工的要求。

(3)通用性好,成本低。刨削加工除主要用于加工平面外,经适当的调整和增加某些附件,还可加工齿轮、齿条、沟槽、母线为直线的成形面等。刨床结构简单且价廉,调整操作方便。刨刀结构简单,制造刃磨及安装均较方便。故加工成本较低。

2. 刨削的应用

由于刨削的特点,刨削主要用在单件、小批生产,在维修车间应用较多。

如图 7-67 所示,刨削主要用来加工平面(包括水平面、垂直面和斜面),也广泛地用于加工直槽,如直角槽、燕尾槽和 T 型槽等。如果进行适当的调整和增加某些附件,还可用来加工齿条、齿轮、花键和母线为直线的成形面等。

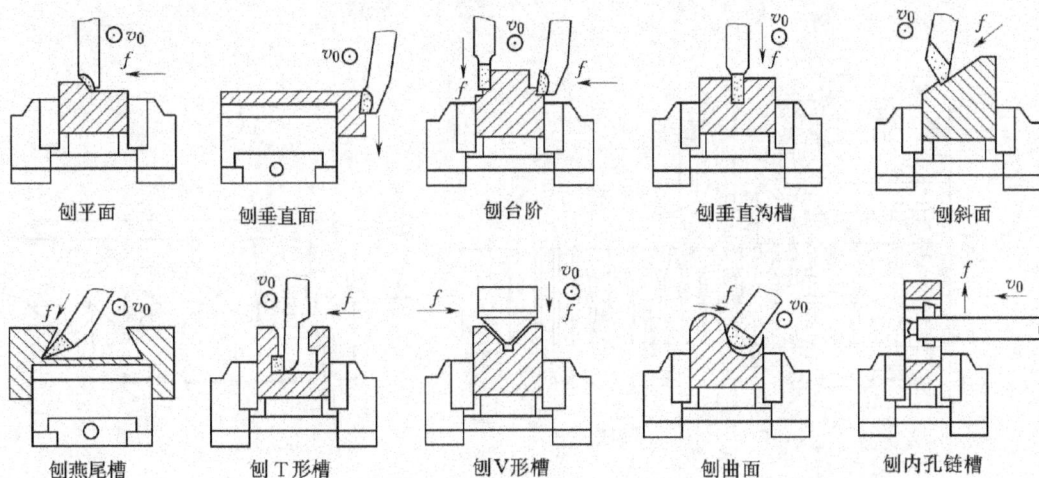

刨平面　　刨垂直面　　刨台阶　　刨垂直沟槽　　刨斜面

刨燕尾槽　　刨 T 形槽　　刨 V 形槽　　刨曲面　　刨内孔链槽

图 7-67　刨削的主要应用

常见的刨床类型有牛头刨床、龙门刨床和插床等,其中牛头刨床最大刨削长度一般不超过 $1~000~mm$,适于加工中、小型零件;龙门刨床主要用来加工大型工件或同时加工多个中、小工件,其最大刨削长度可达 $20~m$;由于龙门刨床刚性好,而且有多个刀架参与加工过程,龙门刨床的加工精度和生产率均高于牛头刨床。

插床又称立式牛头刨床,主要用来加工工件的内表面,如键槽(见图 7-68)、花键槽等;也可用来加工多边形孔,如四方孔、六方孔等。插床所用的单刃刨刀与车刀基本相同,形状简单,制造、刃磨和安装都较方便,特别适于加工盲孔或有障碍台肩的内表面。

刨削的主运动为往复直线运动,由于换向时受惯性力的影响,加之刀具切入、切出时有冲击,限制了切削速度的提高,所以刨削的生产率低于铣削。普通刨削可分为粗刨、半精刨和精刨。精刨时的加工精度一般为 IT8 ～ IT7,表面粗糙度 Ra 值为 $2.3～1.6~\mu m$,与铣削同级。但是,铣削的应用范围比刨削更为广泛。

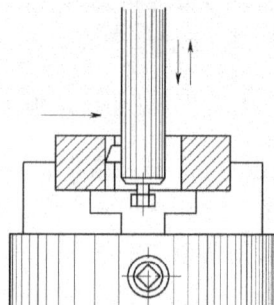

图 7-68 键槽

3.拉削

拉削(broaching)可以认为是刨削的进一步发展,指在拉床上用拉刀进行的加工。加工时,若刀具的受力为推力,则称为推削,所用的机床称推床,刀具则称为推刀。

如图 7-69 所示,拉削是利用多齿的拉刀,逐齿依次从工件上切下很薄的金属层,使表面达到较高的精度和粗糙度要求。图 7-70 为拉削加工的示意图。

图 7-69 圆孔拉刀

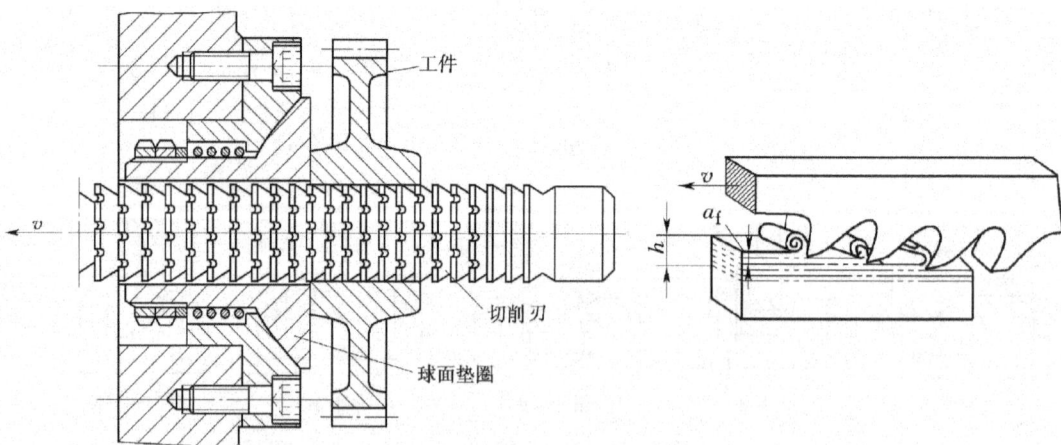

图 7-70 拉削加工

拉削加工的主要特点如下:

(1)生产率较高。虽然拉削加工的切削速度较低,但是由于拉刀是多齿刀具,同时参加工作的刀齿数较多,总的切削宽度大;并且拉刀的一次行程,就能够完成粗加工、半精加工和精加工,基本工艺时间和辅助时间大大缩短,所以生产率很高。

(2)加工精度高、表面粗糙度小。如图 7 - 70 所示,拉刀切削部分的刀齿高度依次递增。切削时,拉刀作直线主运动,每个刀齿从工件上切下一层层相当于齿升量的金属,再经校准部分整形。校准部分的作用是校准尺寸,修光表面,并可作为精切齿的后备刀齿。校准齿的切削量很小,只切去工件材料的弹性恢复量,获得所要求的工作表面。

由于拉削的切削速度较低,切削过程平稳,避免了积屑瘤的出现,加之校准部分的作用,其加工精度高、表面粗糙度小,一般拉孔的精度为 IT8～IT7,表面粗糙度 Ra 值为 $0.8～0.4\ \mu m$。

(3)拉床结构简单、操作方便。拉削只有一个主运动,即拉刀的直线移动。进给运动是通过拉刀后一个齿高出前一个齿的齿升量来实现的。

(4)拉刀价格昂贵。拉刀的结构复杂,制造精度和表面粗糙度要求较高,制造成本高。但是由于拉削切削过程的速度较低,刀具磨损缓慢,刃磨一次就可以加工数量较大的工件,一把拉刀又可以多次重磨,所以拉刀的寿命长。对于大批量生产,具体分摊到每个零件上的刀具成本并不高。

(5)加工范围较广。拉削主要用来加工各种形状的通孔(见图 7 - 71),如圆孔、方孔、多边形孔和内齿轮等,以及加工各种沟槽,如键槽、T 形槽、燕尾槽等。外拉削可加工平面、成形面和外齿轮等。拉削加工主要用于大批量生产。在单件、小批量生产精度较高、形状复杂的成形面,其他方法加工困难时,也可以采用拉削。但拉削不能用于加工盲孔、深孔、阶梯孔和有障碍的外表面等。

推削加工的应用远远没有拉削加工广泛。为了避免推刀弯曲,推刀的长度较短,金属的总切除量也较少,一般只适合于加工长度较短、加工余量小的各种形状的内表面,或者用来修整工件热处理后(硬度低于 HRC 45)的变形量。

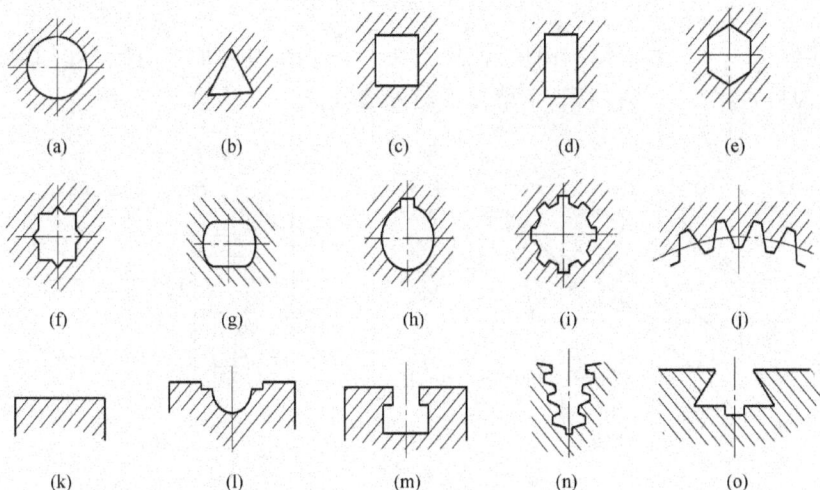

图 7 - 71　拉削加工表面

7.4.5　镗削加工

利用镗刀对已有的孔进行的再加工,称为镗削加工(boring)。对孔内环槽等内成形表面,直径较大的孔($D>80$ mm),镗削是唯一适宜的加工方法。一般镗孔的尺寸公差等级为IT8~IT7,表面粗糙度 Ra 值为 $1.6\sim0.8$ μm;精细镗时,尺寸公差等级可达 IT7~IT6,表面粗糙度 Ra 值为 $0.8\sim0.1$ μm。

镗削的加工范围广泛,可以加工较大直径的内孔表面、内成形面、孔内环槽等。在镗床上还可以车平面、铣端面、钻孔、车螺纹等。同时,镗孔也可以在多种机床上进行,例如,回转体零件上的孔大多在车床上加工。镗床上镗孔主要用于箱体、机架等大型和复杂零件上的孔或孔系的加工。

镗床(boring lathe)按结构形式可分为立式镗床、卧式镗床、坐标镗床、专门化镗床等,应用最广泛的为卧式镗床。镗削的主运动是主轴的旋转(见图 7-72),进给运动有主轴轴向移动,主轴箱沿立柱垂直移动、刀架沿平旋盘径向移动、工作台的纵向、横向移动和圆周转动等六个。

镗刀有单刃镗刀和多刃镗刀,它们的结构和工作过程不同,工艺特点也有所不同。

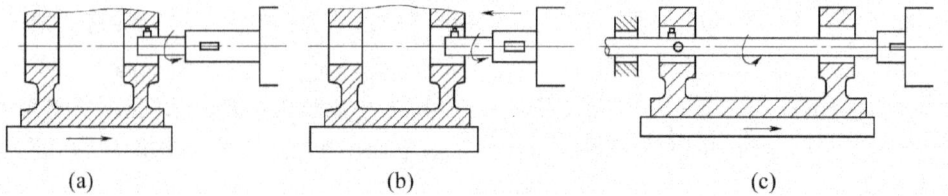

(a)　　　　　　　　(b)　　　　　　　　(c)

图 7-72　镗床上镗孔

1. 单刃镗刀镗孔

单刃镗刀(见图 7-73)的结构与车刀类似,与钻、扩、铰孔加工过程相比,具有如下工艺特点:

(1)适应性广。单刃镗刀结构简单,使用方便。一把镗刀可加工直径不同的孔(调整刀头的伸出长度即可),粗加工、精加工、半精加工均可适应。

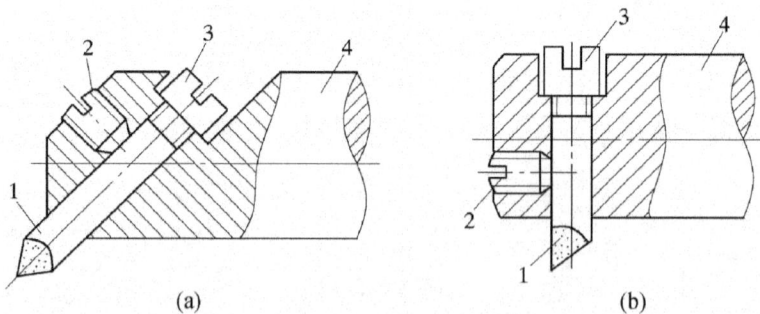

(a)　　　　　　　　　　　(b)

图 7-73　单刃镗刀
(a)不通孔镗刀;(b)通孔镗刀

(2)可校正原有孔轴线歪斜。镗床本身精度较高,镗杆直线性好,靠多次进给即可校正孔的轴线歪斜。

（3）制造、刃磨简单方便、费用较低。

（4）生产率低。镗杆受孔径（尤其是小孔径）的限制，一般刚性较差。为了减少镗孔时引起镗杆振动，只能采用较小的切削用量；只一个切削刃参与切削；需花时间调节镗刀头的伸出长度来控制孔径尺寸精度，所以生产效率较低。

由于以上特点，单刃镗刀镗孔多用于单件小批量生产。

2. 浮动镗刀镗孔

多刃镗刀中最常用的是可调浮动镗刀片，如图 7-74 所示，在对角线的方位上有两个对称的切削刃（属多刃镗刀），两个切削刃间的尺寸 D 可以调整，以镗削不同直径的孔。调整时，先松开螺钉 1，再旋动螺钉 2 以改变刀块 3 的径向位移尺寸，并用千分尺检验两切削刃间尺寸，使之符合被镗孔的孔径尺寸，最后拧紧螺钉 1 即可。

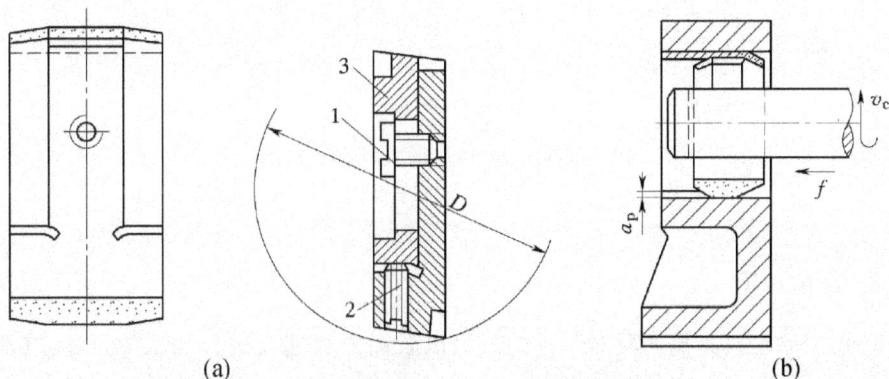

图 7-74 用浮动镗刀在镗床上镗孔的方法
(a)可调节浮动镗刀；(b)浮动镗刀镗孔

加工前，浮动镗刀插在镗杆的长方孔中，但不紧固，因此，它能沿镗杆径向自由滑动。依靠作用在两个对称切削刃上的径向切削力，自动平衡其切削位置。

浮动镗刀镗孔的工艺特点如下：

（1）加工质量较高。镗刀的浮动可自动补偿因刀具安装误差或镗杆偏摆所产生的不良影响，加工精度较高；较宽的修光刀，可修光孔壁，减小表面粗糙度。

（2）生产率较高，有两个主切削刃参加切削，且操作简单，故生产率较高。

（3）刀具成本较单刃镗刀高。

（4）与铰孔相似，不能校正原有孔的轴线歪斜。

由于以上特点，可调浮动镗刀片主要用于批量生产和精加工箱体、支架等大型零件上的孔和孔系。

镗床镗孔除适宜加工孔内环槽、大直径外，特别适于箱体类零件的孔系（指若干个彼此有平行度或垂直度要求的孔）加工。原因是镗床的主轴箱和尾座均能上、下移动，工作台能横向移动和转动，因此，放在工作台上的工件能在一次装夹中，把若干个孔依次加工出来，避免了因工件多次装夹产生的安装误差。

此外，装上不同的刀具，在卧式镗床上还可以完成钻孔、车端面、铣端面、车螺纹等多项工作，如图 7-75 所示。

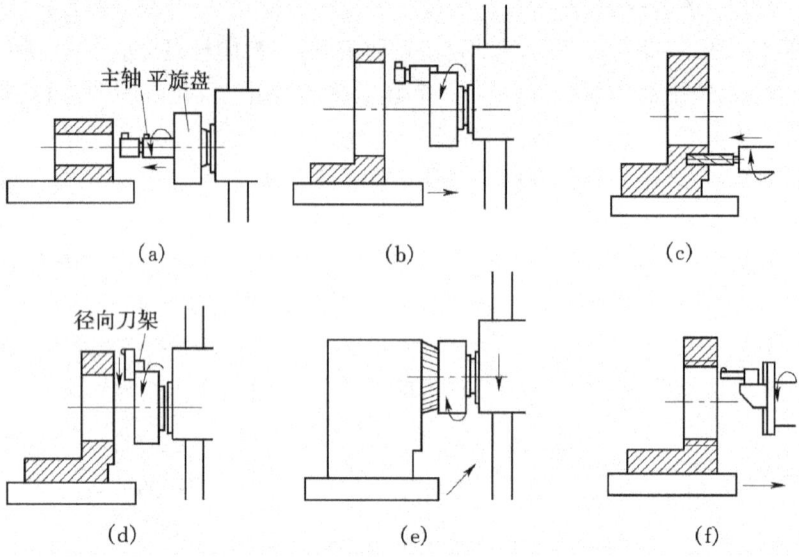

图 7 - 75　卧式镗床的主要加工表面

(a)镗孔；(b)镗大孔；(c)钻孔；(d)车端面；(e)铣平面；(f)车螺纹

7.4.6　磨削加工

磨削是指用砂轮或其他磨具对工件的表面以较高的线速度进行加工的方法，在机械制造中应用非常广泛。磨削可以加工铸铁、碳钢、合金钢等硬度材料，也可以加工淬硬钢、硬质合金、陶瓷和玻璃等难切削的材料。但是磨削不宜加工塑性较大的有色金属材料，其加工精度可以达到 IT7～IT5，表面粗糙度 Ra 可达 1.25～0.01 μm。在传统的加工中，磨削只是作为一种精加工方法，目前，其应用范围已经扩大到对毛坯进行单位时间内金属切除量很大的加工，并使之成为无需进行预先切削加工的最终加工工序。

1. 磨具

磨具(cobrasive tools)是利用结合剂、黏结剂等将许多微细、坚硬、形状不规则的磨料、磨粒按一定要求黏结制成的一类切削工具。由于所使用材料的不同，磨具的种类有很多种，常见的磨具有砂轮、油石、砂纸、砂布、砂带及油剂调制的研磨膏等。

磨具可以分为固结磨具和涂覆磨具。固结磨具(见图 7-76)中气孔的作用是在磨削的过程中裸露磨粒棱角、容纳切屑以及散热。砂轮、油石等属于固结磨具。涂覆磨具(见图 7-77)是利用底胶和覆胶将磨料固定在基底上。常见的涂覆磨具有砂纸、砂布和砂带等。

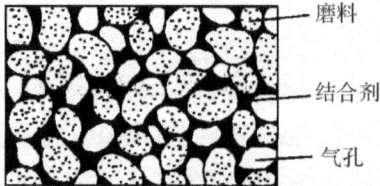

图 7 - 76　固结磨具结构示意图

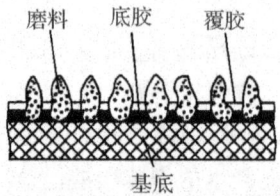

图 7 - 77　涂覆磨具(砂带)结构示意图

固结磨具的应用更为广泛。由于磨具特性的不同,对零件的加工精度、表面粗糙度和加工生产率将产生很大的影响。固结磨具的主要特性包括磨料、粒度、结合剂、硬度、组织、形状和尺寸等。

(1)磨料。磨料是组成磨具的主要原料,直接完成切削工作。所以不但要求磨料与刀具材料一样具有较高的强度、硬度、韧性、耐磨性和加工工艺性等各种性能,还必须在切削过程中受力破碎后能够形成尖锐的棱角,以便进行后续的加工。

常用的磨料有棕刚玉(A)、白刚玉(WA)、黑碳化硅(C)、绿碳化硅(GC)等。棕刚玉用于加工硬度较低的塑性材料,如低碳钢、合金钢等。白刚玉用于加工硬度较高的塑性材料,如高碳钢、高速钢及淬硬钢等。黑碳化硅用于加工硬度较低的脆性材料,如铸铁、铸铜等。绿碳化硅主要用于加工高硬度的脆性材料,如硬质合金、宝石、陶瓷和玻璃等。

(2)粒度。粒度指磨料尺寸,其大小用粒度号表示。GB2477—83 规定了磨粒和微粉两种粒度号。

磨粒采用筛选法分级,其粒度号用一英寸长度上的筛孔数来表示。具体粒度号有 $4^\#$, $5^\#$,$6^\#$ 等共 27 个号。一般情况下,粗磨选用较粗的磨粒,如 $36^\# \sim 46^\#$;精磨选用较细的磨粒,如 $60^\# \sim 120^\#$。

微粉是按在水中不同的沉降速度进行分级的,其粒度号采用该级颗粒的最大实际尺寸来表示,单位为 μm。微粉的具体粒度号有 W63,W50,W40 等共 14 个号。微粉一般应用于研磨、光磨等各种精密加工和超精密加工。

(3)结合剂。结合剂是用来黏结磨具中磨料的物质。常用的磨具结合剂有陶瓷结合剂、树脂结合剂以及橡胶结合剂。陶瓷结合剂主要适于外圆面、内圆面、平面加工以及成形磨削、无心磨削时所用的磨具;树脂结合适用于切断和开槽时所用的薄片砂轮;橡胶结合剂适用于无心磨削导轮及抛光砂轮等。

(4)硬度。磨具的硬度指磨具在外力的作用下磨料颗粒脱落的难易程度。硬度低时磨料容易脱落,硬度高时不易脱落。磨具的硬度级别有 16 个:D,E,F(超软);G,H,J(软);K,L(中软);M,N(中);P,Q,R(中硬);S,T(硬);Y(超硬)。普通磨削常用的硬度级别为 G~N 级。

(5)组织。磨具中的组织是指磨具中磨粒、结合剂以及气孔三者之间的比例关系。当磨粒较大时,气孔体积小,组织致密;反之组织疏松。磨具的组织致密程度一共可分为 15 个级别:0,1,2,…,14。其中,1 号组织最为紧密,14 号最疏松。普通磨削常用 4~7 号组织的砂轮。

(6)形状和尺寸。磨具的形状和尺寸是根据机床类别和加工要求设计的。常用的砂轮、油石的形状、代号及其用途分别见表 7-9 和表 7-10 所列。

表 7-9 常用砂轮的形状、代号及用途(GB2484—84)

砂轮名称	简 图	代号	用 途
平形砂轮		P	磨削外圆、内圆、平面,并用于无心磨削
双斜边砂轮		PSX	磨削齿轮齿形和螺纹
筒形砂轮		N	力轴端面平磨

续表

砂轮名称	简　图	代号	用　途
杯形砂轮	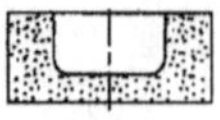	B	磨削平面、内圆及刀具
碗形砂轮	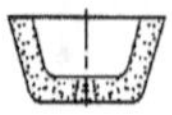	BW	刃磨刀具、磨削导轨
碟形砂轮	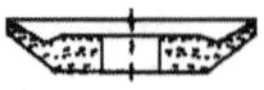	D	磨削铣刀、铰刀、拉刀及齿轮齿形
薄片砂轮	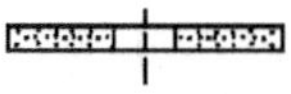	PB	切断和开槽

表 7 - 10　常用油石的形状、代号及用途（GB2484—84）

油石名称	简　图	代号	用　途
正方油石	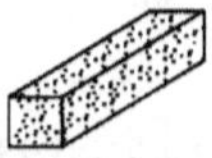	SF	用于超精加工、珩磨和钳工
长方油石		SC	用于珩磨、抛光、去毛刺和钳工
三角油石	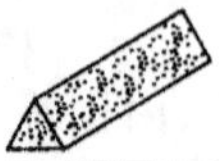	SJ	用于珩磨齿面、修理曲轴和钳工
圆柱油石	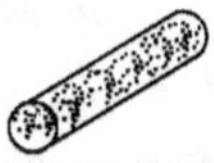	SY	用于珩磨齿面、型面和钳工
半圆油石	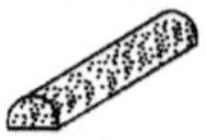	SB	用于钳工

（7）磨具的标记。磨具标记的书写顺序为：形状、尺寸、磨料、硬度、组织、结合剂。如果是砂轮，还应在最后标注出最高工作线速度。砂轮、油石和砂带的标记举例如下：

某砂轮标记为 P400×150×203A60L5B35，其中 P 为形状代号；400×150×203 为外径、厚度和内径尺寸；A 为磨料代号；60 为粒度号；L 为硬度；5 为组织代号；B 为结合剂代号；35 为最高工作线速度。

某油石标记为 SF10×80GCW40M8V，其中 SF 为形状代号；10×80 为正方形边长和长度尺寸；GC 为磨料代号；W40 为粒度号；M 为硬度；8 为组织代号；V 为结合剂代号。

某砂带标记为 DWBN80×2500WAP60，其中 DWBN 为耐水无接头环形布砂带；80×2500 为宽度和周长尺寸；WA 为磨料代号；P60 为涂敷磨具粒度号。

2. 磨削过程的实质

（1）磨削过程的实质。从本质上讲，磨削加工也是一种切削加工。砂轮表面分布着很多的磨粒，每一个磨粒可以近似地看成一个个微小的刀齿，突出的磨粒尖棱可以认为是微小的切削刃。因此，磨削加工可以看成是具有极多微小刀齿铣刀的超高速铣削。

由于砂轮表面磨粒的几何形状、尺寸和切削角度各不相同,排列也很不规则,其间距和高低为随机分布,因此各个磨粒的工作情况存在很大差异。磨削时,砂轮表面凸起较高和较为锋利的磨粒切入工件较深,可以获得较大的切削厚度,从而切下切屑;凸起高度较小和较钝的磨粒只是在工件的表面刻划出细小的沟痕,工件材料被积压向两旁,在沟痕的两旁形成隆起,此时无明显的切屑产生,仅仅起到刻划作用;比较凹下和已经变钝的磨粒,既不切削也不刻划工件,只是从工件表面滑擦而过,起摩擦和抛光作用(见图 7 - 78)。

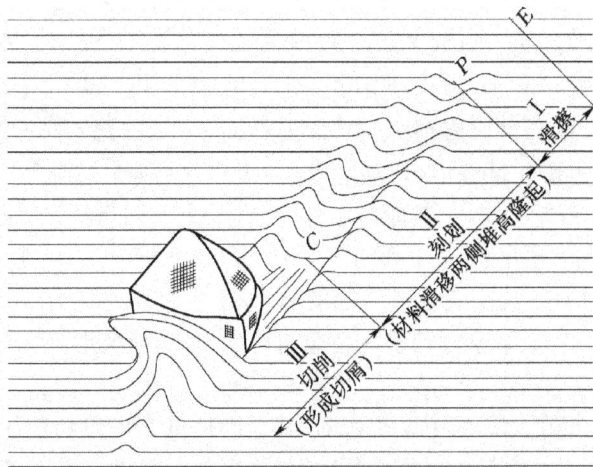

图 7 - 78 磨粒的磨削过程

从以上分析可知,砂轮的磨削过程其实是切削、刻划和滑擦三种作用的综合,在粗磨时以切削为主,精磨时切削作用和摩擦抛光同时存在,因此可以获得较小的表面粗糙度值。

在磨削加工的过程中,磨粒在高速、高压、高温的同时作用下,将逐渐变得圆钝。圆钝的砂轮磨粒,切削能力明显下降,而所承受作用于磨粒上的力不断增大。当作用力超过磨粒的强度极限时,磨粒就会破碎,产生新的较为锋利的棱角,代替旧的磨粒进行切削;当作用力超过砂轮结合剂的黏结力时,磨钝的磨粒就会从砂轮表面脱落,露出一层新鲜锋利的磨粒,使磨削过程正常进行。砂轮这种保持自身锋锐的性能,称为"自锐性"。

在磨削过程中,由于切屑和破碎的磨粒会将砂轮堵塞,使砂轮失去切削能力;磨粒随机脱落的不均匀性,也会使砂轮的外形精度降低。因此,为了保持砂轮的磨削能力和外形精度,在磨削一定的时间后,应对砂轮进行修整。

3. 磨削加工的特点

负前角切削是磨削加工的一大特点,据测量,刚修整过的刚玉砂轮,前角平均为 $-65°$ ~ $-80°$,磨削一段时间后增大到 $-85°$。由此可见,磨削时负前角值远远大于一般刀具切削的负前角,而磨削过程所产生的许多物理现象例如切削力、切削热、表面强化变形和残余应力等均与此有关。

(1)磨削加工的精度高、表面粗糙度小。磨削加工时,砂轮表面的切削刃很多,而且磨粒刃口的圆弧半径较小,例如粒度为 $46^\#$ 的白刚玉磨粒,刃口圆弧半径为 0.006 ~ 0.012 mm,而一般车刀和铣刀的刃口圆弧半径为 0.012 ~ 0.032 mm。一般切削刀具的刃口圆弧半径也可以刃磨得很小,但会产生磨损加快的问题,不能或者难以进行稳定、经济的精密加工。磨削时,切削速度很高,如普通外圆磨削 $v \approx 30 \sim 35$ m/s,高速磨削 $v > 50$ m/s。当磨粒以很高的切削速度从工件表面滑过时,同时有很多切削刃进行切削,每个磨刀仅从工件上切下极少量的金属,残留面积高度很小,有利于形成光洁的表面。

因此,磨削可以达到较高的精度和小的表面粗糙度,一般磨削精度为 IT7～IT6,表面粗糙度 Ra 值可达 $0.8 \sim 0.2$ μm,当采用小粗糙度磨削时,表面粗糙度 Ra 值可达 $0.1 \sim 0.008$ μm。

(2)背向切削力 F_p 较大。以磨外圆时为例,切削力可以分解为三个相互垂直的分力(见图 7-79),其中 F_c 称为磨削力,F_f 称为进给磨削力,F_p 称为背向磨削力。在一般刀具的切削过程中,切削力 F_c 较大,而在磨削加工时,由于背吃刀量小,砂轮与工件表面接触的宽度较大,使背向磨削力 F_p 大于磨削力 F_c。

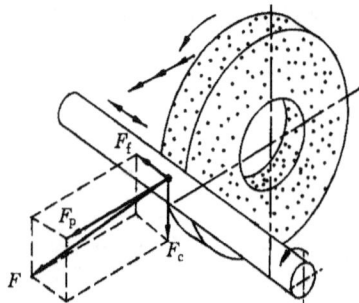

图 7-79 总磨削力及其分解

(3)不宜加工较软的有色金属。对一般有色金属零件,由于材料塑性较好,砂轮会很快被有色金属碎屑堵塞,使磨削无法进行,并划伤有色金属已加工表面。

(4)磨削温度高。磨削加工属于高速切削,其切削速度是一般切削加工的 $10 \sim 20$ 倍。在这样高的切削速度下,加上磨粒多为负前角切削,挤压和摩擦较严重,消耗功率大,产生的切削热多。又因为砂轮本身的传热性很差,大量的磨削热在短时间内传散不出去,在磨削区形成瞬时高温,有时高达 $800 \sim 1\ 000$ ℃。

高的磨削温度容易烧伤工件表面,使淬火钢件表面退火,硬度降低。即使由于切削液的浇注可能发生二次淬火,但是这会在工件表层产生拉应力及微裂纹,降低零件的表面质量和使用寿命。高温下,工件材料将变软而容易堵塞砂轮,这不仅影响砂轮的耐用度,也影响工件的表面质量。因此,在磨削过程中,应采用大量的切削液。磨削时加注切削液,除了冷却和润滑作用之外,还可以起到冲洗砂轮的作用。切削液将细碎的切屑以及碎裂或脱落的磨粒冲走,避免砂轮堵塞,可有效地提高工件的表面质量和砂轮的耐用度。

磨削钢件时,广泛应用的切削液是苏打水或乳化液。磨削铸铁、青铜等脆性材料时,一般不加切削液,而用吸尘器清除尘屑。

4. 常见磨削工艺

磨削加工的应用范围很广,如图 7-80 所示,它可以加工各种外圆面、内孔、平面和成形面(如齿轮、螺纹等)。此外还用于各种切削刀具的刃磨。

磨削大多在磨床上进行,磨床的种类较多,常见的有外圆磨床、内圆磨床、平面磨床和工具磨床等,分别用于加工零件外圆面、内孔、平面及各种刀具的刃磨。

(1)外圆磨削。外圆磨削一般在外圆磨床或万能外圆磨床上进行,磨削方法如图 7-81 所示。磨外圆的方法主要是纵磨法和横磨法。磨削时,轴类工件常用顶尖装夹,其方法与车削时基本相同,顶尖安装。具体磨削方法如下:

1)纵磨法(见图 7-81(a))。磨削时,砂轮高速旋转为主运动,工件旋转为圆周进给,磨床工作台作往复直线运动为纵向进给。每当工件一次往复行程终了时,砂轮作周期性的横向进给。每次磨削吃刀量很小,磨削余量是在多次往复行程中磨去的。

纵磨法的磨削力小,磨削热少,散热条件好,砂轮沿进给方向的后半宽度,等于是副偏角为零度的修光刃,光磨次数多,所以工件的精度高,表面粗糙度小。该方法还可用一个砂轮磨削各种不同长度的工件,适应性强。纵磨法广泛用于单件、小批生产,特别适用于细长轴的精磨。

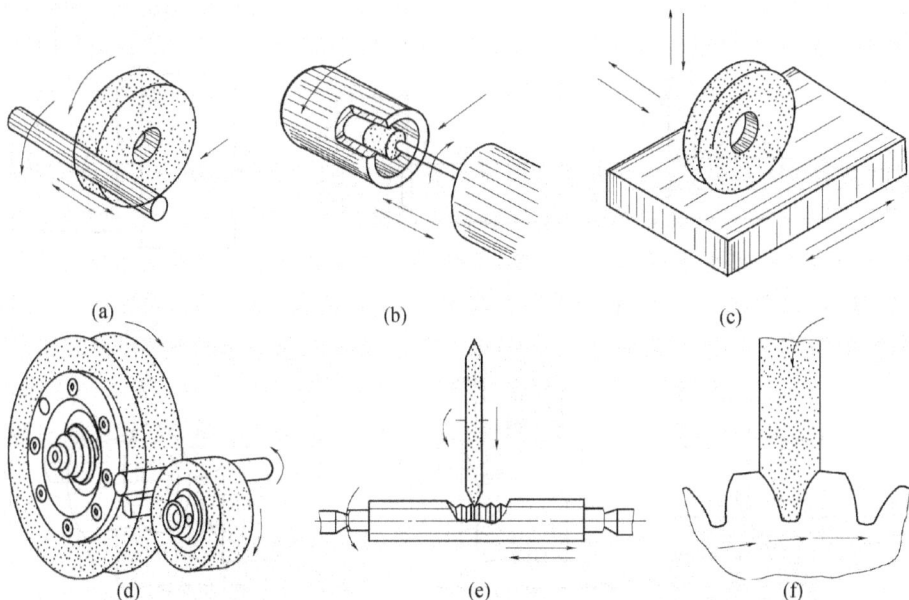

图 7 - 80　磨削的应用

(a)磨外圆;(b)磨内孔;(c)磨平面;(d)无心磨外圆;(e)磨螺纹;(f)磨齿轮

2)横磨法(见图 7 - 81(b))。工件不作纵向往复运动,而砂轮作慢速的横向进给,直到磨去全部磨削余量。砂轮宽度上的全部磨粒都参加了磨削,生产率高,适用于成批、大量加工刚度好的工件,尤其适用于成形磨削。由于工件无纵向移动,砂轮的外形直接影响了工件的精度。同时,由于磨削力大、磨削温度高,工件易发生变形和烧伤,加工的精度和表面质量比纵磨法要差。

3)综合磨法(见图 7 - 81(c))。先用横磨法将工件表面分段进行粗磨,相邻两段间有 5~10 mm 的搭接,工件上留下 0.01~0.03 mm 的余量,然后用纵磨法进行精磨。此法综合了横磨法和纵磨法的优点,生产率比纵磨法高,精度和表面质量比横磨法高。

4)深磨法(见图 7 - 81(d))。磨削时用较小的纵向进给量(一般取 1~2 mm/r),较大的切深(一般为 0.3 mm 左右),在一次行程中切除全部余量,因此,生产率较高。但需要把砂轮前端修整成锥形,用砂轮锥面进行粗磨。直径大的圆柱部分起精磨和修光作用,应修整得精细一些。深磨法只适用于大批、大量生产中,加工刚度较大的工件,且被加工表面两端要有较大的距离,允许砂轮切入和切出。

在无心外圆磨床上磨削外圆时(见图 7 - 81(e)),工件放在两个砂轮之间,下方用托板托住,不用顶尖支持,所以称为无心磨。两个砂轮中较小的一个是用橡胶结合剂做的,磨粒较粗,称为导轮,另一个是用来磨削工件的砂轮,称为磨削轮。导轮轴线相对于砂轮轴线倾斜一角度 $\alpha(1°\sim5°)$,以比磨削轮低得多的速度转动,靠摩擦力带动工件旋转。导轮与工件接触点的线速度 $v_导$,可以分解为两个分速度,一个是沿工件圆周切线方向的 $v_工$,另一个是沿工件轴线方

5.磨削技术新发展

磨削加工是机械制造中重要的加工工艺,随着机械产品精度、可靠性和寿命要求的不断提高,高硬度、高强度、高耐磨性的新型材料不断增多,对磨削加工提出了许多新的要求。当前磨削加工技术的发展方向是扩大使用超硬磨料磨具,开发精密和超精密磨削及高速、高效磨削工艺,研制高精度、高刚度的自动化磨床。

(1)高效磨削工艺。

1)高速磨削。一般将砂轮线速度 $v_s > 45$ m/s 的磨削称为高速磨削。当前高速磨削的线速度 $v_s = 250$ m/s,并已成功进行了 $v_s = 500$ m/s 的超高速磨削试验。一般认为高速磨削主要用于沟槽和缺口件的磨削及切入磨削,还用于加工大平面或圆柱形表面的精加工。

采用高速磨削后,一方面生产率大大提高,如 $v_s = 60 \sim 120$ m/s 时,使用普通砂轮,磨除率可提高到 $500 \sim 1\,000$ mm³/s;$v_s = 120 \sim 250$ m/s 时,使用立方碳化硼(CBN)砂轮,磨除率可达 $2\,000$ mm³/s。同时还可以减少或避免产生烧伤和裂纹,提高砂轮耐用度和使用寿命,实现工件大余量切除,使有些零件毛坯不经粗切而直接磨成成品。因此高速磨削不但是提高磨削效率的有效方法,也是提高磨削精度和表面质量的有效方法。

2)缓进给磨削。采用很大的切深(1~3 mm)和缓慢的进给速度(5~300 mm/min)进行的磨削称为缓进给磨削,亦称深切缓进给强力磨削或蠕动磨削,其加工精度达 $2 \sim 5\mu$m,粗糙度 Ra 为 $0.4 \sim 0.1\mu$m。缓进给磨削适宜加工韧性材料(如镍基合金)和淬硬材料,能加工各种型面及沟槽,可部分取代车削、铣削加工。

缓进给磨削的切深很大,因而砂轮与工件的接触长度比普通磨削要大几倍到几十倍,单位时间内同时参加磨削的磨粒数量随切深的增加而增多,使生产效率得以提高。同时,由于进给速度缓慢,减少了砂轮与工件的冲击,使振动和加工波纹减小,因而能获得较高的加工精度,且精度稳定性好。缓进给磨削的磨削区温度很低,残余应力小,故它亦称为无应力磨削。

3)砂带磨削。砂带磨削是以砂带作为磨具并辅之以接触轮、张紧轮、驱动轮等组成的磨头组件对工件进行加工的一种磨削方法,如图 7-85 所示。砂带是用黏结剂将磨粒黏结在纸、布等挠性材料上制成的带状工具,其基本组成有基材、磨料和黏结剂。与砂轮磨削相比,砂带磨削具有下列主要特点:

i)磨削效率高。主要表现在材料切除率高和机床功率利用率高。如钢材切除率已能达到 700 mm³/s,达到甚至超过了常规车削、铣削的生产效率,是砂轮磨削的 4 倍以上。

ii)加工质量好。一般情况下,砂带磨削的加工精度比砂轮磨削略低,尺寸精度可达 $3\ \mu$m,表面粗糙度 Ra 达

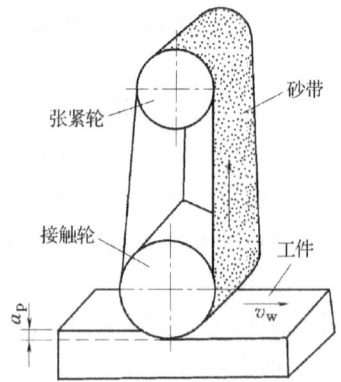

图 7-85 砂带磨削

$1\ \mu$m。但近年来,由于砂带制造技术的进步(如采用静电植砂等)和砂带机床制造水平的提高,砂带磨削已跨入了精密、超精密磨削的行列,尺寸精度最高可达 $0.1\ \mu$m,工件表面粗糙度 Ra 最高可达 $0.01\ \mu$m,即达镜面效果。

iii)磨削热小。砂带磨削时工件表面冷硬程度与残余应力仅为砂轮磨削的 1/10,即使干磨也不易烧伤工件,而且无微裂纹或金相组织的改变,具有"冷态磨削"之美称。

ⅳ)工艺灵活性大,适应性强。砂带磨削可以很方便地用于平面、外圆、内圆和异型曲面等的加工。

ⅴ)综合成本低。砂带磨床结构简单、投资少、操作简便,生产辅助时间少(如换新砂带不到 1 min 即可),对工人技术要求不高,工作时安全可靠。

砂带磨削的诸多优点决定了其广泛的应用范围,并有万能磨削工艺之称。砂带磨削当前已几乎遍及了所有的加工领域,它不但能加工金属材料,还可加工皮革、木材、橡胶、尼龙和塑料等非金属材料,特别对不锈钢、钛合金、镍合金等难加工材料更显示出其独特的优势。在加工尺寸方面,砂带磨削也远远超出砂轮磨削。据介绍,当前砂轮磨削的最大宽度仅为 1 m,而宽达 4.9 m 的砂带磨床已经投入使用。在加工复杂曲面(如发动机汽轮机叶片、聚光镜灯碗、反射镜等)方面,砂带磨削的优势也是其他加工方法无法比拟的。

(2)超精密磨床和磨削加工中心的发展。精密加工必须由高精度、高刚度的机床作保证。超精密磨床广泛采用油轴承、空气轴承和磁轴承实现磨床主轴的高速化和高精密化;利用静动压导轨、直线导轨、静动压丝杠实现导轨及进给机构的高速化和高精密化。同时在结构材料上,采用热稳定性高、抗振动性强、耐磨性高的花岗岩、人造花岗岩、陶瓷、微晶玻璃等替代传统的铁系材料,极大地增加了机床的刚度。由日本丰田工机和中部大学共同研制的加工硬脆材料的超精密磨床,其定位精度为 0.01 μm,加工工件直径达到 500 mm,机床总重达 34 t,被认为是当今世界上最大级别的超精密磨床之一。

磨削加工中心(GC)与一般的 NC、CNC 磨床不同,它具备自动交换、自动修整磨削工具的机能,一次装夹即能完成各种磨削加工,实现了磨削加工的复合化与集约化,甚至可实现无人化连续自动生产,不但大大缩短加工时间,节约工装费用,而且机床肯定有更高的刚度,能更好地防止热变形,进一步提高加工精度。磨削加工中心是当今磨削技术进步的主要标志,也是今后磨床技术的发展方向。

第 *8* 章

零件典型表面的加工分析

无论多么复杂的机械零件,其结构形状都是由各种表面复合而成的。归纳起来,组成机械零件的典型表面有内外圆柱面、圆锥面、平面、螺旋面及其他成形表面。各种表面的加工方法是不一样的,每一种表面可以选择多种加工方法。具体的加工方案选择应该根据零件材料的性质、结构特点、加工精度、表面质量、生产类型及现场条件等因素综合考虑来决定,总的原则是保证产品质量,提高生产效率,并且获得最好的经济效益。

本章主要介绍各种典型表面的加工方法及工艺特点。

8.1 外圆面的加工

外圆面是组成轴、盘、套类零件的基本表面,在机械加工中占有相当大的比例。不同零件的外圆面或者同一零件上不同的外圆面,会具有不同工作状态和技术要求,在加工过程需要结合具体条件,采取恰当的加工方案。

8.1.1 外圆面的加工技术要求

外圆表面的加工技术要求,一般分为四个方面:

(1)尺寸精度。这是指外圆表面直径和长度的尺寸精度。

(2)形状精度。这是指外圆表面的圆度、圆柱度、素线直线度和轴线直线度。

(3)位置精度。这是指外圆表面与其他表面(外圆表面或内孔表面)间的同轴度、对称度、位置度、径向圆跳动;与规定平面(端平面)间的垂直度、倾斜度等。

(4)表面质量。这是指表面粗糙度,对某些重要零件的表面,还要求表层硬度、残余应力、显微组织等。

8.1.2 外圆表面的加工方案分析

对于一般钢铁零件,外圆面加工的主要方法是车削和磨削。要求精度高、粗糙度小时,往往还要进行研磨、超级光磨等光整加工。对于某些精度要求不高,仅要求光亮的表面,可以通过抛光来获得,但在抛光前要达到较小的粗糙度。对于塑性较大的有色金属(如铜、铝合金等)零件,由于其精加工不宜用磨削,故常采用精细车削。

根据各种零件外圆表面的精度和表面粗糙度要求,其加工方案大致可分如下几类:

(1)低精度外圆表面的加工。对于加工精度要求低、表面粗糙度值较大的各种零件的外圆表面(淬火钢件除外),经粗车即可达到要求。尺寸精度达 IT12～IT11,表面粗糙度 Ra 值为 $50～12.5~\mu m$。

(2)中等精度外圆表面的加工。对于非淬火钢件、铸铁件及有色金属件外圆表面,粗车后再经一次半精车即可达到要求。尺寸精度达 IT10～IT9,表面粗糙度 Ra 值为 $6.3～3.2\ \mu m$。

(3)较高精度外圆表面的加工。视工件材料和技术要求不同可有两个加工方案:

1)粗车—半精车—粗磨。此方案适用于加工精度较高的淬火钢件、非淬火钢件和铸铁件外圆表面。尺寸精度达 IT8～IT7,表面粗糙度 Ra 值为 $1.6～0.8\ \mu m$。

2)粗车—半精车—精车。此方案适用于铜、铝等有色金属件外圆表面的加工。由于有色金属塑性较大,其切屑易堵塞砂轮表面,影响加工质量,故以精车代替磨削。其加工精度与1)同。

(4)高精度外圆表面的加工。与上述类似,结合工件材料,有两个方案:

1)粗车—半精车—粗磨—精磨。此方案适用于加工各种淬火、非淬火钢件和铸铁件。尺寸精度达 IT6～IT5,表面粗糙度 Ra 值为 $0.4～0.2\ \mu m$。

2)粗车—半精车—精车—精细车。此方案适用于加工有色金属工件,其尺寸精度达IT6～IT5,表面粗糙度 Ra 值为 $0.4～0.2\ \mu m$。

(5)精密外圆表面的加工。对于更高精度的钢件和铸铁件,除车削、磨削外,还需增加研磨(lapping)或超级光磨(super finishing)等光整加工工序,使尺寸精度达 IT5～IT3,表面粗糙度 Ra 值为 $0.1～0.006\ \mu m$。

此外,还须根据零件的结构、尺寸和技术要求的不同特点,选用相适应的加工方案。例如,对于坯料质量较高的精铸件、精锻件,可免去粗车工序;对于不便磨削的大直径外圆表面,需采用精车达到高精度要求;对于尺寸精度要求不高而表面要求光洁的表面,可采用抛光加工。如图 8-1 所示给出了外圆面加工方案的框图,可作为拟订加工方案的依据和参考。

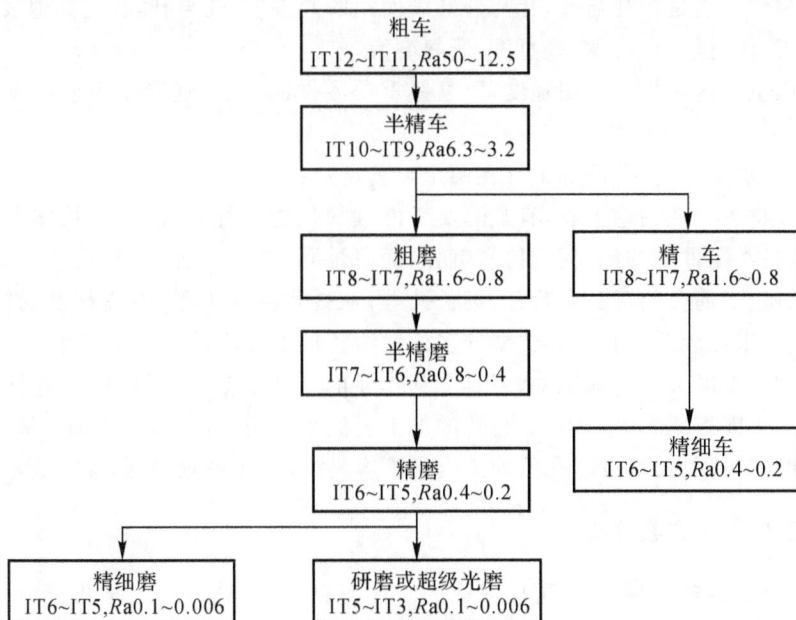

图 8-1　外圆面加工方案框图(Ra 的单位为 μm)

8.2 孔的加工

孔是组成机械零件的基本表面,尤其是盘套类、支架类和箱体类零件,孔的加工尤其显得重要。

常见的孔有下列几种:

(1)螺钉孔和其他非配合表面的孔;

(2)回转体零件上的孔,如套筒、法兰盘、轴上的孔;

(3)箱体零件上的孔,例如床头箱箱体上的主轴和传动轴的轴承孔等,这类孔往往形成"孔系";

(4)深孔,即 $L/D>5\sim10$ 的孔,如机床主轴上的轴向通孔等;

(5)圆锥孔,如机床主轴前端的圆锥孔以及机械零件装配过程中的定位销孔。

在孔的加工过程中,要根据各种孔不同的加工要求,结合具体生产条件,采用较合理的加工方案。

8.2.1 孔的加工技术要求

与外圆表面类似,孔的加工技术要求也有以下四个方面:

(1)尺寸精度。这是指孔的直径和轴线长度的尺寸精度。

(2)形状精度。这是指孔的圆度、圆柱度和轴线直线度等。

(3)位置精度。这是指孔与孔,孔与外圆表面间的同轴度;孔与孔,孔与其他表面之间的尺寸精度、对称度、位置度、平行度、垂直度、倾斜度等。

(4)表面质量。这是指表面粗糙度,对某些重要零件的表面,还要求表层硬度、残余应力、显微组织等。

与外圆面的加工相比,孔的加工存在两个显著特点:

(1)孔的类型多。从用途上看,有盘套类零件轴线位置的配合孔、支架箱体类零件上的轴承支承孔以及各类零件上的销钉孔、传螺钉孔、润滑油孔、非配合孔等;从尺寸和结构形状看,有大孔、小孔、微孔、通孔、盲孔、台阶孔、细长孔等;从技术要求上看,有高精度低粗糙度孔、中等精度和精度要求比较低的孔。孔类型的多样性给孔加工方法带来了多样性。

(2)孔的加工难度大。在加工中,刀具受到孔径的尺寸限制,刀具刚性差则切削时容易产生振动和变形,不能采用大的切削用量;孔的加工近似半封闭式切削,散热和排屑条件极差,刀具磨损快,孔壁容易划伤。因此,孔的加工质量不容易提高,生产效率低,加工成本高。

8.2.2 孔的加工方案分析

孔的加工方法很多,切削加工可以采取的方法有钻孔、扩孔、绞孔、车孔、镗孔、拉孔、磨孔以及金刚镗、精密磨削、超精加工、珩磨、研磨、抛光等;特种加工的方法有电火花穿孔、超声波穿孔、激光打孔等。

螺钉孔和其他通孔加工可以在车床、钻床、镗床、拉床或磨床上进行,大孔和孔系则常在镗床上加工。拟订孔的加工方案时,应考虑孔径的大小和孔的深浅、精度和表面粗糙度等的要求,还要考虑工件的材料、形状、尺寸、质量和批量以及车间的具体生产条件(如现有加工设备等）。

若在实体材料上加工孔（多属中小尺寸的孔），必须先采用钻孔。若是对已经铸出或锻出的孔（多为中、大型孔）进行加工，则可直接采用扩孔或镗孔，孔径在 80 mm 以上时，以镗孔为宜。

至于孔的精加工，铰孔和拉孔适于加工未淬硬的中、小直径的孔；中等直径以上的孔，可以采用精镗或精磨；淬硬的孔只能用磨削进行精加工。

在孔的光整加工方法中，珩磨多用于直径稍大的孔，研磨则对大孔和小孔都适用。

根据各种零件内孔表面的尺寸、长径比、精度和表面粗糙度要求，在实体材料上加工内孔，其加工方案大致有以下几类：

（1）钻。用于低精度内孔的加工，对精度要求不高的未淬硬钢件、铸铁件及有色金属件，经一次钻孔即可达到要求。尺寸精度达 IT10 以下，表面粗糙度 Ra 值为 $50\sim12.5\ \mu m$。

（2）钻—扩（或镗）。用于加工尺寸精度为 IT9 的孔，当孔径小于 30 mm 时，采用钻后扩孔；当孔径大于 30 mm 时，采用钻后镗孔。

（3）钻—铰。用于加工直径小于 20 mm、尺寸精度为 IT8 的孔。

（4）钻—扩（或镗）—铰（或钻—粗镗—精镗，或钻—拉）。用于加工直径大于 20 mm、尺寸精度为 IT8 的孔。若生产批量较大，可以考虑采用拉削加工。

（5）钻—粗铰—精铰。用于加工直径小于 12 mm、尺寸精度为 IT7 的孔。

（6）钻—扩（或镗）—粗铰—精铰（或钻—拉—精拉）。用于加工直径大于 12 mm、尺寸精度为 IT7 的孔。

（7）钻—扩（或镗）—粗磨—精磨。用于加工尺寸精度为 IT7 并已经淬硬的孔。

尺寸精度为 IT6 的孔与尺寸精度为 IT7 的孔加工方法类似，在加工后续工序中根据具体要求可以采用精细镗、精铰、精磨、珩磨或研磨等精细加工方法。

对于铸件、锻件上已经加工出来的孔，可以直接进行扩孔、镗孔等加工。对于直径大于 100 mm 的孔，采用镗孔比较合理。根据孔的精度要求的不同，可参照实体孔的加工方案。经常采用的工艺路线有镗—半精镗—精镗—精细镗、扩—粗磨—精磨—珩磨（或研磨）等。

与外圆表面一样，内孔表面加工方案的拟定也与零件材料性质、热处理要求等有关。如有色金属零件精加工不宜采用磨削；钢件如需调质处理，在钻—铰方案中，应安排在钻削之后，在镗—磨方案中，安排在粗镗之后；淬火一般安排在磨削之前；渗氮则安排在粗磨和精磨之间，并注意渗氮前要调质处理。

如图 8-2 给出了孔加工方案的框图，可以作为拟订加工方案的依据和参考。

8.3 平面的加工

平面是组成平板、支架、箱体、床体、机座、工作台等零件的主要表面，根据加工时所处位置的不同，平面又可分为水平面、垂直面、斜面等。零件上的直槽、T 形槽、V 形槽、平键槽、燕尾槽等沟槽都可以看成平面或者其他曲面的不同组合。

机械零件上常见的平面类型有：滑动配合平面（如导轨面）、固定连接表面（如箱体与机座的连接表面）、高精度表面（如量块的工作表面）以及非配合、非连接的普通要求的表面（如零件的外露平面）等。

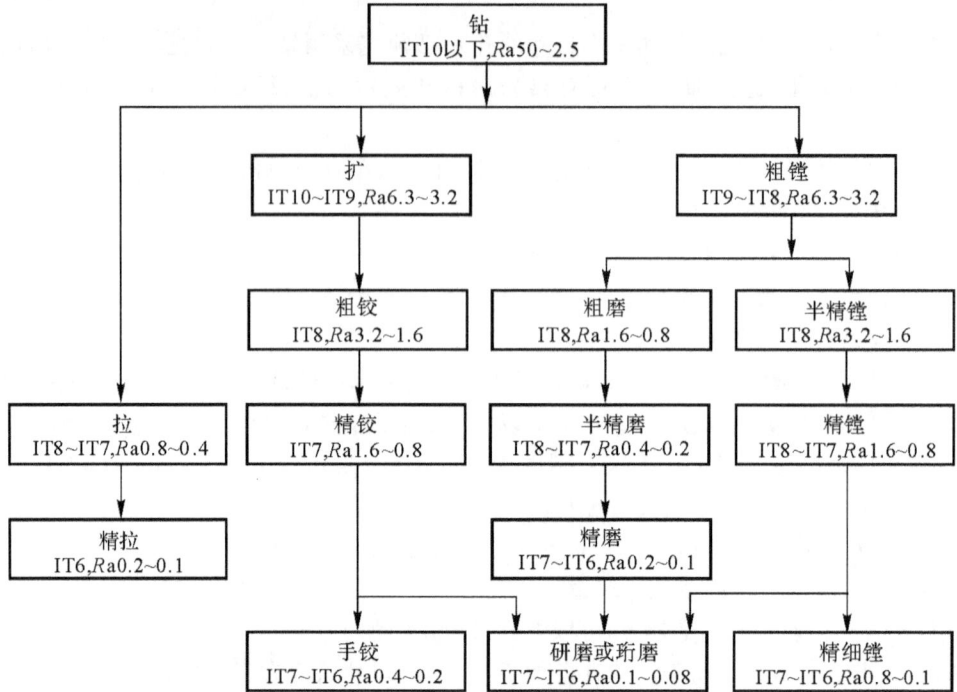

图 8-2 孔加工方案框图（Ra 的单位为 μm）

8.3.1 平面的加工技术要求

与外圆表面和孔的加工不同，一般平面本身的尺寸精度要求不高，主要的加工技术要求有下面几个方面：

（1）形状精度。这是指平面度、直线度等。

（2）位置精度。这是指平面与其他表面之间的位置尺寸及平行度、垂直度和倾斜度等。

（3）表面质量。这是指表面粗糙度、调质或淬火处理后表层硬度、残余应力和显微组织等。

8.3.2 平面加工方案的选择

平面对各类零件几乎都是不可缺少的。铣削和刨削是加工平面的主要方法，通过磨削、研磨等加工方法可以进一步提高平面的加工质量。根据平面的加工精度和表面粗糙度要求，其加工方法有车削、铣削、刨削、插削、拉削、磨削、刮研和研磨等。

平面加工方案的选择，除根据平面的精度和表面粗糙度要求外，还应考虑零件的结构、形状、尺寸、材料的性能和热处理要求以及生产批量等，通常有以下几种类型：

（1）低精度平面的加工。对精度要求不高的各种零件（淬火钢零件除外）的平面，经粗刨、粗铣、粗车等即可达到要求。表面粗糙度 Ra 值为 $50\sim12.5~\mu m$。

（2）中等精度平面的加工。对于表面质量要求中等的非淬火钢件、铸铁件，视工件平面尺寸不同有以下几种方案：

1）粗刨—精刨。此方案适于加工狭长平面。

2）粗铣—精铣。此方案适于加工宽大平面。

3)粗车—精车。此方案适于加工回转体轴、套、盘、环等零件的端面。此外,大型盘类零件的端面,一般较宜在立式车床上加工。

4)粗插—精插。此方案适于封闭的内平面加工。

上述各种加工表面粗糙度 Ra 值为 $6.3\sim1.6~\mu m$。

(3)高精度平面的加工。与上述(2)类似,视工件材料和平面尺寸不同,有以下五种方案:

1)粗刨—精刨—宽刃精刨(代刮研)。此方案适于加工未淬火钢件、铸铁件、有色金属等材料的狭长平面。

2)粗铣—精铣—高速精铣。此方案适于加工未淬火钢件、铸铁件、有色金属等材料的宽平面。

3)粗铣(粗刨)—精铣(精刨)—磨削。此方案适于加工淬火钢和非淬火钢件、铸铁件的各种平面。

4)粗插—精插—磨削。此方案适于加工回转体零件的台肩平面。其较小台肩平面采用普通外圆磨床加工;较大台肩平面用行星磨加工。

5)粗铣—拉削。此方案适用于大批大量生产除淬火钢以外的各种金属零件,不仅生产率很高,而且加工质量也较高。

上述各种加工表面粗糙度 Ra 值为 $0.8\sim0.2~\mu m$。

(4)精密平面的加工。对于有更高精度要求的平面,可在磨削后分别采用研磨、抛光等工序,使表面粗糙度 Ra 值为 $0.4\sim0.1~\mu m$。

如图 8-3 所示给出了平面加工方案的框图,可以作为拟订加工方案的依据和参考。

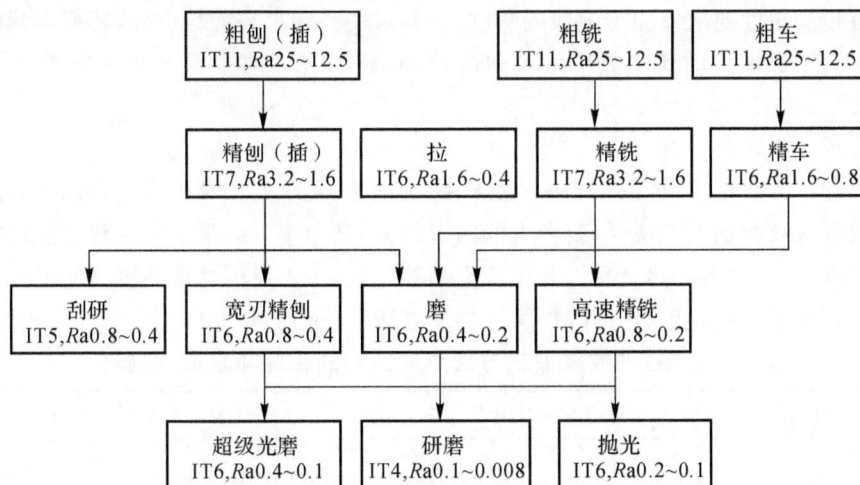

图 8-3　平面加工方案框图(Ra 的单位为 μm)

8.4　特形表面的加工

本节主要介绍螺纹、齿形、成形面等特形表面的加工方法和工艺特点。

8.4.1 螺纹的加工

螺纹是零件上常见的表面之一,它有多种形式,按用途的不同可分为如下三类:

(1)紧固螺纹。它用于零件间的固定连接,常用的有普通螺纹和管螺纹等,螺纹牙形多为三角形。

对普通螺纹的主要要求是可旋入性和连接的可靠性;对管螺纹的主要要求是密封性和连接的可靠性。

(2)传动螺纹。它用于传递动力、运动或位移,如丝杠和测微螺杆的螺纹等,其牙形多为梯形或锯齿形。

对于传动螺纹的主要要求是传动准确、可靠,螺牙接触良好及耐磨等。

(3)紧密螺纹。它用于密封的螺纹结合,对这种螺纹的要求是结合紧密,不漏水、不漏气、不漏油。

除此之外,还有一些专门用途的螺纹,如石油螺纹、气瓶螺纹、灯泡螺纹、轮胎气门芯螺纹等。

1.螺纹的技术要求

螺纹也和其他类型的表面一样,有一定的尺寸精度、形位精度和表面质量的要求。由于它们的用途和使用要求不同,技术要求也有所不同。

对于紧固螺纹和无传动精度要求的传动螺纹,一般只要求中径、外螺纹的大径、内螺纹的小径的精度。

对于有传动精度要求或用于读数的螺纹,除要求中径和顶径的精度外,还要求螺距和牙形角的精度。为了保证传动或读数精度及耐磨性,对螺纹表面的粗糙度和硬度等也有较高的要求。

2.螺纹加工方法的分析

螺纹的加工方法很多,可以在车床、钻床、螺纹铣床、螺纹磨床等机床上利用不同的工具进行加工。选择螺纹的加工方法时,要考虑的因素较多,其中主要的是工件形状、螺纹牙形、螺纹的尺寸和精度、工件材料和热处理以及生产类型等。表8-1列出了常见螺纹加工方法所能达到的精度和表面粗糙度,可以作为选择螺纹加工方法的依据和参考。

表 8-1　各种螺纹加工方法所能达到的精度和表面粗糙度

加工方法	精度等级(GB/T 197—1981)	表面粗糙度 $Ra/\mu m$
攻螺纹	6~8	6.3~1.6
套螺纹	7~8	3.2~1.6
车削	4~8	1.6~0.4
铣刀铣削	6~8	6.3~3.2
磨削	4~6	0.4~0.1
研磨	4	0.1
滚压	4~8	0.8~0.1

本节仅简要地介绍如下几种常见的螺纹加工方法。

(1)攻丝和套扣。攻丝(tapping)和套扣(chasing)是应用较广的螺纹加工方法。对于小尺寸的内螺纹,攻丝几乎是唯一有效的加工方法。单件小批量生产中,可以用手用丝锥手工攻丝;当批量较大时,则应在车床、钻床或攻丝机上用机用丝锥加工。套扣的螺纹直径一般不超过 M16,最大一般不超过 M50,它既可以手工操作,也可以在机床上进行。

由于攻丝和套扣的加工精度较低,主要用于加工精度要求不高的普通螺纹。

(2)车螺纹。车螺纹(thread turning)是螺纹加工的基本方法,它可以使用通用设备,刀具简单,适应性广,可用来加工各种形状、尺寸及精度的内、外螺纹,特别适于加工尺寸较大的螺纹。但是,车螺纹的生产率较低,加工质量取决于工人的技术水平以及机床、刀具本身的精度,因此主要用于单件、小批量生产。对于不淬硬精密丝杠的加工,利用精密车床车削,可以获得较高的精度和较小的表面粗糙度,因此这种加工方法占有重要的地位。

螺纹车削是成形面车削的一种,所用刀具为具有螺纹牙形廓形的成形车刀。当大批量生产时,为了提高生产率,常采用螺纹梳刀(见图 8-4)进行车削。螺纹梳刀实质上是一种多齿的螺纹车刀,只要一次走刀就能切出全部螺纹,所以生产率较高。但是,一般的螺纹梳刀加工精度不高,不能加工精密螺纹。此外,螺纹附近有轴肩的工件也不能用螺纹梳刀加工。

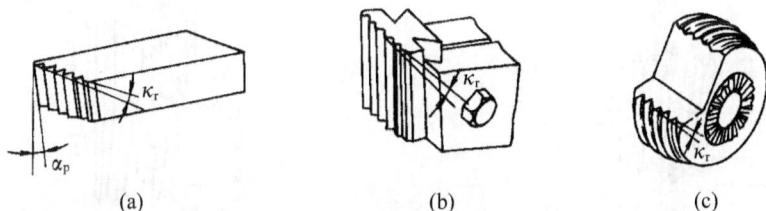

图 8-4　螺纹梳刀
(a)平体螺纹梳刀;(b)棱体螺纹梳刀;(c)圆体螺纹梳刀

(3)铣螺纹。在大批量生产中,广泛采用铣削法加工螺纹。铣螺纹(thread milling)一般都是在专门的螺纹铣床上进行,根据所用铣刀的结构不同,可以分为如下两种方法:

1)用盘形螺纹铣刀铣削(见图 8-5)。这种方法一般用于加工尺寸较大的传动螺纹,由于加工精度较低,通常只作为粗加工,然后用车削进行精加工。

2)用梳形螺纹铣刀铣削(见图 8-6)。一般用于加工螺距不大、短的三角形内、外螺纹。加工时,工件只需转一圈多一点就可以切出全部螺纹,因此生产率较高。用这种方法可以加工靠近轴肩或盲孔底部的螺纹,且不需要退刀槽,但其加工精度较低。

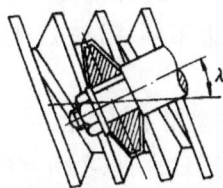

图 8-5　盘形铣刀铣螺纹

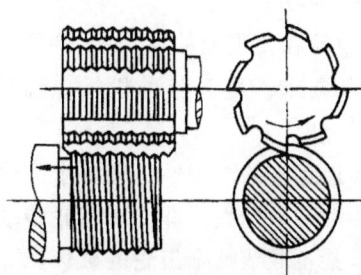

图 8-6　梳形铣刀铣螺纹

(4)磨螺纹。磨螺纹(thread grinding)常用于淬硬螺纹的精加工,例如丝锥、螺纹量规、滚丝轮及精密螺杆上的螺纹,为了修正热处理引起的变形,提高加工精度,必须进行磨削。螺纹磨削一般在专门的螺纹磨床上进行。螺纹在磨削之前,可以用车、铣等方法进行预加工,而对于小尺寸的精密螺纹,也可以不经预加工而直接磨出。

根据所用砂轮的形状不同,外螺纹的磨削可以分为单线砂轮磨削(见图 8-7)和多线砂轮磨削(见图 8-8)。

用单线砂轮磨螺纹,砂轮的修整较方便,加工精度较高,并且可以加工较长的螺纹,而用多线砂轮磨螺纹,砂轮的修整比较困难,加工精度低于前者,且仅适于加工较短的螺纹。但是,用多线砂轮磨削时,工件转 $1\frac{1}{3} \sim 1\frac{1}{2}$ 转就可以完成磨削加工,生产效率比单线砂轮磨削高。直径大于 30 mm 的内螺纹,也可以用单线砂轮磨削。

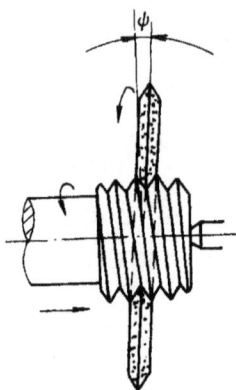

图 8-7　单线砂轮磨螺纹　　　　　　　　图 8-8　多线砂轮磨螺纹

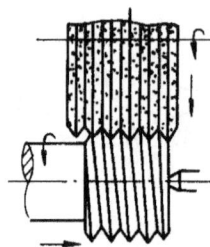

8.4.2　齿轮齿形的加工

齿轮是传递运动和动力的重要零件,目前在机械、仪器、仪表中应用很广泛,产品的工作性能、承载能力、使用寿命及工作精度等,都与齿轮本身的质量有着密切关系。

随着生产和科学技术的发展,要求机械产品的工作精度越来越高,传递的功率越来越大,转速也越来越高。因此,对齿轮及其传动精度提出了更高的要求。

1.齿轮的技术要求

由于齿轮在使用上的特殊性,除了一般的尺寸精度、形位精度和表面质量的要求外,还有一些特殊的要求。虽然各种机械上齿轮传动的用途不同,要求不一样,但归纳起来有如下四项:

(1)传递运动的准确性。即要求齿轮在一转范围内,最大转角误差限制在一定的范围内。

(2)传动的平稳性。即要求齿轮传动瞬时传动比的变化不能过大,以免引起冲击,产生振动和噪声,甚至导致整个齿轮的破坏。

(3)载荷分布的均匀性。即要求齿轮啮合时,齿面接触良好,以免引起应力集中,造成齿面局部磨损,影响齿轮的使用寿命。

（4）传动侧隙。即要求齿轮啮合时，非工作齿面间应具有一定的间隙，以便储存润滑油，补偿因温度变化和弹性变形引起的尺寸变化以及加工和安装误差的影响。否则，齿轮传动在工作中可能卡死或烧伤。

对于以上四项要求，不同齿轮会因用途和工作条件的不同而有所不同。例如，控制系统、分度机构和读数装置中的齿轮传动，主要要求传递运动的准确性和一定的传动平稳性，而对载荷分布的均匀性要求不高，但要求有较小的传动侧隙，以减小反转时的回程误差。机床和汽车等变速箱中速度较高的齿轮传动，主要要求传动的平稳性。轧钢机和起重机等的低速重载齿轮传动，既要求载荷分布的均匀性，又要求足够大的传动侧隙。汽轮机减速器等的高速重载齿轮传动，四项精度都要求很高。总之，这四项精度要求，相互间既有一定联系，又有主次之分，有所不同，应根据具体的用途和工作条件来确定。

齿轮的结构形式多种多样，常见的有圆柱齿轮、锥齿轮及蜗杆蜗轮等，其中以圆柱齿轮应用最广。一般机械上所用的齿轮，多为渐开线齿形；仪表中的齿轮，常为摆线齿形；矿山机械、重型机械中的齿轮，有时采用圆弧齿形等。本节仅介绍渐开线圆柱齿轮齿形的加工。

国标（GB10095.1—2001）对渐开线圆柱齿轮及齿轮副规定 13 个精度等级，精度由高到低依次为 0，1，2，3，…，12 级。其中 0，1，2 级是为发展远景而规定的，目前加工工艺尚未达到这样高的水平。7 级精度为基本级，是在实际使用（或设计）中普遍应用的精度等级。在加工中，基本级就是在一般条件下，应用普通的滚、插、剃三种切齿工艺所能达到的精度等级。齿轮副中两个齿轮的精度等级一般相同，也允许采用不同的精度等级。

2. 齿轮齿形加工方法的分析

齿形加工是齿轮加工的核心和关键，目前制造齿轮主要是用切削加工，也可以用铸造或辗压（热轧、冷轧）等方法。铸造齿轮的精度低、表面粗糙；辗压齿轮生产率高、力学性能好，但精度仍低于切齿，未被广泛采用。

用切削加工的方法加工齿轮齿形，按加工原理的不同，可以分为如下两大类：

（1）成形法（也称仿形法），是指用与被切齿轮齿间形状相符的成形刀具，直接切出齿形的加工方法，如铣齿、成形法磨齿等。

（2）展成法（也称范成法或包络法），是指利用齿轮刀具与被切齿轮的啮合运动（或称展成运动），切出齿形的加工方法，如插齿、滚齿、剃齿和展成法磨齿等。

齿轮齿形加工方法的选择，主要取决于齿轮精度、齿面粗糙度的要求以及齿轮的结构、形状、尺寸、材料和热处理状态等。表 8-2 所列出的 4～9 级精度圆柱齿轮常用的最终加工方法，可作为选择齿形加工方法的依据和参考。

表 8-2　4～9 级精度圆柱齿论的最终加工方法

精度等级	齿面粗糙度 $Ra/\mu m$	齿面最终加工方法
4（特别精密）	≤0.2	精密磨齿，对于大齿轮，精密滚齿后研齿或剃齿
5（高精密）	≤0.2	同上
6（高精密）	≤0.4	磨齿，精密剃齿，精密滚齿、插齿
7（精密）	0.8～1.6	滚、剃或插齿，对于淬硬齿面，磨齿、珩齿或研齿
8（中等精度）	1.6～3.2	滚齿、插齿
9（低精度）	3.2～6.3	铣齿、粗滚齿

齿轮齿形加工的具体方法分析如下。

（1）铣齿。铣齿（gear milling）是利用成形齿轮铣刀，在万能铣床上加工齿轮齿形（见图8-9）。加工时，工件安装在分度头上，用盘形齿轮铣刀（齿轮铣刀模数 $m=10\sim16$）或指形齿轮铣刀（一般 $m>10$），对齿轮的齿间进行铣削，加工完一个齿间后，进行分度，再铣下一个齿间。

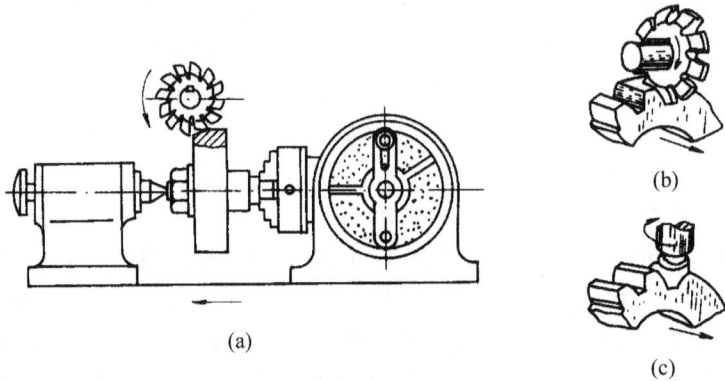

(a)

(b)

(c)

图 8-9　铣齿

(a)铣齿方法；(b)盘形齿轮铣刀铣齿；(c)指形齿轮铣刀铣齿

铣齿具有如下特点：

1)成本较低。铣齿可以在通用铣床上进行，刀具也比其他齿轮刀具简单。

2)生产率较低。铣刀每切一个齿间，都要重复消耗切入、切出、退刀以及分度等辅助时间。

3)精度较低。模数相同而齿数不同的齿轮，其齿形渐开线的形状是不同的，齿数愈多，渐开线的曲率半径愈大。铣切齿形的精度主要取决于铣刀的齿形精度。从理论上讲，同一模数不同齿数的齿轮，都应该用专门的铣刀加工，这样就需要很多规格的铣刀，使生产成本大为增加。

为了降低加工成本，实际生产中，把同一模数的齿轮按齿数划分成若干组，通常分为8组或15组，每组采用同一个刀号进行铣刀加工。表8-3列出了分成8组时各号铣刀加工的齿数范围。各号铣刀的齿形是按该组内最小齿数齿轮的齿形设计和制造的，加工其他齿数的齿轮时，只能获得近似齿形，易产生齿形误差。另外，铣床所用的分度头是通用附件，分度精度不高，致使铣齿的加工精度较低。

铣齿不但可以加工直齿、斜齿和人字齿圆柱齿轮，而且还可以加工齿条和锥齿轮等。但由于上述特点，它仅适用于单件小批量生产或维修工作中加工精度不高的低速齿轮。

表 8-3　齿轮铣刀的分号

铣刀号数	1	2	3	4	5	6	7	8
能铣削的齿数范围	12～13	14～16	17～20	21～25	26～34	35～54	55～134	135 以上

（2）插齿。插齿（gear shaping）是用插齿刀在插齿机上加工齿轮的轮齿，它是按一对圆柱齿轮相啮合的原理进行加工的。如图8-10所示，相啮合的一对圆柱齿轮，若其中一个是工件（齿轮坯），另一个用高速钢制造，并在轮齿上磨出前角和后角，形成切削刃（一个顶刃和两个侧刃），再加上必要的切削运动，即可在工件上切出轮齿来。后者就是齿轮形的插齿刀。

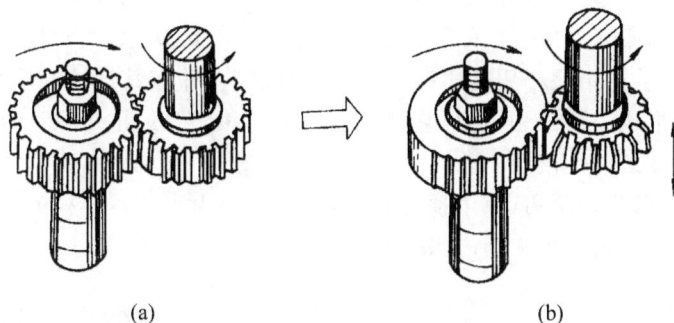

图 8 - 10　插齿的加工原理

（a）圆柱齿轮啮合；（b）插齿

插直齿圆柱齿轮时，用直齿插齿刀，其运动如下（见图 8 - 11）。

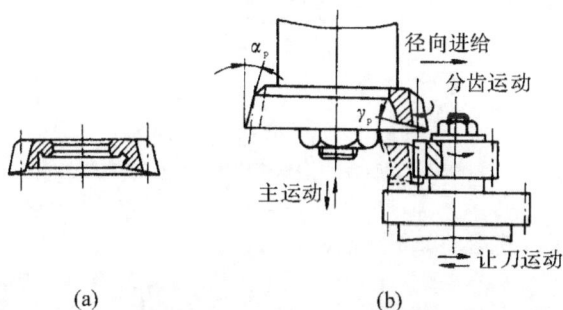

图 8 - 11　插齿刀和插齿运动

（a）插齿刀；（b）插齿

1)主运动。即插齿刀的往复直线运动，常以单位时间（每分或每秒）内往复行程数 n_r 来表示，单位为 st/min（或 st/s）。

2)分齿运动（展成运动）。即维持插齿刀与被切齿轮之间啮合关系的运动。在这一运动中，插齿刀刀齿的切削刃包络形成齿轮的轮齿，并连续地进行分度。如果插齿刀的齿数为 z_0，被切齿轮的齿数为 z_w，则插齿刀转速 n_0 与被切齿轮转速 n_w 之间，应严格保证如下关系：

$$n_w/n_0 = z_0/z_w$$

3)径向进给运动。插齿时，插齿刀不能一开始就切到轮齿的全齿深，需要逐渐地切入。在分齿运动的同时，插齿刀要沿工件的半径方向作进给运动。插齿刀每往复一次径向移动的距离，称为径向进给量。当进给到要求的深度时，径向进给停止，分齿运动继续进行，直到加工完成。

4)让刀运动。为了避免插齿刀在返回行程中，刀齿的后刀面与工件的齿面发生摩擦，在插齿刀返回时工件要让开一些，而当插齿刀进行切削工作行程时工件又恢复原位，这种运动称为让刀运动。

加工斜齿圆柱齿轮时，要用斜齿插齿刀。除上述四个运动外，在插齿刀作往复直线运动的同时，插齿刀还要有一个附加的转动，以便使刀齿切削运动的方向与工件的齿向一致。

（3）滚齿。滚齿（gear hobbing）是用齿轮滚刀在滚齿机上加工齿轮的轮齿，它实质上是按一对螺旋齿轮相啮合的原理进行加工的。如图 8-12(a)所示,相啮合的一对螺旋齿轮,当其中一个螺旋角很大、齿数很少(一个或几个)时,如图 8-12(b)所示,其轮齿变得很长,将绕许多圈而变成了蜗杆。若这个蜗杆用高速钢等刀具材料制造,并在其螺纹的垂直方向(或轴向)开出若干个容屑槽,形成刀齿及切削刃,它就变成了齿轮滚刀,如图 8-12(c)所示,再加上必要的切削运动,即可在工件上滚切出轮齿来。滚刀容屑槽的一个侧面,是刀齿的前刀面,它与蜗杆螺纹表面的交线即是切削刃(一个顶刃和两个侧刃)。为了获得必要的后角,并保证在重磨前刀面后齿形不变,刀齿的后刀面应当是铲背面。

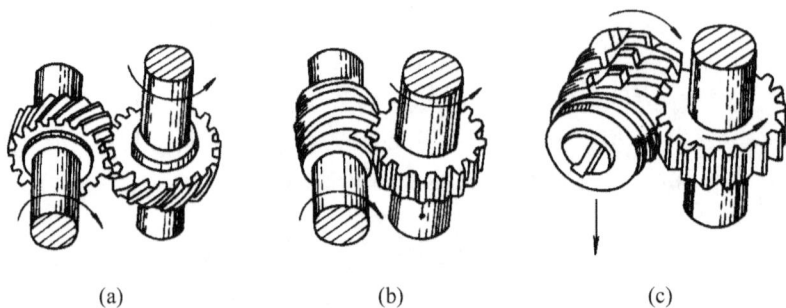

图 8-12　滚齿的加工原理
(a)螺旋齿轮啮合;(b)蜗杆蜗轮啮合;(c)滚齿

滚切直齿圆柱齿轮时,其运动如下(见图 8-13)。

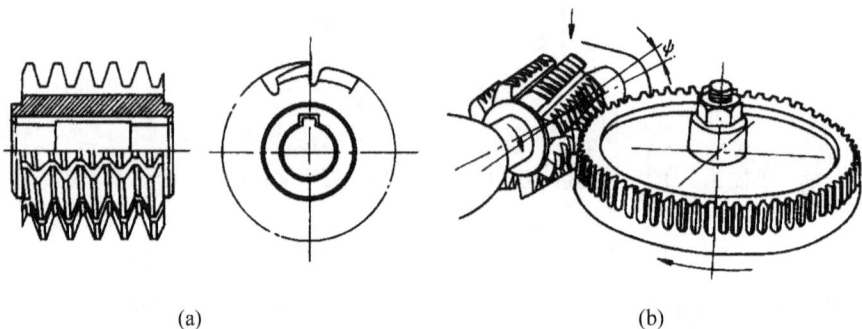

图 8-13　齿轮滚刀和滚齿运动
(a)齿轮滚刀;(b)滚齿

1)主运动。即滚刀的旋转,其转速以 n_0 表示。

2)分齿运动(展成运动)。即维持滚刀与被切齿轮之间啮合关系的运动。在这一运动中,滚刀刀齿的切削刃包络形成齿轮的轮齿,并连续地进行分度。如果滚刀的头数为 k,被切齿轮的齿数为 z_w,滚刀转速 n_0 与被切齿轮转速 n_w 之间,应严格保证如下关系:

$$n_w/n_0 = k/z_w$$

3)轴向进给运动。为了要在齿轮的全齿宽上切出齿形,滚刀需要沿工件的轴向作进给运动。工件每转一圈,滚刀移动的距离,称为轴向进给量。在全部轮齿沿齿宽方向都滚切完毕后,轴向进给停止,加工完成。

加工斜齿圆柱齿轮时,除上述三个运动外,在滚切的过程中,工件还需要有一个附加的转动,以便切出倾斜的轮齿。

(4)插齿和滚齿的特点及应用。插齿和滚齿具有如下特点:

1)插齿和滚齿的精度相当,且都比铣齿高。插齿刀的制造、刃磨及检验均比滚刀方便,容易制造得较精确。但插齿机的分齿传动链比滚齿机复杂,增加了传动误差,综合上述,插齿和滚齿的精度差不多。

由于插齿机和滚齿机皆为加工齿轮的专门化机床,其结构和传动机构都是按加工齿轮的特殊要求而设计和制造的,分齿运动的精度高于万能分度头的分齿精度。齿轮滚刀和插齿刀的精度也比齿轮铣刀的精度高,不存在像齿轮铣刀那样的齿形误差。因此,插齿和滚齿的精度都比铣齿高。

在一般条件下,插齿和滚齿能保证的尺寸精度为 IT8~IT7,若采用精密插齿或滚齿,可以达到 IT6,而铣齿仅能达到 IT9。

2)插齿的齿面粗糙度较小。插齿时,插齿刀沿齿宽连续地切下切屑,而在滚齿和铣齿时,轮齿齿宽是由刀具多次断续切削而成。此外,在插齿过程中,包络齿形的切线数量比较多,所以插齿的齿面粗糙度较小。

3)插齿的生产率低于滚齿而高于铣齿。插齿的主运动为往复直线运动,切削速度受到冲击和惯性力的限制,并且插齿刀有空回行程,所以一般情况下,插齿的生产率低于滚齿。由于插齿和滚齿的分齿运动是在切削过程中连续进行的,省去了铣齿那样的单独分度时间,所以插齿和滚齿的生产率都比铣齿高。

4)插齿刀和齿轮滚刀加工齿轮齿数的范围较大。插齿和滚齿都是按展成原理进行加工的,同一模数的插齿刀或齿轮滚刀,可以加工模数相同而齿数不同的齿轮。不像铣齿那样,每个刀号的铣刀适于加工的齿轮齿数范围较小。

在齿轮齿形的加工中,滚齿应用最广泛,它不但能加工直齿圆柱齿轮,还可以加工斜齿圆柱齿轮、蜗轮等,但一般不能加工内齿轮和相距很近的多联齿轮。插齿的应用也比较多,除可以加工直齿和斜齿圆柱齿轮外,尤其适用于加工用滚刀难以加工的内齿轮、多联齿轮或带有台肩的齿轮等。

尽管滚齿和插齿所使用的刀具及机床比铣齿复杂,成本高,但由于加工质量好,生产效率高,在大批量生产中仍可收到很好的经济效果。即使在单件小批量生产中,为了保证加工质量,也常常采用滚齿或插齿加工。

(5)齿轮精加工简介。对于尺寸精度高于 IT6,齿面粗糙度 Ra 小于 0.4 μm 的齿轮,在一般的滚齿、插齿加工之后,还需要进行精加工。齿轮精加工的方法主要有剃齿、珩齿、磨齿和研齿等。

1)剃齿(见图 8-14)。剃齿(gear shaving)在原理上属展成法加工,所用刀具称为剃齿刀,如图 8-14(a)所示,它的外形很像一个斜齿圆柱齿轮,齿形做得非常准确,并在齿面上开出许多小沟槽,以形成切削刃。在与被加工齿轮啮合运转过程中,剃齿刀齿面上众多的切削刃,从工件齿面上剃下细丝状的切屑,从而提高了齿形精度,减小了齿面粗糙度。

加工直齿圆柱齿轮时,剃齿刀与工件之间的位置关系及运动情况如图 8-14(b)所示。工件由剃齿刀带动旋转,时而正转,时而反转,正转时剃轮齿的一个侧面,反转时则剃轮齿的另一侧面。由于剃齿刀刀齿是倾斜的,其螺旋角为 β,要使它与工件啮合,必须使其轴线与工件轴线倾斜 β 角。这样,剃齿刀在 A 点的圆周速度 v_A 可以分解为两个分速度,即沿工件圆周切线

的分速度 v_{An} 和沿工件轴线的分速度 v_{At}。v_{An} 使工件旋转，v_{At} 为齿面相对滑动速度，也就是剃齿时的切削速度。为了能沿轮齿齿宽进行剃削，工件由工作台带动作往复直线运动。在工作台的每一往复行程结束时，剃齿刀相对于工件作径向进给，以便逐渐切除余量，得到所需的齿厚。

剃齿一般在剃齿机上进行，也可以在铣床等其他机床改装的设备上进行。剃齿的精度主要取决于剃齿刀的精度，比剃齿前约提高一级，可达 IT6～IT5 级。由于剃齿刀的耐用度和生产率较高，所用机床简单，调整方便，所以广泛用于齿面未淬硬（小于 HRC 35）的直齿和斜齿圆柱齿轮的精加工。当齿面硬度超过 HRC 35 时，就不能用剃齿加工，而要用珩齿或磨齿进行精加工。

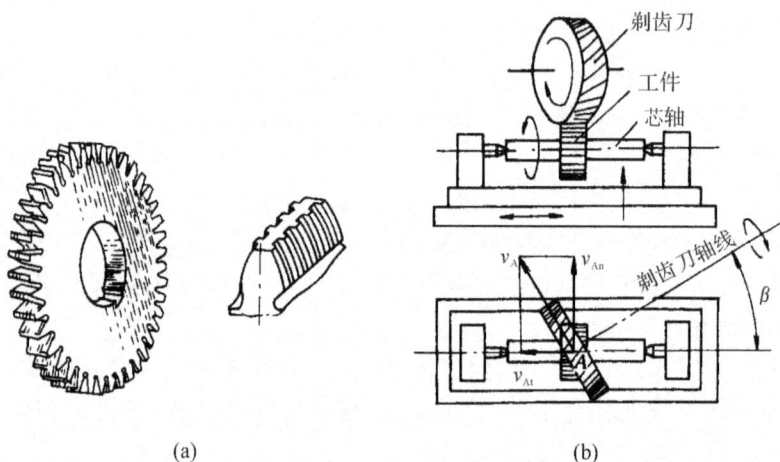

图 8-14　剃齿刀与剃齿
(a)剃齿刀；(b)剃齿

2)珩齿。珩齿(gear honing)与剃齿的原理完全相同，只不过是不用剃齿刀，而用珩磨轮。珩磨轮是用磨料与环氧树脂等浇铸或热压而成的、具有很高齿形精度的斜齿圆柱齿轮。当它以很高的速度带动工件旋转时，就能在工件齿面上切除一层很薄的金属，使齿面粗糙度 Ra 减小到0.4 μm以下。珩齿对齿形精度改善不大，主要是减小热处理后齿面的粗糙度。

珩齿在珩齿机上进行，珩齿机与剃齿机的区别不大，但转速高得多。

3)磨齿。磨齿(gear grinding)用来精加工齿面已淬硬的齿轮，按加工原理的不同，也可以分为成形法磨齿和展成法磨齿两种。

i)成形法磨齿。成形法磨齿需将砂轮靠外圆处的两侧面修整成与工件齿间相吻合的形状，然后对已经切削过的齿间进行磨削，加工方法与用齿轮铣刀铣齿相似。虽然成形法磨齿的生产率比展成法磨齿高，但因砂轮修整较复杂，磨齿时砂轮磨损不均匀会降低齿形精度，加上机床分度精度的影响，它的加工精度较低，所以在实际生产中应用较少，而展成法磨齿应用较多。

ii)展成法磨齿。展成法磨齿根据所用砂轮和机床不同，又可分为双斜边砂轮(或称锥面砂轮)磨齿和两个碟形砂轮(或称双砂轮)磨齿。

用双斜边砂轮磨齿是把砂轮修整成锥面，以构成假想齿条的齿面(见图 8-15)。砂轮作高速旋转，同时沿工件轴向作往复运动，以便磨出全齿宽。工件则严格地按照一齿轮沿固定齿条作纯滚动的方式,边转动边移动。如图 8-15 所示,当工件逆时针方向旋转并向右移动时,砂轮的右侧面磨削齿间 1 的右齿面;当齿间 1 的右齿面由齿根至齿顶磨削完毕后,机床使工件得到与上述完全相反的运动,利用砂轮的左侧面磨削齿间 1 的左齿面。当齿间 1 的左齿面磨削完毕后,砂轮自动退离工件,工件自动进行分度。分度后,砂轮进入下一个齿间 2,重新开始磨削。如此自动循环,直至全部齿间磨削完毕。

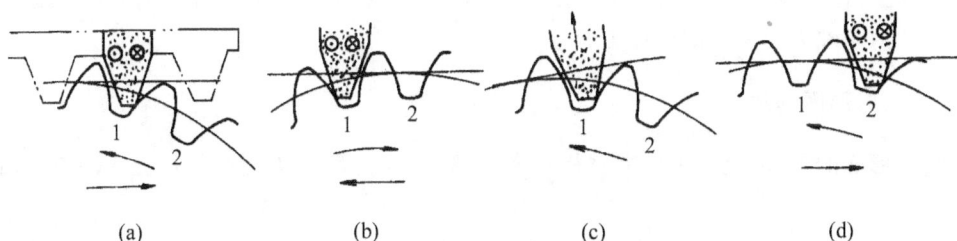

图 8-15　用双斜边砂轮磨齿
(a)磨齿间 1 的右齿面;(b)磨齿间 1 的左齿面;(c)分度;(d)磨齿间 2

用两个碟形砂轮磨齿(见图 8-16),是将两个砂轮倾斜一定角度,其端面构成假想齿条两个(或一个)齿的两个齿面,同时对轮齿进行磨削。其加工原理与用双斜边砂轮磨齿完全相同,所不同的是用两个砂轮同时磨削一个齿间的两个齿面或两个不同齿间的左右齿面。此外,为了磨出全齿宽而必需的轴向往复运动,是由工件来完成的。

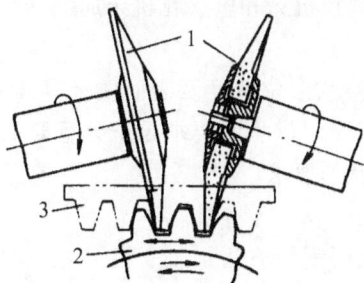

图 8-16　用两个碟形砂轮磨齿
1—碟形砂轮;2—被加工齿轮;3—假想齿条

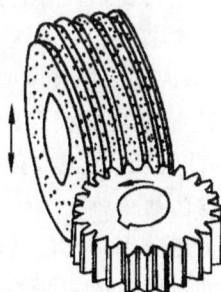

图 8-17　蜗杆形砂轮磨齿

以上两种磨齿方法,加工精度较高,一般可达 IT6～IT4 级。但齿面是由齿根至齿顶逐渐磨出,而不像成形法磨齿一次成形,故生产率低于成形法磨齿。

由于磨齿机的价格昂贵,生产率又低,所以磨齿仅适用于精加工齿面淬硬的、高速高精密齿轮。

为了提高磨齿的生产效率,可以采用蜗杆形砂轮磨齿(见图8-17),其加工原理与滚齿类似。由于连续分度以及很高的砂轮转速,所以生产率很高。但是,蜗杆形砂轮的修整很困难,故目前应用较少。

4)研齿。研齿(gear lapping)是齿轮的精整加工方法之一,如图 8-18 所示为其加工示意图。被研齿轮安装在三个

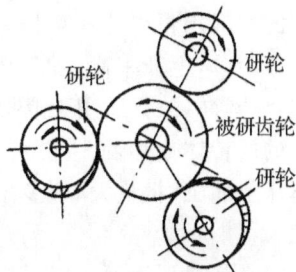

图 8-18　研齿

研磨轮之间,同时带动三个轻微制动的研磨轮作无间隙的自由啮合运动,在啮合的齿面间加入研磨剂,利用齿面间的相对滑动,从齿面上切除一层极薄的金属。研磨直齿圆柱齿轮时,三个研磨轮中,一个是直齿圆柱齿轮,另两个是斜齿圆柱齿轮。为了在全齿宽上研磨齿面,工件还要沿其轴向作快速短行程的往复运动。研磨一定时间后,改变旋转方向,研磨另一齿面。

研齿的精度主要取决于研齿前齿轮的精度和研磨轮的精度,并且仅能有效地提高齿面质量及稍微修正齿形、齿向误差,对其他精度改善不大。它主要用于没有磨齿机或不便磨齿(如大型齿轮)时,淬硬齿面齿轮的精加工。

8.4.3　成形面的加工

带有成形面的零件,机器上用得也相当多,如机床的把手、内燃机凸轮轴上的凸轮、汽轮机的叶片等。

根据成形方法的不同,成形面可以分为下面几种:

(1)回转成形面。回转成形面是以一条曲线为母线,绕一固定轴线旋转而形成的表面,如机床手柄、手轮、圆球、圆弧面等。回转成形面一般多用车削加工。

(2)直线成形面。直线成形面是以一条直线为母线,沿一条封闭的或不封闭曲线平行移动而形成的表面,又称成形沟槽。沟槽形式分直线形、圆弧形,如直槽、螺旋槽、齿轮齿形、凸圆弧、凹圆弧等。直线成形面一般多用铣削、刨削加工。

(3)立体成形面。立体成形面又称为空间曲面。各个不同截面上具有不同的轮廓形状,是一个复杂的空间曲面,如各种模具的型腔、汽轮机和水轮机的叶片、飞机和船舶的螺旋浆等。这类成形表面的加工相当复杂,除用仿形法外,还可用数控机床和电火花机床加工。

1.成形面的技术要求

与其他表面类似,成形面的技术要求也包括尺寸精度、形位精度及表面质量等。但是,成形面往往是为了实现特定功能而专门设计的,因此,其表面形状的要求是十分重要的。加工时,刀具的切削刃形状和切削运动,应首先满足表面形状的要求。

2.成形面加工方法的分析

一般的成形面可以分别用车削、铣削、刨削、拉削或磨削等方法加工。根据生产批量的大小和材料性能的不同以及成形表面的特点,成形表面的加工方法归纳起来有两种基本形式:

(1)用成形刀具加工。即用切削刃形状与工件廓形相符合的刀具,直接加工出成形面。

1)车削成形表面。如图8-19所示是用成形车刀车削成形表面的示意图。成形车刀的刃形与工件表面母线形状一致。加工时,车刀只作横向进给运动。

成形车刀切削刃较宽,切削时容易振动,应采用较小的切削用量。此法操作简便,机床的运动和结构比较简单,生产率高,加工质量稳定,但刀具制造困难,成本高,故只适用于成批生产中加工轴向尺寸较小的回转体成形面。当为单件小批生产时,在卧式车床上加工;批量大时,多在自动或半自动车床上加工。

2)刨削成形表面。如图8-20所示是用成形刨刀刨削成形表面的示意图。成形刨刀的结构与成形

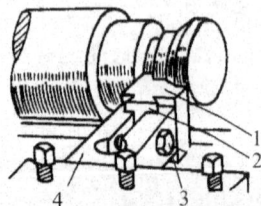

图8-19　用成形车刀车成形面
1—成形车刀;2—燕尾;3—夹紧螺钉;4—刀夹

车刀类似。

　　由于刨削有较大的冲击力,容易引起振动,故这种方法只适用于加工尺寸小、形状简单的直线成形表面,且加工重量和效率较低。

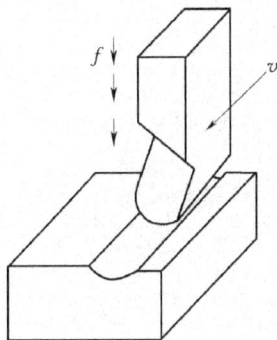

图 8-20　用成形刨刀刨削成形表面　　　　图 8-21　用成形铣刀铣削凸圆弧

　　3)铣削成形表面。如图 8-21 所示是用成形铣刀铣削凸圆弧的示意图。这种铣削方法一般在卧式铣床上用盘状成形铣刀进行。

　　成形铣刀在生产中应用较广。铣削的生产率较高,常用于成批生产中加工尺寸较小的直线成形表面。

　　4)拉削成形表面。拉削除了能加工圆孔和平面外,还可以加工直线成形表面,如图 7-70 所示。

　　与刨削和铣削相比,拉削成形表面不仅加工精度较高,表面粗糙度值小,而且生产率很高;但成形拉刀制造要复杂得多,费用更高,故拉削成形表面宜用于成批和大量生产中。

　　5)磨削成形表面。如图 8-22 所示是用成形砂轮磨削成形表面的示意图。与金属成形刀具相似,先修整砂轮,使它具有与工件成形表面相反的轮廓形状,然后用其磨削成形表面。这种方法在外圆磨床上可以磨削回转体成形表面,在平面磨床上可以磨削直线成形外表面。

　　磨削成形表面主要用于精度高、粗糙度小的成形表面,尤其是经淬火后的精密成形表面(如凸轮、靠模和冲模等零件的工作面)的精加工。

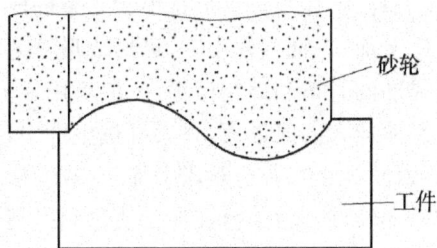

图 8-22　磨削成形表面

　　用成形刀具加工成形表面,具有加工质量稳定、操作简便、生产率高等优点。但刀具制造和刃磨比较复杂(特别是成形铣刀和拉刀),成本高。而且,这种方法的应用受工件成形表面形状和尺寸的限制,不宜用于加工刚性差、成形面较宽的工件,只适用于成形表面精度要求较高、尺寸较小、零件批量较大的场合。

　　(2)利用刀具与工件间特定的相对运动加工。用靠模装置车削成形表面如图 8-23 所示。把车床的中滑板丝杠与螺母脱开,并将拉板 3 固定在中滑板上,另一端与滚柱 5 连接。当床鞍作纵向移动时,滚柱 5 沿着靠模 4 的曲线槽移动,使车刀作相应的移动,车削出工件 1 的成形表面。

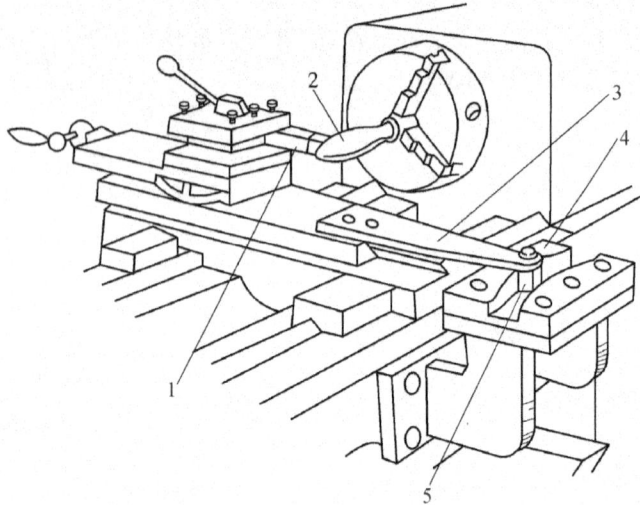

图 8-23　用靠模装置车削成形表面

1—车刀；2—工件；3—拉板；4—靠模；5—滚柱

　　用随动系统靠模装置可以在仿形车床和仿形铣床上加工成形表面。它适合于尺寸较大或精度要求较高或形状特别复杂的成形表面加工。此外，还可用手动、液压仿形、电气仿形或数控装置等，来控制刀具与工件之间特定的相对运动。

　　利用刀具和工件作特定的相对运动来加工成形表面，刀具比较简单，并且加工成形表面的尺寸范围较大，生产率较高，加工精度也较高。但是，机床的运动和结构较复杂，靠模制造困难，成本也高，故这种方法常用于成批生产。

　　成形面的加工方法，应根据零件的尺寸、形状及生产批量等来选择。

　　小型回转体零件上形状不太复杂的成形面，在大批量生产时，常用成形车刀在自动或半自动车床上加工；批量较小时，可用成形车刀在普通车床上加工。

　　成形的直槽和螺旋槽等，一般可用成形铣刀在万能铣床上加工。

　　尺寸较大的成形面，在大批量生产中，多采用仿形车床或仿形铣床加工；单件小批量生产时，可借助样板在普通车床上加工，或者依据划线在铣床或刨床上加工，但这种方法加工的质量和效率较低。为了保证加工质量和提高生产效率，在单件小批量生产中可应用数控机床加工成形面。

　　在大批量生产中，为了加工一定的成形面，常常专门设计和制造专用的拉刀或专门化的机床，例如加工凸轮轴上凸轮用的凸轮轴车床、凸轮轴磨床等。

　　对于淬硬的成形面，或精度高、粗糙度小的成形面，其精加工则要采用磨削，甚至要用精整加工。

8.5　零件切削加工的结构工艺性

　　零件的结构，对加工质量、生产效率和经济效益等都有着重要的影响，为了获得较好的技术经济效果，在设计零件结构时，不仅要考虑如何满足使用要求，还应考虑是否符合加工及装配的工艺要求,即要考虑零件的结构工艺性。

8.5.1 零件切削加工结构工艺性的概念

零件结构工艺性,一方面是指这种结构的零件被加工出来的难易程度,它是评价零件结构设计优劣的技术经济指标之一,在零件设计阶段就应给予足够重视;另一方面是指零件在满足使用要求的前提下,其结构在具体生产条件下便于经济地制造、维护。也就是说,如果所设计的产品结构工艺性好,则便于应用先进的、生产效率高的工艺过程、工艺方法,这样产品的制造也是最经济的。

所谓切削加工的结构工艺性是指零件适应于切削加工生产阶段的结构工艺性。该阶段在整个零件的制造过程中耗费工时最多,因而切削加工的结构工艺性尤为重要。

零件结构工艺性优良,是指所设计出来的零件,在保证使用要求的前提下,能够较经济、高效、合格地被加工出来。

零件的结构工艺性是一个相对的概念。在空间上,不同生产规模或具有不同生产条件的工厂,对产品结构工艺性的要求不同。例如,某些单件生产的产品,其结构在单件生产时也是合理的,但要大批量生产该产品,其零件结构就不合理了,必须加以改进。如图 8 - 24(a)所示的结构适合在插齿机上加工,但要大批量生产,则应改为图 8 - 24(b)所示的结构,以便采用拉削方式生产。在时间上,随着科学技术的发展,新技术、新工艺不断出现,一些过去被认为是难加工,甚至是无法加工的结构,现在已变得可行,甚至很容易。

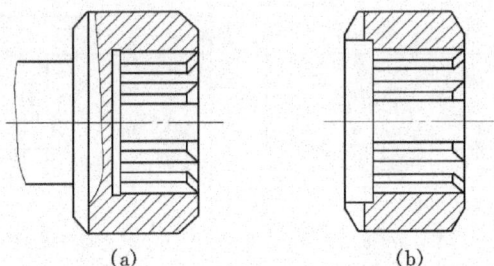

图 8 - 24 内齿轮结构工艺性
(a)适合在插齿机上加工;(b)适合拉削方式生产

产品及零件的制造,包括毛坯生产、切削加工、热处理和装配等很多阶段,每一个生产阶段都是有机地联系在一起的。进行结构设计时,必须全面考虑,使每一个阶段都具有良好的工艺性。由于一般情况下切削加工的劳动耗费比较多,因此零件的切削加工工艺性显得更为重要。

8.5.2 切削加工工艺性优化的一般原则

在进行零件结构设计时,除考虑满足使用要求外,为改善零件结构的工艺性,尤其是零件的切削加工工艺性,应注意以下几项原则。

1.便于安装夹紧

便于安装就是零件可以准确定位、可靠夹紧。在必要时应增加一些工艺结构来满足此项要求。

(1)增加工艺凸台。如图 8 - 25(a)所示零件,在加工上表面时,因底面不平,不便于安装,增加一个工艺凸台便可方便地安装。

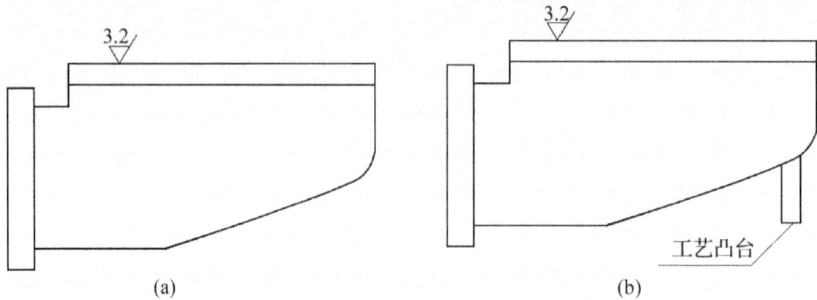

图 8-25　工艺凸台

(2)增加装夹凸缘和装夹孔。如图 8-26(a)所示的大平板,在龙门刨床或者龙门铣床上加工其上表面时,不便于使用压板、螺钉进行装夹。如果在平板侧面增加装夹用的凸缘或者孔便能可靠夹紧(见图 8-26(b))。

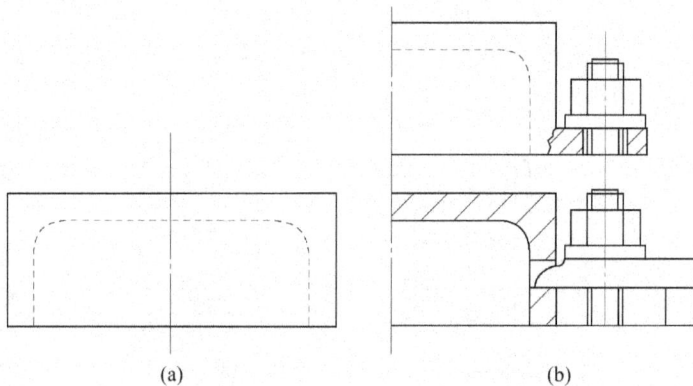

图 8-26　装夹凸缘和装夹孔

(3)改变结构或增加辅助安装面。车床常用三爪卡盘、四爪卡盘来装夹工件。如图 8-27(a)所示的轴承盖需要加工外圆及端面。如果夹在 A 处,一般卡爪的长度不够;B 面是圆弧面,不便装夹。若改为如图 8-27(b)所示结构,便可在 C 面方便地装夹,或者改成如图 8-27(c)所示结构,增加一工艺圆柱面 D 用于装夹。

2.便于加工和测量

(1)零件加工部位的结构应留有足够的空间,便于刀具切入。例如,当箱体凸缘需加工孔时,孔的位置不能靠箱壁太近,孔的轴线距离箱体壁的距离 s 要大于钻头卡头外径 D 的一半,以便加工(见图 8-28)。

(2)退刀槽、空刀槽和越程槽。为了便于切削,避免砂轮或者刀具与工件的某个部分相碰,必要时应该留出足够的退刀槽、空刀槽和越程槽等。如图 8-29 所示,(a)表示车螺纹的退刀槽,(b)表示铣齿或滚齿的退刀槽,(c)表示插齿的空刀槽,(d)、(e)、(f)分别表示刨削平面、磨外圆和磨孔的越程槽。

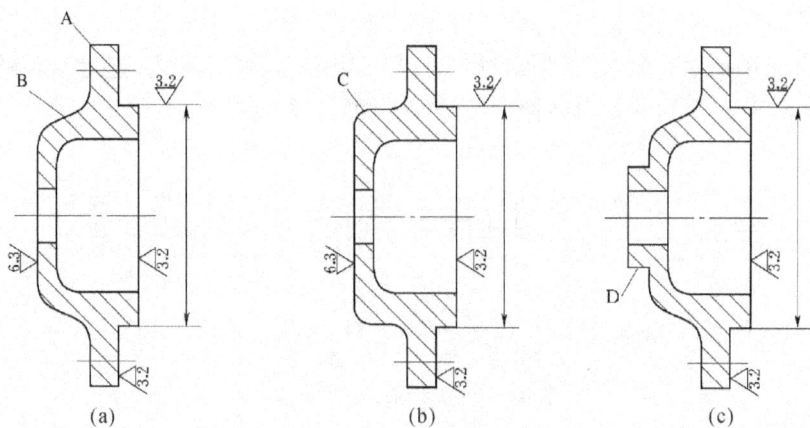

图 8 - 27　轴承盖结构改进

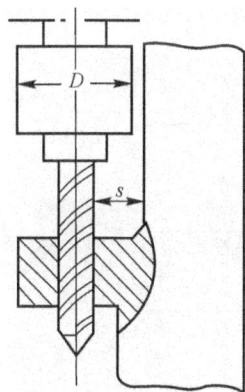

图 8 - 28　留够刀具空间

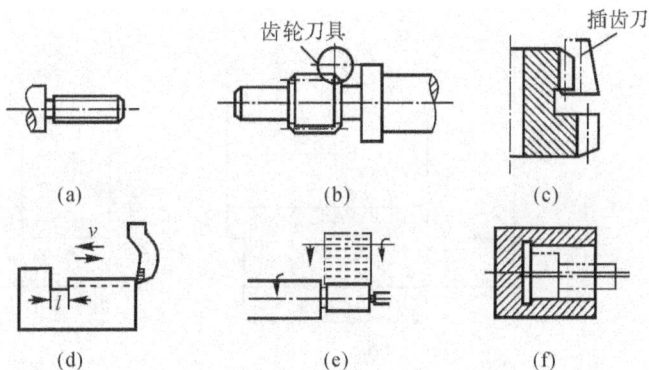

图 8 - 29　退刀槽、空刀槽和越程槽

(3)避免在箱体内或孔内加工。如图 8 - 30(a)所示,进排气通道设计在孔内,加工困难。改为图 8 - 30(b)所示的结构,将进排气通道设计在轴的外圆上,加工较容易。

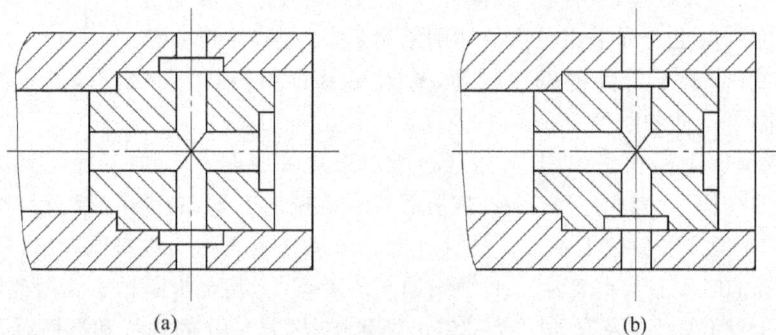

图 8 - 30　避免孔内加工

（4）刀具便于引进和退出。零件的结构设计不但要满足使用，还要方便刀具的引进和退出。如图 8-31(a)所示的零件，带有封闭的 T 形槽。T 形槽铣刀无法进入槽内进行加工。如果变为图 8-31(b)所示的结构，T 形槽铣刀可以从大圆孔中进入槽内，但对刀和测量不方便。如果变为图 8-31(c)所示的开口结构，T 形槽铣刀可以很方便地进行加工。

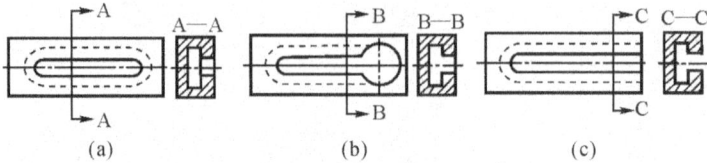

图 8-31　T形槽结构的改进

（5）便于测量。如图 8-32(a)所示，标注尺寸测量基准为 A 面，不便测量，改为图 8-32(b)后，尺寸测量基准为 B 面，便于测量。

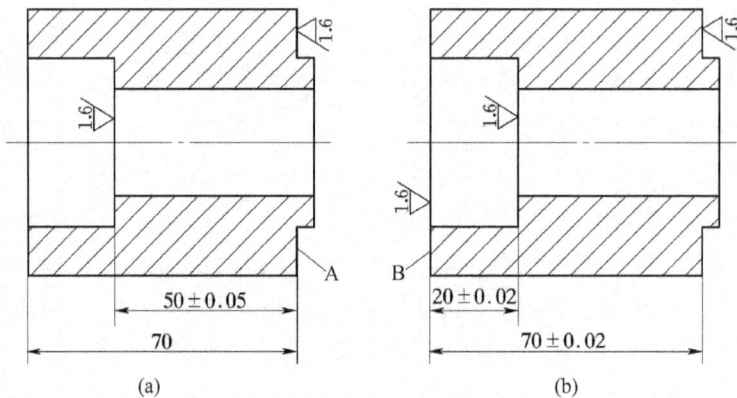

图 8-32　改变基准

3.有利于保证加工质量和提高生产效率

（1）零件结构要有足够的刚性。这样可以减小其在夹紧力或切削力作用下的变形，保证加工精度。足够的刚度也允许采用较大的切削用量，利于提高生产效率。

如图 8-33(a)所示管件的壁厚较薄，易因夹紧力和切削力而变形，增设凸缘后（见图 8-33(b)），提高了零件的刚度。

（2）尽量减少加工面积。如图 8-34(a)所示支座零件的底面加工面积较大，改为如图 8-34(b)所示的结构后，减少了加工面积，从而减少机械加工量，减少了材料和刀具消耗。

（3）避免在曲面或者斜壁上钻孔。如果孔的轴线不垂直于钻头进口或者出口的端面（见图 8-35(a)），钻孔的时候很容易产生孔的轴线偏斜或者弯曲，甚至折断钻头。因此，应该避免在曲面或者斜壁上钻孔，可以采取如图 8-35(b)所示的结构，使孔的轴线和端面垂直。

（4）便于多工件在一起加工。如图 8-36(a)所示，拨叉的沟槽底部为圆弧形，只能单个进行加工。改为如图 8-36(b)所示的结构后，可实现多个工件一起加工，有利于提高生产率。

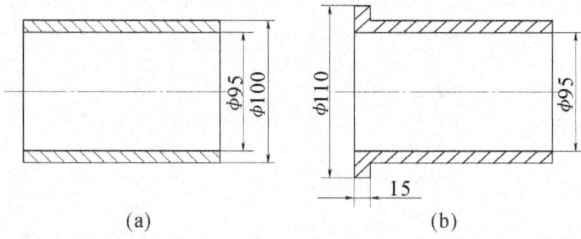

图 8 - 33　增设凸缘

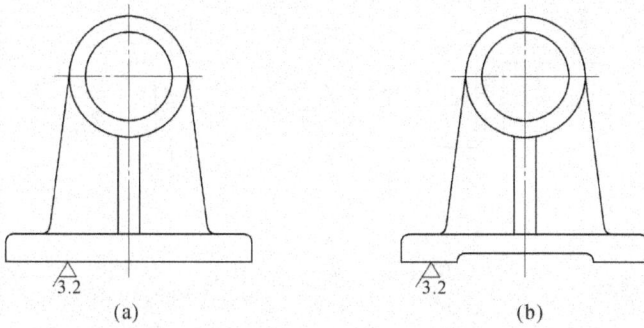

图 8 - 34　支座

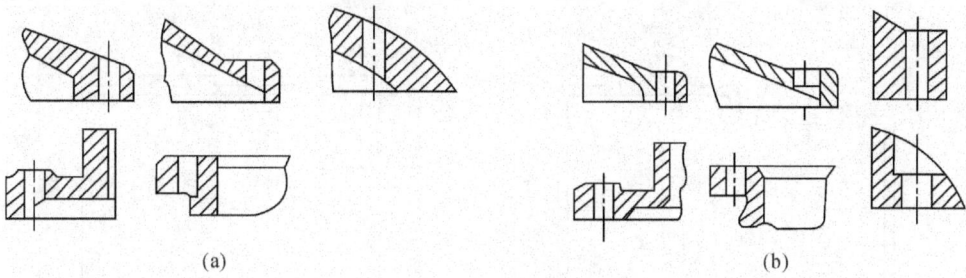

图 8 - 35　避免在曲面或者斜壁上钻孔

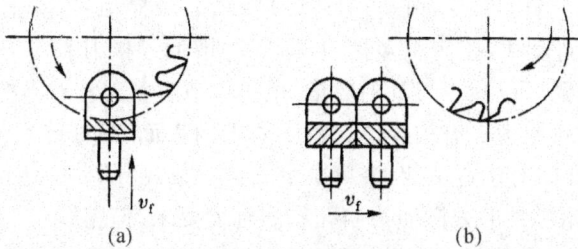

图 8 - 36　多件同时加工

(5)减少在机床上装夹的次数。如图 8-37(a)所示的轴上设计的两个键槽的加工需在两次装夹中完成,而如图 8-37(b)所示将两个键槽改成同一方向后,两个键槽的加工只需装夹一次。

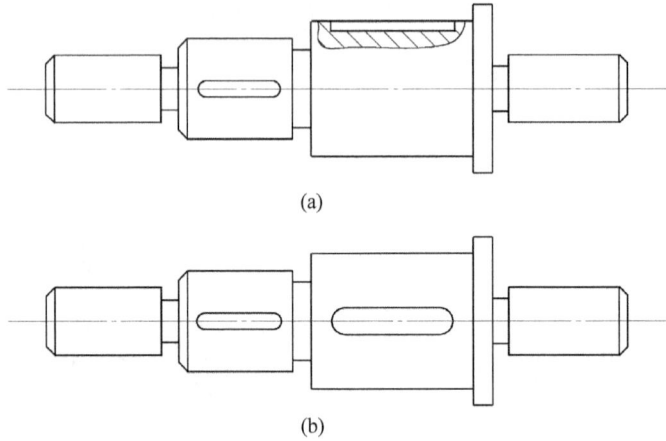

(a)

(b)

图 8-37　减少安装次数

(6)尽量减少走刀次数。如图 8-38(a)所示,当加工零件表面这种不同高度的凸台面 A、B 面时,需要逐一将工作台抬高或降低;若如图 8-38(b)所示将 A、B 面的高度改成一致,则可在一次走刀中完成两个凸台的加工。

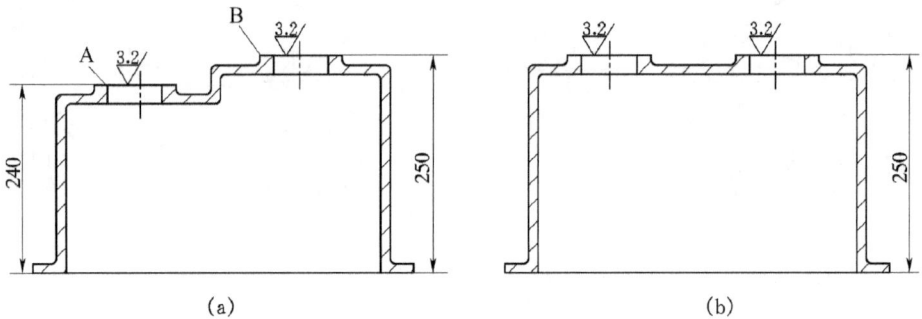

(a)　　　　　　　　　　　　　　　(b)

图 8-38　加工面应等高

(7)同类参数尽量一致。加工如图 8-39(a)所示的阶梯轴时,其上的退刀槽、过渡圆弧、锥面和键槽设计成不同尺寸,要使用多把刀具,同时增加了换刀和对刀的时间。若改为如图 8-39(b)所示的结构,既可以减少刀具的数量,也可以节省换刀和对刀等辅助加工时间。

(8)有利于保证位置精度。有相互位置精度要求的表面,最好能在一次安装中加工,这样既有利于保证加工表面间的位置精度,又可减少安装次数及所用的辅助时间,提高生产效率。

如图 8-40(a)所示零件的外圆面与内孔有同轴度要求,但图 8-40(a)所示结构需要通过两次装夹来分别加工外圆面和内孔,难以满足同轴度精度的要求。若改成如图 8-40(b)所示结构,这样便可在一次装夹中加工出内、外圆表面,容易满足同轴度要求。

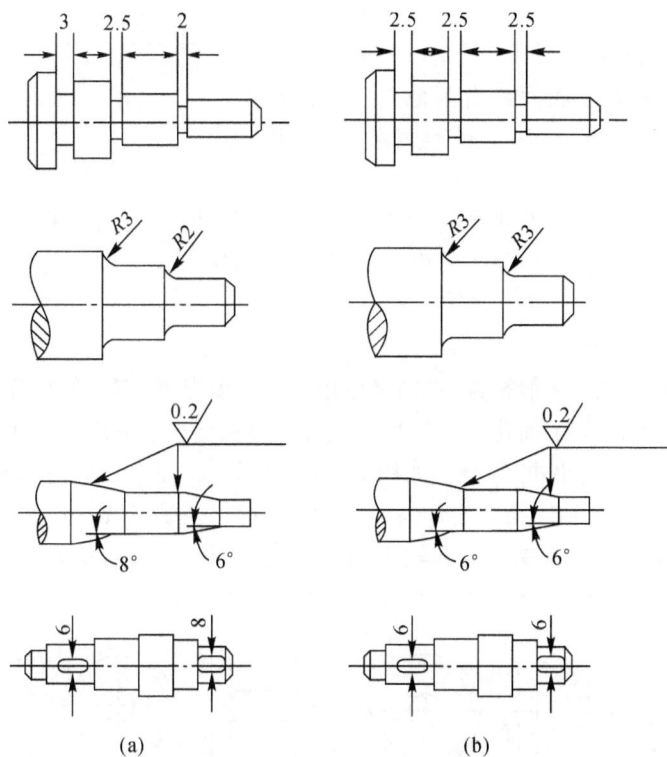

图 8 - 39　同类结构要素应统一

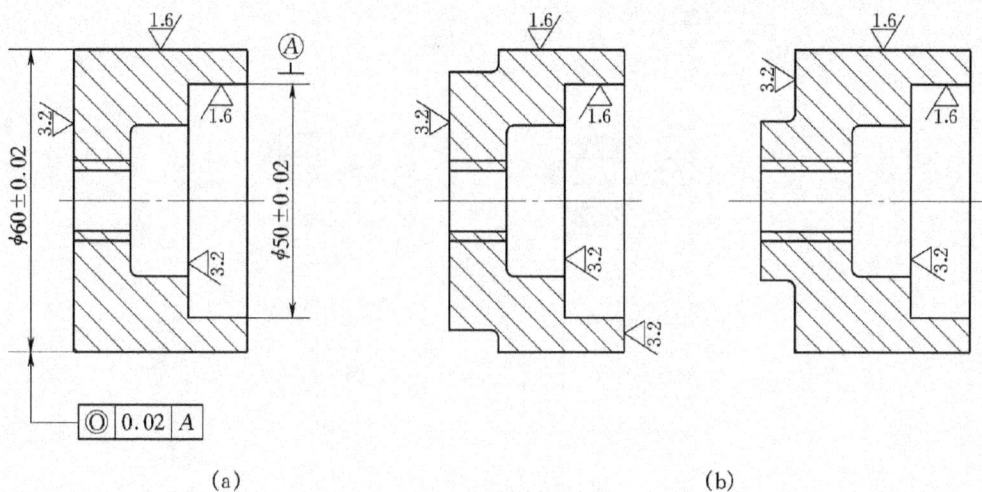

图 8 - 40　避免两次安装

4. 提高标准化程度

(1)尽量采用标准件。设计时,应尽量采用国家标准、部标或者厂标,选用标准件,降低生产成本,提高产品的经济效益。

(2)采用标准化刀具加工。孔的直径最好选用标准化数值,可以选用标准化的定值刀具进行加工。当孔不是通孔时,孔的直径过渡最好设计为与钻头顶角角度相同的圆锥面(见图8-41(a)),如果选用与孔的轴线相垂直的底面或者其他角度的过渡锥面(见图 8-41(b)),会使加工过程复杂化,增加成本。

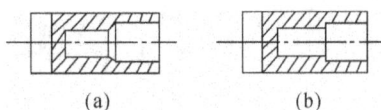

图 8-41　盲孔的结构

零件上的孔、沟槽、角度、圆角半径、锥度、螺纹的直径和螺距、齿轮的模数等,在参数选择时应尽量与标准刀具相符合,以便于使用标准刀具加工,避免设计和制造专用刀具,降低加工成本,提高生产效率。

5. 合理采用零件的组合

在机器设备的设计中,一般来说,在满足使用要求的前提下,零件的数目越少越好,零件的结构越简单越好。但是,为了简化工艺过程,使加工方便,合理地采用组合件也很常见。

(1)将复杂件变为简单件的组合。如图 8-42(a)所示,轴带动齿轮实现旋转,当轴比较短、齿轮比较小时,可以把轴和齿轮设计为一体(齿轮轴)。当轴较长、齿轮也较大时,做成一体则难以加工,必须通过键来实现齿轮和轴之间的连接(见图 8-42(b))。三个零件分别加工后,装配在一起,使加工过程简化,提高了零件的结构工艺性。

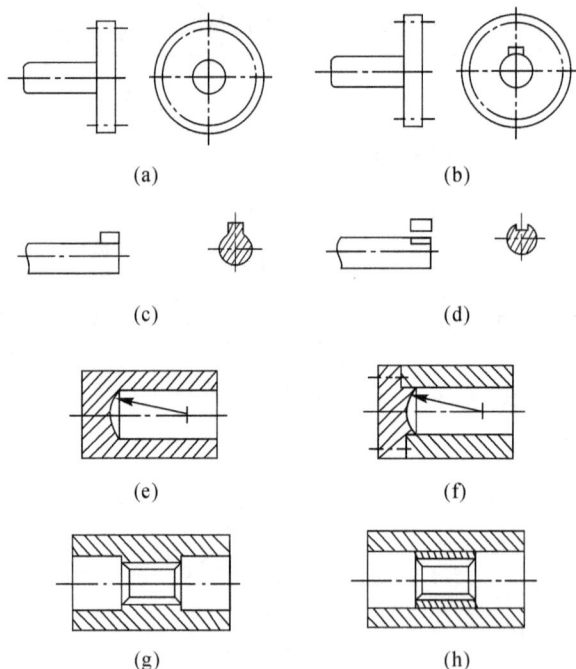

图 8-42　零件的组合

如图 8-42(c)所示为轴与键的组合,当轴与键设计为一体时,轴的车削难以进行,必须分为两件,如图 8-42(d)所示,分别加工后进行装配。

如图 8-42(e)所示的零件,其内部的球形弧面很难加工,如果改为如图 8-42(f)所示的结构,把零件分为两件,将内部的球形弧面变为外部加工,加工起来就方便多了。

如图 8-42(g)所示的零件中,滑动轴套中部的花键孔加工起来很困难。如果改为如图

8-42(h)所示的结构,圆套和花键分别加工后再组合起来,可以降低加工难度。

(2)组合件应有利于装配和拆卸。应避免同一方向两个平面同时接触。如图 8-43(a)所示,端盖的两个轴向表面 A、B 同时接触,这样不利于加工和装配。改为如图 8-43(b)或图 8-43(c)所示的结构形式,有利于装配,并可降低零件上有关表面加工的尺寸精度和形位精度要求,减少加工和装配的工作量。

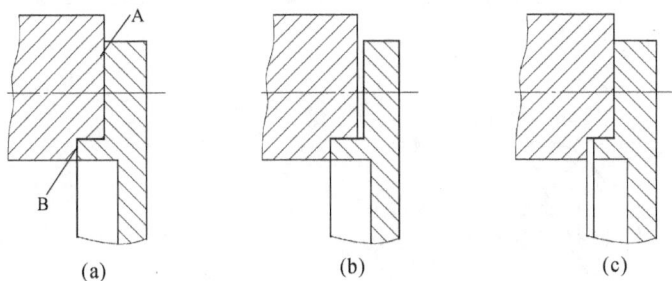

图 8-43　端盖的设计

6.合理确定零件的加工精度等级和表面粗糙度值

零件上不需要加工的表面,不要设计成加工表面;在满足使用要求的前提下,表面精度越低、粗糙度值越大,加工过程越简单,零件的加工成本也越低。所规定的尺寸公差、形位公差和表面粗糙度值,应按照国家标准选用,以便于选用通用量具进行检验。

零件的结构工艺性设计是生产中一个非常实际和重要的问题,以上所述的只是一般的原则和个别实例分析。在设计中,应根据具体要求和条件,既要结合本单位的设备和生产人员的技术水平,又要考虑先进的生产工艺,综合工艺过程的基本知识和实际生产经验,灵活地进行运用,最终设计出结构工艺性良好的的零件。

8.6　机械加工工艺过程基本知识

机械加工所面对的零件千变万化,其材料、结构、形状、尺寸、精度、生产纲领各不相同,每一个零件的加工,往往不是单独在一台机床上、用一种加工方法就能完成,而是要经过一定的加工工艺过程。因此,不仅要根据零件的具体加工要求,结合现场条件,对零件的各个表面选择合理的加工方法,还要合理安排加工顺序,逐步完成零件的加工。

每一个零件都可以采用几种不同的加工工艺方案,这些方案可能都能加工出合格的零件,但从生产效率和经济效益上进行比较,可能只有一种加工方案最为合理并切实可行。因此,必须根据零件的具体要求和现实的加工条件,拟订较为合理的加工工艺过程。

8.6.1　机械加工工艺过程基本概念

1.机械产品的生产过程和机械加工工艺过程

机械产品的生产过程是指由原材料到生产出成品的全部劳动过程的总和,它包括原材料运输、保管、生产准备、毛坯的制造、机械加工、装配、检验及试车、油漆和包装等。

在生产过程中,直接改变原材料(坯料)的性能、尺寸和形状,使之变为成品的过程称为机械加工工艺过程。机械加工工艺过程由一系列工序、安装、工位、工步和走刀等组成。

(1)工序。机械加工工艺过程中,一个或一组工人在一个工作地点,对一个或一组工件连续完成的那部分工艺过程,称为工序。据此可知,只要操作者、工作地点、加工对象和加工的连续性等要素中有一项发生改变,则成为另一工序。同样的加工内容可以有不同的工序安排。如图8-44所示的阶梯轴,根据生产批量可采用两种不同的工序安排,在单件小批量生产时可将粗加工和精加工安排在一道工序中完成;而在大批量生产中则应将粗加工和精加工分在两道工序中完成。其加工过程见表8-4。

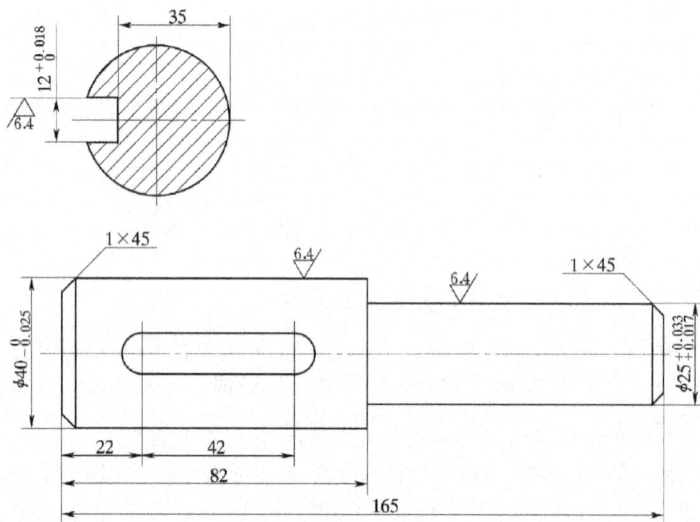

图 8-44　阶梯轴

表 8-4　阶梯轴工序安排方案

工序号	工序名称	
	方案1:单件小批量生产工序安排	方案2:大批量生产工序安排
1	车端面,打中心孔,车外圆	铣端面,打中心孔
2	铣键槽	粗车外圆
3	磨外圆,去毛刺	精车外圆,倒角
4		铣键槽
5		磨外圆
6		去毛刺

(2)安装。安装是工件经一次装夹后所完成的那部分工序内容。一道工序中工件的安装可能是一次,也可能要装夹数次。例如,表8-4的方案1中的工序1,在一次装夹后尚需三次调头装夹,才能完成全部的工序内容,因此该工序共有四个安装;表8-4的方案2的工序2,在

一次装夹中可完成全部工序内容,故该工序只有一个安装。

由于安装将会增加零件各加工表面间的位置误差及装卸辅助时间,故每一工序中安装次数要尽可能少。

(3)工位。在工件的一次安装中,工件在相对机床所占据一固定位置中完成的那部分安装的内容称为工位。在一次安装中可以只有一个工位,也可能有多个工位。如图 8-45 所示为在三轴钻床上利用回转夹具,在一次安装中连续完成钻孔、扩孔、铰孔等工艺过程。采用多工位加工,可减少安装次数,缩短辅助时间。

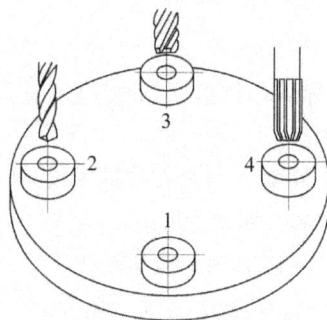

图 8-45　回转夹具

(4)工步。在不改变加工表面、切削刀具和切削用量的条件下所完成的那部分工位的内容称为工步。

(5)走刀。在一个工步中,当加工表面、刀具和切削用量中的转速与送进量保持不变时,切去一层金属屑的加工过程称为走刀。一个工步可包括一次或数次走刀。图 8-46 所示为通过三次走刀加工出阶梯轴的过程。

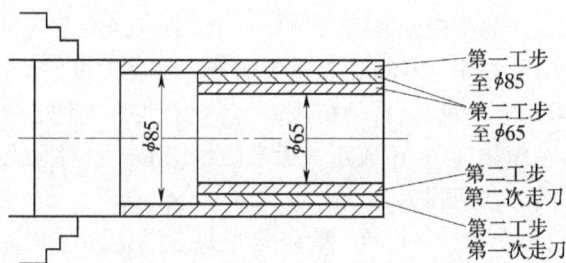

图 8-46　三次走刀加工出阶梯轴

2.生产纲领和生产类型

(1)生产纲领。生产纲领是指企业在计划期内应当生产的产品产量和进度计划。计划期为一年的生产纲领称为年生产纲领。生产纲领不同,企业各生产地点的专业化程度、所用的工艺方法、机床设备等亦不相同。

年生产纲领的计算如下式:

$$N = Qn(1 + a\% + b\%) \quad (件/年)$$

式中　N——年生产纲领,单位为件/年;

　　　Q——产品的年生产纲领,单位为台/年;

　　　n——每台设备上该零件的数量;

　　　$a\%$——备品的百分率;

　　　$b\%$——废品的百分率。

生产纲领确定以后,还应该确定生产批量。生产批量是一次投入或产出的同一零件的数量。

(2)生产类型。根据产品零件大小和年生产纲领的不同,将企业(或车间、工段、班组)生产

分为三种不同的生产类型,即单件生产、成批生产和大量生产,其工艺特点分述如下:

1)单件生产。单个地制造不同结构或不同尺寸的产品,并且很少重复,甚至完全不重复的生产,称为单件生产,如重型机械制造厂、大型船舶制造、新产品试制及维修车间的生产等均属单件生产。

单件生产中所用的机床设备,除了有特殊工作要求的外,绝大多数采用普通机床,按机床种类及大小采用"机群式"排列。多用标准附件,极少采用专用夹具,靠划线及试切法保证尺寸精度。零件的加工质量和生产率主要取决于工人的技术熟练程度。所用的工艺规程文件比较简单,一般只有工艺过程综合卡。

2)成批生产。成批制造相同的工件,生产呈周期性的重复,称为成批生产。每批制造相同工件的数量称为批量。按批量大小,成批生产又分为大批、中批和小批生产三种。大批生产在工艺方面类似大量生产,小批生产在工艺方面类似单件生产,故实际生产中,成批生产通常仅指中批生产。

成批生产中,既采用通用机床和通用工艺装备,也采用专用高效机床和大量的专用工艺设备。车间中按加工零件类别分工段排列机床。广泛采用调整法加工,部分采用划线法,因而对工人的操作技术水平要求较单件生产为低。各种零件一般均有较详细的工艺规程文件,对于关键零件则有详细的工艺规程卡。

3)大量生产。一种产品的生产纲领很大,多数工作地点经常重复地进行一种工件某一工序的加工,称为大量生产,如汽车、拖拉机、轴承等制造厂都属大量生产。

大量生产中,广泛采用专用机床、自动机床、自动生产线及专用工艺装备。车间内机床设备按零件加工工艺先后顺序排列,采用流水线生产的组织形式。对工人的技术水平要求较低。各种加工零件都有详细的工艺规程卡。

目前,生产类型的划分尚无严格标准,表8-5可供参考。

表8-5 各种生产类型的生产纲领

生产类型	零件的年生产纲领/(件·年$^{-1}$)		
	重型机械	中型机械	轻型机械
单件生产	≤5	≤20	≤100
小批生产	>5~100	>20~200	>100~500
中批生产	>100~300	>200~500	>500~5 000
大批生产	>300~1 000	>500~5 000	>5 000~50 000
大量生产	>1 000	>5 000	>50 000

8.6.2 机械加工工艺规程

把工艺过程的有关内容,用工艺文件的形式写出来,称为机械加工工艺规程。机械加工工艺规程的详细程度与生产类型有关。

1.机械加工工艺规程的内容及作用

机械加工工艺规程被填写成表格(卡片)形式,各厂所用的机械加工工艺规程的具体格式虽不统一,但大同小异。工艺文件的种类和形式也多种多样,其繁简程度也有很大区别,要根据生产类型来确定。常见的工艺文件有机械加工工艺过程卡片(见表8-6)、机械加工工艺卡(见表

8－7)及机械加工工序卡片(见表 8－8)。对自动及半自动机床,则要求有机床调整卡,对检验工序则要求有检验工序卡等。

表 8－6　工艺过程卡片

(工厂名)	机械加工工艺过程卡片	产品名称及型号		零件名称		零件图号			
		材料	名称	毛坯	种类	零件重量 kg	毛重	第　页	
			牌号		尺寸		净重	共　页	
			性能	每料件数		每台件数		每批件数	

工序号	工序内容	加工车间	设备名称及编号	工艺装备及编号			技术等级	时间定额/min	
				夹具	刀具	量具		单件	准备-终结
更改内容									
编制	抄写		校对		审核			批准	

表 8－7　机械加工工艺卡

(工厂名)	机械加工工艺卡片	产品名称及型号		零件名称		零件图号			
		材料	名称	毛坯	种类	零件重量 kg	毛重	第　页	
			牌号		尺寸		净重	共　页	
			性能	每料件数		每台件数		每批件数	

工序	安装	工步	工序内容	同时加工零件数	切削用量				设备名称及编号	工艺装备及编号			技术等级	工时定额/min	
					背吃刀量 mm	切削速度 m·min⁻¹	切削速度 (r·min⁻¹) 或 双行程数 (r·min⁻¹)	进给量 (mm·r⁻¹) 或 进给量 (mm·min⁻¹)		夹具	刀具	量具		单件	准备-终结
更改内容															
编制		抄写		校对		审核			批准						

(1)机械加工工艺过程卡片。工艺过程卡片用于单件小批生产中,常见格式如表 8－6 所示。它只是概略地说明零件机械加工的工艺路线。在实际使用中,工艺过程卡片的内容也是

简繁不一的,最简单的只说明工序名称和加工顺序,较详细的则附有各工序的加工简图等。

(2)机械加工工艺卡片。在成批生产中多采用机械加工工艺卡,格式如表8-7所示。它比工艺过程卡片详细,既要说明加工工艺路线,又要说明各工序的主要内容。工艺卡片的格式也可以根据需要进行定制。

(3)机械加工工序卡片。在大批大量生产中,要求有完整详细的工艺规程文件,每一个零件往往每一个工序都要编制机械加工工序卡片,其格式如表8-8所示。它是针对某一工序而编制的,需要画出本工序的工序图,以表示本工序完成后工件所达到的形状、尺寸及其他技术要求,还要表示出工件的装夹方式、刀具的形状和位置等。生产管理部门将零件的工序卡片整理、装订成册,作为生产安排和管理的重要依据。

表8-8 机械加工工序卡

(工厂名)	机械加工工序卡片	产品名称型号	零件名称	零件图号	工序名称	工序号	第 页
							共 页

	车间	工段	材料名称	材料牌号	力学性能
	同时加工件数	每料件数	技术等级	单件时间 min	准备-终结时间/min
(画工序简图片)	设备名称	设备编号	夹具名称	夹具编号	工件液

	更改内容	

工步号	工步内容	计算数据/mm			走刀次数	切削用量				工时定额/min			刀具量具及辅助				
		直径或长度	进给长度	单边余量		背吃刀量 mm	进给量 (mm·r⁻¹)或(mm·min⁻¹)	切削速度 (r·min⁻¹)或双行程数 min	切削速度 (m·min⁻¹)	基本时间	辅助时间	服工务作时地间点	工步号	名称	规格	编号	数量

编制		抄写		校对		审核		批准	

正确的机械加工工艺规程是根据长期的生产实践和科学实验的经验总结,结合具体的生产条件而制定的,并通过生产实践不断改进和完善,其作用主要表现如下:

机械加工工艺规程是生产的计划、调度、工人操作、质量检查的依据。一切生产人员都应严格执行、认真贯彻机械加工工艺规程,不得违反工艺规程或任意改变工艺规程所规定的内容。在新产品投入生产之前,必须根据工艺规程进行有关的技术准备和生产准备工作。

在新建或扩建、改建机械制造厂的工作中,根据产品零件的工艺规程及其他资料,可以统计出所建车间应配备的机床设备的种类和数量,进一步计算出所需的车间面积和人员数量,确定车间的平面布置和厂房基建的具体要求,从而提出有根据的筹建、扩建计划。

2．制定工艺规程的原则、原始资料

(1)设计机械加工工艺规程应遵循如下原则:

1)必须可靠地保证零件图纸上所有技术要求的实现。工艺规程中要充分考虑和采用一切必要的措施确保产品质量。

2)用最低的工艺成本获得规定的生产纲领。也就是说在满足生产纲领的前提下,人力、物力消耗最少。

3)尽量减轻工人的劳动强度,保障生产安全,创造良好、文明的劳动条件。

(2)制定零件的机械加工工艺规程时,应具备下列原始资料:

1)产品的所有技术文件。包括产品的全套图纸,产品验收的质量标准以及产品生产纲领。

2)毛坯图。单件小批生产时,一般不绘毛坯图,但需用了解毛坯的形状、尺寸及机械性能。成批、大量生产时,铸、锻、焊、冲压等到毛坯制造都要有毛坯图。

3)生产条件。如果是现有工厂,应了解工厂的设备、刀具、夹具、量具、生产面积、工人的技术水平,以及专用设备、工艺装备的制造能力等;如果是新建工厂,则应对国内外现有生产技术、加工设备和工艺装备的性能规格有所了解。

4)技术资料。包括各种有关手册、标准及工艺资料等。

3．制定工艺规程的步骤和基本问题

工艺规程是进行生产活动的基础资料,是生产准备、生产计划、生产组织、实际加工及检验的重要技术文件。根据工艺性质的不同又可以分为毛坯制造、机械加工、热处理及装配等不同的工艺规程。下面主要介绍机械加工工艺规程的一些基本问题。

制定机械加工工艺规程的主要步骤:

(1)分析零件图和装配图。熟悉整个产品的性能、用途和工作条件,结合装配图了解零件的各项技术要求,找出主要的技术要求和关键技术问题,分析零件主要表面的精度、表面质量和技术要求在现有的生产条件下是否能达到,并提出必要的改进意见。

审查零件材料的选择是否恰当。材料的选择应当从现实条件出发,尽量选择经济性好,并且不会使加工工艺变得困难或复杂的材料。

审查零件的结构工艺性。零件的结构尽可能根据工艺性设计的一般原则来要求,并在现有的生产条件下能够高效、合格、经济地生产加工。

(2)根据零件的生产纲领决定生产类型。这里主要是指定零件的生产批量(成批生产时)或生产节奏(即生产一个零件的时间,流水线生产时采用)。

(3)选择毛坯的种类和制造方法。常用的毛坯有型材、铸件、焊件、冲压件和焊接件等。毛坯质量的提高,对减少机械加工量,降低加工成本,提高加工材料的利用率都是十分有利的。但是,在一定的生产技术的条件下,毛坯质量的提高也将伴随着毛坯制造难度的增加,也就意味着毛坯制造成本的增加。

(4)拟订工艺路线。工艺路线的拟订包括选择定位基准、确定各零件表面的加工方法、划分加工阶段、合理安排加工顺序和组合工序等。

1)选择定位基准。零件设计与制造中,需要以一些指定的点、线、面作为依据,来确定其他

点、线、面的位置,这些用来确定生产对象上几何要素之间相互关系所依据的点、线、面称为基准。按照基准作用不同,可把基准分为设计基准和工艺基准两大类。

在设计零件图时,根据零件在装配结构中的装配关系以及零件本身结构要素之间的相互位置关系,用以标注尺寸和各表面相互位置关系时所依据的点、线、面,称为设计基准。简单地说,设计图样上所采用的基准就是设计基准。

零件在加工、检测和装配中,用作依据的点、线、面称为工艺基准。作为工艺基准的点、线、面,总是由具体的表面来体现,该表面称为基准面。

定位基准选择的是否合理,对保证零件精度、安排加工顺序以及提交生产率有着决定性影响。定位基准的作用主要是保证各加工表面之间的位置精度,因此,应该从有位置精度要求的表面中进行选择。

i) 粗基准的选择。零件加工的第一道工序只能以毛坯表面作为定位,这种未经过机械加工的定位基准称为粗基准。

粗基准的选择将影响到加工面与不加工面的相互位置,或影响到加工余量的分配。因此粗基准的选择应遵循如下原则:

• 保证相互位置要求的原则。当要求保证工件上加工表面与不加工表面的相互位置要求时,应选不加工表面作为粗基准。这样既可使零件加工表面与不加工表面间具有较高位置精度,又可在一次安装中加工出尽可能多的加工表面。

当零件有两个以上的不加工表面时,则应选择与加工表面位置精度要求较高的表面为粗基准。

• 保证加工表面加工余量合理分配的原则。当要求保证工件某重要表面余量均匀时,应选取该表面的毛坯面为粗基准,这可保证作为粗基准的表面加工时余量均匀。

对于所有的表面都需要加工的零件,应选择余量和公差最小的表面作为粗基准,以免余量不足而造成废品。

• 便于装夹的原则。为保证零件定位精度并可靠夹紧,以及考虑到夹具结构简单、操作方便,应选择无毛刺、浇口、冒口的光洁、平整、尺寸比较大、便于装夹的表面为粗基准。

• 粗基准不重复使用原则。因粗基准是未经过加工的毛坯面,定位精度较低,一般只能在第一道工序中使用一次,不应重复使用。若在两次装夹中重复使用同一粗基准,就会造成相当大的定位误差。因此,若有已加工表面可用来定位,则不应再选用粗基准面定位。

但是,当毛坯是精密铸件或精密锻件时,毛坯的质量很高,而加工精度要求不高,这时可以重复使用某一粗基准。又如,当定位基准的主要基面是精基准表面而且能够保证工件的精确定位,则用来约束另一些自由度的定位基面可以再选用粗基面。另外,若某些自由度的约束没有精基面,选用粗基面来约束这些自由度,不属于重复使用粗基准。

ii) 精基准的选择。精基准的选择应从保证零件的加工精度,特别是加工表面的相互位置精度来考虑,同时也要考虑装夹方便,夹具结构简单。其选择一般应遵循如下原则:

• 基准重合原则。应尽量选择设计基准为精基准,即定位基准与设计基准重合。特别是在最后精加工时,更应遵循这个原则。这可避免由于基准不重合产生的定位误差增加加工困难,甚至造成零件超差。

• 基准同一原则。加工位置精度要求较高的某些表面时,尽可能选用同一个定位基准。当以某精基准定位能方便地加工零件上大多数其他表面时,应尽早将此表面加工出来,然后以

此表面为精基准加工其他表面,以利保证各加工表面间的位置精度,避免因基准变换所产生的误差,并能简化夹具的设计和制造。

•互为基准原则。当两表面间的相互位置精度以及它们自身尺寸和形状精度要求都很高时,则可采取互为基准原则。

•自为基准原则。某些精加工或光整加工工序要求加工余量小而均匀,在加工时就应尽量选择被加工表面自身作为精基准,即遵循自为基准原则,如磨削床身导轨面、浮动铰刀铰孔、拉刀自由拉削圆孔、无心磨削外圆表面等均以加工表面自身作为定位基准。

精基准尽可能选择精度要求较高、能够保证安装稳定可靠的表面,而且能够使夹具结构简单、加工操作过程方便。

在实际生产中,定位基准的选择要完全符合上述原则是困难的,往往会出现相互矛盾的情况。例如,保证了基准统一原则,就不一定符合基准重合原则。因此,应根据生产实际的具体情况,抓住主要问题,综合考虑,选择合理的定位基准。

2)确定各零件表面的加工方法。零件表面的加工要求通常都不是通过一次加工能满足的,而达到同样的加工精度要求也有多种加工方法可供选择。各种加工方法(车、铣、刨、磨、钻、镗、铰等)所能达到的加工精度和表面粗糙度,都是在一定范围内的。一种加工方法其加工精度越高,表面粗糙度值越小,则其加工成本也会越高。

在选择加工方法时应考虑的主要问题如下:

i)所选择的加工方法能否达到零件精度的要求。

ii)零件材料的可加工性如何。硬度很低而韧性较大的金属材料应采用切削加工的方法,而不宜采用磨削加工的方法。淬火钢、耐热钢因硬度高而很难切削,故最好采用磨削的方法加工。

iii)生产批量对加工方法的要求。大批大量生产时应尽量采用先进的加工方法和高效的机床设备。在单件小批生产中一般多采用通用机床和常规加工方法。为了提高企业的竞争力,也应该注意采用数控机床、柔性加工系统以及成组技术等先进的技术和工艺装备。

iv)本厂的工艺能力和现有的加工设备的加工精度。选择加工方法不能脱离本厂的设备现状和工人的技术水平。既要充分利用现有的设备,也要注意不断地对现有设备进行技术改造。

3)划分加工阶段。零件精度要求较高时,往往需要将加工过程按粗精分开的原则划分为几个阶段,其他表面的工艺过程根据同一原则作相应的划分,并分别安排到由主要表面所确定的各个加工阶段中去。一般分为粗加工、半精加工、精加工和光整加工等阶段。

i)粗加工阶段。粗加工阶段的主要任务是切除工件各加工表面上的大部分余量,并加工出精基准。粗加工能达到的精度较低,一般在 IT12 以下、表面粗糙度值较大,Ra 为 50～12.5 μm。其主要解决的问题是提高生产率。

ii)半精加工阶段。此阶段的主要任务是消除主要表面粗加工后留下的误差,为精加工做好准备。并完成一些次要表面的加工。表面经半精加工后,精度可达 IT12～IT10 级、粗糙度值 Ra 为 6.3～3.2 μm。

iii)精加工阶段。此阶段的任务是保证各主要加工表面达到图纸所规定的质量要求。表面经精加工后尺寸精度可达到 IT10～IT7 级和较低的表面粗糙度值,Ra 为 1.6～0.4 μm。

iv)光整加工阶段。对于精度要求很高(IT5 级以上)、表面粗糙度值要求很低的零件,必须有光整加工阶段。光整加工的典型方法有珩磨、研磨、超精加工及无屑加工等。这些加工方法不但能提高表面层的物理机械性能、降低表面粗糙度值,而且能提高尺寸精度和形状精度,但一般都不能提高位置精度。

4)合理安排加工顺序。合理安排加工顺序,不但关系到加工质量能否保证,而且对提高生产率、降低加工成本也有重要影响。

i)机械加工工序的安排。排列切削加工工序一般应遵循以下原则:

• 先加工基准表面,后加工其他表面,即基准先行原则。这条原则有两个含义:一是工艺路线开始安排的加工面应该是选作定位基准的精基准面,然后再以精基准定位加工其他表面。二是当加工精度要求很高时,精加工前一般应先精修一下精基准。例如,精度要求较高的轴类零件(机床的主轴、丝杠、汽车发动机的曲轴等),其第一道工序就是铣端面打中心孔,然后再以中心孔定位加工其他表面。对于箱体零件(如机床的主轴箱、汽车发动机的汽缸体等),也是先安排定位基准面的加工(多为一个大平面,两销孔)。

• 先加工平面,后加工孔,即"先面后孔"原则。这条原则的含义,一是当零件上有较大的平面可作定位基准时,可先加工出来作定位面,以面定位加工孔,这样可以保证定位的稳定、准确,装夹工件往往也比较方便;二是在毛坯上钻孔,容易使钻头引偏,若该平面需要加工,则应安排在钻孔工序之前。

• 先加工主要表面,后加工次要表面,即"先主后次"原则。零件的主要表面指工作表面、装配基面等。这些表面一般都是表面质量和精度要求比较高的表面,它们的加工工序比较多,而且其加工质量对整个零件的加工质量影响很大,因此应首先安排加工。次要表面指非工作表面,如键槽、螺钉孔、螺纹孔等。这些表面的精度要求低,其加工可适当安排在后面加工。与主要表面有位置关系要求的次要表面的加工,一般应安排在相应的主要表面半精加工之后,最后精加工或光整加工之前。

• 先安排粗加工,后安排精加工,即"先粗后精,粗精分开"原则。加工质量要求较高的零件,各个表面的加工顺序应按照粗加工、半精加工、精加工、光整加工的过程依次安排。

ii)热处理工序的安排。

• 预备处理:为改善金属组织和切削性能而进行的热处理,如退火、正火等。通常安排在切削加工之前。调质也可作为预备热处理,但若以提高力学性能为目的,则应放在粗、精加工之间进行。

• 时效处理:为消除坯料制造和切削加工中残留在工件内的应力对加工精度的影响,需时效处理。大而结构复杂的铸件或要求精度很高的非铸件类工件,需在粗加工前后各安排一次人工时效;对一般铸件,只需在粗加工前或后安排一次人工时效。

• 最终处理:为提高零件表层硬度或强度进行的热处理,如淬火、渗氮等处理,一般应安排在工艺过程后期,该表面最终加工之前。氮化处理前应调质。

表面镀层及发蓝等工序一般应在该零件机械加工完毕后进行。

iii)检验工序的安排。检验是保证质量的主要措施,在加工过程中,除每道工序的操作者自检外,在下列情况下还需安排检验工序:

• 零件从一个车间送往另一个车间的前后;

• 粗加工阶段之后,精加工前;

• 关键工序前后;

• 全部加工完成后。

特种性能检验,如 X 射线检查、超声波探伤检查等用于检查工件内部质量的检验,一般安排在工艺过程开始的时候进行;荧光检查和磁力探伤检查主要用来检查工件表面质量,通常安排在精加工阶段进行;密封性检查、工件的平衡及重量检查,一般安排在工艺过程的最后进行。

iv)辅助工序的安排。辅助工序包括去毛刺、清洗、涂防锈油漆等。辅助工序应适当地穿插在工艺过程中进行。零件装配前,一般都应安排清洗工序,尤其是在研磨、珩磨等工序之后,要进行清洗,以防止砂粒嵌入工件表面,加剧工件的磨损。采用磁力夹紧的工序后,应安排去磁工序。

(5)工序设计。工序设计包括确定各工序的设备、刀具、夹具、量具和辅助工具;确定加工余量、计算工序尺寸及其公差、确定切削用量、计算工时定额;确定各主要工序的技术要求及检验方法。

(6)填写工艺文件。

8.6.3　典型零件的加工工艺规程

1. 轴类零件

(1)轴类零件的结构特点、功用及技术要求。轴类零件主要用来支撑传动零件及传递运动和扭矩。轴上的主要结构要素有内外圆柱面、圆锥面、螺纹、键槽等。根据结构形状的不同,可分为光轴、阶梯轴、空心轴、异型轴四大类。

轴一般都有两个支承轴颈。支承轴颈是轴的装配基准,其精度和表面质量要求一般较高。除了尺寸精度外,重要的轴还规定了圆度、圆柱度等形状公差的要求及两个轴颈之间的同轴度要求等。对于安装齿轮等传动件的轴颈,除了本身尺寸精度和表面粗糙度有一定要求外,还要求其轴线与两支承轴颈的公共轴线同轴,用于轴向定位的轴肩对轴线的垂直度也有要求。

(2)轴类零件的材料、热处理及毛坯。根据轴在使用中的重要程度的不同,轴的材料选择和热处理方法亦有很大的不同。

不重要的轴,可采用碳素结构钢 Q235A、Q255A 等,不经热处理使用。一般的轴,可采用优质碳素结构钢 35 钢、45 钢、50 钢等,并根据不同的要求进行不同的热处理,以获得一定的强度、韧性、耐磨性等。对于重要的轴,当精度、转速要求较高时,采用合金结构钢 40Cr、轴承钢 GCr15、弹簧钢 65Mn 等,进行调质和表面淬火处理,使其具有较高的机械性能、耐磨性;当转速高、载荷大时,可采用低碳合金钢 20Cr、20CrMnTi 等进行渗碳淬火处理或氮化钢 38CrMoAlA 进行调质和氮化处理。此外,有些形状复杂的轴,还可采用球墨铸铁 QT600−2、QT1200−1 等材料,并进行正火、调质或等温淬火处理。

对于光轴和直径相差不大的阶梯轴,一般采用圆钢作为毛坯。直径相差较大的阶梯轴和比较重要的轴,应采用锻件作毛坯。其中大批大量生产采用模锻;单件小批生产采用自由锻。对于结构复杂的轴,可采用球墨铸铁件或锻件作为毛坯。

(3)定位基准的选择。

1)粗基准的选择。轴类零件粗基准一般选择外圆表面。这样可方便装夹,同时也容易获得较大的支撑刚度。

2)精基准的选择。轴类零件的精基准在可能的情况下一般都选择轴两端面中心孔。这是因为轴类零件的各主要表面的设计基准都是轴线,选择中心孔作精基准,既可满足基准重合的要求,又可满足基准统一的要求。

当不能选中心孔作为精基准时,可采用轴的外表面或轴的外表面加一中心孔作为精基准。

对精度要求不高的轴,为了减少加工工序,增加支撑刚度,一般选择轴的外圆作为精基准。

(4)工艺路线。轴类零件主要表面加工的工艺路线如下:

下料(圆棒料毛坯)→车端面、打中心孔→粗车各外圆表面→正火或调质→修研中心孔→半精车和精车各外圆表面、车螺纹→铣键槽→淬火→修研中心孔→粗、精磨外圆→检验。

(5)加工示例。下面给出单件小批量生产如图 8-47 所示轴的机械加工工艺过程的制定过程。

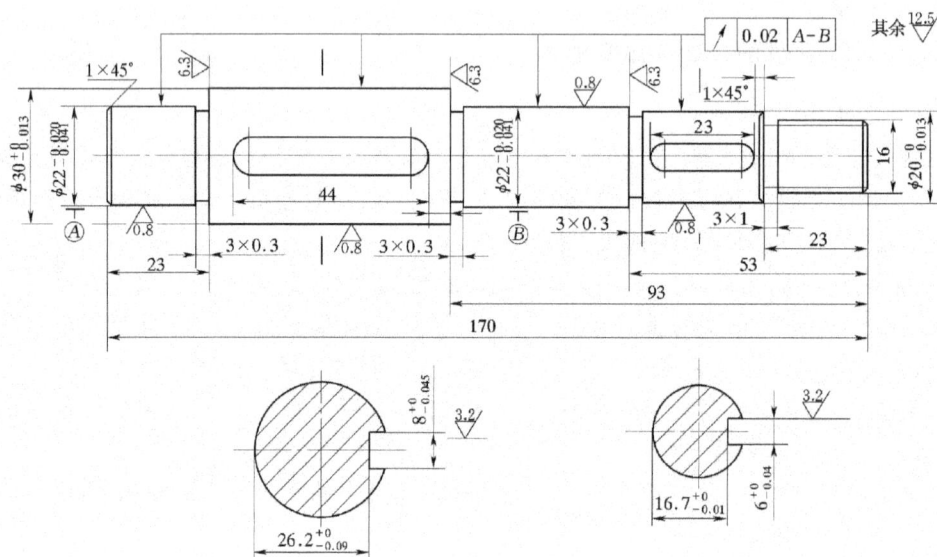

图 8-47 传动轴

1)主要技术要求。

i)$\phi 22$ mm 两段轴颈用于安装轴承;$\phi 30$ mm 和 $\phi 20$ mm 段上装齿轮;轴颈的表面粗糙度 Ra 值不大于 0.8 μm。

ii)各外圆柱表面对两段 $\phi 22$ mm 轴颈的公共轴线的径向圆跳动公差为 0.02 mm。

iii)材料选择 45 钢,淬火硬度 HRC 40~45。

2)工艺分析。与轴承孔相配的两 $\phi 22$ mm 轴颈,其尺寸精度为 IT7,表面粗糙度 Ra 值不大于 0.8 μm;用于安装齿轮的轴颈尺寸精度为 IT6;轴上各配合面对两 $\phi 22$ mm 轴颈的公共轴线的径向圆跳动公差为 0.02 mm,可保证平稳传动。

淬火硬度为 HRC 40~45,对于 45 钢是合适的。

轴的两端均有 1 mm×$45°$的倒角,便于零件装配。轴上各段需磨削的外圆,段与段之间均开有 3 mm 宽的砂轮越程槽。

i)毛坯材料选择。此轴形状简单,精度要求中等,各段轴颈直径尺寸相差不大,且为单件小批量生产。故毛坯选用 φ35 圆钢。

ii)基准选择。粗基准选用坯料外圆柱面。精基准选两端面中心孔。在热处理后修研中心孔。

iii)工艺路线制定。根据该轴的结构特点和技术要求,其主要表面可在车床和磨床上加工,键槽可在立铣上加工。

因该轴为单件小批量生产,宜采用工序集中原则。用两道车工序完成端面、中心孔及外圆表面的加工。在车、铣工序后安排热处理工序。热处理后修研中心孔。其加工方案为:

粗车→半精车→铣→热处理(淬火)→粗磨→精磨。

其加工工艺过程见表 8−9。

表 8−9　单件小批生产轴的工艺过程

工序号	工序名称	工序内容	加工简图	加工设备
1	车	1.车一端面,钻中心孔 2.切断长 172 mm 3.车另一端面至长 170 mm,钻中心孔		卧式车床
2	车	1.粗车一端外圆至 φ32 mm × 82 mm、φ24 mm × 22 mm 2.半精车该端外圆至 $\phi30.4_{-0.1}^{0}$ mm×83 mm、φ22.4 mm×23 mm 3.切槽 21.4 mm×3 mm 4.倒角 1.2 mm×45° 5.粗车另一端外圆分别至 φ24 mm×92 mm、φ22 mm×52 mm、φ18 mm×22 mm 6.半精车该端外圆分别至 $\phi22.4_{-0.1}^{0}$ mm×93 mm、$\phi20.4_{-0.1}^{0}$ mm × 53 mm、$\phi16_{-0.2}^{-0.1}$ mm × 23 mm 7.切槽分别至 φ21.4 mm×3 mm、φ19.4 mm×3 mm、φ14 mm×3 mm 8.倒角 1.2 mm×45° 9.车螺纹 M16		卧式车床

续 表

工序号	工序名称	工序内容	加工简图	加工设备
3	铣	粗、精铣键槽分别至 $8^{0}_{-0.045}$ mm×26.2$^{0}_{-0.2}$ mm×44 mm $6^{0}_{-0.04}$ mm×16.5$^{0}_{-0.1}$ mm×23 mm		立式铣床
4	热	淬火回火 HRC 40～45		
5	钳	修研中心孔		钻床
6	磨	1.粗磨一端外圆分别至 $\phi30.06^{0}_{-0.04}$ mm、$\phi24.06^{0}_{-0.04}$ mm 2.精磨一端外圆分别至 $\phi30^{0}_{-0.013}$ mm、$\phi22^{-0.02}_{-0.041}$ mm 3.粗磨一端外圆分别至 $\phi22.06^{0}_{-0.04}$ mm、$\phi20.06^{0}_{-0.04}$ mm 4.精磨一端外圆分别至 $\phi22^{-0.02}_{-0.041}$ mm、$\phi20^{0}_{-0.013}$ mm		外圆磨床
7	检			

2.盘套类零件

(1) 盘套类零件的结构特点及技术要求。盘套类零件一般是由孔、外圆、端面和沟槽等组成,其技术要求除了尺寸精度、表面粗糙度以外,还有外圆面对内孔轴线的径向跳动或同轴度、端面对内孔轴线的径向跳动或垂直度等位置精度要求,因此在加工盘套类零件的时候必须体现粗精加工分开和"一刀活"的原则。

(2)盘套类零件的材料、毛坯及热处理。加工盘套类零件时,可以根据需要选择铸件、锻件或型钢作为毛坯,并根据需要选择不同的热处理工艺。

(3)盘套类零件的加工工艺。盘套类零件一般采用车削、铣削、热处理、磨削钳工等加工工艺,安排加工工艺时,应先装夹哪一端,须经几次调头装夹进行车削加工,与毛坯的形状、尺寸和技术要求等多种因素有关,应进行综合分析,灵活运用。

(4)加工示例。下面给出单件小批量生产如图 8-48 所示接盘的机械加工工艺过程。

3.箱体类零件

(1)箱体零件的结构特点及主要技术要求。箱体零件是机器的基础零件,它将其他零件连接成一个整体,使各零件之间保持正确的相互位置关系。箱体的结构形状复杂、体积较大、壁薄且不均匀、内部呈腔形、有若干精度要求较高的平面和孔系,还有较多的紧固螺孔等。

箱体的机械加工主要是平面和孔系的加工。加工平面一般采用刨削、铣削和磨削等;加工孔系常用镗削,小孔多采用钻削。

其余 6.3

全部倒角 1×45°

调质处理 HBS 220~240

45钢
数量10件

图 8-48 接盘

表 8-10 接盘工艺卡片

工序号	工种	工序内容	加工简图	设备
1		锻造毛坯		
2	车	三爪自定心卡盘夹小端，粗车大端面见平，粗车大外圆至 $\phi 96$ mm。 调头夹大端，粗车小端面保证总长 52 mm，粗车小外圆至 $\phi 57$ mm 长 31 mm，粗车孔至 $\phi 33$ mm	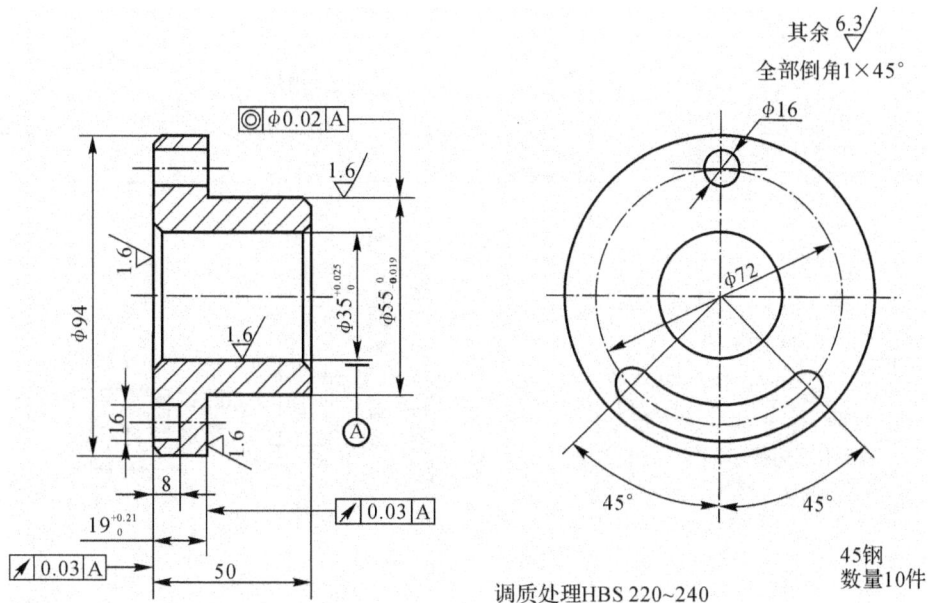	车床

续 表

工序号	工种	工序内容	加工简图	设备
3	热	调质处理 HBS 220～240		
4	车	精车小端面保证总长 50.5 mm，精车孔至 $\phi 35^{+0.025}_{0}$ mm，精车小外圆至 $\phi 55^{0}_{-0.019}$ mm，精车台阶端面保证小外圆长 31 mm。内、外倒角 1×45°		车床
5	车	顶尖、心轴装夹，精车大外圆至 $\phi 94$ mm，精车大端面保证 $\phi 94$ mm 外圆长 $19^{+0.21}_{0}$ mm，倒角 1×45°		车床
6	钳	划圆弧槽线，划 $\phi 16$ mm 孔中心线		
7	铣	圆工作台-三自定心卡盘装夹，钻 $\phi 16$ mm 孔通，铣宽 16 mm 深 8 mm 的圆弧槽		立铣
8	检	检验		

箱体的主要技术要求有主要孔的尺寸、几何形状精度；主要平面的平面度、表面粗糙度；孔与孔之间的同轴度、孔与孔的中心距误差、各平行孔轴线的平行度、孔与平面之间的位置精

度等。

（2）箱体零件的毛坯与材料。箱体的毛坯材料通常为灰铸铁，最常用的牌号为 HT200。在单件小批生产中也可采用焊接毛坯。

为了消除内应力，箱体毛坯应进行退火处理。对精度要求高和容易变形的箱体，在粗加工后要再进行退火或时效处理。

（3）定位基准的选择。

1）粗基准的选择。一般应选取重要的孔为主要粗基准，而辅以内腔或其他毛坯孔为次要基准面。这样可保证重要孔的加工余量均匀。

2）精基准的选择。一般选择箱体的一个大平面或者一个大平面与其上的两个销孔作为精基准，以满足装夹可靠和基准统一的要求。

（4）加工工艺路线。箱体上各种表面的加工方法，应根据生产实际情况决定。主要孔的加工，在单件小批生产中常采用粗镗—精镗的方案；大批量生产中则可采用粗镗—半精镗—精镗—细镗（或珩磨、滚压）的方案。单件小批生产中平面的加工可采用粗刨—精刨的方案；大批量生产中则常采用粗铣—精铣，或粗铣—磨削的方案。

（5）加工示例。现以图 8-49 所示的减速器箱体的加工为例，说明在单件小批生产中，一般箱体零件的机械加工工艺过程。

1）减速器箱体的技术要求。

i）底座底面和对合面的任意 100 mm×100 mm 范围内平面度公差为 0.015 mm。

ii）底座对合面与底面的平行度公差为 100∶0.05。

iii）轴承孔的尺寸精度为 IT6；圆柱度公差为 0.07 mm。各孔轴线对其公共轴线的同轴度公差为 0.04 mm。各孔外侧面对其公共轴线的垂直度公差为 0.1 mm。

iv）轴承孔间中心距公差为 0.1 mm；各轴承孔间平行度公差为 0.074 mm。

v）轴承孔和主要平面的表面粗糙度 Ra 值不大于 1.6 μm。

2）工艺分析。此箱体为铸件，机械加工前应已经过去应力退火热处理；粗加工后还应安排时效处理。

减速器加工表面可分为三类：一是主要平面，包括底座底面和对合面、箱盖对合面。其中底面和对合面精度和粗糙度要求均较高，又是装配基准和定位基准，可采用粗刨、精刨加工。二是孔加工，为了保证三个轴承孔的位置精度、形状精度和尺寸精度，底面和对合面加工后，将底座和箱盖装好后粗镗、精镗三孔，同时镗削孔端面以达要求。三是其他表面，如连接孔、螺孔、销钉孔等次加工面，这类加工面的加工可安排在主要加工的加工工序间。

3）毛坯材料选择。根据减速器箱体结构特点和使用要求，选择铸造性能好、切削性能好、吸振性好、价格低廉的灰铸铁 HT200，毛坯采用砂型铸造。

4）基准选择。该箱体为分离式，故其加工工艺过程可分为两个阶段：第一阶段主要分别完成箱盖和底座的平面、螺孔、定位孔的加工。第二阶段为将箱盖和底座装在一起后加工三个轴承孔。

i）第一阶段基准的选择。

·粗基准的选择。单件小批量生产时，箱盖和底座分别以法兰的凸缘和内壁作基准划线，使各加工面有足够余量，并保证加工表面与非加工表面的均匀性，然后按划线找正加工；大批大量生产中，是以对合面法兰的不加工部分作定位基准。实际上，前者是以箱盖顶面和底面及三个主要孔为粗基准,后者则是以三个主要孔为粗基准。

· 精基准选择。箱盖与底座对合面加工好后,分别以它们作为精基准加工箱盖顶面方孔端面及底座底面。

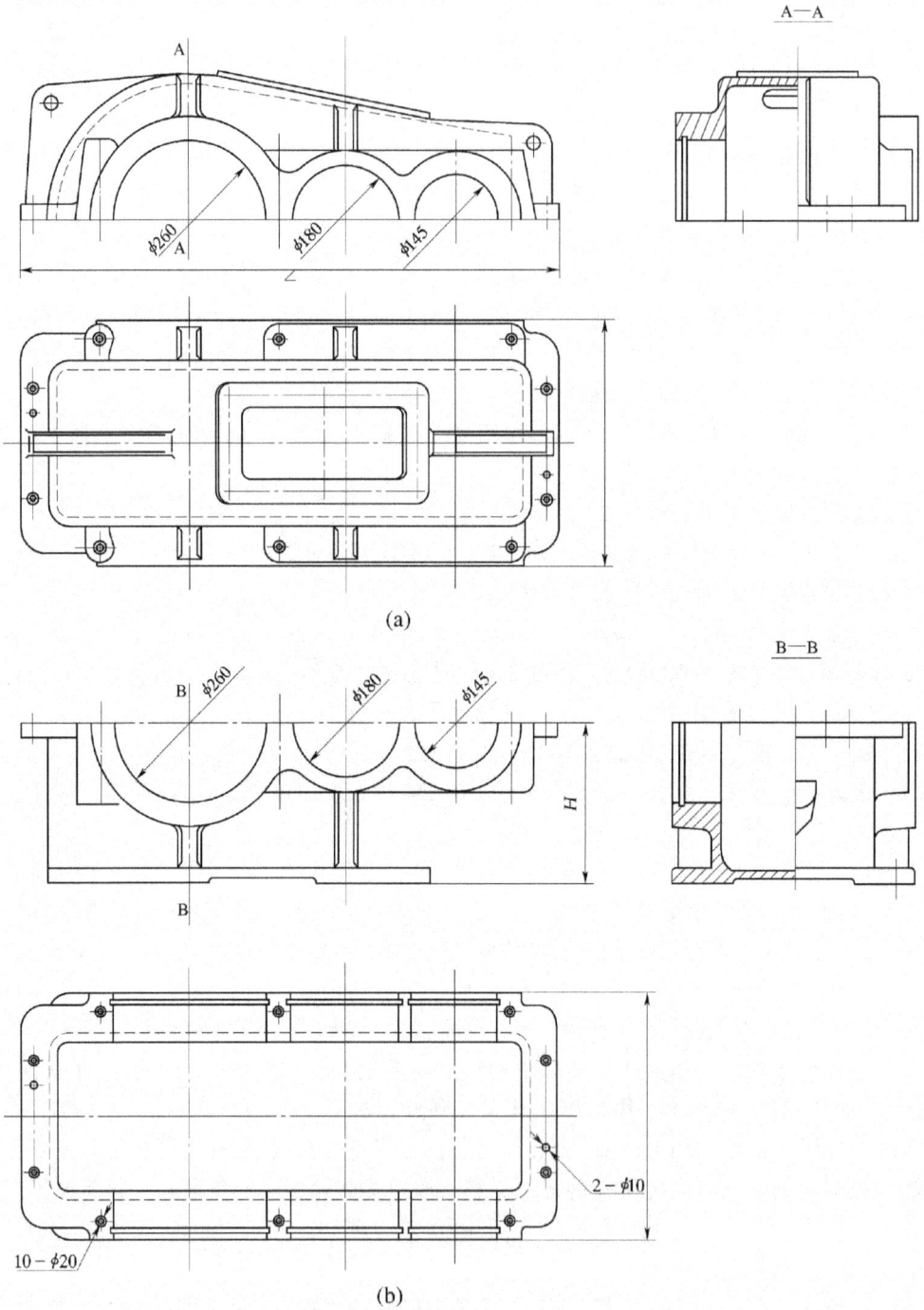

图 8-49　减速器箱体

(a)减速器箱盖;(b)减速器底座

　　ii)第二阶段基准的选择。箱盖和底座对合面加工后,将其装在一起,镗削三个轴承孔。按精基准应尽量与装配基准、测量基准重合及基准统一等原则,该箱体底座底面是设计和装配基准,故选底面为精基准加工三个轴承孔。

　　5)工艺路线拟订。通过上述分析,减速器箱体的机械加工工艺过程(单件小批生产)见表8-11。

表 8-11　减速器箱体机械加工工艺过程(单件小批生产)

工序号	工序内容	定位基准	加工设备
1	划线 划底座的底面及对合面的加工线 划箱盖对合面及方孔端面加工线	根据对合面找正	划线平台
2	刨平面:刨底座的对合面、底面及两侧面 刨箱盖的对合面、方孔端面及侧面	根据对合面找正	龙门刨床
3	划线:划连接孔、螺纹孔及销钉孔加工线	根据对合面找正	划线平台
4	钻孔:钻连接孔、螺纹底孔及销钉孔	用底面或对合面定位	摇臂钻床
5	钳工:攻螺纹孔、铰销钉孔并连接箱体	用底面或对合面定位	钳工工作台
6	划线:划轴承孔加工线	底面	划线平台
7	镗孔:镗三个轴承孔	底面	镗床
8	检验		检验工作台

第9章

特 种 加 工

切削加工方法的应用具有悠久的历史,在机械制造业中长期占据着难以替代的主导地位。然而,随着科学技术的不断发展,新工艺、新材料、新结构的不断出现,导致了切削加工难以解决的加工问题,例如高硬度、高强度、高韧性、高脆性金属或非金属材料(硬质合金、耐热钢、不锈钢、宝石、石英等)的加工,复杂的特殊表面的加工以及特殊零件如细长零件、薄壁零件、弹性零件等的加工。

特种加工是不采用常规的刀具或磨具对工件进行切削加工的工艺方法,而是利用电能、光能、化学能、声能、磁能等物理、化学能量或几种能量的复合形式直接施加在被加工的部位,从而使工件产生改变形状、去除材料、改变性能等变化。本章主要介绍各种特种加工方法的基本原理、工艺规律、加工特点及适用范围等内容。

9.1 特种加工概述

9.1.1 特种加工的产生与发展

切削加工具有悠久的历史,在机械制造中有其突出的特点及应用。尤其自20世纪80年代以来,世界各国大力推广数控技术和柔性制造技术,切削加工的生产效率和加工精度都取得了令人瞩目的进展。时至今日,切削加工在机械制造中仍处于统治地位,但在长期的生产实践中,人们也发现切削加工存在着明显的弱点。当材料的硬度过高,零件的精度要求过高,零件的结构过于复杂或零件的刚度较差时,传统的切削加工就显得难以适应。

生产中一旦提出了需要解决的新问题,就必然有人进行研究和探索。直到1943年,前苏联的拉扎连柯夫妇在研究开关触点遭受火花放电时的腐蚀损坏的现象和原因时,从火花放电时的瞬时高温,可使局部金属熔化、汽化而蚀除的现象,顿悟到创造一种全新的加工方法的可能性,继而深入进行研究,最终发明了电火花加工的新型方法。采用较软的工具即可加工具有高硬度的金属材料,从而首次摆脱了常规的切削加工,直接利用电能和热能去除金属,达到了"以柔克刚"的效果。继发明电火花加工之后,人们又继续进行研究和探索,相继发展了一系列的特种加工新方法,如电解加工、超声波加工和激光加工等,从而开创了特种加工(亦称非常规加工)的广阔领域。

与传统的切削加工相比,特种加工具有下列特点:

(1)工具材料的硬度可以大大低于工件材料的硬度;

(2)可直接利用电能、电化学能、声能或光能等能量对材料进行加工;

(3)加工过程中的机械力不明显;

(4)各种加工方法可以有选择地复合成新的工艺方法,使生产效率成倍地增长,加工精度也相应提高；

(5)几乎每产生一种新的能源，就有可能导致一种新的特种加工方法产生。

由于特种加工方法具有上述特点，因此，可以用于解决下列工艺难题：

(1)解决各种难切削材料的加工问题，如耐热钢、不锈钢、铁合金、淬火钢、硬质合金、陶瓷、宝石、金刚石以及锗和硅等各种高强度、高硬度、高韧性、高脆性以及高纯度的金属和非金属的加工。

(2)解决各种复杂零件表面的加工问题，如各种热锻模、冲裁模和冷拔模的模腔和型孔、整体涡轮、喷气涡轮机叶片、炮管内腔线以及喷油嘴和喷丝头的微小异形孔的加工问题。

(3)解决各种精密的、有特殊要求的零件加工问题，如航空航天、国防工业中表面质量和精度要求都很高的陀螺仪、伺服阀以及低刚度的细长轴、薄壁筒和弹性元件等的加工。

由于特种加工具有上述特点并可以解决生产中许多工艺难题，因此在现代制造、科学研究和国防事业中获得日益广泛的应用，而生产和科学研究中提出来的新问题又促进了特种加工工艺方法的迅速发展。

9.1.2　特种加工方法的分类

特种加工发展至今虽已有 50 多年的历史，但在分类方法上并无明确规定。一般按能量形式和作用原理进行划分：

(1)电能与热能作用方式：电火花成形与穿孔加工(EDM)、电火花线切割加工(WEDM)、电子束加工(EBM)和等离子体加工(PAM)。

(2)电能与化学能作用方式：电解加工(ECM)、电铸加工(ECM)和刷镀加工。

(3)电化学能与机械能作用方式：电解磨削(ECG)、电解珩磨(ECH)。

(4)声能与机械能作用方式：超声波加工(USM)。

(5)光能与热能作用方式：激光加工(LBM)。

(6)电能与机械能作用方式：离子束加工(IM)。

(7)液流能与机械能作用方式：挤压珩磨(AFH)和水射流切割(WJC)。

根据在生产中的实际应用情况，本章将主要介绍电火花加工、电解加工、超声波加工、激光加工、电子束和离子束加工。

9.1.3　特种加工对机械制造工艺技术产生的影响

特种加工自问世以来，由于其突出的工艺特点和日益广泛的应用，逐步深化了人们对制造工艺技术的认识，同时也引起了制造工艺技术的一系列变革。

(1)改变了对材料可加工性的认识。对切削加工而言，淬火钢、硬质合金、陶瓷、立方氮化硼和金刚石一直被认为是难切削材料，而现在已经广泛使用的由陶瓷、立方氮化硼和人造聚晶金刚石制成的刀具、工具和拉丝模等，都可以采用电火花、电解、超声波和激光等多种方法进行加工。对于淬火钢和硬质合金，采用电火花成形加工和电火花线切割加工已不再是难事。这样，材料的可加工性就不再仅仅以材料的强度、硬度、韧性和脆性进行衡量，而与所选择的加工方法有关。

(2)要重新衡量设计结构工艺性的优劣问题。在传统的结构设计中，常认为方孔、小孔、弯孔和窄缝的结构工艺性很差。而对特种加工来说，利用电火花穿孔和电火花线切割加工孔时，方孔和圆孔在加工难度上是没有差别的。有了高速电火花小孔加工专用机床后,各种导电材料的小孔加工变得更为容易;喷丝头上的各种异形孔由以往的不能加工变为可以加工;过去因一时疏忽在淬火前没有钻的定位销孔,没有铣的槽,淬火后因难于切削加工只能报废,现在可用电加工方法予以补救;过去攻螺纹因无法取出孔内折断的丝锥,而使工件报废的现象已不复存在。有了特种加工,设计和工艺人员在设计零件结构,安排工艺过程时有了更大的灵活性和选择余地。

(3)对零件的结构设计带来重大变革。喷气发动机的叶轮由于形状复杂,过去只能在做好一个个的叶片后组装而成。有了电解加工,设计人员就可以设计整体涡轮了。又如山形硅钢片冲模,结构复杂,不易制造,往往采用拼镶结构。有了电火花线切割,就可以设计成整体结构。

(4)可以进一步优化零件的加工工艺过程。按传统切削加工,除磨削外,其他切削加工一般需要安排在淬火工序之前,按照常规,这是工艺人员必须遵循的工艺准则之一。有了特种加工,为了避免淬火工序中引起已加工部分的变形甚至开裂,工艺人员可以先安排淬火再加工孔槽。采用电火花成形加工、电火花线切割加工或电解加工的零件常先安排淬火,这已成为比较典型的工艺过程。

总之,各种特种加工方法不仅给设计师提供了更广阔的结构设计的新天地,而且给工艺师提供了解决各种工艺难题的新手段,有力地促进着我国的科技发展和技术进步。随着我国国民经济和科学技术的飞速发展,特种加工技术将取得更加辉煌的成就。

9.2　电火花加工

电器开关在合上或拉开时,有可能因局部放电使开关的接触部位烧蚀,这种现象称为电蚀。电火花加工正是在一定的液体介质中,利用脉冲放电对导电材料的电蚀现象来蚀除材料,从而使零件的尺寸、形状和表面质量达到预定技术要求的一种加工方法。在特种加工中,电火花加工的应用最为广泛,因而也是本章的重点。

9.2.1　电火花加工的原理与特点

1. 电火花加工原理

电火花加工是在如图 9-1 所示的加工系统中进行的。

加工时,脉冲电源的一极接工具电极,另一极接工件电极。两极均浸入具有一定绝缘度的液体介质(常用煤油或矿物油)中。工具电极由自动进给调节装置控制,以保证工具与工件在正常加工时维持一个很小的放电间隙(0.01~0.05 mm)。当脉冲电压加到两极之间,便将当时条件下极间最近点的液体介质击穿,形成放电通道。由于通道的截面积很小,放电时间极短,致使能量高度集中(10^6~10^7 W/mm²),放电区域产生的瞬时高温足以使材料熔化甚至蒸发,以致形成一个小凹坑。第一次脉冲放电结束之后,经过很短的间隔时间,第二个脉冲又在另一极间最近点击穿放电。如此周而复始高频率地循环下去,工具电极不断地向工件进给,它的形状最终就复制在工件上,形成所需要的加工表面。与此同时,总能量的一小部分也释放到工具电极上,从而会造成工具损耗。电蚀过程如图 9-2 所示。

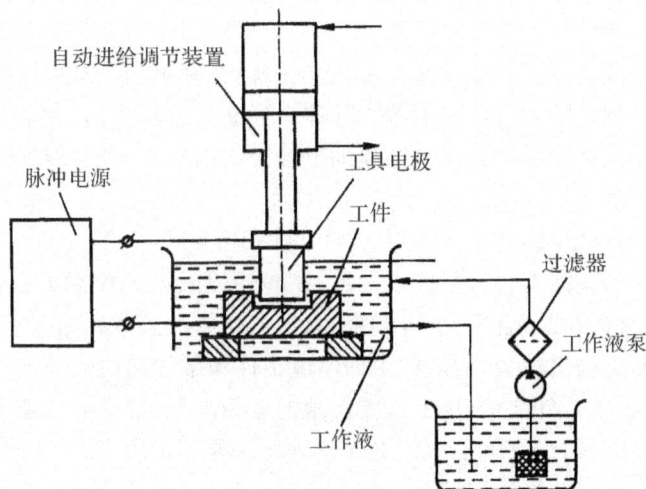

图 9-1 电火花加工原理示意图

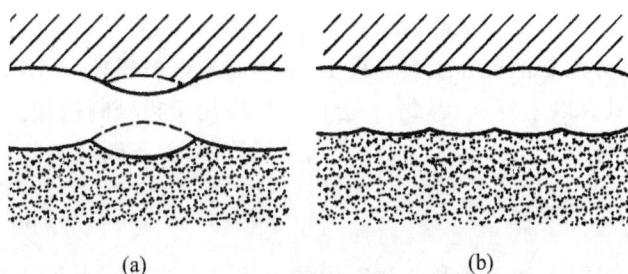

(a)   (b)

图 9-2 电蚀过程示意图

(a)单脉冲放电所形成的凹坑；(b)加工表面的形成

2. 电火花加工的条件

(1)必须采用脉冲电源，以形成瞬时的脉冲式放电。每次脉冲放电延续一段时间($10^{-7} \sim 10^{-3}$ s)后，需停歇一段时间(见图 9-3)。这样才能使能量集中于微小区域，而不致扩散到邻近的材料中去。如果形成连续放电，就会形成像电焊一样的电弧，使工件表面烧伤而不能保证零件的尺寸和表面质量。

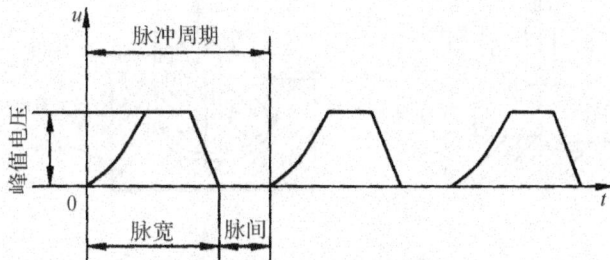

图 9-3 脉冲电源电压波形

(2)必须采用自动进给调节装置，以保持工具电极与工件电极间微小的放电间隙。间隙过大，极间电压难以击穿极间的液体介质，不能产生火花放电；间隙过小，容易产生短路，也不能产生火花放电。电参数对放电间隙的影响很大,精加工时单边间隙仅有 0.01 mm,而粗加工则可达 0.5 mm,甚至更大。

(3)火花放电必须在具有一定绝缘强度($10^3 \sim 10^7$ $\Omega \cdot$ cm)的液体介质中进行。常用的绝缘液体介质有煤油、皂化液和去离子水等。液体介质又称工作液,它除了有利于产生脉冲式的火花放电外,还有利于排除放电过程中产生的电蚀产物以及冷却电极和工件表面。

3. 电火花加工的特点

电火花加工具有如下特点:

(1)可以加工任何高强度、高硬度、高韧性、高脆性以及高纯度的导电材料。如不锈钢、铁合金、工业纯铁、淬火钢、硬质合金、导电陶瓷、立方氮化硼和人造聚晶金刚石等。

(2)加工时无明显的机械力,故适用于低刚度工件和微细结构的加工。由于可以简单地将工具电极的形状复制在工件上,再加上数控技术的运用,因此特别适用于复杂的型孔和型腔加工。甚至可以使用简单的工具电极加工出复杂形状的零件。

(3)脉冲参数可根据需要进行调节,因而可以在同一台机床上进行粗加工、半精加工和精加工。

(4)在一般情况下生产效率低于切削加工。为了提高生产率,常采用切削加工进行粗加工,再进行电火花加工。目前电火花高速小孔加工的生产率已明显高于钻头钻孔。

(5)放电过程有部分能量消耗在工具电极上,从而导致电极损耗,影响成形精度。

由于电火花加工具有以上特点,因此,一方面广泛应用于机械制造、航空航天、仪器仪表和电子设备等行业,另一方面正加强研究,以扩大其应用范围,并不断改善其不足之处。

9.2.2　电火花加工的应用

由于电火花加工在国防、民用和科学研究中的应用日益广泛,因此,电加工机床的种类和应用形式也正朝着多样性方向发展。按工艺过程中工具与工件相对运动的特点和用途不同,电火花加工主要分为电火花成形加工、电火花线切割加工、电火花表面强化等。

1. 电火花成形加工

电火花成形加工是通过工具电极相对于工件作进给运动,将工具电极的形状和尺寸复制在工件上,从而加工出所需要的零件,如图 9-4 所示。

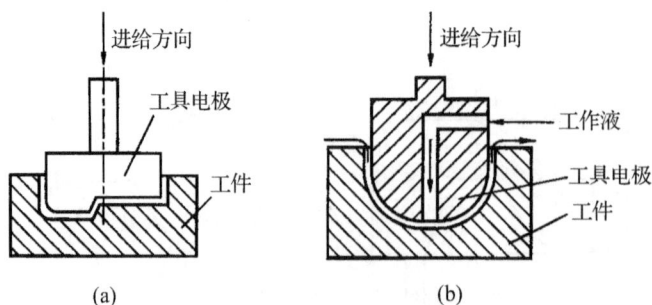

图 9-4　电火花型腔加工
(a)普通工具电极;(b)工具电极开有冲油孔

电火花成形加工主要用于加工各类热锻模、压铸模、挤压模、塑料模和胶木模的型腔。这类型腔多为盲孔,内形复杂,各处深浅不同,加工较为困难。为了便于排除加工产物和冷却,以提高加工的稳定性,有时在工具电极中间开有冲油孔。

电火花成形加工还可以用于加工型孔(圆孔、方孔、多边形孔、异形孔),曲线孔(弯孔、螺旋孔)、小孔和微孔,如图 9-5 所示。

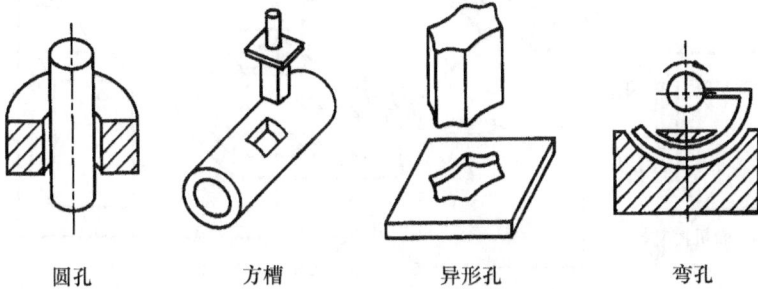

图 9-5 电火花穿孔加工

近年来,在电火花穿孔加工中发展了高速小孔加工,解决了小孔加工中电极截面小,易变形,孔的深径比大,排屑困难等问题,取得了良好的社会经济效益。加工时,一般采用管状电极,内通以高压工作液。工具电极在回转的同时作轴向进给运动(见图 9-6)。这种方式适合于 0.3~3 mm 的小孔。其加工速度可远远高于小直径麻花钻头钻孔,而且避免了小直径钻头容易折断的问题。这种方法还可以用于在斜面和曲面上打孔,且孔的尺寸精度和形状精度较高。

2. 电火花线切割加工

电火花线切割加工是利用移动的细金属丝作工具电极,按预定的轨迹进行脉冲放电切割。电火花线切割按线电极移动的速度大小可分为高速走丝线切割和低速走丝线切割。我国普遍采用高速走丝线切割,近年还在发展低速走丝线切割。高速走丝时,线电极是直径为 $\phi0.02$ mm~$\phi0.3$ mm 的高强度钼丝;钼丝往复运动的速度为 8~10 m/s。低速走丝时,多采用铜丝,线电极以

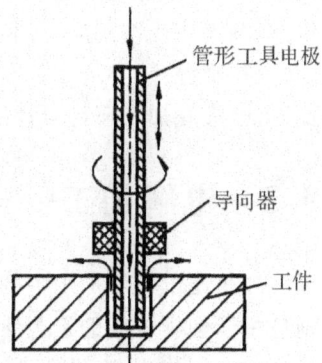

图 9-6 电火花高速小孔加工

小于 0.2 m/s 的速度作单方向低速移动。电火花线切割的原理如图 9-7 所示。工作时,脉冲电源的一极接工件,另一极接缠绕金属丝的储丝筒。如果切割图示的内封闭结构零件,电极丝须先穿过工件上预加工的工艺小孔,再经导轮由储丝筒带动作正、反向的往复移动。工作台在水平面两个坐标方向按各自预定的控制程序,根据放电间隙状态作伺服进给移动,合成各种曲线轨迹,把工件切割成形。与此同时,工作液不断喷注在工件与钼丝之间,起绝缘、冷却和冲走屑末的作用。

与电火花成形加工不同的是,线电极在切割时,只有当电极丝和工件之间保持一定的轻微接触压力时,才形成火花放电。由此可以推断,在电极丝和工件间必然存在某种电化学作用产生的绝缘薄膜介质,当电极丝相对工件移动摩擦和被顶弯所造成的压力使绝缘薄膜减薄到可以被击穿的程度,才发生火花放电。放电产生的爆炸力使钼丝或铜丝局部振动而暂时脱离接触,但宏观上仍属轻压放电。

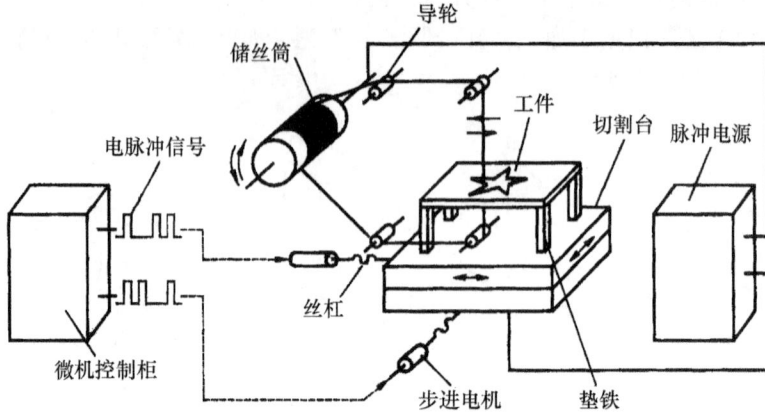

图 9-7 微机数控电火花线切割原理

线切割时,电极丝不断移动,其损耗很小,因而加工精度较高。其平均加工精度可达 0.01 mm,大大高于电火花成形加工,表面粗糙度 Ra 可达 1.6 μm 甚至更小。

国内外绝大多数数控电火花线切割机床都采用了不同水平的微机数控系统,基本上实现了电火花线切割数控化。

目前,电火花线切割广泛用于加工各种冲裁模(冲孔和落料用)、样板以及各种形状复杂的型孔、型面和窄缝等。

此外,电火花加工还可以进行表面强化。

9.3   电解加工

电解加工是电化学加工中的一种重要方法。20 世纪 50 年代末,我国就将电解加工方法成功地应用于炮管腔线的工艺研究和生产,随后不久便迅速推广到航空发动机叶片型面及锻模型面的加工。到了 20 世纪 60 年代后期,电解加工已成为航空发动机叶片生产的定型工艺。今天,电解加工已成为世界各个国家航空、航天、国防和机械制造业中不可缺少的重要工艺手段。

9.3.1   电解加工的原理与特点

1. 电解加工原理

电解加工是利用金属在电解液中产生阳极溶解的电化学原理对工件进行成形加工的一种工艺方法。电解加工原理如图 9-8 所示。加工时,工件接直流稳压电源正极,工具接负极,两极间保持 0.1~1 mm 的间隙,具有一定压力(0.5~2.5 MPa)的电解液从两极间隙中高速(5~60 m/s)流过。在加工过程中,工具阴极的凸出部分与工件阳极的电极间隙最小,此处的电流密度最大,单位时间内消耗的电量最多。根据法拉第定律,金属阳极的溶解量与通过的电量成正比。因此,工件上与工具阴极凸起部位的对应处比其他部位溶解更快。随着工具阴极不断缓慢地向工件进给,工件则不断地按工具端部的型面溶解,电解产物则不断被高速流动的电解液带走,最终,工具的形状就"复制"在工件上了。

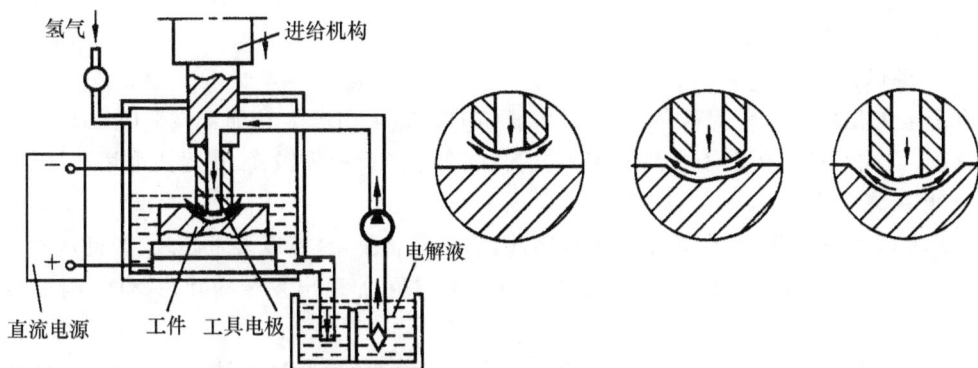

图9-8 电解加工原理

电解中常用的电解液有 $NaCl$,$NaNO_3$ 和 Na_2CO_3 三种溶液。下面仅介绍用 $1.0\%\sim20\%$ 的 $NaCl$ 水溶液作电解液加工低碳钢时的主要电化学反应。

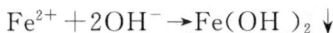

水溶液　　　　　　　　　　　$H_2O \Leftrightarrow H^+ + OH^-$

阳极反应　　　　　　　　　　$Fe - 2e \rightarrow Fe^{2+}$

　　　　　　　　　　　　　　$Fe^{2+} + 2OH^- \rightarrow Fe(OH)_2 \downarrow$

阴极反应　　　　　　　　　　$2H^+ + 2e \rightarrow H_2 \uparrow$

从以上反应可以看出,在电解加工过程中,由于外电源的作用,阳极 Fe 不断失去电子以 Fe^{2+} 的形式与水溶液中的负离子 OH^- 化合生成 $Fe(OH)_2$ 而沉淀;阴极不断得到电子,与水溶液中的 H^+ 结合而游离出 H_2。在电解过程中,工件阳极和水不断消耗,而工具阴极和 $NaCl$ 并不消耗。因此,在理想的情况下,工具阴极可长期使用,$NaCl$ 电解液不断过滤干净并经常补充适量的水,也可长期使用。

电解加工在专用的电解机床上进行,其中的直流稳压电源常采用低电压(6~24 V)和大电流(500~20 000 A)。工具阴极材料常采用黄铜和不锈钢等。

2. 电解加工的特点

电解加工具有如下特点:

(1)不受材料本身强度、硬度和韧性限制,可以加工淬火钢、硬质合金、不锈钢和耐热合金等高强度、高硬度和高韧性的导电材料。

(2)加工中不存在机械切削力,工件不会产生残余应力和变形,也没有飞边毛刺。

(3)可以达到 0.1 mm 的平均加工精度和 0.01 mm 的最高加工精度;平均表面粗糙度 Ra 可达 0.8 μm,最小表面粗糙度 Ra 可达 0.1 μm。

(4)加工过程中工具阴极理论上不会损耗,可长期使用。

(5)生产率较高,约为电火花加工的 5~10 倍,某些情况下甚至高于切削加工。

(6)能以简单的进给运动一次加工出形状复杂的型腔与型面。

(7)电解加工的附属设备多,造价高,占地面积大,加工稳定性尚不够高。与此同时,电解液易腐蚀机床和污染环境,也必须引起重视。

9.3.2 电解加工的应用

电解加工首先在国防工业中成功地用于加工炮管腔线,在 20 世纪 60 年代发展较快。但因加工精度不够高等因素一度发展缓慢,近年由于对电解加工工艺规律的研究有所突破,终于使这项工艺获得较为广泛的应用。

1. 电解锻模型腔

由于电火花加工的精度容易控制,多数锻模的型腔采用电火花加工。但电火花加工的生产率较低,因此对精度要求不太高的矿山机械、汽车拖拉机所需锻模,正逐步采用电解加工。

2. 电解整体叶轮

叶片是喷气发动机、汽轮机中的关键零件,它的形状复杂,精度要求高,生产批量大。采用电解加工,不受材料硬度和韧性的限制,在一次行程中可加工出复杂的叶片型面,与机械加工相比有明显的优越性。

采用机械加工方法制造叶轮时,叶片毛坯是精密铸造的,经过机械加工和抛光,再分别镶入叶轮轮缘的榫槽中,最后焊接形成整体叶轮。这种方法加工量大,周期长,质量难以保证。电解加工整体叶轮时(见图9-9),只要先将整体叶轮的毛坯加工好,可用套料法加工。每加工完一个叶片,退出阴极,分度后再依次加工下一个叶片。这样不但可大大缩短加工周期,而且可保证叶轮的整体强度和质量。

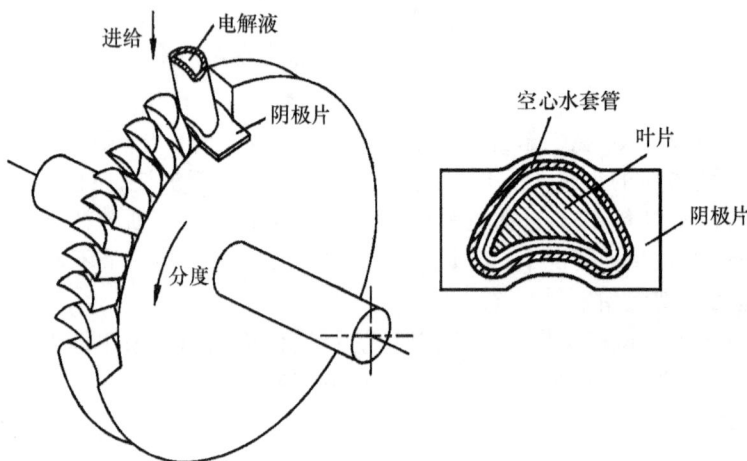

图9-9 电解加工整体叶轮

3. 电解去毛刺

机械加工中常采用钳工方法去毛刺,这不但工作量大,而且有的毛刺因过硬或空间狭小而难以去除。若采用电解加工,则可以提高工效,节省费用。

利用电解加工,不仅可以完成上述重要的工艺过程,而且还可以应用于深孔的扩孔加工、型孔加工以及抛光等工艺过程中。

9.4 超声波加工

人耳能感受到的声波频率在16~16 000 Hz范围内,当声波频率超过16 000 Hz时,就是超声波。前面所介绍的电火花加工和电解加工,一般只能加工导电材料,而利用超声波振动,则不但能加工像淬火钢、硬质合金等硬脆的导电材料,而且更适合加工像玻璃、陶瓷、宝石和金刚石等硬脆非金属材料。

9.4.1 超声波加工的原理与特点

1. 超声波加工原理

超声波加工是利用工具端面的超声频振动,或借助于磨料悬浮液加工硬脆材料的一种工艺方法。其加工原理如图 9 - 10 所示。

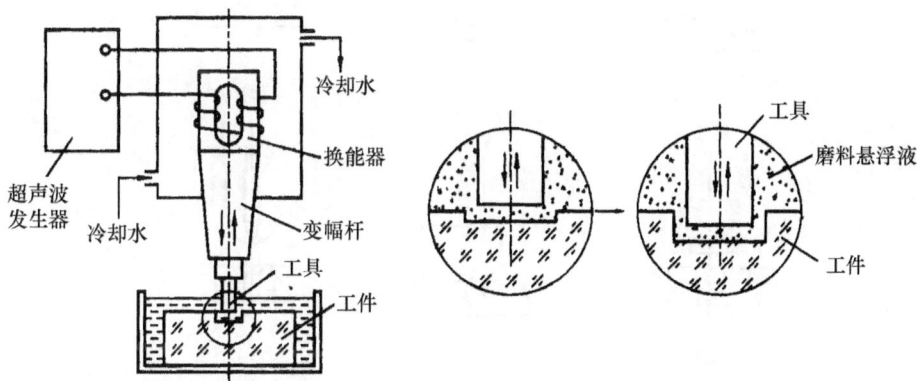

图 9 - 10 超声波加工原理

超声波发生器产生的超声频电振荡,通过换能器转变为超声频的机械振动。变幅杆将振幅放大到 0.01~0.15 mm,再传给工具,并驱动工具端面作超声振动。在加工过程中,由于工具与工件间不断注入磨料悬浮液,当工具端面以超声频冲击磨料时,磨料再冲击工件,迫使加工区域内的工件材料不断被粉碎成很细的微粒脱落下来。此外,当工具端面以很大的加速度离开工件表面时,加工间隙中的工作液内可能由于负压和局部真空形成许多微空腔。当工具端面再以很大的加速度接近工件表面时,空腔闭合,从而形成可以强化加工过程的液压冲击波,这种现象称为"超声空化"。因此,超声波加工过程是磨粒在工具端面的超声振动下,以机械锤击和研抛为主,以超声空化为辅的综合作用过程。

2. 超声波加工的特点

(1)超声波加工适宜加工各种硬脆材料,尤其是利用电火花和电解难以加工的不导电材料和半导体材料,如玻璃、陶瓷、玛瑙、宝石、金刚石以及 Ge 和 Si 等。对于韧性好的材料,由于它对冲击有缓冲作用而难以加工,因此可用做工具材料,如 45 钢常被选为工具材料。

(2)由于超声波加工中的宏观机械力小,因此能获得良好的加工精度和表面粗糙度。尺寸精度可达 0.01~0.02 mm,表面粗糙度 Ra 可达 0.1~0.8 mm。

(3)采用的工具材料较软,易制成复杂形状,工具和工件无需作复杂的相对运动,因此普通的超声波加工设备结构较简单。但若需要加工复杂精密的三维结构,可以预见,仍需设计与制造三坐标数控超声波加工机床。

9.4.2 超声波加工的应用

超声波加工的生产率一般低于电火花加工和电解加工,但加工精度和表面质量都优于前者。更重要的是,它能加工前者所难以加工的半导体和非导体材料。

1. 型孔和型腔加工

目前超声波加工主要用于加工硬脆材料的圆孔、异形孔和各种型腔,以及进行套料、雕刻和研抛等(见图 9-11)。

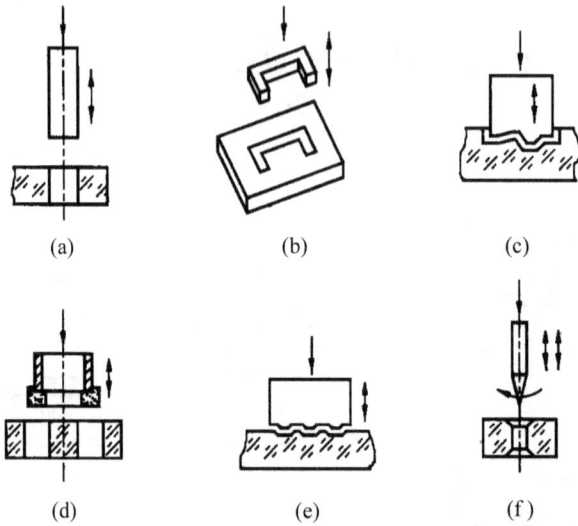

图 9-11 型孔与型腔加工

(a)加工圆孔;(b)加工异形孔;(c)加工型腔;(d)套料;(e)雕刻;(f)研抛金刚石拉丝模

2. 切割加工

Ge,Si 等半导体材料又硬又脆,用机械切割非常困难,采用超声波切割则十分有效(见图 9-12)。

3. 超声波清洗

由于超声波在液体中会产生交变冲击波和超声空化现象,这两种作用的强度达到一定值时,产生的微冲击就可以使被清洗物表面的污渍遭到破坏并脱落下来。加上超声作用无处不入,即使是小孔和窄缝中的污物也容易被清洗干净。目前,超声波清洗不但用于机械零件或电子器件的清洗,也用于医疗器皿如生理盐水瓶、葡萄糖水瓶的清洗。利用超声振动去污原理,国外已生产出超声波洗衣机。

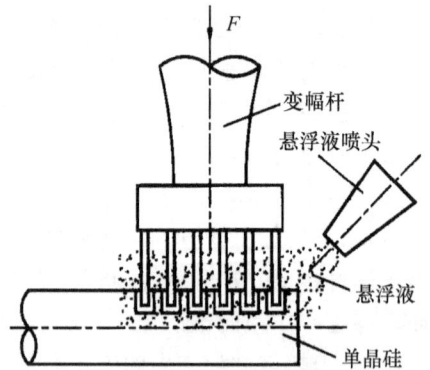

图 9-12 切割单晶硅片

4. 超声波焊接

焊接一般离不开热。超声波焊接就是利用超声频的振动作用,去除工件表层的氧化膜,使工件露出新的本体表面。此时被焊工件表层的分子在高速振动撞击下,摩擦生热并熔合焊接在一起。它不仅可以焊接表面易生成氧化物的铝制品及尼龙、塑料等高分子制品,而且它还可以使陶瓷等非金属材料在超声振动作用下覆上 Sn 或 Ag,从而改善这些材料的可焊接性。

超声波的应用范围十分广泛,利用其定向发射、反射等特性,可以用于测距和无损检测,还可以利用超声振动制作医疗用的超声手术刀。

9.5 激光加工

激光加工是 20 世纪 60 年代发展起来的一种新技术。它是利用光能经过透镜聚焦后达到很高的能量密度,依靠光热效应来加工各种材料。由于它利用高能光束进行加工,加工速度快,变形小,可以加工各种金属和非金属材料,在生产实践中不断显示出它的优越性,因而广泛用于打孔、切割、焊接、表面热处理以及信息存储等许多领域。

9.5.1 激光加工的原理与特点

1. 激光加工原理

激光是一种经受激辐射产生的加强光。它的光强度高,方向性、相干性和单色性好,通过光学系统可将激光束聚焦成直径为几十微米到几微米的极小光斑,从而获得极高的能量密度($10^8 \sim 10^{10}$ W/cm^2)。当激光照射到工件表面,光能被工件吸收并迅速转化为热能,光斑区域的温度可达 10 000℃ 以上,使材料熔化甚至汽化。随着激光能量的不断吸收,材料凹坑内的金属蒸汽迅速膨胀,压力突然增大,熔融物爆炸式地高速喷射出来,在工件内部形成方向性很强的冲击波。因此,激光加工是工件在光热效应下产生的高温熔融和冲击波的综合作用过程。

如图 9-13 所示是固体激光器中激光的产生和工作原理图。当激光的工作物质钇铝石榴石受到光泵(激励脉冲债灯)的激发后,吸收具有特定波长的光,在一定条件下可导致工作物质中的亚稳态粒子数大于低能级粒子数,这种现象称为粒子数反转。此时一旦有少量激发粒子发生受激辐射跃迁,造成光放大,再通过谐振腔内的全反射镜和部分反射镜的反馈作用产生振荡,就会由谐振腔的一端输出激光。再通过透镜聚焦形成高能光束,照射在工件表面上,即可进行加工。固体激光器中常用的工作物质除了钇铝石榴石外,还有红宝石和铷玻璃等材料。

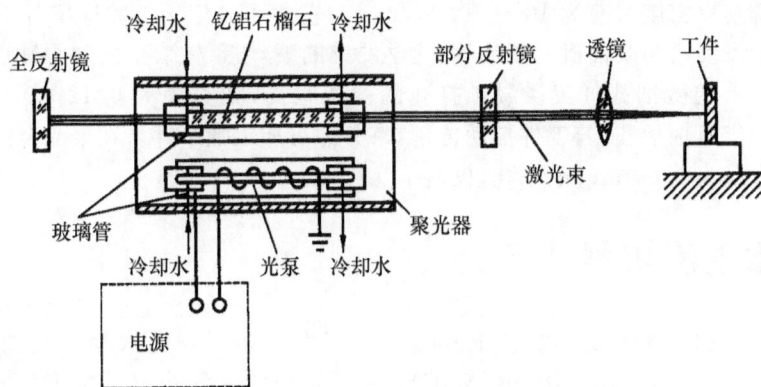

图 9-13 激光的产生与加工原理

2. 激光加工的特点

(1)激光加工属于高能束流加工,其功率密度可高达 $10^8 \sim 10^{10}$ W/cm^2,几乎可以加工任何金属与非金属材料。

(2)激光加工无明显机械力,也不存在工具损耗问题。加工速度快,热影响区小,易实现加工过程自动化。

（3）激光可通过玻璃等透明材料进行加工，如对真空管内部进行焊接等。

（4）激光可以通过聚焦，形成微米级的光斑，输出功率的大小又可以调节，因此可用于精密微细加工。

（5）可以达到 0.01 mm 的平均加工精度和 0.001 mm 的最高加工精度，表面粗糙度 Ra 可达 0.1～0.4 μm。

9.5.2 激光加工的应用

激光加工的主要参数为激光的功率密度，激光的波长和输出的脉宽，激光照射在工件上的时间以及工件对能量的吸收等。激光对材料的表面热处理、焊接、切割和打孔等工序都与上述参数有关。

1. 激光表面热处理

当激光的功率密度约为 $10^3～10^5$ W/cm^2，便可实现对铸铁、中碳钢、甚至低碳钢等材料进行激光表面淬火。激光淬火层的深度一般为 0.7～1.1 mm，淬火层的硬度比常规淬火约高 20%，产生的变形小，能解决低碳钢的表面淬火强化问题。

2. 激光焊接

当激光的功率密度为 $10^5～10^7$ W/cm^2，照射时间约为 1/100 s 左右，即可进行激光焊接。激光焊接一般无需焊料和焊剂，只需将工件的加工区域"热熔"在一起就可以。激光焊接过程迅速，热影响区小，焊缝质量高，既可以焊接同种材料，也可以焊接异种材料，还可以透过玻璃进行焊接。

3. 激光切割

激光切割所需的功率密度约为 $10^5～10^7$ W/cm^2。它既可以切割金属材料，也可以切割非金属材料。它还能透过玻璃切割真空管内的灯丝，这是任何机械加工所难以达到的。

4. 激光打孔

激光打孔的功率密度一般为 $10^7～10^8$ W/cm^2。它主要应用于在特殊零件或特殊材料上加工孔。如火箭发动机和柴油机的喷油嘴、化学纤维的喷丝板、钟表上的宝石轴承和聚晶金刚石拉丝模等零件上的微细孔加工。激光打孔的效率很高，如直径为 0.12～0.18 mm，深为 0.6～1.2 mm 的宝石轴承孔，若工件自动传送，每分钟可加工数十件。在聚晶金刚石拉丝模坯料的中央加工直径为 0.04 mm 的小孔，仅需十几秒钟。

9.6　水射流切割技术

经过研究人员的不懈探索，20 世纪 60 年代，开发成功了利用水为工具的一种加工技术——水射流切割（Water Jet Cutting，WJC）。它就是利用在高压下，由喷嘴喷射出的高速水射流对材料进行切割的技术，利用带有磨料的水射流对材料进行切割的技术，称为磨料水射流切割（Abrasive Water Jet Cutting，AWJC）。水射流切割技术由于单纯利用水射流切割，切割力较小，适宜切割软材料，喷嘴寿命长，而磨料水射流切割由于混有磨料，切割力大，适宜切割硬材料，但喷嘴磨损快，寿命短。

9.6.1 水射流切割原理

水射流切割是利用高速高压的液流对工件的冲击作用来去除材料的。使水获得压力能的方式有两种:一种是直接采用高压水泵供水,压力可达到 35～60 MPa;另一种是采用水泵和增压器,可获得 100～1 000 MPa 的超高压和 0.5～251 ml/s 的较小流量。用于切割的水射流速度可达 500～900 m/s,如图 9-14 所示为带有增压器的水射流切割系统原理图。经过滤的水流经水泵后通过增压缸增压,蓄能器可使脉冲的液流平稳。水从 0.1～0.6 mm 直径的人造宝石喷嘴喷出,以极高的压力和流速直接压射到工件的切割部位。当射流的压强超过材料的抗拉强度时,便可切割材料。如图 9-15 所示为带有数控系统的双喷嘴水射流切割设备。

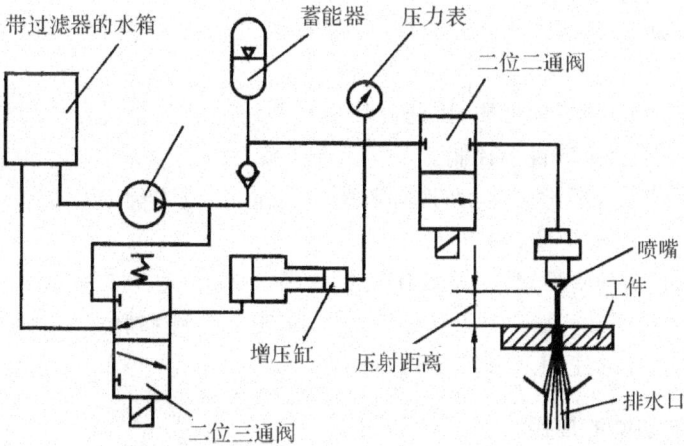

图 9-14 水射流系统液压原理图

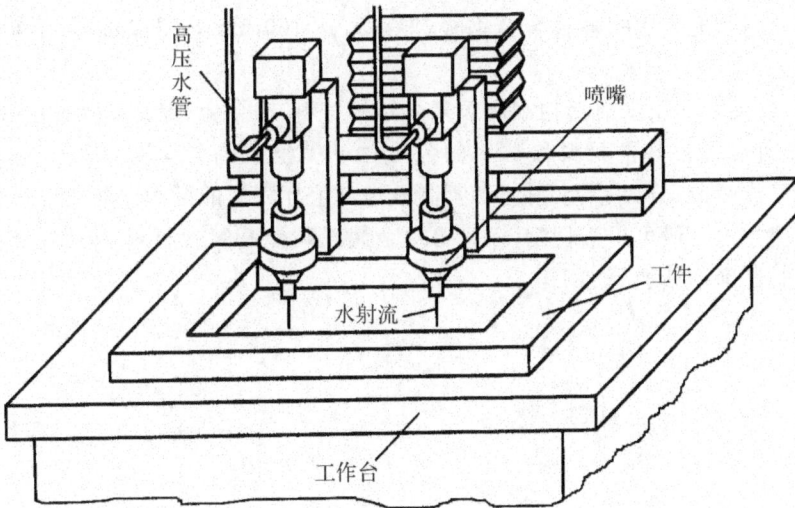

图 9-15 双喷嘴水射流切割设备

在世界各国,各制造厂家已经安装的水射流切割装置已超过 2 500 套,而且其年增长率可望达到 20%。因此,有一些工业评论家预言,将来的制造厂家会把重点放在高压水上,就像他们今天普遍采用空气和蒸汽一样。

9.6.2　水射流切割的特点

水射流切割与其他切割技术相此,具有以下一些特点:

(1)采用常温切割对材料不会造成结构变化或热变形,这对许多热敏感材料的切割十分有利,这是锯切、火焰切割、激光切割和等离子体切割所不能比拟的。

(2)切割力强,可切割 180 mm 厚的钢板和 250 mm 厚的钛板等。

(3)切口质量较高,水射流切口的表面平整光滑、无毛刺,切口公差可达 ±0.06～±0.25 mm。同时切口可窄至 0.015 mm,可节省大量的材料消耗,尤其对贵重材料更为有利。

(4)由于水射流切割的流体性质,因此可从材料的任一点开始进行全方位切割,特别适宜复杂工件的切割,也便于实现自动控制。

(5)由于属湿性切割,切割中产生的(屑末)混入液体中,工作环境清洁卫生,也不存在火灾与爆炸危险。

水射流切割也有其局限性,整个系统比较复杂,初始投资大。如一台 5 自由度自动控制式水射流设备,其价格可高达 10～50 万美元。此外,在使用磨料水射流切割时,喷嘴磨损严重,有时一只硬质合金喷嘴的使用寿命仅为 2～4 h。

9.6.2　水射流切割的应用

由于水射流切割有上述特点,它在机械制造和其他许多领域获得日益广泛的应用。

(1)汽车制造与维修业采用水射流切割技术加工各种非金属材料。如石棉刹车片、橡胶基地毯,车内装潢材料和保险杠等。

(2)造船业用水射流切割各种合金钢板(厚度可达 150 mm),以及塑料、纸板等其他非金属材料。

(3)航空、航天工业用水射流切割高级复合结构材料、铁合金、镍钴高级合金和玻璃纤维增强塑料等。这可节省 25% 的材料和 40% 的劳动力,并大大提高劳动生产率。

(4)铸造厂或锻造厂可采用水射流切割高效地对毛坯表层的型砂或氧化皮进行清理。

(5)水射流技术不但可用于切割,而且可对金属或陶瓷基复合材料、铁合金和陶瓷等高硬材料进行车削、铣削和钻削等加工。

参 考 文 献

［1］ 孙康宁．现代工程材料成形与机械制造基础（上）．北京:高等教育出版社,2004.

［2］ 李爱菊．现代工程材料成形与机械制造基础（下）.北京:高等教育出版社,2004.

［3］ 齐乐华．工程材料与机械制造基础．北京:高等教育出版社,2006.

［4］ 鞠鲁粤．工程材料与成形技术基础.修订版．北京:高等教育出版社,2007.

［5］ 傅水根．机械制造工艺基础．北京:清华大学出版社,1998.

［6］ 邓文英,郭晓鹏.金属工艺学.5 版.北京:高等教育出版社,2007.

［7］ 肖华,王国顺．机械制造基础（下册）．北京:中国水利水电出版社,2005

［8］ 刘晋春,赵家齐．特种加工．北京:机械工业出版社,1998.

［9］ 袁哲俊,王先逵．精密和超精密加工技术．北京:机械工业出版社,1999.

［10］ 王先逵．精密及超精密加工．北京:机械工业出版社,1991.

［11］ 刘贺云,柳世传．精密加工技术．武汉:华中理工大学出版社,1991.

［12］ 杨大智．智能材料与智能系统．天津:天津大学出版社,2000.

［13］ 张立德．纳米材料．北京:化学工业出版社,2000.

［14］ 张志昆,崔作林．纳米技术与纳米材料．北京:国防工业出版社,2000.

［15］ 杨光薰．精节生产——现代化生产目标．中国机械工程,1993(2).